2022年东南大学校级规划教材

智能建造与机电液控制

罗 斌 张宁远 郝 立 阮杨捷 管东芝 编

东南大学出版社
SOUTHEAST UNIVERSITY PRESS
·南京·

内容提要

本书系统梳理和阐述了应用于土木工程智能建造的液压设备及控制技术的系统原理和框架，介绍了相关工程应用。以土木工程智能建造领域中机电液系统的先进应用为切入点，展开液压传动、机电技术和控制编程方法三大板块的内容，涵盖机电液控制系统的执行、驱动和控制三大组成模块，形成"底层原理一元件选型一设计方法一实际应用"的清晰知识逻辑和完整知识体系。全书共分为9章，内容包括：机电液控制概述、液压传动绪论、液压元件、液压基本回路、机电传动系统力学基础、直流电机和交流电机、变频调速技术、可编程逻辑控制技术、液压同步控制系统等。

本书以学科交叉融合为着力点，可作为土木工程智慧建造专业本科生教学用书，也可作为土木建筑行业从业者以及智能建造液压设备开发者等人员的参考书。

图书在版编目(CIP)数据

智能建造与机电液控制 / 罗斌等编. — 南京 : 东南大学出版社, 2023.10

ISBN 978-7-5766-0862-5

Ⅰ.①智… Ⅱ.①罗… Ⅲ.①智能技术-应用-建筑工程②机电一体化-液压控制 Ⅳ.①TU-39②TH137-39

中国国家版本馆CIP数据核字(2023)第166639号

责任编辑：丁 丁　　**责任校对**：子雪莲　　**封面设计**：王 玥　　**责任印制**：周荣虎

智能建造与机电液控制
Zhineng Jianzao Yu Jidianye Kongzhi

编　　者　罗 斌　张宁远　郝 立　阮杨捷　管东芝
出版发行　东南大学出版社
社　　址　南京市四牌楼2号　邮编：210096　电话：025-83793330
出 版 人　白云飞
网　　址　http://www.seupress.com
电子邮件　press@seupress.com
经　　销　全国各地新华书店
印　　刷　广东虎彩云印刷有限公司
开　　本　787 mm×1092 mm　1/16
印　　张　20.25
字　　数　450千字
版　　次　2023年10月第1版
印　　次　2023年10月第1次印刷
书　　号　ISBN 978-7-5766-0862-5
定　　价　78.00元

前 言 / Preface

机电液控制技术将以液压技术为代表的机械技术与电子技术、控制技术联系在一起，通过电器或电子元件来控制液压机械设备的运动。机电液控制技术凭借自动化程度高、适应性通用性强、高效可靠等特点，在工程机械、结构整体提升、超高层顶升钢平台模板、既有结构改造、桥梁顶推等工程领域得到了广泛的应用。随着国家和地方大力推动建筑产业的升级和转型，智能建造已成为建筑业发展的必然趋势和转型升级的重要抓手，可实现建造过程自动化、智能化的机电液控制技术在结构智能建造中的地位也越来越突出，可利用其实现对超大、超重、大跨度、高安装高度和复杂结构构件的建造安装。通过对液压回路和控制算法的设计，可实现各种复杂功能，如速度控制、位置控制、力控制等。因此，机电液控制作为土木工程领域智能建造的重要发展方向，其相关方面知识是新时代智能建造专业人才的必备专业知识。只有学习和掌握机电液控制技术，才能有效地从事智能建造领域的相关技术工作，适应未来社会和行业的发展需求。

笔者在国家大力推动建筑业工业化、数字化、智能化升级和大力发展智能建造的大背景下，按照智能建造专业“机电液控制”课程教学大纲的要求，结合笔者在土木工程施工领域多年的课程教学和科研实践经验，以培养面向国家未来建设需求的新工科人才为目标，在已有资料的基础上整理编写了本书。

本书系统梳理和阐述了应用于土木工程智能建造的液压设备及控制技术的系统原理和框架，介绍了相关工程应用。以土木工程智能建造领域中机电液系统的先进应用为切入点，展开液压传动、机电技术和控制编程方法三大板块的内容，涵盖机电液控制系统的执行、驱动和控制三大组成模块，形成“底层原理一元件选型一设计方法一实际应用”的清晰知识逻辑和完整知识体系。教材内容既有理论体系的构建，也有关键技术的解析，还有具体案例的展示，深入浅出、内容丰富。将学科交叉与融合作为人才培养着力点，在土木工程施工基础上融合机械、电气、自动化等技术形成综合性多学科技术体系，重新整合优化原有知识体系，以实现教学创新，使学生具备智能建造液压设备及控制系统的基础知识及认知能力，为工程应用和科研打下坚实基础，培养学生综合运用液压机械、电气自动化等学科知识解决智能建造问题的能力。全书共分为9章。第1章主要介绍机电液控制的基本概念以及机电液控制在土木工程领域的应用；第2章介绍液压传动的基本概念、优缺点，液压油的物理特性，液体动力学基础以及液体流动压力损失等内容；第3章介绍液压回路中各类液压元件的分类、工作原理和功能；第4章介绍由各类液压元件组成的可实现各类特定功能的液压回路；第5章介绍机电传动系统力学基础，包括单轴机电传动系统、多轴机电传动系统、典型负载的机械特性、机电传动系统的过渡过程等内容；第6章介绍直流电机和交流电机的工作原理及特性；第7章介绍利用变频器实现变频调速的方法；第8章介绍可编程控制逻辑器(PLC)的基本概念，西门子S7－200 smart PLC的基本编程方法及PID控制的基本概念；第9章介绍液压同步控制系统的误差形成因素、所采用的传感器技术以及整体设计思路。

本书可作为土木工程智慧建造专业本科生教学用书，也可作为土木建筑行业从业者以及智能建造液压设备开发者等人员的参考资料。

本书在编写过程中得到多方面的支持、鼓励和帮助。本书自立项起就得到了东南大学土木工程学院和东南大学教务处的大力支持。研究生皮浩东、杨振兴为本书内容的整理、排版提供了很多帮助。笔者在此表示衷心的感谢。本书的出版始终得到东南大学出版社的帮助和支持，责任编辑悉心完成了本书的审定和编辑，全部插图由绘图人员精心绘制，在此表示衷心的感谢。另外本书的编写参考了有关资料(见参考文献)，同样对参考文献的作者们表示感谢。

限于笔者的水平，加之时间仓促，书中肯定存在不足和不妥之处，热忱地希望读者和同行专家提出批评和指正。

罗　斌

2023年5月9日

目 录 / Contents

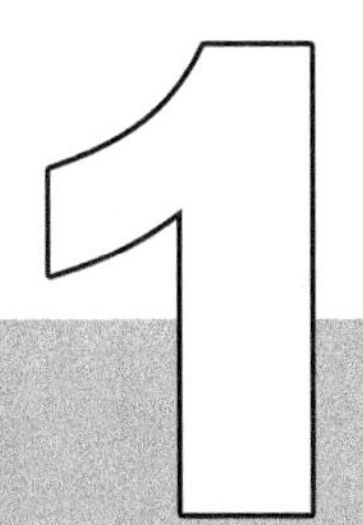

机电液控制概述

1.1 机电液控制基本概念

1.1.1 机电液一体化的定义

机电一体化是各种技术学科相互渗透的结果,它所涉及的技术领域非常广泛,其主要的相关技术可归纳为六个方面:机械技术、检测传感技术、计算机与信息处理技术、自动控制技术、伺服传动技术和系统技术。

1) 机械技术

机械技术是机电一体化的基础。机电一体化的机械产品与传统的机械产品之间的区别在于机械结构更简单、机械功能更强和性能更优越。现代机械要求具有更新颖的结构、更小的体积、更轻的重量,还要求精度更高、刚度更大、动态性能更好。为了满足这些要求,在设计和制造机械系统时,除了考虑静态、动态的刚度及热变形问题外,还应该考虑采用新型复合材料和新型结构以及新型制造工艺和工艺装置等。

从机械产品设计来讲,应开展可靠性设计和普及该项技术的应用,加强对机电产品基础元器件的失效分析研究。在提高元器件可靠性水平的同时,应开展对整机系统可靠性的研究。机电一体化产品从静态强度到动态强度的设计,可以采用损伤容限设计、动力优化设计、摩擦学设计、防蚀设计、低噪声设计等。

2) 检测传感技术

检测传感装置是系统的感受器官,它与信息系统的输入端相连,将检测到的信号输送到信息处理部分。检测传感是实现自动控制、自动调节的关键环节。其功能越强,系统的自动化程度就越高。检测传感的关键元件是传感器。传感器是将被测量(包括各种物理量、化学量和生物量等)变换成系统可识别的有用电信号的一种装置。

现代工程技术要求传感器能够快速、精确地获取信息,并能经受各种严酷的考验。与计算机技术相比,传感器的发展显得缓慢,难以满足技术发展的需要。有些机电一体化装置不能达到令人满意的效果,无法实现设计要求,其关键原因是没有合适的传感器。因此,开展传感器的研究,对于机电一体化技术的发展具有十分重要的意义。

3) 计算机与信息处理技术

信息处理技术包括对信息的交换、存取、运算、判断和决策,实现信息处理的工具是计算机。因此,计算机技术与信息处理技术两者密切相关,计算机技术包括软件技术和硬件技术、网络与通信技术、数据库技术等。

在机电一体化系统中，计算机与信息处理部分协同指挥整个系统的运行。信息处理是否正确、及时，会直接影响到系统工作的质量和效率。因此，计算机应用及信息处理技术是促进机电一体化技术发展和变革的最活跃的因素。

人工智能技术、专家系统技术、神经网络技术等，都属于计算机信息处理技术。

4）自动控制技术

自动控制技术范围很广，包括自动控制理论、控制系统设计、系统仿真、现场测试、可靠运行等从理论到实践的整个过程。由于被控对象的种类繁多，所以控制技术的内容极其丰富，包括高精度定位控制、速度控制、自适应控制、自诊断、校正、补偿、示教再现、检索等控制技术。

自动控制技术的难点在于自动控制理论的工程化与实用化。实际中的被控对象与理论上控制模型之间存在较大差距，使控制设计到控制实施要经过多次反复调试与修改，才能获得比较满意的结果。

由于微型机的广泛应用，自动控制技术越来越多地与计算机控制技术联系在一起，成为机电一体化中十分重要的关键技术。

5）伺服传动技术

“伺服”即“伺候服侍”的意思，是指由控制指令来指挥控制驱动元件，使机械的运动部件按照指令的要求进行运动，并具有良好的动态性能。在伺服传动系统中，所采用的驱动技术与所使用的执行元件有关。

伺服传动系统按执行元件的不同，分为液压伺服系统和电气伺服系统两类。液压伺服系统工作稳定、响应速度快、输出力矩大，特别是在低速运行时，更具有突出的性能和优点。但液压伺服系统需要增加液压动力源（俗称液压站），液压功力源设备复杂、体积大、维修费用大，还存在污染环境等缺点。因此，液压伺服系统仅用于一些大型设备和有特殊需要的场合，大部分场合采用的都是电气伺服系统。电气伺服系统采用电动机作为伺服驱动元件，其优点是控制灵活、费用较小、可靠性高等，但其在低速运行时，存在输出力矩不够大的缺点。

6）系统技术

系统技术就是以整体的概念，组织应用各种相关技术。从全局角度和系统目标出发，将总体分解成相互有机联系的若干功能单元，以功能单元为子系统进行二次分解，生成功能更为单一和具体的子功能单元。这些子功能单元同样可以继续逐层分解，直到能够找出一个可实现的技术方案。深入了解系统内部结构和相互关系，把握系统外部联系，对系统设计和产品开发十分重要。

接口技术是系统技术中一个重要方面，是实现系统各部分有机连接的保证。接口包括电气接口、机械接口、人机接口等。电气接口实现系统之间电信号连接，机械接口则完成机械与机械部分、机械与电气装置部分的连接，人机接口提供了人与系统之间的人机交互界面。

1.1.2 机电液系统的基本组成及特点

1. 机电液系统的基本组成

机电液控制系统与其他类型液压控制系统的基本组成都是类似的。不论其复杂程度如何，都可分解为一些基本元件。图 1-1 所示为一般电液控制系统的组成。

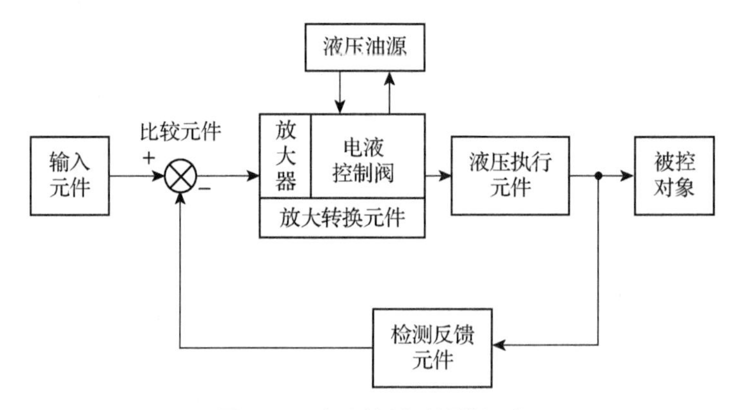

图 1-1 电液控制系统的组成

1）输入元件

输入元件是指将指令信号施加给系统输入端的元件，所以也称指令元件。通常用的有指令电位器、信号发生器或程序控制器、计算机等。

2）比较元件

比较元件也称比较器。它将反馈信号与输入信号进行比较，形成偏差信号。比较元件有时并不单独存在，而是由几类元件有机组合来构成整体，其中有些元件具有比较功能，如将输入指令信号的产生，反馈信号处理，偏差信号的形成、校正与放大等多项功能集于一体的板卡或控制箱。图 1-2 所示的计算机电液伺服/比例控制系统输入指令信号的产生，偏差信号的形成、校正，即输入元件、比较元件和控制器（校正环节）的功能都由计算机实现。

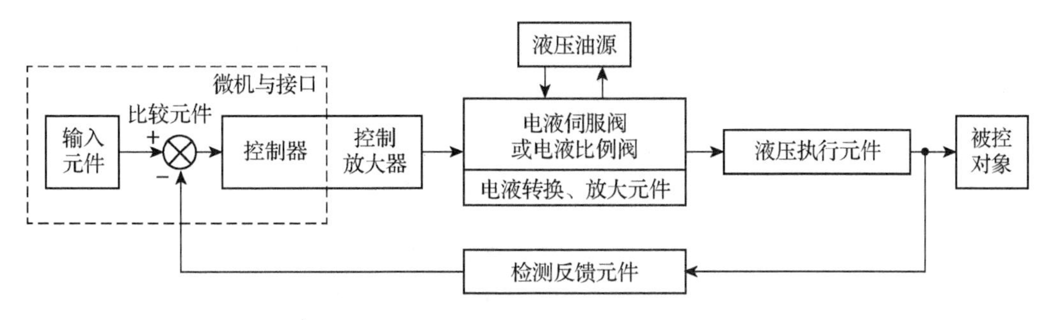

图 1-2 计算机电液控制系统的组成

3）放大转换元件

该元件将比较器给出的偏差信号进行放大，并进行能量转换，以液压量（如流量、压力等）的形式输入执行机构，控制执行元件运动。例如伺服阀、比例阀或数字阀及其配套使用的控制放大器，都是常见的放大转换元件。

4）检测反馈元件

该元件用于检测被控制量并将其转换成反馈信号，将反馈信号加在系统的输入端，与输入信号相比较，从而构成反馈控制。例如位移、速度、压力或拉力等各类传感器就是常用的检测反馈元件。

5）液压执行元件

该元件按指令规律动作，驱动被控对象做功，实现任务调节。例如液压缸、液压马达或摆动液压马达等。

6）被控对象

它是与液压执行元件可动部分相连接并一起运动的机构或装置，也就是系统所要控制的对象，如工作台或其他负载等。

除了以上基本元件，为改善系统的控制特性，有时还增加串联校正环节和局部反馈环节。当然，为保证系统正常工作，系统还包含控制回路中的液压油源和其他辅助装置等。

例如，图 1-3 所示电液控制伺服系统的组成就包括输入元件（计算机、D/A 转换器）、比较元件（加法器）、校正环节（具有某种控制规律的运算电路或程序）、放大转换元件（伺服放大器和电液伺服阀）、液压执行元件（液压伺服缸）、反馈元件（位移传感器）及被控对象（具有一定质量和阻尼的负载）。

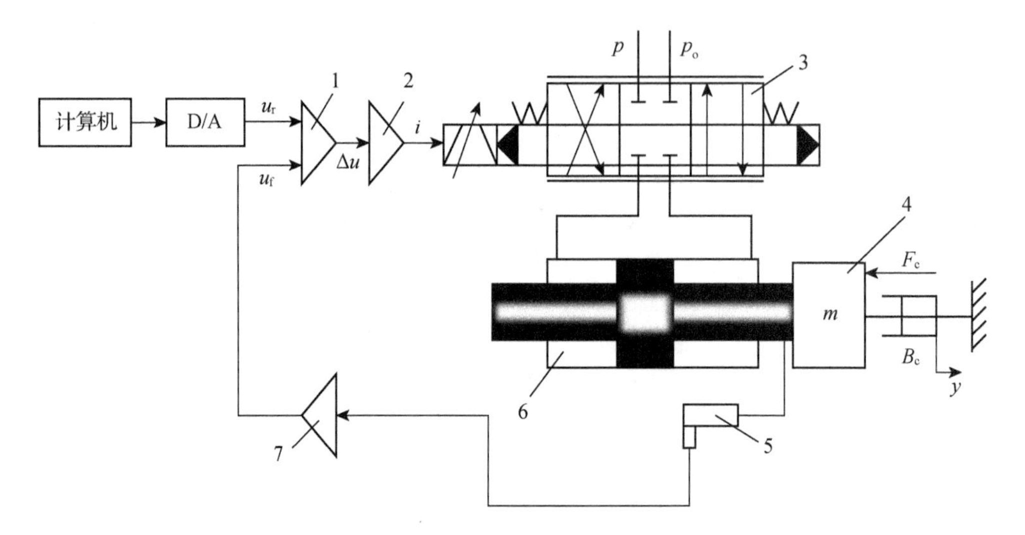

1—比较器;2—校正、放大器;3—电液伺服阀;4—负载;5—位移传感器;

6—液压伺服缸;7—信号放大器。

图 1-3 电液控制伺服系统原理图

2. 机电液控制系统的特点

以油液为介质的电液控制系统属于液压系统范畴,同样具有下列液压系统的优点:

(1) 单位功率的质量小,力-质量比(或力矩-惯量比)大。由于液压元件的功率-质量比和力-质量比(或力矩-惯量比)大,因此其可以组成结构紧凑、体积小、质量小、加速性好的控制系统。例如优质的电磁铁能产生的最大力大致为 175 N/cm^2,即使昂贵的坡莫合金所产生的力也不超过 215.7 N/cm^2,而液压缸的最大工作压力可达 3 200 N/cm^2,甚至更高。统计资料表明,一般液压马达的质量只是同功率电动机的 10%~20%,几何尺寸为后者的 12%~13%;液压马达的功率-质量比可达 7 000 W/kg 左右,因受磁饱和限制,电动机的功率-质量比约为 700 W/kg,即液压马达的功率-质量比约为相同容量电动机的 10 倍。

(2) 响应速度快。由于液压动力元件的力-质量比(或力矩-惯量比)大,因此加速能力强,能够安全、可靠地快速带动负载启动、制动与反向。例如中等功率的电动机加速需要一至几秒,而同等功率的液压马达加速只需电动机 1/10 左右的加速时间。由于油液的体积弹性模量很大,由油液压缩形成的液压弹簧刚度也很大,而液压动力元件的惯量又比较小,因此,由液压弹簧刚度和负载惯量耦合成的液压固有频率很高,故系统的响应速度快。与具有相同压力和负载的气动系统相比,液压系统的响应速度是气动系统的 50 倍。

(3) 负载刚度大,控制精度高。液压系统的输出位移(或转角)受负载变化的影响小,即具有较大的速度-负载刚度,定位准确,控制精度高。由于液压固有频率高,允许液压控制系统,特别是电液控制系统有较大的开环放大系数,因此可获得较高的精度和响应速度。此外,由于油液的压缩性较小,同时泄漏可能性也较小,故液压动力元件的速度刚度较大,组成闭环系统时其位置刚度也大。液压马达的开环速度刚度约为电动机的5倍,电动机的位置刚度很低,无法与液压马达相比。因此,电动机只能用来组成闭环位置控制系统,而液压执行元件(液压缸或液压马达)却可用于开环位置控制。当然若用闭环位置控制,则系统的位置刚度比开环位置控制时要高得多。由于气体可压缩性的影响,气动系统的刚度只有液压系统的1/400。

(4) 液压油兼有润滑作用,有利于散热和延长元件的使用寿命。

(5) 容易按照机器设备的需要,通过管道连接实现能量的分配与传递;利用蓄能器很容易实现液压能的贮存及系统的消振等;易于实现过载保护和遥控等。

除了以上一般液压系统都具有的优点外,需要特别指出的是,由于电液控制系统引入了电气、电子技术,因而兼有电控和液压技术两方面的特长。系统中偏差信号的检测、校正和初始放大采用电气、电子元件来实现;系统的能源用液压油源、能量转换和控制用电液控制阀完成。电液控制系统能最大限度地发挥流体动力在大功率动力控制方面的长处和电气系统在信息处理方面的优势,从而构成了一种被誉为“电子大脑和神经+液压肌肉和骨骼”的控制模式,在很多工程应用领域保持着有利的竞争地位。该控制模式对中大型功率、控制精度要求高、响应速度快的工程系统来说是一种较理想的控制模式。

毋庸讳言,由于电液控制系统中电液转换元件自身的特点,电液控制系统也存在以下缺点:

(1) 电液控制阀的制造精度要求高。高精度要求不仅使制造成本高,而且对工作介质即油液的清洁度要求很高,一般都要求采用精细过滤器。

(2) 油液的体积弹性模数会随温度和空气的混入而发生变化,油液的黏度也随油温变化。这些变化会明显影响系统的动态控制性能,因此,需要对系统进行温度控制,并严格防止空气混入。

(3) 同普通液压系统一样,如果元件密封设计、制造或使用不当,则容易造成油液外漏,污染环境。

(4) 由于系统中的很多环节存在非线性特性,因此系统的分析和设计比较复杂,以液压方式进行信号的传输、检测和处理不及电气方式便利。

(5) 液压能源的获得不像电控系统的电能那样方便,液压能源也不像气源那样容易贮存。

1.1.3 机电液一体化发展趋势

1）智能化

智能化是21世纪机电一体化发展的一个重要方向。人工智能在机电一体化建设中的研究日益得到重视，机器人与数控机床的智能化就是其重要应用。这里所说的“智能化”是对机器行为的描述，是在控制理论的基础上，吸收人工智能、运筹学、计算机科学、模糊数学、心理学、生理学、混沌动力学等新思想、新方法，模拟人类智能，使它具有判断推理、逻辑思维、自主决策等能力，以求得到更高的控制目标。

图1－4所示为移动机器人的组成系统。这个系统中的传感器、移动机构、决策路径的计算机、移动控制器等部分，构成了完整的机电一体化系统。这种机器人被设计成智能型机器人，其中在计算机内部实现的知识库、路径规划、导向指令、导向控制等路径处理部分占了整个系统的一大半。机电一体化系统将向这种“头脑发达”的方向发展。

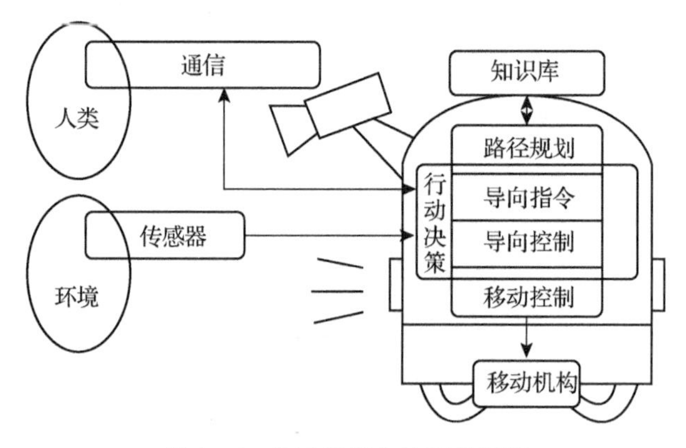

图1－4 移动机器人的组成系统

诚然，机电一体化产品具有与人完全相同的智能是不可能的，也是不必要的。但是，高性能、高速的微处理器赋予机电一体化产品低级智能或人的部分智能，则是完全可能而又必要的。

2）模块化

模块化是一项重要而艰巨的工程。由于机电一体化产品种类和生产厂家繁多，研制和开发具有标准机械接口、电气接口、动力接口、环境接口的机电一体化产品单元是一项十分复杂又非常重要的事，如研制集减速、智能调速、电机于一体的动力单元，具有视觉、图像处理、识别、测距等功能的控制单元，以及各种能完成典型操作的机械装置。这样，可利用标准单元迅速开发出新产品，同时也可以扩大生产规模。这需要制定各项标准，以便各部件、单元的匹配和连接。

3）网络化

20 世纪 90 年代，计算机技术的突出成就是网络技术。网络技术的兴起和飞速发展给科学技术、工业生产、政治、军事、教育以及人们日常生活都带来了巨大的变革。各种网络将全球经济、生产连成一片，企业间的竞争也将因此全球化。机电一体化新产品一旦研制出来，只要其功能独到、质量可靠，很快就会畅销全球。由于网络的普及，基于网络的各种远程控制和监视技术方兴未艾，而远程控制的终端设备本身就是机电一体化产品。

现场总线和局域网技术使家用电器网络化已成大势所趋，利用家庭网络将各种家用电器连接成以计算机为中心的计算机集成家电系统，可以使人们在家里享受各种高技术带来的便利与快乐。因此，机电一体化产品无疑会朝着网络化方向发展。

4）微型化

微型化兴起于 20 世纪 80 年代末，指的是机电一体化向微型机器和微观领域发展的趋势。国外称其为微电子机械系统(MEMS)，泛指几何尺寸不超过 1 m^3 的机电一体化产品，微型化将向微米、纳米级发展。微机电一体化产品体积小、耗能少、运动灵活，在生物医疗、军事、信息等方面具有不可比拟的优势。微机电一体化发展的瓶颈在于微机械技术。微机电一体化产品的加工采用精细加工技术，即超精密技术，包括光刻技术和蚀刻技术两类。

5）系统化

系统化的表现之一就是系统体系结构进一步采用开放式和模式化的总线结构。系统可以灵活组态，进行任意剪裁和组合，同时寻求实现多子系统协调控制和综合管理。表现之二是通信功能的大大增强，一般除 RS232 外，还有 RS485、DCS 人格化。未来的机电一体化更加注重产品与人的关系。机电一体化的人格化有两层含义：一层是机电一体化产品的最终使用对象是人，如何赋予机电一体化产品人的智能和情感，人性显得越来越重要，特别是对家用机器人，其高层境界就是人-机一体化。另一层是模仿生物机理，研制各种机电一体化产品。事实上，许多机电一体化产品都是受动物的启发研制出来的。例如，人们利用蛙跳的原理设计了蛤蟆夯；模仿警犬的高灵敏嗅觉制成了用于侦缉的“电子警犬”；根据水生动物尾鳍摆动方式推进系统的生物学原理，设计出一种摆动板推进系统，它不仅可以使船只十分灵活地转弯和避开障碍，还可以使其顺利地通过浅水域或沙洲而不搁浅。

21 世纪，信息网络技术发展迅速，知识愈发重要，在全球化的背景下，生物技术、信息技术和纳米技术等高精尖技术迅速发展，科研成果也很多。电液控制技术也要顺应时代的发展，不断发展升级，提升装置和设备的功能，使生产元件能够符合市场的要求。为了满足社会和工程对电液控制技术的要求，电液控制技术应依托机械制造、材料工程、微电子、计算机、数学、力学及控制科学等方面的研究成果，进一步探索新理论、引入新技术，发挥自身优势、弥补现行不足，扬长避短、不断进取。纵观电液控制技术的发展历程，挑战与机遇并存，他山之石可以攻玉，改革创新方能发展。电液控制技术必将进一步朝着高压化、集成化、轻量化、数字化、智能化、机电一体化、高精度、高可靠性、节能降耗和绿色环保的方向持续发展。

1.2 机电液控制在土木工程中的应用

随着国家和地方大力推动建筑产业的升级和转型，智能建造已成为建筑业发展的必然趋势和转型升级的重要抓手，可实现建造过程自动化、智能化的机电液控制技术在结构智能建造中的地位也越来越突出。同时，机电液控制的应用可有效减少施工过程中的施工人员投入，缓解劳动力短缺的压力，降低施工成本。对于大型复杂的结构，需要利用机电液控制技术对超大、超重、大跨度、高安装高度和复杂结构构件进行建造安装。机电液控制技术已广泛应用在了建筑工程（如同步提升、整体顶升、顶推滑移和空中造楼机等）及桥梁工程（如桥梁竖转、平转和竖转平转结合等）中。

1.2.1 建筑工程

1. 同步提升

液压同步提升技术可实现超大吨位、超长距离的提升，完成传统的卷扬机钢丝绳滑轮组起重技术无法胜任的提升任务。同步提升液压控制系统由电承重系统（液压提升器和承重钢绞线）、液控制系统（液压泵站）和电气控制系统（控制电脑、PLC 等）组成。被提升结构构件的水平度、位置和提升点荷载通过位移、压力等传感器转换为电信号输入电气控制系统。

液压提升器由提升主油缸和位于上下两端的上、下锚具构成，锚具通过楔形夹具的单向自锁作用夹紧承重钢绞线，松开锚具则需要通过提升主油缸和锚具油缸的配合才能打开。

液压提升器和承重钢绞线布置应依据以下原则：

（1）根据提升对象结构和重量，确定提升点位置和提升点数量；

（2）根据提升点荷载分配情况，确定每个提升点液压提升器的吨位和承重钢绞线的数量；

（3）根据提升对象的提升高度要求，确定承重钢绞线的使用长度。

提升流程如图 1 - 5 所示：（a）上锚具夹紧，下锚具松开，此时提升主油缸未伸出；

(b) 提升主油缸进油，主油缸缸体伸出，通过承重钢绞线带动提升对象向上提升；(c) 提升主油缸缸体完全伸出，完成一个提升行程，此时下锚具夹紧；(d) 上锚具松开，此时提升对象重量由上锚具转移至下锚具；(e) 提升主油缸缸体回缩；(f) 提升主油缸回缸到底，完成一个完整的提升循环。重复上述步骤，直至将提升对象提升到位。

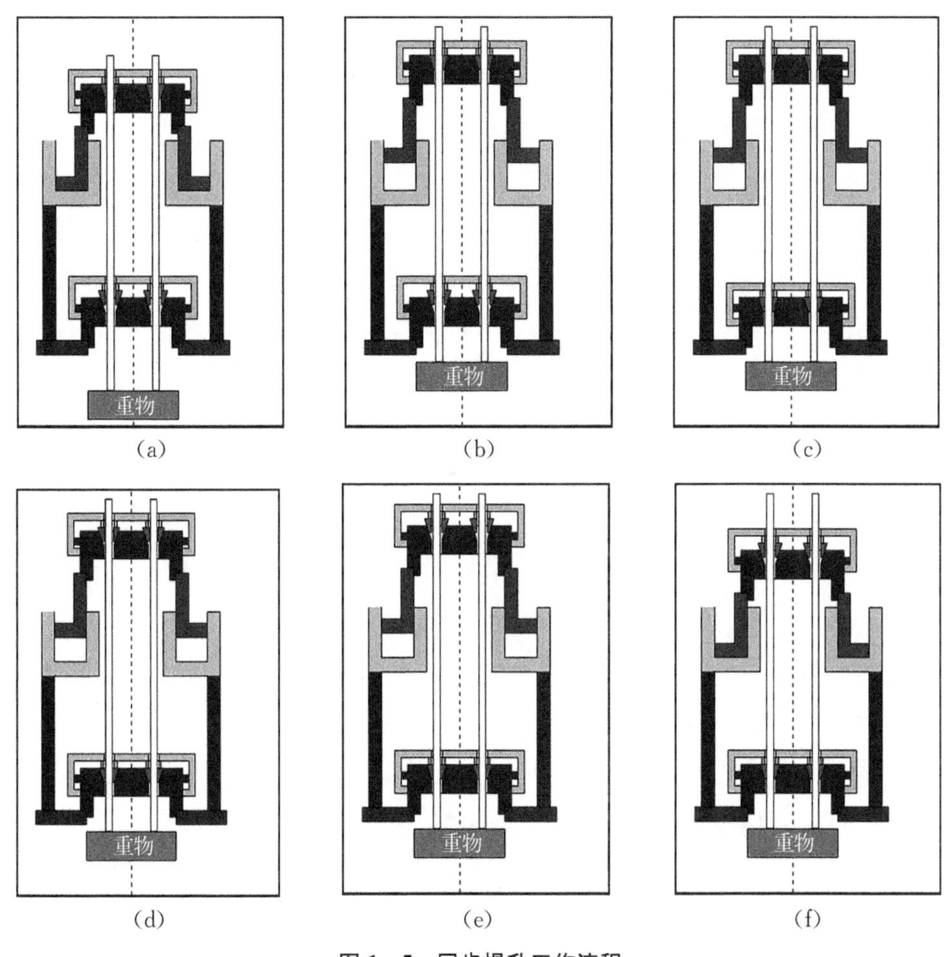

图 1-5 同步提升工作流程

液压泵站采用标准化、模块化设计，根据提升点数量确定泵站数量。单台液压泵站由主液压系统和锚具辅助系统组成，锚具辅助系统主要用于锚具油缸的松、紧动作。主液压系统用于提升主油缸的升缸和回缸。液压泵站包括电机、液压油泵、阀块、电磁换向阀、平衡阀、溢流阀和油箱等元件。

电气控制系统是液压提升系统的“大脑神经中枢”。它可以完成集群油缸作业时的动作协调控制，无论是提升主油缸，还是上、下锚具，在提升工作中都必须在计算机控制下协调动作，为同步提升创造条件。同时，可以对各提升点的同步高差、提升点压力进行合理的调节控制，实现重物安全可靠地提升。

上海东方明珠广播电视塔钢天线桅杆整体提升工程是我国最早应用液压同步提升技术的项目之一，该钢天线桅杆全长 118 m，总重 450 t，是当时世界上最长最重的天线桅杆，采用地面组装、整体提升的技术方案，由 20 台 400 kN 液压提升器对其进行提升，经过 80 多个小时、350 m 的连续提升，桅杆顺利到达预定安装位置。从此，同步提升技术在各项重大工程中得以应用并不断完善。上海大剧院钢屋盖平面尺寸 100 m×90 m，重 5 800 t，采用液压同步提升技术将钢屋盖提升近 40 m，达到安装位置。南京金鹰世界空中钢平台作为世界上在建的高度最高的唯一非对称三塔连体超大钢结构空中连廊，共 5 层，重 2 800 t，设置了 12 个提升点，承重钢绞线 398 根，耗费 9 天时间将其提升 130.3 m 至 190 m 高空。临沂奥体中心体育场采用轮辐式单层索网结构，平面尺寸 263 m×246 m，共 40 榀径向索，设置 40 个牵引提升点，经过 5 天的时间完成单层索网结构的提升和张拉。工程实践证明，同步提升技术具有良好的应用前景，能够创造显著的经济效益和社会效益。

2. 整体顶升

在结构周边不具备或没有足够的支承结构为液压提升器提供安装位置时，可采用结构整体顶升实现结构的安装。结构整体顶升是指结构在地面上拼装成整体，再用千斤顶顶升至设计位置并安装固定的施工方法。该施工方法如图 1-6 所示：(a) 顶升前初始状态；(b) 千斤顶顶升一个行程，安装顶升架标准节；(c) 千斤顶回缸，油缸上升，横梁上移，完成一个循环。

结构整体顶升完整流程如下：

(1) 顶升前的检查。内容包括：①被顶升结构顶升点处临时加固；②顶升千斤顶安装垂直、牢固；③影响顶升的设施全部拆除；④去除被顶升结构上与顶升无关的其他荷载。

(2) 顶升系统调试。内容包括：①顶升液压系统检查，顶升千斤顶与液压泵站之间油管连接正确、可靠，液压系统运行正常，油路无堵塞或泄漏；②电气控制系统检查，数据通信线路正确无误，各传感器信号正确传输，控制信号能够正确执行。

(3) 称重。为保证顶升过程的同步进行，在顶升前进行称重，测定每个顶升点的实际荷载。称重时，根据计算的顶升荷载，采用逐级加载的方式进行，记录各顶升点的实际荷载压力。将每顶升处的实测值与理论计算值比较，最终确定该点实测值能否作为顶升时的基准值。如差异较大，则作调整。称重前进行一次保压试验，按计算荷载的 70%～90%加压，保压 4～5 h，检查整个系统的工作情况、油路情况。

(4) 试顶升。试顶升主要用于检验顶升系统的可靠性和结构整体顶升的安全性，同时检验称重结果的真实性、可靠性。试顶升高度确定为 20 mm。

(5) 正式顶升。正式顶升应观察各顶升点的荷载情况,做好各个测量点的测量工作,比较实测数据与理论数据的差异,及时对结构姿态进行调整。

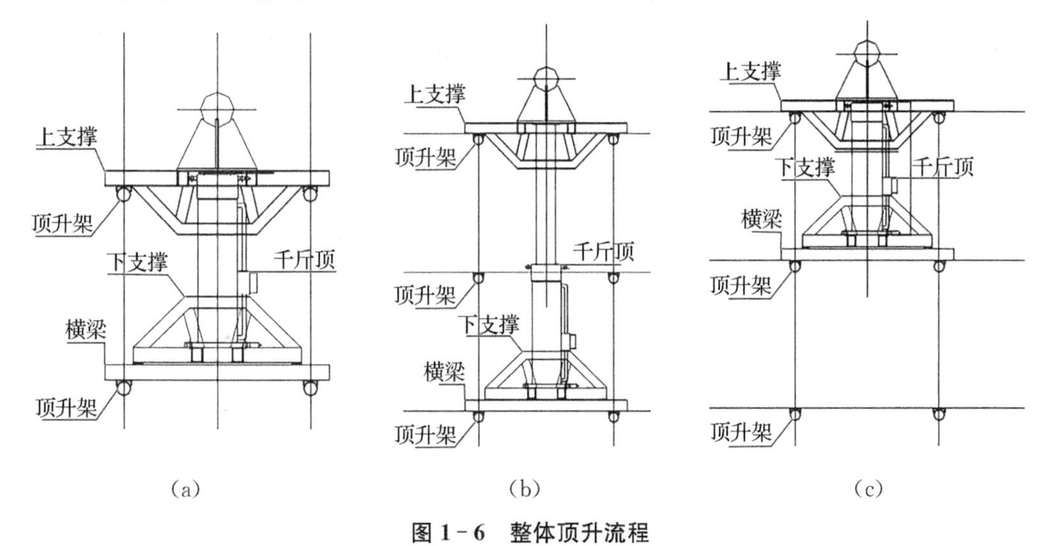

图 1-6 整体顶升流程

作为上海市优秀近代建筑保护单位的上海音乐厅,建于 1930 年,结构历史年代久,结构总重 5 800 t。为适应城市发展需要,利用整体顶升技术对其进行整体抬升改造,将音乐厅抬升 3.38 m。由于结构整体刚性差且重量分布不均,共布置 59 个顶升点,59 个顶升千斤顶根据分布位置分为四组,与建筑四角的光栅位移传感器组成位置闭环,以便控制建筑物顶升的位移和姿态,抵消由于建筑物重量分布不均匀造成的基础沉降和软土地基造成的基础沉降。

3. 顶推滑移

液压顶推器通过夹紧装置顶紧滑移轨道,顶推主油缸产生顶推反力,从而实现被顶推结构的向前滑移。液压顶推器与被顶推结构通过连接耳板销轴与被顶推结构连接,顶推力可以直接传递至被顶推构建上,在启停过程中不会出现传统钢缆传递过程中的延迟现象,传动精度也高于卷扬机钢缆连接。夹紧装置具有单向自锁性,对钢轨的夹紧力在滑移过程中可随顶推力增大而增大,不会与钢轨发生相对滑移,保证了顶推的同步性。

顶推滑移控制系统工作流程如图 1-7 所示。

(1) 液压顶推器夹紧装置与滑移轨道夹紧,顶推器油缸按滑移要求速度伸出,通过液压缸前端耳环与被顶推结构连接,顶推力传递至被顶推结构使其克服静摩擦力,开始滑移过程。

(2) 顶推器油缸全部伸出,被顶推构件完成一次滑移,前进一个步长。

(3) 液压顶推器油缸完成一个工作行程后,夹紧装置与滑移轨道放松,顶推器油缸开始慢慢回缩，夹紧装置通过与顶推器的插销连接跟随液压缸回缩一同向前移动。

(4) 液压缸回缩完成一个行程后，夹紧装置跟随顶推器就位于下个工作位置，一个滑移行程完成。

重复上述过程，不断顶推结构向前移动。

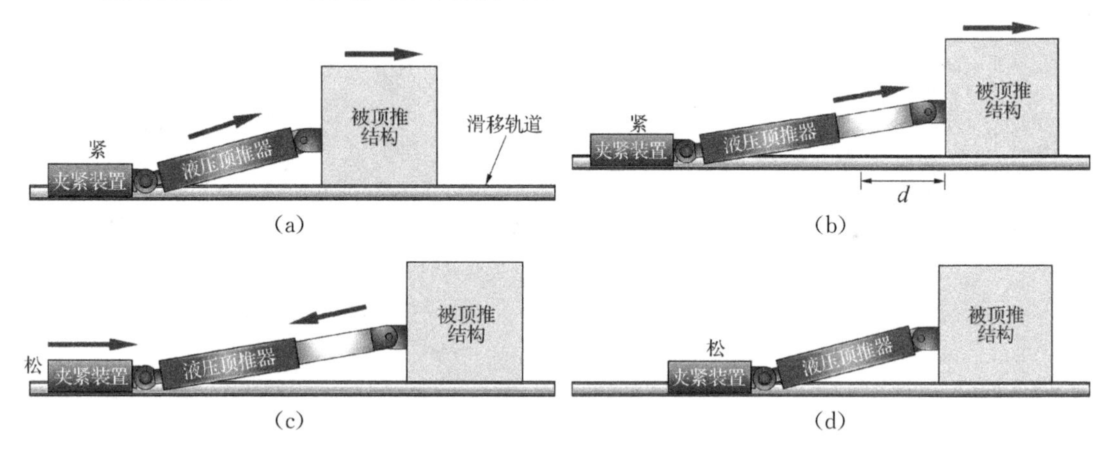

图 1-7　顶推滑移流程

液压顶推滑移可实现轨道长度范围内的无限距离顶推，顶推设备自重轻，占用空间小，承载能力大，在狭小空间和室内也可进行滑移施工，可用于安装重型结构。液压顶推器与被顶推结构采用耳板销轴连接，传力直接，同步精度高，可设立多个顶推点实现同步顶推。夹紧装置具有单向自锁性，滑移过程安全可靠。设备采用计算机控制，操作简单，安全性好，使用面广，通用性高。

2022 年北京冬奥会主场馆——国家速滑馆“冰丝带”采用顶推滑移技术实现外环桁架的安装。国家速滑馆外环桁架采用“南北分区吊装和东西分区滑移安装”的施工方法，东西分区外环桁架分两次滑移到位，第一次滑移为下滑移轨道的低空滑移，第二次滑移为上滑移轨道的高空滑移，两次滑移将外环桁架滑移至指定位置。采用 32 台液压顶推器，将 5 500 t 的东西区外环桁架与南北区外环桁架合龙。

4. 空中造楼机

框架-核心筒结构因其具有良好的抗侧刚度，同时可保证建筑内部有充裕的可用空间，逐渐成为国内外超高建筑的首选结构形式。框架-核心筒结构往往先完成混凝土核心筒施工，再进行外框架施工，核心筒施工速度决定整体结构的施工速度。为适应建筑高度和建筑体型的变化，超高层核心筒模板技术从滑模、液压爬升模板、整体提升脚手架发展到目前的整体钢平台模架体系，即“空中造楼机”，技术日益成熟。“空中造楼机”集平台智能升降系统、标准施工平台和设备设施、数字化操控系统于一体，实现高层建筑主体结构垂直方向机械化和自动化的连续建造，提高了现场建造过程的机械化和自动化程度，提升了劳动生产率和建筑质量。“空中造楼机”由钢平台系统、内外挂脚手架系统、液压顶升系统、大模板系统及钢柱支撑系统等组成。液压顶升系统为“空中造楼机”上升提供动力，其提供的反力能使施工平台上升，荷载通过钢梁支撑系统传递至核心筒墙体，系统主要由液压泵站、液压千斤顶、油路和各类控制阀体组成，施工时应保证施工平台上升的同步性。

以顶升钢平台体系为例，其工作流程如图 1－8 所示。

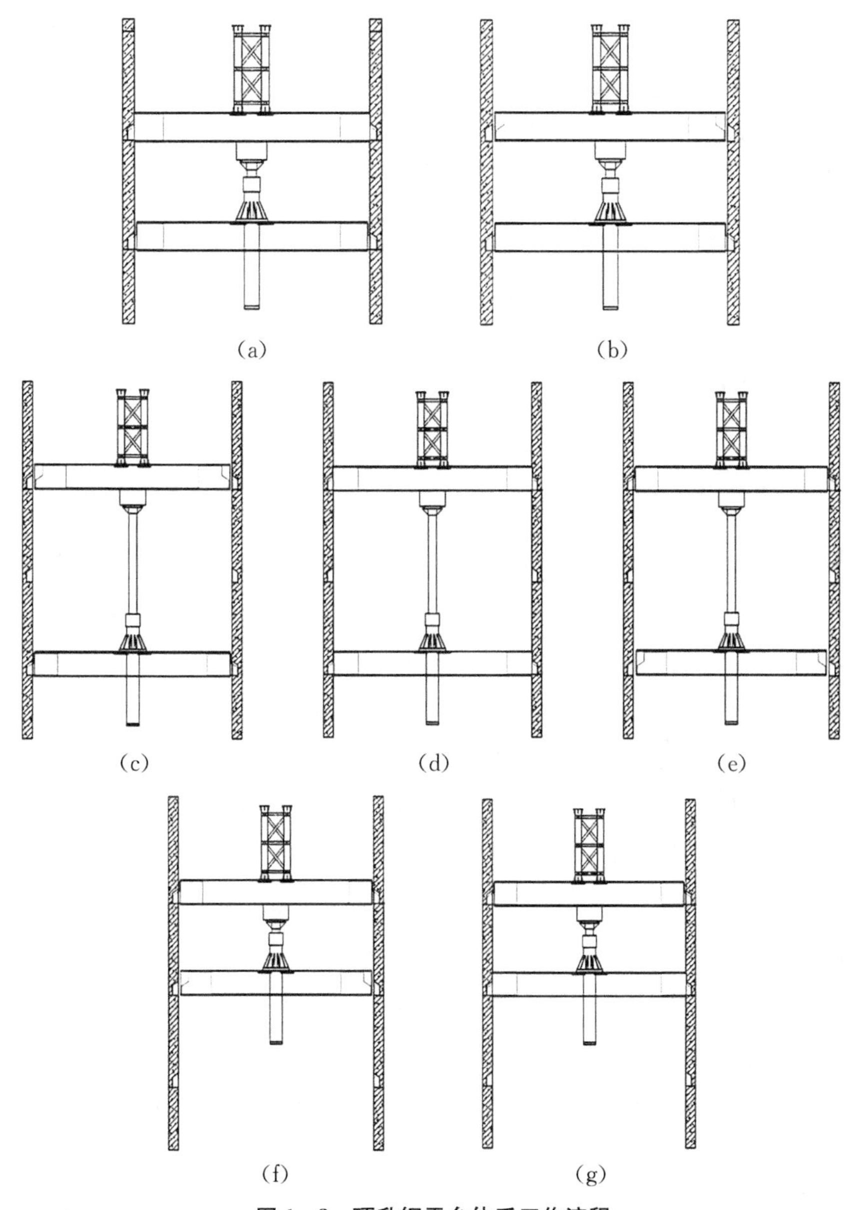

图 1－8　顶升钢平台体系工作流程

(a) 顶升前准备阶段:混凝土浇筑完成后,退模,清理顶层重物及平台杂物。

(b) 顶升油缸顶升一定高度,上支撑箱梁腾空,将上支撑箱梁牛腿收回,上部平台荷载转移至下支撑箱梁。

(c) 顶升油缸正式顶升,将上部钢平台顶升至一定高度。

(d) 上支撑箱梁牛腿伸出,顶升油缸下降一定高度将上支撑箱梁落实。

(e) 顶升油缸回收一定高度,下支撑箱梁腾空,将下支撑箱梁牛腿收回,上部平台荷载转移至上支撑箱梁。

(f) 顶升油缸回收至目标支承位置标高。

(g) 下支撑箱梁牛腿伸出,顶升油缸伸出至下支承箱梁落实。

整体钢平台模架体系是我国在总结国内外施工经验的基础上自主研发的超高层建筑核心筒模架施工技术,上海东方明珠电视塔系国际上首个工程案例。随后,该技术凭借其良好的结构体形适应性、整体性和超大承载能力等优势,先后应用于上海金茂大厦、上海环球金融中心、上海中心大厦、苏州东方之门等项目中。

1.2.2 桥梁工程

1. 步履式顶推

步履式顶推集顶升、平移和横向调整于一体,能够及时进行轴向纠偏,竖向调整便捷,可有效控制顶升点荷载,通过液压控制系统实现高精度移动和安装。步履式多点连续顶推设备包括液压泵站、顶升油缸、下支撑架、滑移系统、上支撑架、水平顶推油缸、横向调整油缸。步履式多点顶推工艺采用“顶”“推”两个步骤交替进行,如图 1-9 所示。先将钢梁托起,再向前顶推。顶升油缸回油,将钢梁落于桥墩临时结构上,顶推油缸回油,完成一个顶推循环。通过上述步骤的循环,将钢梁顶推到预定位置。通过液压控制系统,以各顶升点的支撑力为依据,以顶推油缸的顶推力和位移作为控制参数,实现力和位移综合控制,确保顶推过程中各顶推装置同步工作。

2010 年建成的郑州黄河公铁两用桥,公铁合建长度达 9 km,是迄今为止世界上最长的公铁合建桥梁。顶推总长度 1 142.5 m,顶推总重近 4.3 万 t,共使用 33 台 350 t 液压步履顶推器,在顶推跨度、总长度和总重量方面均创“世界之最”。

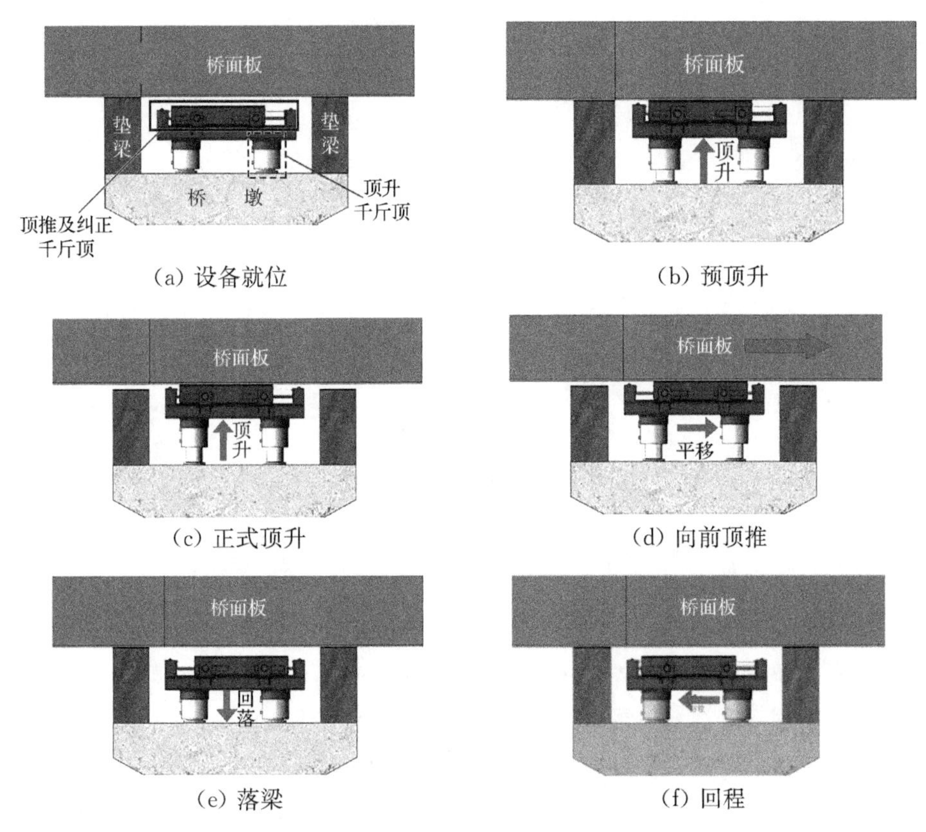

(a) 设备就位 (b) 预顶升
(c) 正式顶升 (d) 向前顶推
(e) 落梁 (f) 回程

图 1-9 步履式顶推工作流程

2. 桥梁转体(竖转、平转)

桥梁转体施工是一种无支架的施工方法,在跨越山谷、大河及既有线等方面具有优越的性能。桥梁转体动力由液压控制系统提供,包括牵引系统和微调系统。桥梁转体可分为竖向转体、平面转体和平竖结合转体。

1) 竖向转体

桥梁竖向转体方法指在桥位竖向平面内转动桥梁两半跨,使其在空中合龙对接,对于跨径过大、拱肋过长的拱桥,竖向转体不易控制,施工中容易出现问题,因此桥梁竖向转体多用于中小跨径拱桥建设中。竖向转体又可分为拱肋俯卧安装建造后向上转体和拱肋竖向安装建造后向下转体,桥梁向下竖转方案如图 1-10 所示。

具体流程为:(a) 钢箱拱肋分节段吊装;(b) 竖向转体并合龙;(c) 浇筑箱内、外混凝土和横系梁;(d) 上部结构浇筑及安装。

1996 年施工完成的三峡莲沱钢管混凝土拱桥(主跨径为 114 m)以及 1999 年施工完成的广西鸳江钢管混凝土拱桥(主跨径为 175 m)采用竖向转体法,徐州京杭运河钢管混凝土提篮拱桥(主跨径为 235 m)采用液压控制系统实现拱肋的竖向转体施工。

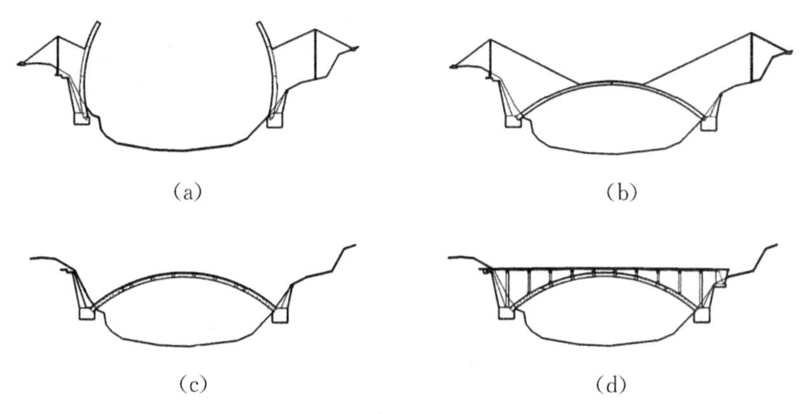

图 1 - 10　桥梁竖转

2) 平向转体

在指定位置建造桥梁后,借助液压控制系统使其在水平面内转动至桥位中心线处合龙成桥。一般上转盘设置两束牵引索,逐根顺次沿着既定索道排列缠绕 3/4 圈以后穿过千斤顶。牵引索固定端在转盘预埋件上,用千斤顶对钢绞线预紧,使同一束牵引索各钢绞线持力基本一致。通过千斤顶牵引实现桥梁平面转体,如图 1 - 11 所示。也可附加配置助推系统,助推系统由助推千斤顶和助推反力支座组成,通过分级加载,逐渐克服转动阻力,若遇到转体牵引系统不能正常提供动力的情况,助推系统可作为应急动力储备。

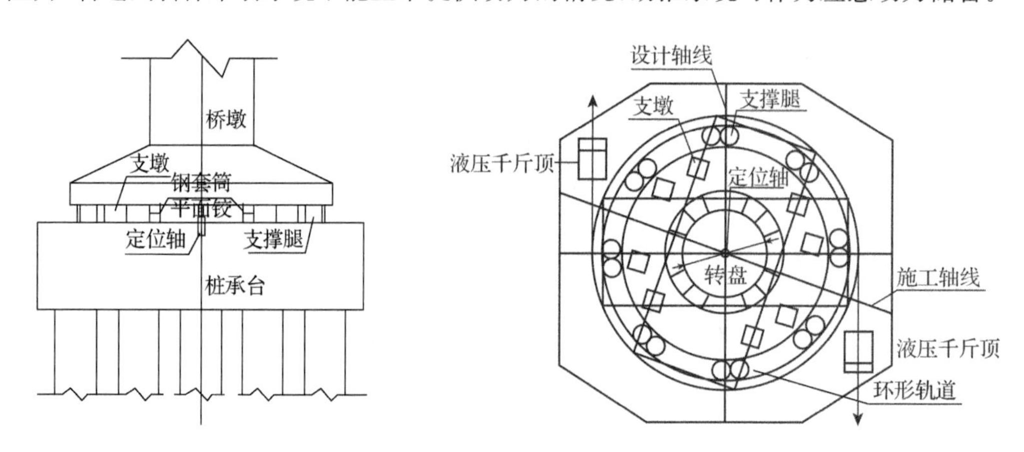

图 1 - 11　桥梁平面转体系统

西溪河大桥是我国高铁首座钢管混凝土转体拱桥,也是成贵高铁的重难点控制性工程。大桥全长 493.6 m,最高桥墩 60 m,桥面至谷底的深度为 260 m,采用跨度为 240 m 的上承式钢管混凝土拱桥新结构,该跨度为我国高铁同类型桥梁的最大跨度。该桥采用双向水平转体,将 2.8 万 t 重的拱肋转体合龙。

3) 竖转平转结合

当受到地形条件或施工条件的限制，不可能在桥梁的设计平面和桥位竖向平面内建造时，则桥梁转体时既要平转还要竖转才能使其就位。

桥梁竖转平转结合如图 1-12 所示，具体流程如下：

(1) 建造拱桥的拱脚桥墩；

(2) 在拱脚桥墩上设置转动机械装置；

(3) 沿平行于河流或山谷方向建造边跨；

(4) 在拱脚桥墩上方建造支撑钢塔；

(5) 在支撑脚手架上建造半跨主拱肋，利用固定于支撑钢塔顶部的钢绞线将主拱肋竖向转体至设计高度，再利用钢绞线将边跨连接至支撑钢塔顶部，使主拱肋、边跨、支撑钢塔和钢绞线形成自平衡结构；

(6) 利用液压控制系统将两侧自平衡结构进行平转转体，使它们转至桥位中心线并在高空合龙。

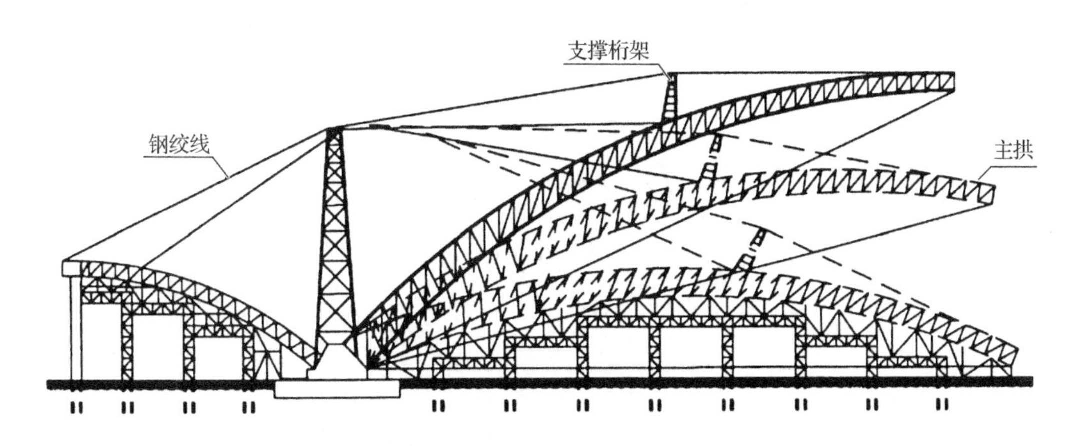

图 1-12 桥梁竖转平转结合

液压传动绪论

2.1 液压传动的基本概念

2.1.1 液压传动的工作原理及工作特性

液压传动与气压传动的工作原理是相似的。现以图 2-1 所示的液压千斤顶为例来说明液压传动的工作原理。

如图 2-1 所示，截止阀 11 处于关闭状态，当杠杆手柄 1 向上抬起时，小活塞 3 向上运动，使小活塞下端的油腔容积增大而形成局部真空，单向阀 7 会处于关闭状态，油箱 12 中的液压油在大气压的作用下，经吸油管路 5 顶开单向阀 4，进入小缸体 2 的下腔中。然后向下压杠杆手柄 1，小活塞 3 下移，小缸体 2 的下腔容积变小，油液压力升高，使单向阀 4 关闭，并且顶开单向阀 7，油液经压油管路 6 进入大缸体 9 的下腔，推动大活塞 8 带动重量为 W 的重物向上移动。如果杠杆手柄 1 被连续往复上下扳动，则油液不断进入大缸体 9 的下腔，使重物逐渐上升。当杠杆手柄 1 停止运动时，大活塞与重物也停止运动；如果打开截止阀 11，大缸体下腔接通油箱，油液经回油管路 10 和截止阀 11 流回油箱，大活塞与重物在自重的作用下回到初始位置。

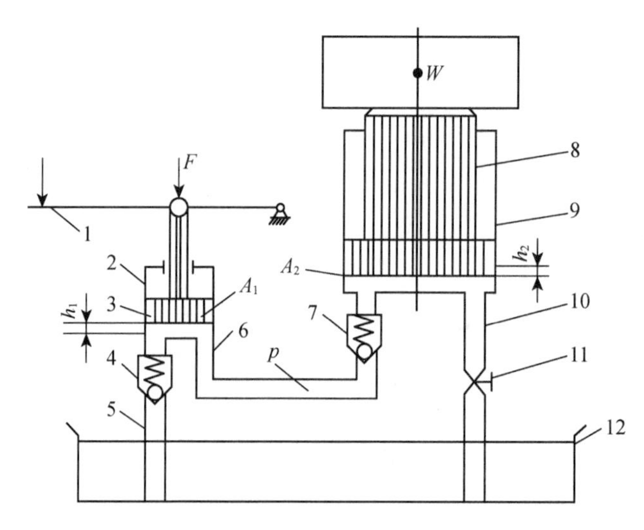

1—杠杆手柄；2—小缸体；3—小活塞；4、7—单向阀；5、6、10—油管；8—大活塞；9—大缸体；11—截止阀；12—油箱。

图 2-1 液压千斤顶工作原理图

由上述液压千斤顶的工作原理可以看出，驱动杠杆手柄 1 上下移动的机械能，通过小缸体 2、小活塞 3 以及单向阀 4 和 7，转换成了油液的压力能，此压力能又通过大缸体 9

和大活塞 8 转换成举升重物(负载)运动的机械能,对外做功。图 2-1 中的元件组成了一个简单的液压传动系统,实现了力和运动的传递。

为了更好地说明液压传动的基本特性,下面对图 2-1 所示液压千斤顶系统的力、运动速度和功率进行详细论述。

1) 力的传递

在液压系统中,由液体自重引起的压力 ρgh 往往比外界施加于液体的压力 p_0 小得多,因此常忽略不计。设小活塞的面积为 A_1,施加在小活塞上的力为 F,大活塞的面积为 A_2,大活塞所顶起重物的重量为 W。根据帕斯卡原理,在密闭的容器内,施加于静止液体上的压力将以等值传递到液体内的各点,则大、小油缸内的液体压力是相等的,得出的表达式为

$$p=\frac{F}{A_1}=\frac{W}{A_2} \tag{2-1}$$

或

$$W=pA_2=F\frac{A_2}{A_1} \tag{2-2}$$

在图 2-1 所示的液压系统中,当系统的结构参数一定时,即 A_1、A_2 的大小不变时,负载 W 越大,系统中的压力 p 就越大,所需要的作用力 F 就越大;反之,负载 W 越小,系统中的压力 p 就越小,所需要的作用力 F 就越小,因此就得出一个重要的结论,即液压传动系统中的作用力 F 取决于外负载。

由式(2-2)还可以看出,活塞面积比(A_2/A_1)越大,增力效果越明显。只要在小活塞上施加一个很小的力 F,就可以使大活塞上产生一个很大的举升力举起重物,这就是液压千斤顶的工作原理。

2) 运动的传递

如果不考虑液体的可压缩性、泄漏,以及缸体和管路的变形等因素,则小缸体中被小活塞压出的油液的体积等于大缸体中大活塞上升所扩大的体积,即

$$V=A_1h_1=A_2h_2 \tag{2-3}$$

式中:h_1 和 h_2 为小活塞和大活塞的位移量。

将式(2-3)的两端同时除以活塞移动的时间 t,得

$$A_1\frac{h_1}{t}=A_2\frac{h_2}{t} \tag{2-4}$$

即

$$A_1 v_1 = A_2 v_2 \tag{2-5}$$

式中：v_1 和 v_2 为小活塞和大活塞的运动速度。

Av 的物理意义是单位时间内流过截面积为 A 的缸体的油液体积，称为体积流量，习惯上称为流量，一般用 q 来表示，单位为 m^3/s，在工程上多用 L/min 来表示。

$$q = Av \tag{2-6}$$

如果进入缸体的流量为 q，则活塞运行的速度为

$$v = \frac{q}{A} \tag{2-7}$$

由式(2-7)可知，如果调节进入缸体的流量 q，就可以调节活塞的运动速度 v，这就是液压系统可以实现无级调速的原理；同时式(2-7)还说明活塞的运动速度取决于流入缸体中流量的大小，而与流体的压力无关。

3) 功率的计算

由液压千斤顶的工作原理(图 2-1)可知，系统的输入功率为 Fv_1，输出功率为 pA_2v_2，如果不计各种损失，则系统的输入功率等于输出功率，即

$$P = Fv_1 = pA_1v_1 = pA_2v_2 = pq \tag{2-8}$$

在机械传动系统中，功率通常为负载与速度的乘积；在液压系统中，功率为压力与流量的乘积。可见在液压系统中，流量和压力是两个相当重要的参数，这在以后的学习中会经常用到。液压系统也是利用密封容积发生变化时产生的压力能来实现力的传递和速度的传递。

4) 工作特性

液压系统工作时，外界负载越大(在有效承压面积一定的前提下)，所需油液的压力也越大，反之亦然。因此，液压系统的油压力(以下简称系统的压力)大小取决于外界负载。负载大，系统压力大；负载小，系统压力小；负载为零，系统压力为零。另外，活塞或工作台的运动速度(以下简称系统的速度)取决于单位时间通过节流阀进入液压缸中油液的体积(即流量)。流量越大(在有效承压面积一定的前提下)，系统的速度越快，反之亦然。流量为零，系统的速度亦为零。液压系统的压力和外界负载及速度和流量的这两个关系称作液压传动的两个工作特性。这两个特性很重要，随着课程的深入，要进一步加深对它们的理解。

2.1.2 液压系统的组成

图 2-2 为简化了的磨床工作台液压系统的工作原理图，它的工作原理如下：

电动机(图中未画出)带动液压泵 4 旋转,经过滤器 2 从油箱 1 中吸油,油液经液压泵输出后进入压油管路 10,如图 2-2(a)所示,通过换向阀 9、节流阀 13 和换向阀 15 进入液压缸 18 的左腔,推动活塞 17 和工作台 19 向右运动。此时液压缸 18 右腔的油液经换向阀 15 和回油管路 14 流回到油箱。如果将换向手柄 16 转换到如图 2-2(b)所示的位置,就改变了液压油进、出液压缸的方向,油液经换向阀 15 进入液压缸 18 的右腔,使液压缸活塞带动工作台向左运动,从而实现工作台的换向。交替扳动手柄 16,工作台在活塞带动下做直线往复运动。

如果扳动换向手柄 11 使换向阀 9 处于图 2-2(c)所示的位置,液压泵输出的油液不能进入液压缸,油液全部通过换向阀 9 和回油管路 12 流回油箱,工作台停止运动。此时,液压泵没有负载,液压泵输出的油液没有压力,这种状态称为卸荷。

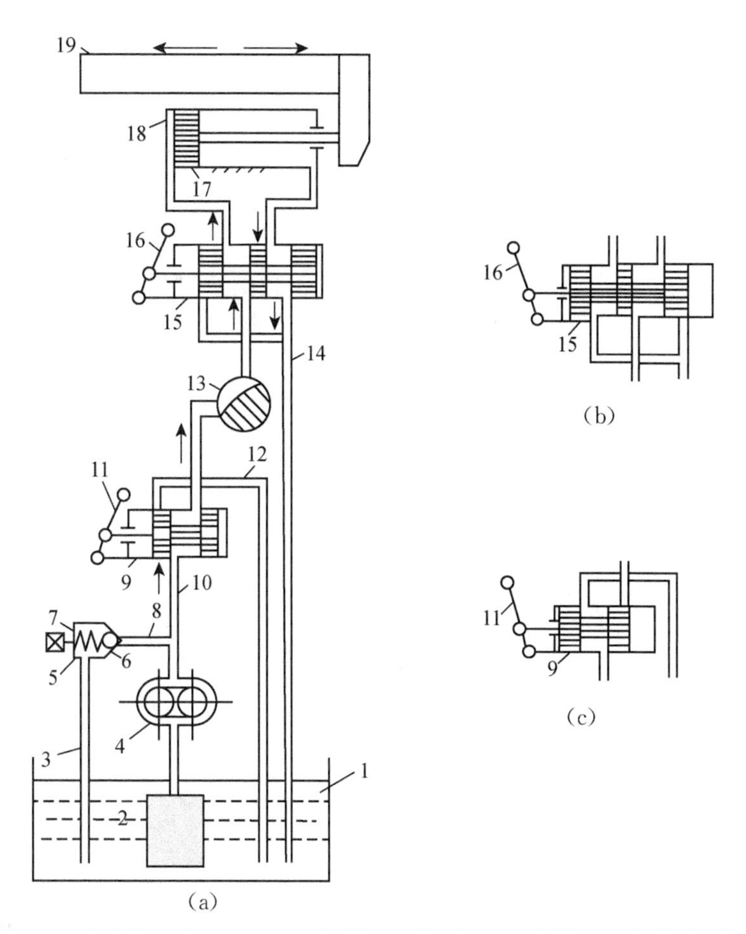

1—油箱;2—过滤器;3、8、10、12、14—油管;4—液压泵;5—弹簧;6—钢球;7—溢流阀;9、15—换向阀;11、16—换向手柄;13—节流阀;17—活塞;18—液压缸;19—工作台。

图 2-2 磨床工作台的液压系统图

在图 2-2 所示的液压系统中,液压泵的供油压力由溢流阀 7 调定,工作台的移动速度由节流阀 13 来调节,液压泵输出的多余油液经溢流阀 7 和回油管 3 流回油箱。滤油器过滤油液,保证进入液压系统油液的洁净度。

从以上的例子可以看出,液压与气压传动系统由以下五个部分组成:

1) 动力元件

动力元件的作用是将原动机输入的机械能转变成油液的压力能。动力元件一般指液压泵或空气压缩机,它是系统的动力源。

2) 执行元件

执行元件将油液的压力能转变成机械能,驱动工作台对外做功。例如液(气)压缸、液(气)压马达等。

3) 控制调节元件

控制调节元件用来控制液(气)压系统中油液(气体)的压力、流量和流动方向,通常指各种阀类,如图 2-2 中的换向阀、节流阀、溢流阀等。

4) 辅助元件

液压系统中除上述几项以外的其他元件都属于辅助装置,如油箱、过滤器(过滤液压油)、空气过滤器、压力表、蓄能器、油管、管接头等。

5) 工作介质

工作介质是指液压油或压缩空气,可利用它来传递能量和信号。

2.1.3 液压系统的图形符号

气压与液压传动系统的表示方法类似。图 2-1 和图 2-2 是以液压元件的半结构图的形式来表示系统工作原理的,一般称为结构原理图。这种原理图比较直观,容易理解,但是图形绘制比较烦琐,不适合绘制复杂的液压系统。为了简化液压系统的表示方法,除某些特殊情况外,通常采用液压元件职能符号来绘制液压系统的原理图。我国已经制定了液压与气动图形符号标准《流体传动系统及元件 图形符号和回路图 第 1 部分:图形符号》(GB/T 786.1—2021),利用液压图形符号绘制液压系统图,可使液压系统简单明了,便于绘制。图 2-3 即为按照国家标准 GB/T 786.1—2021 规定的液压元件图形符号绘制的磨床工作台液压系统原理图。注意:液压传动系统的职能符号只表示元件的职能,不表示元件的结构和参数。液压元件的图形符号应以元件的静止状态或零位来表示。

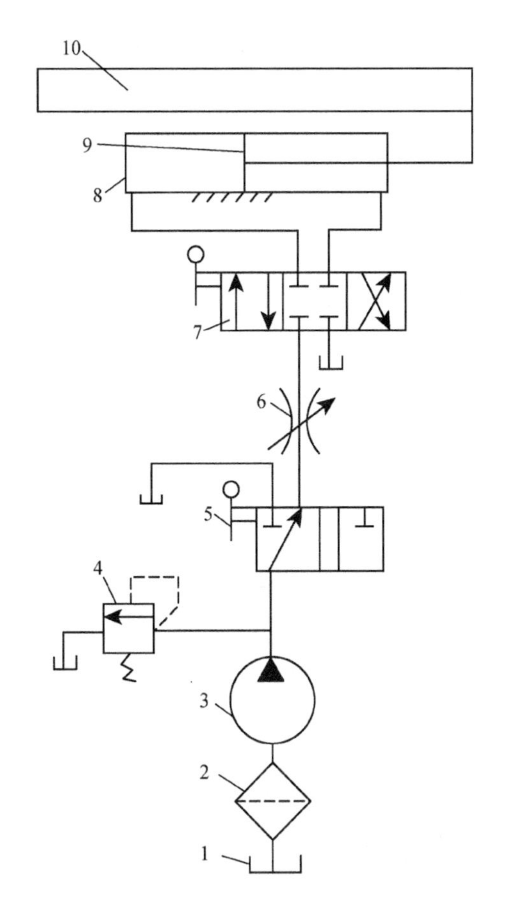

1—油箱;2—滤油器;3—液压泵;4—溢流阀;5、7—换向阀;6—节流阀;
8—活塞;9—液压缸;10—工作台。

图 2-3 用职能符号表示的磨床工作台液压系统图

2.2 液压传动的优缺点

2.2.1 液压传动的优点

液压传动系统与机械传动、电力传动等系统相比,具有如下优点:

(1) 在同等功率的情况下,液压装置的体积小、重量轻、惯性小。例如,输出同样功率的情况下,液压马达的重量为电动机重量的 10%~20%,而且还能传递较大的力或扭矩。

(2) 在运行中能方便地实现无级调速,调速范围比较大,可达 100∶1~2 000∶1,并且低速性能好。

(3) 工作比较平稳,反应快、冲击小,能频繁启动和换向。液压传动装置的换向频率高,回转运动每分钟可达 500 次,往复直线运动每分钟可达 400~1 000 次。

(4) 易于实现自动化，且该系统的控制、调节比较简单，与电气控制配合使用能实现复杂的顺序动作和远程控制。

(5) 易于实现过载保护，工作安全可靠，当系统超负载时，油液可以经溢流阀回到油箱。

(6) 液压元件易于实现系列化、标准化、通用化。

(7) 易于实现回转、直线运动，且元件排列布置灵活。

(8) 在液压传动系统中，液压传动以油液为工作介质，润滑性好，并且功率损失所产生的热量可由流动着的油带走，故可避免机械本体产生过度温升。

2.2.2 液压传动的缺点

液压传动具有以下缺点：

(1) 难以保证严格的传动比。液压传动的工作介质为液体，容易泄漏；同时由于油液的可压缩性，管路会产生弹性变形，所以液压传动不能用于传动比要求比较高的场合。

(2) 油液对油温变化比较敏感，不适于在很高或很低的温度下工作，对油液污染也很敏感。

(3) 液压系统中需要进行两次能量转换，在能量传递过程中有机械损失、压力损失、泄漏损失等现象，所以效率较低，不宜做远距离传动。

(4) 液压元件制造精度高，造价较贵，需要组织专业生产，对使用和维护人员要求较高，要求他们具有一定的专业知识。

(5) 液压传动装置出现故障时不易追查原因，不易将故障迅速排除。

2.3 液压油的物理特性

2.3.1 液体的密度和重度

单位体积液体的质量称为液体的密度，通常用 ρ 表示。

$$\rho=\frac{m}{V} \tag{2-9}$$

式中：V 为液体的体积，m^3；

m 为液体的质量，kg。

重度 γ 是指单位体积内所含液体的重量。

$$\gamma=\frac{G}{V} \tag{2-10}$$

或

$$\gamma=\rho g \tag{2-11}$$

式中：G 为液体重量，$G=mg$，N；

g 为重力加速度，大小为 9.8 N/kg。

液压油的密度随温度的升高而略有减小，随工作压力的升高而略有增加，通常这种变化忽略不计。一般计算中，石油基液压油的密度可取为 $\rho=900\ \text{kg/m}^3$。

2.3.2 液体的压缩性

1. 液体的压缩性

液体的压缩性是指液体受压后其体积变小的性能。

液体的压缩性很小，所以在一般情况下，如在低压（压力低于 180×10^5 Pa）和研究液压系统的静态特征时，是可以忽略不计的。但在高压、受压体积较大和研究液压系统的动态特性（包括研究液流的冲击、系统的抗振稳定性、瞬态响应以及计算远距离操纵的液压机构）时，往往必须考虑液压油的压缩性。

2. 液体压缩性的表示方法

1) *液体的压缩性系数*

液体的压缩性是用压缩性系数表示的。压缩性系数的定义为：受压液体在变化单位压力时引起的液体体积的相对变化量。

假定压力为 p，液体体积为 V；压力增为 $p+\Delta p$ 时，液体体积为 $V-\Delta V$。根据定义，液体的压缩性系数为

$$\beta=-\frac{1}{\Delta p}\cdot\frac{\Delta V}{V} \tag{2-12}$$

式中：β 为液体的压缩性系数；

ΔV 为液体的压力变化所引起的液体体积变化值；

Δp 为液体的压力变化值。

压力增大时，液体体积减小，反之则增大，所以 $\Delta V/V$ 为负值。为了使 β 为正值，故在式(2-12)的前边加了一个负号。液压油的压缩性系数 β 值一般为 $5\times10^{-10}\sim7\times10^{-10}\ \text{m}^2/\text{N}$。

2) *液体的体积弹性模量*

在工程上常用液体的体积弹性模量（简称为体积模量）K 来表示液体的抗压性（或压

缩性)，将液体压缩性系数的倒数定义为液体的体积模量。即

$$K=\frac{1}{\beta}=-\frac{V\cdot\Delta p}{\Delta V} \tag{2-13}$$

液压油的体积模量越大，液体的压缩性越小，其抗压性能越强，反之越弱。液压油的体积模量 K 与压缩过程、温度、压力等因素有关，等温压缩与绝热压缩下的 K 值不同，但由于二者差别很小，故工程上使用时通常不加以区别。

3) 液压油的有效体积模量

当压力变化时，除纯液体(不含气体)的体积有变化外，液体中混入的气体，以及液体的容器(如液压缸和管道等)也会变形。这就是说，只有全面考虑液压油本身的压缩性、混合在油液中的空气的压缩性以及盛放液压油的封闭容器(包含管道)的容积变形，才能真正说明液体压缩的实际情况。根据定义，考虑了上述情况后的液体的体积模量——有效体积模量 K_e 由式(2-13)推得为

$$K_e=\frac{1}{K_c}+\frac{1}{K}+\frac{V_g}{V_\Sigma K_g} \tag{2-14}$$

式中：K_c 为容器壁材料的体积模量(在一般液压系统中容器的变形主要来自管道)；

K_g 为混入液体中的气体(空气)的体积模量[气体的等温体积模量等于系统的压力 p，绝热体积模量(对于空气)$K_g=1.4p$]；

V_g 为液体中所含纯气体的初始体积；

V_Σ 为容器内液体、气体总的初始体积(即含有气体的液体体积)。

对于金属液压缸和金属管道，由于其体积模量比液体的大得多，所以其变形的影响一般不考虑。但是当使用橡胶软管或尼龙软管时，由于这些管道的体积模量比液体的小得多，所以计算时必须考虑管道的影响。

在不计管道壁弹性的情况下，即设 $K_c\to\infty$ 时，式(2-14)可化简为

$$K_e=\frac{1}{K}+\frac{V_g}{V_\Sigma K_g} \tag{2-15}$$

当油液中无气泡时，式(2-14)可化简为

$$K_e=\frac{1}{K_c}+\frac{1}{K} \tag{2-16}$$

应当指出，以溶解形式存在于液体中的空气对液体的压缩性没影响；以混合形式存在于液体中的空气对液体的体积模量影响很大。所以，在使用和设计液压系统时应尽量设法不使油液中混有空气。

2.3.3 液体的黏性和黏度

1. 黏性的意义

液体在外力作用下流动时，液体分子间的内聚力会阻碍其分子的相对运动，即具有一定的内摩擦力，这种性质称为液体的黏性。黏性是液体的重要物理性质，也是选择液压油的主要依据。

液体流动时，由于液体和固体壁面间的附着力以及液体本身的黏性会使液体各层面间的速度大小不等，如图 2-4 所示。设两平板间充满液体，下平板固定不动，上平板以速度 u_0 向右平移。由于液体黏性的作用，黏附在下平板表面上的液层速度为零，黏附在上平板表面上的液层速度为 u_0，而由于液体的黏性，中间各层液体的速度则随着液层间距离 Δy 的变化而变化。当上下板之间距离较小时，液体的速度从上到下近似呈线性递减规律分布。其中速度快的液层带动速度慢的，而速度慢的液层对速度快的液层起阻滞作用。不同速度的液层之间相对滑动必然在层与层之间产生内部摩擦力。这种摩擦力作为液体内力，总是成对出现，且大小相等、方向相反地作用在相邻两液层上。

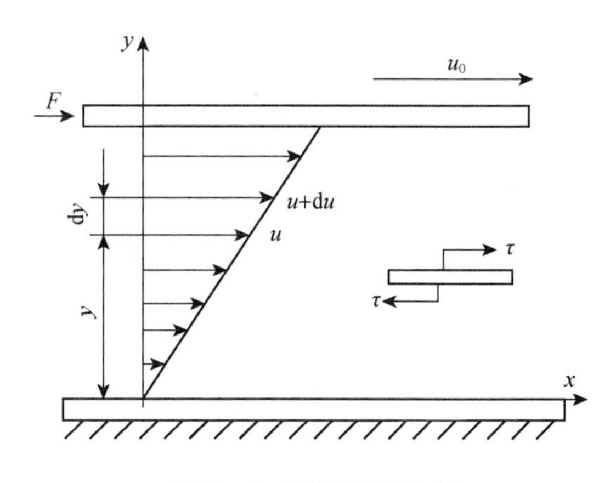

图 2-4 液体黏性示意图

实验证明，液体流动时相邻液层间的内摩擦力 F_f 与液层接触面积 A 成正比，与液层间的速度梯度 $\frac{du}{dy}$ 成正比，即

$$F_f=\mu A\cdot\frac{du}{dy} \tag{2-17}$$

式中：μ 为比例系数，称为动力黏度。若以 τ 表示液层间单位面积上的内摩擦力，则

$$\tau=\mu\frac{du}{dy} \tag{2-18}$$

式(2-18)称为牛顿液体内摩擦定律。若液体的动力黏度 μ 只与液体种类有关而与速度梯度无关,则这样的液体称为牛顿液体。一般石油基液压油都是牛顿液体。

2. 黏度

黏度是表示液体黏性大小的物理量,在液压系统中所用液压油常根据黏度来选择。常用的黏度表示方式有三种:绝对黏度(动力黏度)、运动黏度、相对黏度。

1) 绝对黏度

如图 2-5 所示,在两个平行平板(下板不动、上板动)间充满某种液体。当上板以速度 v_0 相对于下平板移动时,由于液体分子与固体壁面间的附着力,使紧挨着上平板的一层极薄的液体跟随着上平板一起以速度 v_0 运动,而紧挨着下平板的极薄的一层液体则黏附在下平板上不动,中间各层液体则由于液体的黏性从上到下按递减的速度向右移动(这是由于相邻两薄层液体间分子的内聚力对上层液体起阻滞作用,对下层液体起拖曳作用)。

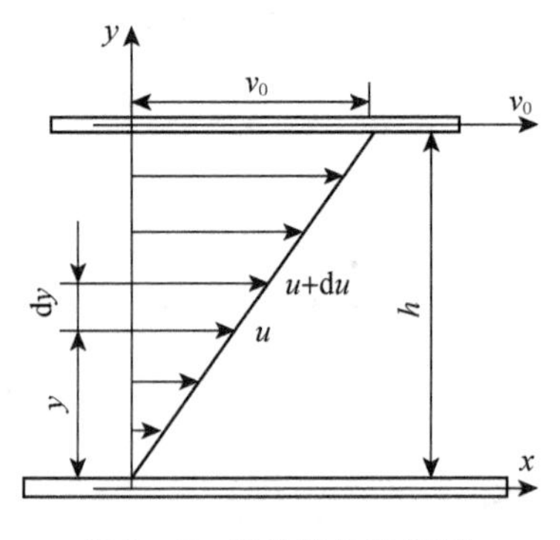

图 2-5 液体黏性示意图

实验测定指出,液体流动时相邻液层间的内摩擦力 F_f 与液层的接触面积 A、液层间的相对速度 du 成正比,与液层间的距离 dy 成反比,即

$$F_f=\mu \cdot A \cdot \frac{du}{dy} \tag{2-19}$$

式中:μ 为比例系数,称为黏性系数或动力黏度;

$\frac{du}{dy}$为速度梯度,即液层速度沿着平板间隙方向(图示 y 方向)的变化率。

绝对黏度的单位,在 CGS 单位制中采用 P(泊,1 P=1 dyn·s/cm^2),现在 SI 单位制中则采用 Pa·s[(帕·秒),1 Pa·s=1 N·s/m^2=10 P(泊)=10^3 cP(厘泊)。

2) 运动黏度

液体的绝对黏度与其密度的比值称为液体的运动黏度,以符号 ν 表示,即

$$\nu=\frac{\mu}{\rho} \tag{2-20}$$

运动黏度 ν 的单位过去为斯(1 St=1 cm^2/s)和厘斯(1 cSt=10^{-2} cm^2/s=1 mm^2/s),在SI单位制中则以 m^2/s 为单位,1 m^2/s=10^4 St=10^6 cSt=10^6 mm^2/s。目前在实际生产中厘斯这个单位仍在使用。

运动黏度 ν 没有什么特殊的物理意义,只是因为在液压系统的理论分析与计算中常常遇到绝对黏度 μ 与密度 ρ 的比值,因此才采用运动黏度来代替 μ/ρ。它之所以被称为运动黏度是因为在量纲上有运动学的量,如同绝对黏度-动力黏度在量纲上有动力学的量一样。就物理意义讲,ν 虽然不是一个黏度的量,但习惯上它却被用来标志液体的黏度。

3) 相对黏度

由于绝对黏度很难测量,所以常利用液体的黏性越大通过量孔越慢的特性来测量液体的黏度,即相对黏度。

相对黏度又称条件黏度。由于测量条件不同,各国所用的相对黏度单位也不同。美国采用赛氏黏度,代号为SSU;英国采用雷氏黏度,代号为R;法国采用巴氏度,代号为°B;我国、俄罗斯、德国等国家采用恩氏黏度,代号为°E。下面介绍恩氏黏度。

(1) 恩氏黏度的定义

在某一温度下,被测液体从 φ 2.8 mm的恩氏黏度计小孔流出200 cm^3 所需的时间为 t_1(s),它与20 ℃的蒸馏水从同一小孔流出相同的体积所需的时间 t_2(s)的比值称作这种液体在这个温度下的恩氏黏度,并以符号°E表示。即

$$°E=\frac{t_1}{t_2} \tag{2-21}$$

式(2-21)中,t_2 一般为51 s,°E的常用测量温度为20～100 ℃,相应的黏度以 $°E_{20}$～$°E_{100}$ 表示。

(2) 换算关系

已知恩氏黏度后,可用下面的经验公式将恩氏黏度换算成运动黏度。

当 $1.35\leqslant °E\leqslant 3.2$ 时

$$\nu=\left(8°E-\frac{8.64}{°E}\right)\ mm^2/s \tag{2-22}$$

当 $°E>3.2$ 时

$$\nu=\left(7.6°E-\frac{4}{°E}\right)\ mm^2/s \tag{2-23}$$

通常,当压力不高时,压力对黏度的影响很小,而高压时液体黏度会随压力增大而

增大，但增大数值很小，可以忽略不计。温度对液体的黏度影响很大，温度升高，黏度降低，液体的流动性增大。

3. 黏度与压力的关系

液体所受的压力增大时，其分子间的距离将减小，内摩擦力增大，黏度亦随之增大。对于一般的液压系统，当压力在 20 MP 以下时，压力对黏度的影响不大，可以忽略不计。当压力较高或压力变化较大时，黏度的变化则不容忽视。石油型液压油的黏度与压力(MPa)的关系可用式(2-24)表示：

$$\nu_p=\nu_0(1+cp) \tag{2-24}$$

式中：ν_p、ν_0 分别为油液在相对压力为 p 和相对压力为 0 时的运动黏度；

c 为随液压油类型而异的系数，对于石油基液压油，c=0.015～0.035。

4. 黏度与温度的关系

油液的黏度对温度的变化极为敏感，温度升高，油的黏度即显著降低。油的黏度随温度变化的性质称为黏温特性。不同种类的液压油有不同的黏温特性，黏温特性较好的液压油，黏度随温度的变化较小，因而油温变化对液压系统性能的影响较小。在实际应用中，温度升高，油的黏度下降的性质直接影响液压油液的使用，其重要性不亚于黏度本身。油液黏度的变化会直接影响到液压系统的性能和泄漏，因此希望黏度随温度的变化越小越好。

2.3.4 液压油的种类及选用

1) 对液压油的性能要求

不同的机械装置和不同的工作状况，对液压油的要求不同。液压油应具备如下性能：

(1) 黏温性好，即在工作温度变化的范围内，油的黏度随温度的变化要小。

(2) 润滑性要好。因为油液既是工作介质，又是相对运动零件的润滑剂。

(3) 化学稳定性好，不易氧化。油液氧化后会产生胶状物和沥青等杂质，容易堵塞液压元件。

(4) 抗泡沫性好，抗乳化性好，腐蚀性小，防锈性好。

(5) 对金属和密封件有良好的相容性，不含有水溶性酸和碱等，可避免腐蚀机件和管道，避免破坏密封装置。

(6) 热膨胀系数低，比热高，导热系数高。

(7) 凝固点低，闪点(明火能使油面上油蒸气闪燃，但油本身不燃烧时的温度)和燃点高。一般液压油闪点在 130～150 ℃之间。

(8) 质地纯净，杂质少。

(9) 良好的环保性能和经济性。

除此之外，对轧钢机、压铸机、挤压机、飞机等机器所用的液压油则必须突出油的耐高温、热稳定、不腐蚀、无毒、不挥发、防火等性能要求。

2) 液压油的种类

液压油的品种很多，主要可分为 3 大类型：石油型、合成型和乳化型。液压油的主要品种及其性质列于表 2-1。

表 2-1 液压油的种类及其性质

种类	可燃性液压油			抗燃性液压油			
	石油型			合成型		乳化型	
	通用液压油	抗磨液压油	低温液压油	磷酸酯液	水-乙二醇液	油包水液	水包油液
密度/(kg/m³)	850～900			1 100～1 500	1 040～1 100	920～940	1 000
黏度	小～大	小～大	小～大	小～大	小～大	小	小
黏度指数 *VI*	≥90	≥95	≥130	≥130～180	≥140～170	≥130～150	极高
润滑性	优	优	优	优	良	良	可
防锈性能	优	优	优	良	良	良	可
闪点/℃	≥170～200	≥170	≥150～170	难燃	难燃	难燃	不燃
凝点/℃	≤−10	≤−25	≤−35～−45	≤−20～−50	≤−50	≤−25	≤−5

石油型液压油是以机械油为原料，精炼后按需要加入适当添加剂而制成的。这类液压油润滑性好，但抗燃性差。

目前，我国液压传动采用机械油和汽轮机油的情况仍很普遍。机械油是一种工业用润滑油，价格虽较低廉，但精制深度较浅，化学稳定性较差，使用时易生成黏稠胶质，阻塞元件小孔，影响液压系统性能，且系统的压力愈高，问题就愈加严重。因此，只有在低压系统且要求很低时才可应用机械油。至于汽轮机油，虽经深度精制并加有抗氧化、抗泡沫等添加剂，其性能优于机械油，但这种油的抗磨性和防锈性不如通用液压油。

通用液压油一般是以汽轮机油作为基础油再加多种添加剂配成的，其抗氧化性、抗磨性、抗泡沫性、黏温性能均较好，广泛适用于在 0～40 ℃环境中工作的中低压系统，一般机床液压系统最适宜使用这种油。对于高压或中高压系统，可根据其工作条件和特殊要求选用抗磨液压油、低温液压油等专用油类。

石油型液压油有很多优点，其主要缺点是具有可燃性。在一些高温、易燃、易爆的工作场合，为了安全起见，应该在系统中使用抗燃性液体，如磷酸酯、水-乙二醇等合成液，或油包水、水包油等乳化液。

3）液压油的选用

首先应根据液压系统的环境与工作条件选用合适的液压油类型，类型确定后再选择液压油的牌号。

对液压油牌号的选择主要是对油液黏度等级的选择，这是因为黏度对液压系统的稳定性、可靠性、效率、温升以及磨损都有显著的影响。在选择黏度时，主要应考虑以下几方面因素：

（1）液压系统的工作压力。工作压力较高的液压系统宜选用黏度较大的液压油，以便于密封，减少泄漏；反之可选用黏度较小的液压油。

（2）环境温度。环境温度较高时宜选用黏度较大的液压油，因为根据液压油的黏温特性，环境温度升高会使液压油的黏度下降。

（3）运动速度。当工作部件的运动速度较高时，宜选用黏度较小的液压油，以减小液流的摩擦损失，减小能量损耗，提高系统的传动效率。

在液压系统的所有元件中，液压泵对液压油的性能最为敏感，因为泵内零件的运动速度最高，承受的压力最大，且承压时间长、温升高。因此，常根据液压泵的类型及其要求来选择液压油的黏度。各类液压泵适用的黏度范围见表 2-2。

表 2-2　各类液压泵适用的黏度范围

环境温度		5～40 ℃		40～80 ℃	
黏度		40 ℃黏度/(mm^2/s)	50 ℃黏度/(mm^2/s)	40 ℃黏度/(mm^2/s)	50 ℃黏度/(mm^2/s)
齿轮泵		30～70	17～40	110～54	58～98
叶片泵	$p<7$ MPa	30～50	31～40	65～95	35～55
	$p\geqslant 7$ MPa	54～70	25～44	70～172	40～98
柱塞泵	轴向式	43～77	25～44	70～172	40～98
	径向式	30～128	17～62	65～270	37～154

4) 液压油的使用与维护

在使用中,为防止油质恶化,应注意如下事项:

(1) 保持液压系统清洁,防止水、其他油类、灰尘和其他机械杂质侵入油中。

(2) 油箱中的油面应保持一定高度,正常工作时油箱的温升不应超过液压油所允许的范围,一般不得超过 70 ℃,否则需冷却调节。

(3) 换油时必须将液压系统的管路彻底清洗,新油要过滤后再注入油箱。

5) 液压油的污染控制

液压油受到污染常常是系统发生故障的主要原因,因此控制液压油的污染是十分重要的。

(1) 污染的危害

液压油被污染指的是液压油中含有水分、空气、微小固体颗粒及胶状生成物等杂质。液压油污染对液压系统造成的危害主要有以下几个方面:

①固体颗粒和胶状生成物堵塞滤油器,使液压泵吸油困难,产生噪声;堵塞有小孔或缝隙的阀类元件,使其动作失灵。

②微小固体颗粒会加速零件的磨损,影响液压元件的正常工作;同时也会擦伤密封件,使泄漏增加。

③水分和空气的混入会降低液压油的润滑能力,并使其氧化而变质;产生气蚀,加速液压元件的损坏;使液压系统出现振动、爬行等现象。

(2) 污染的控制

液压油污染的原因很复杂,液压油自身又在不断产生脏物,因此要彻底消除污染是很困难的。但是,为了延长液压元件的寿命,保证液压系统正常工作,必须将液压油的污染程度控制在一定限度之内。在实际生产中,常采取几方面措施来控制液压油的污染。

2.4 液体动力学基础

2.4.1 基本概念

1) 理想液体、恒定流动、一维流动

研究液体流动时必须考虑黏性的影响,但由于这个问题非常复杂,所以在开始分析时可以假设液体没有黏性,然后再考虑黏性的作用,并通过实验验证的办法对理想化的结论进行补充或修正。这种办法同样可以用来处理液体的可压缩性问题。一般把这种既无黏性又不可压缩的假想液体称为理想液体,而把事实上存在的具有黏性和可压缩的液体称为实际液体。

液体流动时,若液体中任一点处的压力、速度和密度等参数都不随时间而变化,则这种流动称为恒定流动(或称定常流动、非时变流动);反之,只要压力、速度或密度中有一个参数随时间变化,就称为非恒定流动(或称非定常流动、时变流动)。

当液体整个作线形流动时,称为一维流动;当作平面或空间流动时,称为二维或三维流动。一维流动最简单,严格意义上的一维流动要求液流截面上各点的速度矢量完全相同,液体的运动参数是一个坐标的函数,这种情况在现实中极为少见。一般常对封闭容器内流动的液体按一维流动分析,再用实验数据对计算结果进行修正。

2) 流线、流管、流束、通流截面

流线是某一瞬间液流中一条条标志其质点运动状态的曲线,在流线上各点的瞬时液流方向与该点的切线方向重合(如图 2-6 所示)。由于液流中每一点在每一瞬间只能有一个速度,因而流线既不能相交,也不能转折,是一条条光滑的曲线。

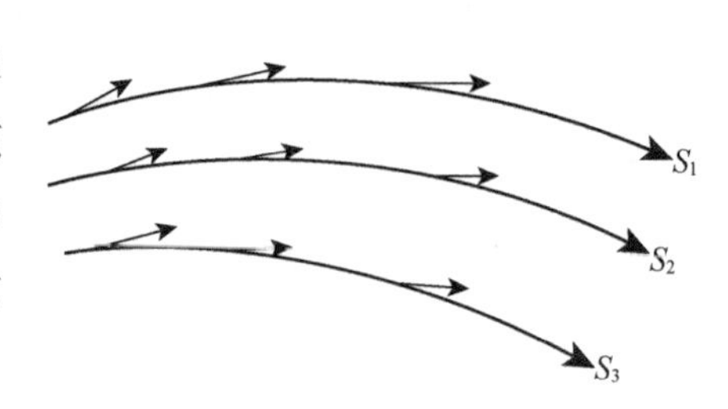

图 2-6 流线

在流场内作一条封闭曲线,过该曲线的所有流线所构成的管状表面称为流管,如图 2-7 所示,流管与真实管道相似。流管内所有流线的集合称为流束,如图 2-8 所示。根据流线不能相交的性质,流管内外的流线均不能穿越流管表面。

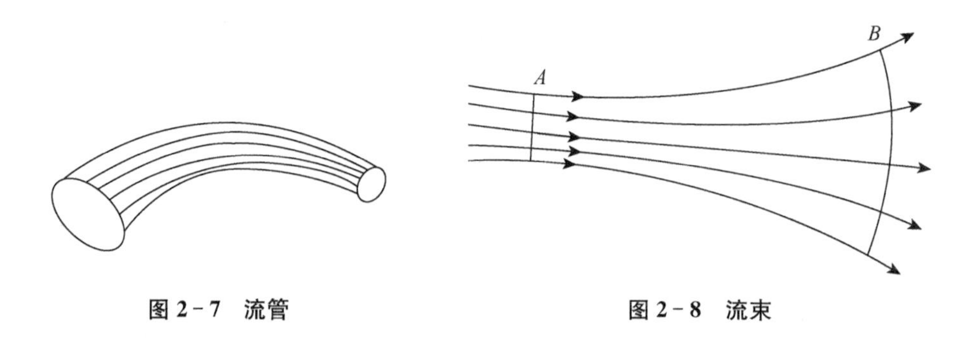

图 2-7 流管　　图 2-8 流束

垂直于流束的截面称为通流截面(或过流断面),通流截面上各点的运动速度均与其垂直。因此,通流截面可能是平面,也可能是曲面。如图 2-8 中的截面 A 是平面,而截面 B 是曲面。通流面积无限小的流束称为微小流束。

3) 流量和平均流速

单位时间内流过某一通流截面的液体体积称为流量。流量以 q 表示,单位为 m^3/s

或 L/min。

当液流通过微小的通流截面 dA 时[如图 2-9(a)所示],液体在该截面上各点的速度 u 可以认为是相等的,所以流过该微小断面的流量为

$$dq = u dA \tag{2-25}$$

则流过整个过流断面 A 的流量为

$$q = \int_A u dA \tag{2-26}$$

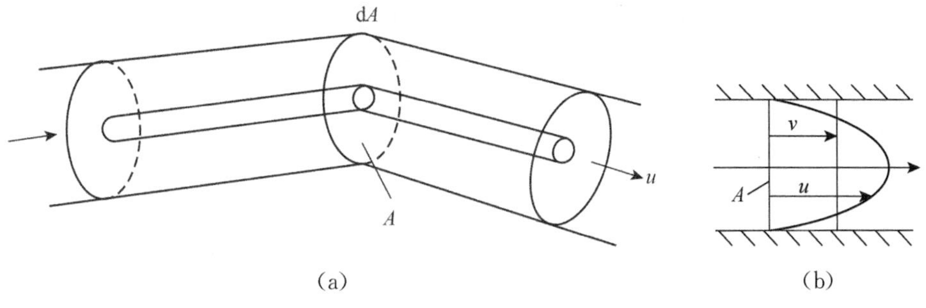

图 2-9 流量和平均流速

为求出 q 的值,必须知道流速 u 在整个通流截面 A 上的分布规律。对于实际液体的流动,由于黏性力的作用,整个过流断面上各点的速度一般是不等的,其分布规律亦比较复杂[图 2-9(b)],故按式(2-26)积分计算流量很不方便。因此提出一个平均流速概念,即假设过流断面上各点的流速均匀分布,液体以此流速 u 流过此断面的流量等于以实际流速流过的流量,即

$$q = \int_A u dA = vA \tag{2-27}$$

由此得出过流断面上的平均流速为

$$v = \frac{q}{A} \tag{2-28}$$

在工程实际中,平均流速 v 比各点的实际流速更具有应用价值。液压缸工作时,活塞运动的速度就等于缸内液体的平均流速,因而可以根据式(2-28)建立起活塞运动速度 v 与液压缸有效面积 A 和流量 q 之间的关系,即当液压缸有效面积一定时,活塞运动速度取决于输入(或输出)液压缸的液体流量。

4) *层流、紊流、雷诺数*

1883 年,英国物理学家雷诺通过大量的实验发现,液体在管道中流动时,存在两种完全不同的流动状态,即层流和紊流。层流是指液体质点呈互不混杂的线状或层状流动。紊流是指液体质点呈混杂紊乱状态的流动。

实验还可证明，液体在圆管中的流动状态不仅与管内的平均流速 v 有关，还和管道内径 d、液体的运动黏度 ν 有关。实际上，判定液流状态的是上述 3 个参数所组成的一个称为雷诺数 Re 的无量纲数，即对通流截面相同的管道来说，若液流的雷诺数相同，它的流动状态就相同。雷诺数的计算为

$$Re=\frac{vd}{\nu} \tag{2-29}$$

2.4.2 流动液体的质量守恒定律——连续性方程

连续性方程是质量守恒定律在流体力学中的一种表达形式。

如图 2-10 所示，在恒定流动的流场中任取一流管，其两端通流截面面积分别为 A_1 和 A_2，在流管中任取一微小流束，并设微小流束两端的截面积分别为 $\mathrm{d}A_1$ 和 $\mathrm{d}A_2$，液体流经这两个微小截面时的流速和密度分别为 u_1、ρ_1 和 u_2、ρ_2。

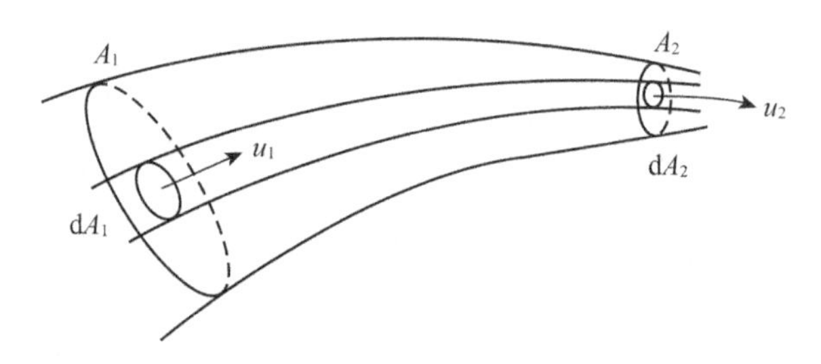

图 2-10　连续方程推导简图

根据质量守恒定律，单位时间内经截面 $\mathrm{d}A_1$ 流入微小流束的液体质量应与经截面 $\mathrm{d}A_2$ 流出的液体质量相等，即

$$\rho_1 u_1 \mathrm{d}A_1=\rho_2 u_2 \mathrm{d}A_2 \tag{2-30}$$

如忽略液体的可压缩性，即 $\rho_1=\rho_2$，则

$$u_1 \mathrm{d}A_1=u_2 \mathrm{d}A_2 \tag{2-31}$$

对其进行积分，就可得到经过截面 A_1 和 A_2，流入和流出整个流管的流量相等。

$$\int_{A_1} u_1 \mathrm{d}A_1=\int_{A_2} u_2 \mathrm{d}A_2 \tag{2-32}$$

根据式(2-26)和式(2-28)，采用平均流速来计算流量，则式(2-32)可写成

$$q_1=q_2 \text{或} \ v_1 A_1=v_2 A_2 \tag{2-33}$$

式中：q_1、q_2 分别为流经通流截面 A_1、A_2 的流量；

v_1、v_2 分别为流体在通流截面 A_1、A_2 上的平均流速。

由于两通流截面是任意取的，故

$$q=vA=C \tag{2-34}$$

这就是液体作恒定流动时的连续性方程。

结论：在密闭管路内作恒定流动的理想液体，不管平均流速和通流截面沿流程怎样变化，流过各个截面的流量是不变的。

连续性方程在液压传动技术中应用非常广泛。如图 2-11(a)所示的简单系统，根据连续性方程，有

$$v_1A_1=v_2A_2=q$$

由此可见，若液压泵活塞上的速度为 v_1，则液压缸活塞的运动速度必为 v_2。v_2 为

$$v_2=v_1\frac{A_1}{A_2}$$

这就是说，调节 v_1 的大小，v_2 就会产生相应的变化。

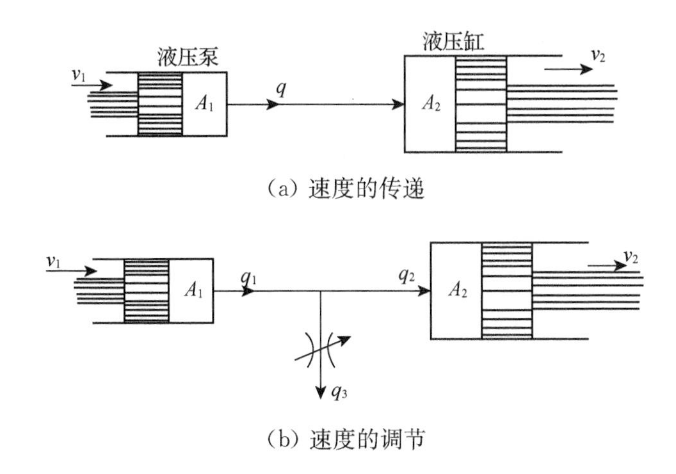

(a) 速度的传递

(b) 速度的调节

图 2-11　连续方程在液压传动中的应用

如图 2-11(b)所示，在液压泵与液压缸之间分一支流量可以控制的支路，则连续性方程为

$$v_1A_1=v_2A_2+q_3$$

或

$$v_2=\frac{1}{A_2}(v_1A_1-q_3)$$

由此可见，当 v_1 不可调节时，调节 q_3 也能改变 v_2 的大小。

在液压技术中，v_1 和 q_3 都能在一定范围内进行无级调节，因此 v_2 也能实现无级调节，这也是液压传动技术能得到广泛应用的原因之一。

2.4.3 流动液体的质量守恒定律——伯努利方程

液压系统是利用具有压力的流动液体来传递能量的。能量是做功本领的度量，而功则是能量的表现形式。下面根据能量守恒定律先对理想液体稳定流动时存在的能量形式及其变化规律进行分析，然后再将其推广应用于实际液体。

1）理想液体的伯努利方程式

图 2－12 表示液体流经管道的一部分，管道各处的截面大小和高低都不相同。管道内液体做稳定流动，现取出一段控制体积 AB。假定在极短时间 dt 内，控制体积从 AB 位置流动到 $A'B'$ 位置。由于移动距离很小，所以在从 A 到 A' 及从 B 到 B' 这两小段范围内，横断面积、压力、流速和高度都可以近似看成是不变的。设在 AA'、BB' 处的横断面积分别为 A_1、A_2，压力分别为 p_1、p_2，流速分别为 v_1、v_2，位置高度分别为 h_1、h_2。

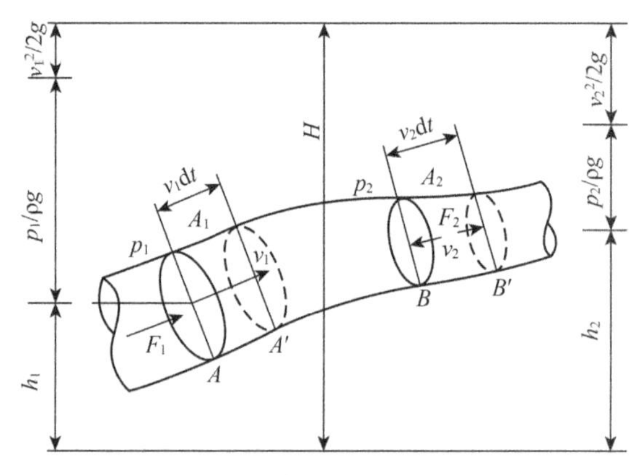

图 2－12　伯努利方程式推导简图

（1）伯努利方程式的推导

①外力对控制体积所做的功

由于假定管内液体是理想液体，所以液体流动时不存在内摩擦力。管道壁作用在控制体积侧面的力因和液体流动方向相垂直，故不做功。这样，只有液体母体作用于面积 A_1 上的力 F_1（推动力）和作用于面积 A_2 上的力 F_2（阻力）这两个外力对控制体积做功。力 F_1、F_2 分别为

$$F_1 = p_1 A_1$$

$$F_2 = p_2 A_2$$

当控制体积从 AB 段运动到 $A'B'$ 段时，F_1 和 F_2 所做的总功为

$$W = F_1 v_1 \mathrm{d}t - F_2 v_2 \mathrm{d}t = p_1 A_1 v_1 \mathrm{d}t - p_2 A_2 v_2 \mathrm{d}t \tag{2—35}$$

由液体的连续性原理有

$$A_1 v_1 = A_2 v_2$$

或

$$A_1 v_1 \mathrm{d}t = A_2 v_2 \mathrm{d}t = V \tag{2-36}$$

式中:V 为 AA' 或 BB' 段液体的体积。

将式(2-36)代入式(2-35)有

$$W = p_1 V - p_2 V \tag{2-37}$$

②控制体积的能量变化

当液体从 AB 流到 $A'B'$ 位置时,由于是稳定流动,所以在时间间隔 $\mathrm{d}t$ 内处在 $A'B$ 段空间的液体质点的压力、流速都不会发生变化,因此这段液体的能量也不会变化,而有变化的仅是 AA' 段液体与 BB' 段液体的位置高度和流速,因此势能和动能都有了变化。也就是说,控制体积在 $A'B'$、AB 两个位置上的能量变化只体现在 BB' 和 AA' 这两段液体上。设 AA' 段、BB' 段液体的机械能(动能、势能之和)分别为 E_1 和 E_2,则

$$E_1 = \frac{1}{2} m_1 v_1^2 + m_1 g h_1 = \frac{1}{2} m v_1^2 + m g h_1$$

$$E_2 = \frac{1}{2} m_2 v_2^2 + m_2 g h_2 = \frac{1}{2} m v_2^2 + m g h_2$$

式中:m_1、m_2 为液体 AA'、BB' 的质量,且 $m_1 = m_2 = m$。

机械能的变化

$$E_2 - E_1 = \frac{1}{2} m v_2^2 + m g h_2 - \frac{1}{2} m v_1^2 - m g h_1 \tag{2-38}$$

③外力所做的功等于机械能的变化

因假定液体是理想液体,在管道内流动时没有摩擦力,因而也就没有能量损耗。所以管道内 AB 段液体流到 $A'B'$ 时,所变化的机械能等于外力对其所做的功,即

$$W = E_2 - E_1 \tag{2-39}$$

将式(2-37)和式(2-38)代入式(2-39)有

$$p_1 V - p_2 V = \frac{1}{2} m v_2^2 + m g h_2 - \frac{1}{2} m v_1^2 - m g h_1$$

或

$$p_1 V + \frac{1}{2} m v_1^2 + m g h_1 = p_2 V + \frac{1}{2} m v_2^2 + m g h_2 \tag{2-40}$$

因 A_1 和 A_2 两过流断面是任意取的,所以上式对管道内任意两断面都是适用的。因此式(2-40)也可以写成

$$pV + \frac{1}{2} m v^2 + m g h = 常数 \tag{2-41}$$

式(2-41)是质量为m、重量为mg的液体的能量表达式。将上式两边同除以mg,可得单位重量液体的能量公式

$$\frac{p}{\rho g}+\frac{v^2}{2g}+h=\text{常数} \tag{2-42}$$

式(2-42)称为伯努利方程式。

(2) 伯努利方程式的讨论

①在式(2-42)中,$\frac{p}{\rho g}$、$\frac{v^2}{2g}$、h分别是单位重量液体的压力能、动能和势能,三者分别称为液体的比压能、比动能和比势能。

②伯努利方程式的物理意义是,在密封的管道内做稳定流动的理想液体在任意断面上都具有三种形式的能量,即压力能、动能和势能,它们之间可以互相转化,但三种能量的总和是一定的。

③在伯努利方程式中,$\frac{p}{\rho g}$、$\frac{v^2}{2g}$、h都具有长度的量纲,通常又分别称为压力头、速度头和位置头。三者之和为一常量,用H表示,称为总水头。在图2-12中,管道各点H值的连线为一水平线,这表示管道任何处的压力头、速度头、位置头之和即总水头都是相等的。

④从伯努利方程式中还可以看出,当管道处于水平位置、管道内各断面处的位置头相等时,或位置高低相差甚小,其影响可以忽略不计时,有

$$\frac{p}{\rho g}+\frac{v^2}{2g}=\text{常数}$$

即管道越细、流速越高,液体压力则越低,反之亦然。

2) 实际液体的伯努利方程式

式(2-42)是理想液体的伯努利方程式,当把它推广到实际液体上去时,必须对其进行修正。由于实际液体是具有黏性的,因此液体在流动时为克服内摩擦阻力必然要损失一部分能量。又由于实际液体在某一过流断面上的各点的速度并不相同,而式(2-42)中的比动能$\frac{v^2}{2g}$是以平均流速来计算的,因而计算结果与实际液体的比动能必有一定误差。考虑到这两方面的影响,实际液体的伯努利方程式为

$$\frac{p_1}{\rho g}+\frac{\alpha_1 v_1^2}{2g}+h_1=\frac{p_2}{\rho g}+\frac{\alpha_2 v_2^2}{2g}+h_2+h_w \tag{2-43}$$

式中:h_w为单位重量液体从一个过流断面流向另一个过流断面的总的能量损失;

α_1、α_2为动能修正系数,$\alpha=\frac{\text{某过流断面上各点都以其真实速度流动时的实际动能}}{\text{同一过流断面上各质点都以平均速度}v\text{流动时的平均动能}}$,

在紊流情况下或层流粗略计算时取 $\alpha_1=\alpha_2=1$；层流时取 $\alpha_1=\alpha_2=2$。

例题 一船舶液压系统，其液压装置最高点与最低点的垂直高度差 $h=10$ m，该点处液压力为 $p=21$ MPa，管中液体流速 $v=5$ m/s，试计算该点处的总能量，并比较比位能、比动能与比压能的大小（取 $\rho=900$ kg/m^3）。

解：取 $\alpha=1$，则总能量为

$$\frac{p}{\rho g}+\frac{v^2}{2g}+h=\frac{21\times10^6}{8.8\times10^3}+\frac{5^2}{2\times9.81}+10=2\ 397.63(\mathrm{m})$$

比位能所占的比例为

$$\frac{10}{2\ 397.63}\times100\%=0.42\%$$

比动能所占的比例为

$$\frac{1.27}{2\ 397.63}\times100\%=0.05\%$$

比位能与比动能之和所占的比例为

$$\frac{10+1.27}{2\ 397.63}\times100\%=0.47\%$$

由此可见，位能与动能常可以忽略不计（高压时尤其如此），即在液压传动中只考虑压力能。

2.5 液体流动时的压力损失

为了建立和维持液压系统的压力，液压传动中的液体必须在封闭的容器（管道）内流动。因实际液体具有黏性，所以液体在管道中流动时需克服内摩擦力，因而产生能量损失。另外，液体在流经管接头或过流断面大小发生突然变化时，也要产生能量损失。这些能量损失主要表现为压力损失，这在设计液压系统时是不可忽视的。压力损失最后转变为热，使油温升高，泄漏概率增加，容积效率下降。因此，必须尽量减少压力损失。

压力损失的大小与液体的流动状态有关。故下面首先介绍液体的流动状态。

1）液体的流动状态

（1）层流和紊流

液体的流动存在着两种不同的状态，分别为层流和紊流。液体处于层流状态时，流速较低，受黏性的制约而不能随意运动，黏性力起主导作用。处于紊流状态时，液体质点除了做平行于管道的轴线运动外，还或多或少具有横向运动，流速较高，黏性的制约作用减弱，因而惯性力起主导作用。

液体的流动是层流还是紊流，需根据雷诺数判别。

(2) 雷诺数

由式(2-29)可知，雷诺数是一个与管内的平均流速 v、管道内径 d 和液体的运动黏度 ν 有关的无量纲量。当雷诺数较大时，液体的惯性力起主导作用，液体处于紊流状态；当雷诺数较小时，黏性力起主导作用，液体处于层流状态。液流由层流转变为紊流时的雷诺数和由紊流转变为层流时的雷诺数是不同的，后者的数值较前者小，所以一般都用后者作为判断液流状态的依据，称为临界雷诺数，记作 Re_c。当液流的实际雷诺数 Re 小于临界雷诺数 Re_c 时，为层流；反之为紊流。对于光滑的金属圆管，$Re_c=2\ 320$。临界雷诺数一般由实验求得，常见液流管道的临界雷诺数见表 2-3。

表 2-3　常见液流管道的临界雷诺数

管道	Re_c	管道	Re_c
光滑金属圆管	2 320	带环槽的同心环状	700
橡胶软管	1 600～2 000	缝隙带环槽的偏心	400
光滑的同心环状缝隙	1 100	环状缝隙圆柱形滑阀阀口	260
光滑的偏心环状缝隙	1 100	锥阀阀口	20～100

(3) 非圆断面管道雷诺数的计算

对于非圆断面的管道，Re 可用下式计算：

$$Re=\frac{4vR_H}{\nu} \tag{2-44}$$

式中：R_H 为过流截面的水力半径，其定义为液流的有效过流断面积 A 与其湿周(有效过流断面上液体与固体相接触的周长)χ 之比，即

$$R_H=\frac{A}{\chi} \tag{2-45}$$

在液压传动中，管道中总是充满液体的。因此这里的有效过流断面积就等于通流断面，湿周就等于通流断面的周长。例如，通流断面为环形的管道的水力半径为 $R_H=\frac{\pi}{4}\times\frac{D^2-d^2}{\pi(D+d)}=\frac{D-d}{4}$($D$、$d$ 分别为环形管道的外侧、内侧直径)。

图 2-13 所示为几种典型的通流截面。它们的通流面积相等但形状不同时，其水力半径是不同的：圆形的最大，同心环状的最小。水力半径的大小反映了管道通流能力的大小。水力半径大，意味着液流和管壁的接触周长短，管壁对液流的阻力小，通流能力大，不易堵塞。

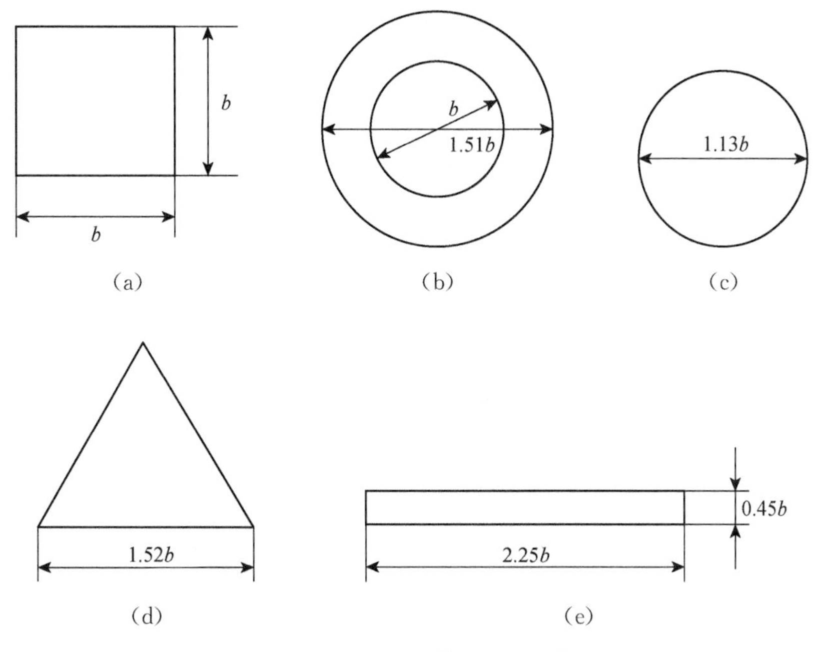

图 2-13 各种通流截面的水力半径

2) 液体在圆管中的层流流动及其沿程能量损失

液体在圆管中的层流流动是液压传动中最常见的一种流动。下面首先对这一流动状态下的能量损失及有关量加以分析、计算。

(1) 过流断面上的速度分布规律

设有某种液体在水平等断面的圆管道中从左向右做层流流动,如图 2-14 所示。

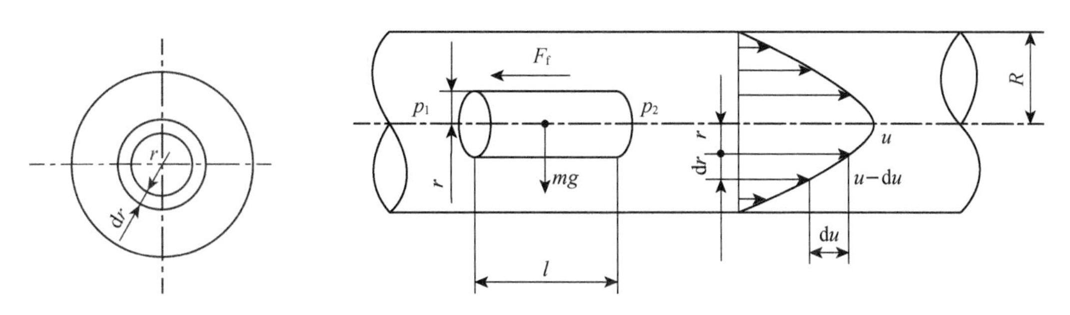

图 2-14 原管道中的层流流动

现管内取出一段与管道同轴线的微小圆柱体,其长为 l,半径为 r,作用于其两端面上的压力分别为 p_1 和 p_2,作用其外圆柱面的内摩擦力为 F_f。则该圆柱体在轴线方向上的力平衡方程式为

$$(p_1 - p_2)\pi r^2 - F_f + mg\cos 90° = 0 \tag{2-46}$$

由内摩擦定律式(2-17)知 $F_f=-2\pi rl\mu\frac{du}{dr}$(图示坐标轴中 du/dr 为负值,故式中加一负号以使内摩擦力为正值),又令 $\Delta p=(p_1-p_2)$。将这些关系式代入式(2-46)得

$$\frac{du}{dr}=-\frac{\Delta p\cdot r}{2\mu l} \tag{2-47}$$

对式(2-47)积分,并考虑到 $r=R$ 时 $u=0$,故得

$$u=\frac{\Delta p(R^2-r^2)}{4\mu l} \tag{2-48}$$

可见管内流速在半径方向上呈抛物线规律分布,最大流速发生在轴线上,其值为 $u_{max}=\Delta pR^2/4\mu l$。

(2) 流量

在半径 r 处取出一厚为 dr 的微小圆环(图 2-14),通过此圆环面积的流量 $q=u\cdot 2\pi r\cdot dr$,对该式积分可得流量 q 为

$$\begin{aligned} q&=\int dq=\int_0^R u\cdot 2\pi r\cdot dr=\int_0^R\frac{\Delta p}{4\mu l}(R^2-r^2)\cdot 2\pi r\cdot dr \\ &=\frac{\pi R^4}{8\mu l}\Delta p=\frac{\pi d^4}{128\mu l}\Delta p \end{aligned} \tag{2-49}$$

或

$$\Delta p=\frac{8\mu l}{\pi R^4}q=\frac{128\mu l}{\pi d^4}q \tag{2-50}$$

式中:d 为圆管内径。由式(2-49)和式(2-50)可知流量与管径四次方成正比,压差(压力损失)则与管径四次方成反比。所以管径对压力损失、流量的影响是很大的。

(3) 平均流速

由式(2-27)和式(2-49)得

$$v=\frac{q}{A}=\frac{\frac{\pi R^4}{8\mu l}\Delta p}{\pi R^2}=\frac{1}{2}\cdot\frac{\Delta p}{4\mu l}R^2=\frac{1}{2}u_{max} \tag{2-51}$$

即层流时圆管中的平均流速等于其轴线上最大流速的一半。

(4) 沿程能量损失

沿程能量损失是指液体在等断面直管道内流动时,液体沿着其流动方向的能量损失。这部分能量损失是由于液体流动时其内摩擦力和液体与管道壁面间的摩擦力所引起的。经理论推导,液体流经等直径 d 的直管道时,在管长 l 段上的沿程能量损失(以下简称沿程损失)h_l 的表达式为

$$h_l=\lambda\cdot\frac{l}{d}\cdot\frac{v^2}{2g} \tag{2-52}$$

与 h_l 相应的沿程压力损失 Δp 为

$$\Delta p=\rho g\cdot h_l=\lambda\cdot\frac{l}{d}\cdot\frac{v^2}{2g}\cdot\rho g=\lambda\cdot\frac{l}{d}\cdot\frac{\rho v^2}{2} \tag{2-53}$$

式中：λ 为沿程损失系数，无量纲；

v 为液体的平均流速；

ρ 为液体的密度。

λ 的理论值为 $\lambda=64/Re$，但实际值要大一些。如油液在金属圆管中流动时取 $\lambda=75/Re$，在橡胶软管中流动时取 $\lambda=80/Re$。

3) 液体在圆管中的紊流流动及其沿程能量损失

紊流是一种很复杂的流动，对其过程的研究迄今尚不充分，对其规律尚未完全弄清。因此紊流时的能量损失目前还只能依靠实验得出。

紊流时管道断面上速度分布与层流不同，除靠近管壁处一层极薄的层流边界层的速度较低外，其余处的速度接近于最大值，即速度分布比较均匀。故动能修正系数 $\alpha\approx1.05\sim1.10\approx1$，动量修正系数 $\beta\approx1.04\approx1$。

紊流流动时的能量损失比层流要大，其沿程能量损失或压力损失的计算公式与层流的形式相同，亦为式(2-52)、式(2-53)。与层流不同的是，λ 不仅与 Re 有关，当 Re 较大时还与管壁的相对粗糙度 Δ/d 有关（Δ 为管壁的绝对粗糙度，d 为管道内径），即 $\lambda=f(Re,\Delta/d)$。

在不同的雷诺数范围内，λ 的经验公式为

$$\begin{cases}\lambda=0.316\,4Re^{-0.25} & (3\times10^3<Re<10^5)\\ \lambda=0.003\,2+0.221Re^{-0.237} & (10^5<Re<3\times10^6)\\ \lambda=0.11\left(\dfrac{\Delta}{d}\right)^{0.25} & \left[Re>597\left(\dfrac{d}{\Delta}\right)^{9/8}\right]\end{cases} \tag{2-54}$$

若 Δ 值事先不知道，粗估时，对钢管取 0.04 mm，铜管取 0.001 5～0.01 mm；铝管取 0.001 5～0.06 mm；胶软管取 0.03 mm，铁管取 0.25 mm。

4) 局部能量损失

液体在流经阀口、弯头、突然变化的过流断面等处时，由于流速的大小或方向发生急剧变化所造成的一部分能量损失叫局部能量损失（以下简称局部损失）。

(1) 过流断面突然扩大处的局部损失

图 2-15 所示为过流断面突然扩大的示意图。

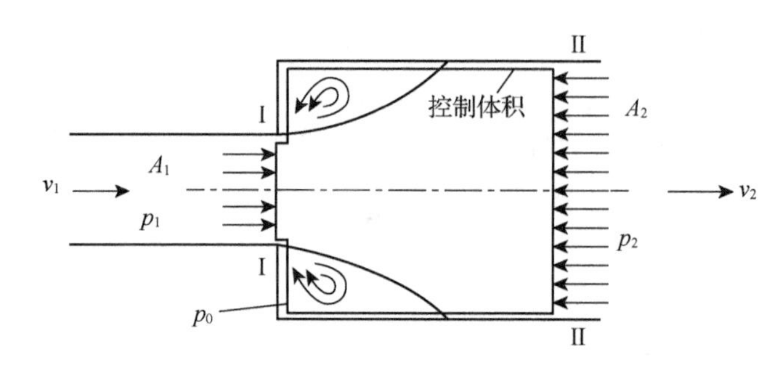

图 2-15　过流断面突然扩大处的局部损失

设管道水平设置，分别列出过流断面Ⅰ-Ⅰ、Ⅱ-Ⅱ处的伯努利方程式(取 $\alpha_1=\alpha_2=1$)和 Ⅰ-Ⅰ、Ⅱ-Ⅱ间控制体积的动量方程式(取 $\beta_1=\beta_2=1$)，经推导可得出过流断面突然扩大处的局部损失为

$$h_\zeta=\zeta_1\frac{v_1^2}{2g} \tag{2-55}$$

式中：ζ_1 为突然扩大局部损失系数，$\zeta_1=(1-A_1/A_2)^2$，A_1、A_2 分别为Ⅰ-Ⅰ、Ⅱ-Ⅱ 处的面积；

v_1 为过流断面Ⅰ-Ⅰ处的平均流速。

(2) 其他形式的局部损失

其他形式的局部损失可用下式计算：

$$h_\zeta=\zeta\frac{v^2}{2g} \tag{2-56}$$

或

$$\Delta p_\zeta=\zeta\frac{\rho v^2}{2} \tag{2-57}$$

式中：ζ 为局部损失系数，局部损失的形式不同，其值亦不同，一般由实验确定，具体数据可查阅有关液压传动设计手册。

过流断面突然收缩处的局部损失为

$$h_\zeta=\zeta_2\frac{v_2^2}{2g} \tag{2-58}$$

式中：ζ_2 为局部损失系数；

v_2 为收缩喉部处的平均流速。

对于液体流经各种标准液压元件的局部损失，一般可从产品技术规格中查到，但所查得的数据是在额定流量下的额定压力损失。当实际流量 Q_V 与额定流量 Q_{V_n} 不一样时，它的实际压力损失 Δp_V 与其额定压力损失 Δp_{V_n} 之间有如下换算关系：

$$\Delta p_V=\Delta p_{V_n}(Q_V/Q_{V_n})^2 \tag{2-59}$$

5）管路系统总能量损失

管路系统中总能量损失等于系统中所有直管道沿程损失之和与局部能量损失之和的叠加，即

$$h_w = \sum \lambda \frac{l}{d} \frac{v^2}{2g} + \sum \zeta \frac{v^2}{2g} \tag{2-60}$$

或

$$\Delta p = \sum \lambda \frac{l}{d} \frac{\rho v^2}{2} + \sum \rho \zeta \frac{v^2}{2} \tag{2-61}$$

上两式仅在两相邻（受损）局部之间的距离大于管道内径 10～20 倍时才是正确的，不然的话，液流受前一个局部阻力（损失）的干扰还没有稳定下来，就又经历后一个局部阻力，其所受的扰动将更加严重，因而会使由式（2－61）所算出的压力损失比实际值要小。

从计算能量损失的公式中可见，缩短管道长度，减少管道过流断面的突变，增加管道内壁的光滑程度等，都可以使压力损失减小。但影响较大的因素是液流的流速。所以液压系统使用的流速不应过高，但是流速太低也会使管道或阀类元件的尺寸加大或成本增高。一般可参考表 2－4 选取流速。

表 2－4 油液流经不同元件时的推荐流速

油液流经的液压元件	流速/(m/s)
油泵的吸油管路 $\frac{1}{2}$～1 in 管(15～25 mm)	0.6～1.2
＞1 $\frac{1}{4}$ in 管(＞32 mm)	1.5
压油管 $\frac{1}{2}$～2 in 管(15～50 mm)	4.0
＞2 in 管(＞50 mm)	6.0
流经控制阀等短距离的缩小截面的通道	15
液流阀 安全阀	30

2.6 液体流经小孔及缝隙的流量

液压传动中常利用液体流经阀的小孔或缝隙来控制流量和压力，以达到调速和调压的目的。液压元件的泄漏也属于缝隙流动，因而研究小孔或缝隙的流量计算，了解其影

响因素，对于合理设计液压系统，正确分析液压元件和系统的工作性能是很有必要的。

2.6.1 液体流过小孔的流量

小孔可分为 3 种：当小孔的长径比 $l/d \leqslant 0.5$ 时，称为薄壁孔；当 $l/d > 4$ 时，称为细长孔；当 $0.5 < l/d \leqslant 4$ 时，称为短孔。

先研究薄壁孔的流量计算。图 2-16 所示为进口边做成薄刃式的典型薄壁孔口。由于惯性作用，液流通过小孔时要发生收缩现象，在靠近孔口的后方出现收缩最大的通流截面。对于薄壁圆孔，当孔前通道直径与小孔直径之比 $d_1/d \geqslant 7$ 时，流束的收缩作用不受孔前通道内壁的影响，这时的收缩称为完全收缩；反之，当 $d_1/d < 7$ 时，孔前通道对液流进入小孔起导向作用，这时的收缩称为不完全收缩。

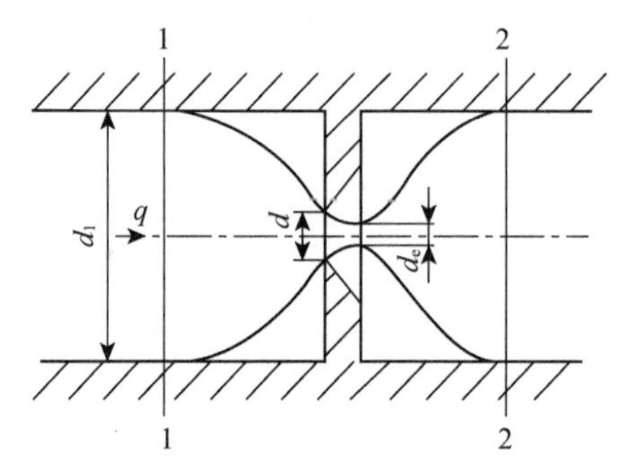

图 2-16　薄壁小孔的液流

现对孔前通流截面 1-1 和孔后通流截面 2-2 之间列伯努利方程：

$$\frac{p_1}{\rho g}+\frac{\alpha_1 v_1^2}{2g}+h_1=\frac{p_2}{\rho g}+\frac{\alpha_2 v_2^2}{2g}+h_2+h_{\mathrm{w}}$$

式中：h_w 为局部能量损失，它包括两部分，即截面突然减小时的局部压力损失 h_{w1} 和截面突然增大时的局部压力损失 $h_{\mathrm{w}2}$。

$$h_{\mathrm{w}1}=\zeta\frac{v_{\mathrm{e}}^2}{2g},\ h_{\mathrm{w}2}=\left(1-\frac{A_{\mathrm{e}}}{A_2}\right)\frac{v_{\mathrm{e}}^2}{2g}$$

由于 $A_{\mathrm{e}} \ll A_2$，所以

$$h_{\mathrm{w}}=h_{\mathrm{w}1}+h_{\mathrm{w}2}=\zeta\frac{v_{\mathrm{e}}^2}{2g}+\left(1-\frac{A_{\mathrm{e}}}{A_2}\right)\frac{v_{\mathrm{e}}^2}{2g}=(\zeta+1)\frac{v_{\mathrm{e}}^2}{2g} \tag{2-62}$$

将式(2-62)代入伯努利方程，并注意到 $A_1=A_2$，故 $v_1=v_2$，$\alpha_1=\alpha_2$，$h_1=h_2$，得

$$v_{\mathrm{e}}=\frac{1}{\sqrt{1+\zeta}}\sqrt{\frac{2}{\rho}(p_1-p_2)}=C_V\sqrt{\frac{2}{\rho}\Delta p}$$

式中：Δp 为小孔前后的压力差，$\Delta p=(p_1-p_2)$；

C_V 为小孔速度系数，$C_V=\frac{1}{\sqrt{1+\zeta}}$。

由此可得通过薄壁小孔的流量公式为

$$q=A_e v_e=C_v C_c A_T\sqrt{\frac{2}{\rho}\Delta p}=C_q A_T\sqrt{\frac{2}{\rho}\Delta p} \tag{2-63}$$

式中：C_q 为流量系数，$C_q=C_v C_c$；

C_c 为收缩系数，$C_c=A_e/A_T=d_e^2/d^2$；

A_e 为收缩断面的面积，$C_c=A_e/A_T=d_e^2/d^2$；

A_T 为小孔通流截面的面积，$A_T=\frac{\pi}{4}d^2$。

C_c、C_v、C_q 的数值可由实验确定。当液流完全收缩（管道直径与小孔直径之比 $d_1/d\geqslant 7$）时，$C_c=0.61\sim0.63$，$C_v=0.97\sim0.98$，这时 $C_q=0.6\sim0.62$；当液流不完全收缩（管道直径与小孔直径之比 $d_1/d<7$）时，$C_q=0.7\sim0.8$。

由于薄壁孔流程很短，流量对油温的变化不敏感，因而流量稳定，宜作节流孔用。流经短孔的流量可用薄壁孔的流量公式计算，但流量系数 C_q 不同，一般取 $C_q=0.82$。短孔比薄壁孔容易制造，适合于作固定节流器用。流经细长孔的液流由于具有黏性而流动不畅，故多为层流。细长孔流量计算可以应用前面推出的圆管层流流量公式(2-49)，即 $q=\pi d^4\Delta p/128\mu l$。细长孔的流量和油液的黏度有关，当油温变化时，油的黏度变化，因而流量也随之发生变化。这一点和薄壁小孔特性大不相同。公式(2-49)和(2-63)可写成下列形式：

$$q=KA_T\Delta p^m \tag{2-64}$$

式中：K 为由孔的形状、尺寸和液体性质决定的系数，对细长孔，$K=d^2/32\mu l$；对薄壁孔和短孔，$K=C_q\sqrt{2/\rho}$；

A_T 为小孔通流截面的面积；

Δp 为小孔两端的压差；

m 为由孔的长径比决定的指数，对薄壁孔 $m=0.5$，对细长孔 $m=1$。

式(2-64)反映了小孔的流量压力特性。

2.6.2 流体流过缝隙的流量

液压装置的各零件之间，特别是有相对运动的各零件之间一般存在缝隙（或称间隙）。油液流过缝隙就会产生泄漏，这就是缝隙流量。由于缝隙通道狭窄，液流受壁面的影响较大，故缝隙液流的流态均为层流。缝隙流动有两种状况：一种是由缝隙两端的压力差造成的流动，称为压差流动；另一种是形成缝隙的两壁面作相对运动所造成的流动，称为剪切流动。这两种流动经常会同时存在。

1）液体流过平行平板缝隙的流量

平行平板缝隙可以由固定的两平行平板所形成，也可由相对运动的两平行平板所形成。

（1）流过固定平行平板缝隙的流量。图 2-17 所示为固定平行平板缝隙液流。

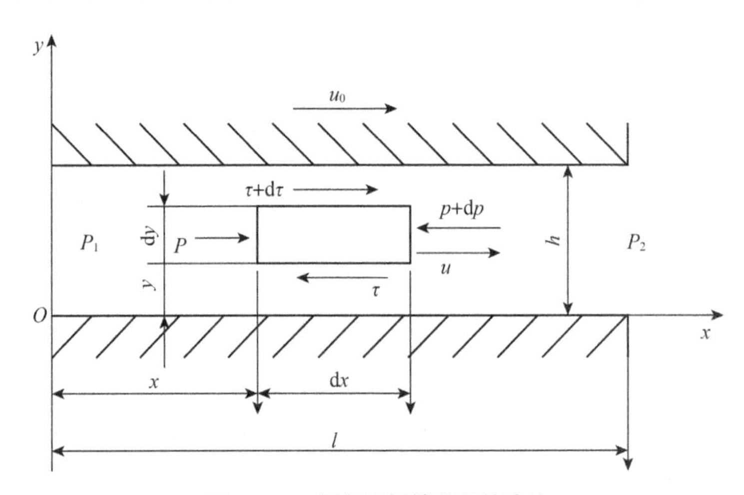

图 2-17　平行平板缝隙间的液流

设缝隙厚度为 h，宽度为 b，长度为 l，两端的压力为 p_1 和 p_2。从缝隙中取出一微小的平行六面体 $b\mathrm{d}x\mathrm{d}y$，其左右两端所受的压力为 p 和 $p+\mathrm{d}p$，上下两侧面所受的摩擦力为 $\tau+\mathrm{d}\tau$ 和 τ，则受力平衡方程为

$$pb\mathrm{d}y+(\tau+\mathrm{d}\tau)b\mathrm{d}x=(p+\mathrm{d}p)b\mathrm{d}y+\tau b\mathrm{d}x$$

整理后得

$$\frac{\mathrm{d}p}{\mathrm{d}y}=\frac{\mathrm{d}\tau}{\mathrm{d}x} \tag{2-65}$$

由于 $\tau=\mu\dfrac{\mathrm{d}u}{\mathrm{d}y}$，式(2-65)可化为

$$\frac{\mathrm{d}^2u}{\mathrm{d}y^2}=\frac{1}{\mu}\frac{\mathrm{d}p}{\mathrm{d}x} \tag{2-66}$$

将式(2-66)对 y 进行两次积分得

$$u=\frac{1}{2\mu}\cdot\frac{\mathrm{d}p}{\mathrm{d}x}\cdot y^2+C_1y+C_2 \tag{2-67}$$

式中：C_1、C_2 为积分常数。

将边界条件 $y=0,u=0;y=h,u=0$ 分别代入式(2-67)得

$$C_1=-\frac{h}{2\mu}\cdot\frac{\mathrm{d}p}{\mathrm{d}x},\ C_2=0$$

此外，在缝隙液流中，压力 p 沿 x 方向的变化率 $\mathrm{d}p/\mathrm{d}x$ 是一常数，有

$$\frac{\mathrm{d}p}{\mathrm{d}x}=\frac{p_2-p_1}{l}=-\frac{p_1-p_2}{l}=-\frac{\Delta p}{l} \tag{2-68}$$

将式(2-68)代入式(2-67)得

$$u=\frac{\Delta p}{2\mu l}(h-y)y \tag{2-69}$$

由此得液体在固定平行平板缝隙中作压差流动时的流量为

$$q=\int_0^h ub\mathrm{d}y=b\int_0^h\frac{\Delta p}{2\mu l}(h-y)y\mathrm{d}y=\frac{bh^3}{12\mu l}\Delta p \tag{2-70}$$

从式(2-70)可以看出，在压差作用下，流过固定平行平板缝隙的流量与缝隙厚度 h 的三次方成正比，这说明液压元件内缝隙的大小对其泄漏量的影响是很大的。

(2) 液体流过相对运动的平行平板缝隙的流量。由图 2-4 知，当一平板固定，另一平板以速度 u_0 作相对运动时，由于液体存在黏性，紧贴于动平板上的油液以速度 u_0 运动，紧贴于固定平板上的油液则保持静止，中间各层液体的流速呈线性分布，即液体作剪切流动。因为液体的平均流速 $v=u_0/2$，故由于平板相对运动而使液体流过缝隙的流量为

$$q'=vA=\frac{1}{2}u_0bh \tag{2-71}$$

式(2-71)为液体在平行平板缝隙中作剪切流动时的流量。

在一般情况下，相对运动平行平板缝隙中既有压差流动，又有剪切流动。因此，流过相对运动的平行平板缝隙的流量为压差流量和剪切流量的代数和。

$$q=\frac{bh^3}{12\mu l}\Delta p\pm\frac{1}{2}u_0bh \tag{2-72}$$

式中：u_0 为平行平板间的相对运动速度。“±”号的确定方法如下：当长平板相对于短平板移动的方向和压差方向相同时取“+”号，方向相反时取“-”号。

2) 液体流过圆环缝隙的流量

在液压元件中，如液压缸的活塞和缸孔之间、液压阀的阀芯和阀孔之间，都存在圆环缝隙。圆环缝隙有同心和偏心两种情况，它们的流量公式是不同的。

(1) 流过同心圆环缝隙的流量。图 2-18 所示为同心圆环缝隙的流动。其圆柱体直径为 d，缝隙厚度为 h，缝隙长度为 l。

如果将圆环缝沿圆周方向展开。就相当于一个平行平板缝隙。因此，只要用 πd 替代式(2-72)中的 b，就可得内外表面之间有相对运动的同心圆环缝隙流量公式：

$$q=\frac{\pi dh^3}{12\mu l}\Delta p\pm\frac{1}{2}\pi dhu_0 \tag{2-73}$$

当相对运动速度 $u_0=0$ 时，即得到内外表面之间无相对运动的同心圆环缝隙流量公式：

$$q=\frac{\pi dh^3}{12\mu l}\Delta p \tag{2-74}$$

当间隙较大时[如图 2-18(b)所示]，必须精确计算，经推导，其流量公式为

$$q=\frac{\pi}{8\mu l}\left[(r_2^4-r_1^4)-\frac{(r_2^2-r_1^2)^2}{\ln(r_2/r_1)}\right]\Delta p \tag{2-75}$$

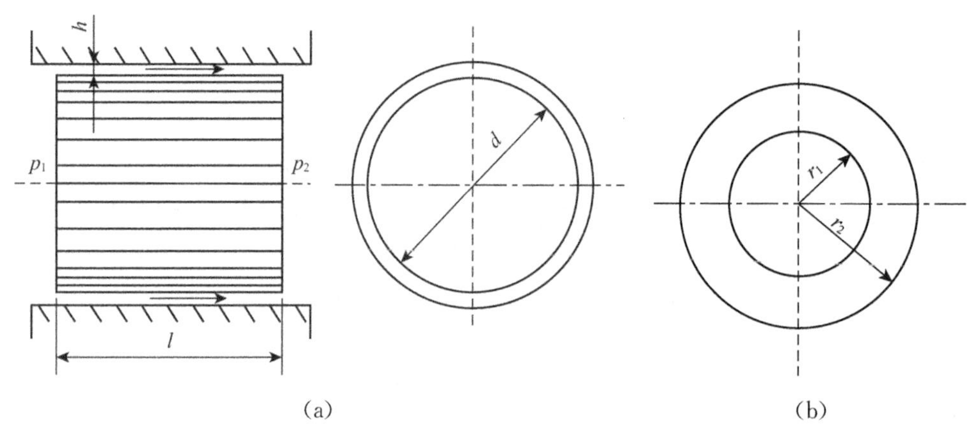

图 2-18　同心环间隙中的液流

(2) 流过偏心圆环缝隙的流量。在液压系统中，各零件间的配合间隙大多数为圆环形间隙，如滑阀与阀套之间、活塞与缸筒之间的间隙等。在理想情况下圆环缝隙为同心环形间隙，但实际上一般多为偏心环形间隙。

如图 2-19 所示为液体在偏心环形间隙中的流动。

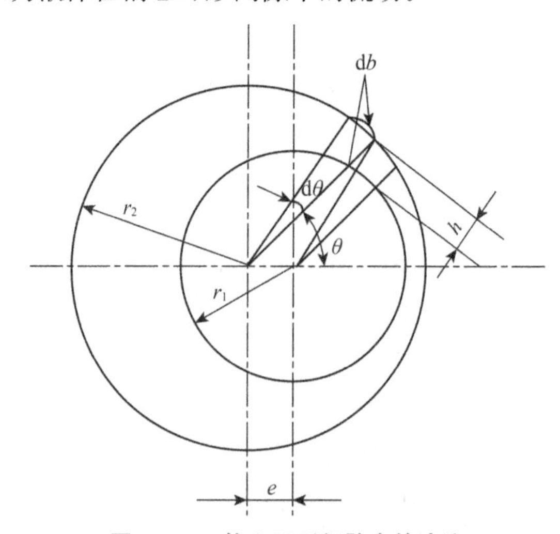

图 2-19　偏心环形间隙中的液流

设内外圆间的偏心量为 e，在任意角度 θ 处的缝隙为 h。因缝隙很小，$r_1 \approx r_2 \approx r$，可把微元圆弧 $\mathrm{d}b$ 所对应的环形间隙中的流动近似地看作是平行平板间隙的流动。将 $\mathrm{d}b = r\mathrm{d}\theta$ 代入式(2-73)得

$$\mathrm{d}q = \frac{rh^3\mathrm{d}\theta}{12\mu l}\Delta p \pm \frac{r\mathrm{d}\theta}{2}u_0 h \tag{2-76}$$

由图 2-19 的几何关系可以得到

$$h \approx h_0 - e\cos\theta = h_0(1 - \varepsilon\cos\theta)$$

式中：h_0 为内外圆同心时半径方向的间隙值；

ε 为相对偏心率，$\varepsilon = e/h_0$。

将 h 值代入式(2-76)积分得

$$q = (1 + 1.5\varepsilon^2)\frac{\pi d h_0^3}{12\mu l}\Delta p \pm \frac{\pi d h_0}{2}u_0 \tag{2-77}$$

这就是偏心圆环间隙的流量公式。当内外圆之间没有偏心量，即 $\varepsilon = 0$ 时，它就是同心环形间隙的流量公式；当 $\varepsilon = 1$，即有最大偏心量时，其流量为同心环形间隙流量的 2.5 倍。因此在液压元件中，为了减小间隙泄漏量，应采取措施，如在阀芯上加工一些均压槽，尽量使配合件在工作过程中保持同心状态。

3) 圆环平面间隙

如图 2-20 所示为液体在圆环平面间隙中的流动。这里，圆环与平面之间无相对运动，液体自圆环中心向外辐射流出。

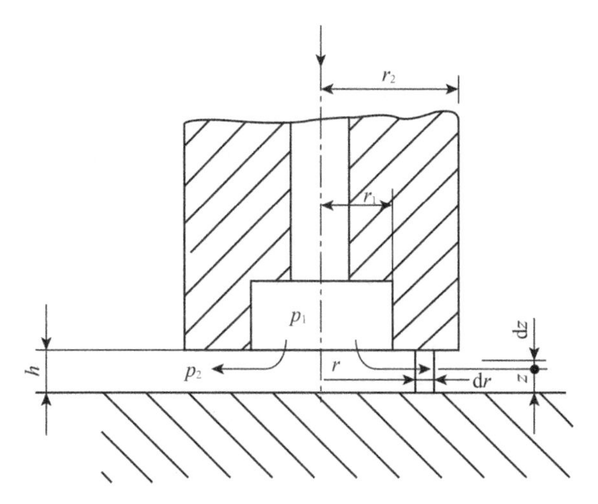

图 2-20 圆环平面间隙的液流

设圆环的大、小半径分别为 r_2 和 r_1，它与平面之间的间隙值为 h，并令 $u_0 = 0$，则由式(2-69)可得在半径为 r、离下平面距离为 z 处的液体径向速度为

$$u_r=-\frac{1}{2\mu}(h-z)z\frac{\mathrm{d}p}{\mathrm{d}r} \tag{2-78}$$

通过的流量为

$$q=\int_0^h u_r 2\pi r\mathrm{d}z=-\frac{\pi rh^3}{6\mu}\cdot\frac{\mathrm{d}p}{\mathrm{d}r}$$

即

$$\frac{\mathrm{d}p}{\mathrm{d}r}=-\frac{6\mu}{\pi rh^3}q$$

$$\mathrm{d}p=-\frac{6\mu q}{\pi h^3}\frac{1}{r}\mathrm{d}r \tag{2-79}$$

对式(2-79)积分得

$$p=-\frac{6\mu q}{\pi h^3}\ln r+C$$

当 $r=r_2$时,$p=p_2$,此时

$$p_2=-\frac{6\mu q}{\pi h^3}\ln r_2+C$$

而当 $r=r_1$时,$p=p_1$,此时

$$p_1=-\frac{6\mu q}{\pi h^3}\ln r_1+C$$

$$p_1-p_2=\Delta p=-\frac{6\mu q}{\pi h^3}\ln r_1+\frac{6\mu q}{\pi h^3}\ln r_2=\frac{6\mu q}{\pi h^3}\ln\frac{r_2}{r_1}$$

$$q=\frac{\pi h^3}{6\mu\ln\frac{r_2}{r_1}}\Delta p \tag{2-80}$$

必须指出,间隙的泄漏量计算比较复杂,有时不一定准确。在实际工程中,通常用试验方法来测定泄漏量,并引入泄漏系数 C_t。在不考虑相对运动影响的情况下,通过各种间隙的泄漏量可按式(2-81)计算:

$$q=C_t\Delta p \tag{2-81}$$

式中:C_t 为由间隙形式决定的泄漏系数,一般由试验确定。

2.7 液压冲击和气穴现象

2.7.1 液压冲击

在液压系统中,由于某种原因,系统中某处的压力在某一瞬间会突然急剧上升,形成很高的压力峰值,这种现象称为液压冲击。

1) 液压冲击产生的原因及其危害性

在阀门突然关闭或液压缸快速制动等情况下，液体在系统中的流动会突然受阻。这时由于液流的惯性作用，液体就从受阻端开始，迅速将动能逐层转换为压力能，因此产生了压力冲击波。此后，系统另一端开始将压力能逐层转换为动能，液体又反向流动。然后，又再次将动能转换为压力能。如此反复地进行能量转换。这种压力波的迅速往复传播在系统内形成了压力振荡。实际上，由于液体受到摩擦力以及液体和管壁的弹性作用，会不断消耗能量，使振荡过程逐渐衰减而趋向稳定。

系统中出现液压冲击时，液体瞬时压力峰值可以比正常工作压力大好几倍。液压冲击会损坏密封装置、管道或液压元件，还会引起设备振动，产生很大噪声。有时，液压冲击会使某些液压元件如压力继电器、顺序阀等产生误动作，影响系统正常工作。

2) 冲击压力

假设系统的正常工作压力为 p，产生液压冲击时的最大压力，即压力冲击波第一波的峰值压力为

$$p_{\max}=p+\Delta p \tag{2-82}$$

式中：Δp 为冲击压力的最大升高值。

由于液压冲击是一种非定常流动，动态过程非常复杂，影响因素很多，故精确计算 Δp 值是很困难的。下面介绍两种液压冲击情况下的 Δp 值的近似计算公式。

(1) 管道阀门关闭时的液压冲击

如图 2-21 所示，有一液面恒定并能保持液面压力不变的容器，则 A 点的压力保持不变。液体沿长度为 l、管径为 d 的管道经阀门 B 以速度 v 流出。

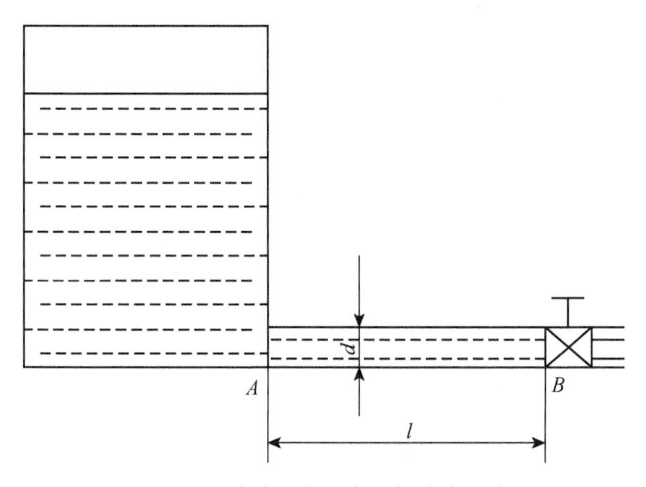

图 2-21 液流速度突变引起的液压冲击

设管道截面积为 A，产生冲击的管长为 l，压力冲击波第一波在 l 长度内传播的时间

为 t_1，液体的密度为 ρ，管中液体的流速为 v，阀门关闭后的流速为 0，则由动量方程得

$$\Delta pA=\rho Al\frac{v}{t_1}$$

$$\Delta p=\rho\frac{l}{t_1}v=\rho cv \tag{2-83}$$

式中：$c=l/t_1$，为压力冲击波在管中的传播速度。应用式(2-83)时，需先知道 c 值的大小，而 c 不仅和液体的体积弹性模量 K 有关，而且还和管道材料的弹性模量 E、管道的内径 d 及壁厚 δ 有关，c 值可按式(2-87)计算：

$$c=\frac{\sqrt{\frac{K}{\rho}}}{\sqrt{1+\frac{Kd}{E\delta}}} \tag{2-84}$$

在液压传动中，c 值一般在 900～1 400 m/s 之间。

若流速 v 不是突然降为 0，而是降为 v_1，则式(2-83)可写为

$$\Delta p=\rho c(v-v_1) \tag{2-85}$$

设压力冲击波在管内往复一次的时间为 t_c，$t_c=2l/c$。当阀门关闭时间 $t<t_c$ 时，压力峰值很大，称为直接冲击，其 Δp 值可按式(2-83)或(2-85)计算。当 $t>t_c$ 时，压力峰值较小，称为间接冲击，这时 Δp 可按式(2-86)计算：

$$\Delta p=\rho c(v-v_1)\frac{t_c}{t} \tag{2-86}$$

(2) 运动部件制动时的液压冲击

如图 2-22 所示，活塞以速度 v 驱动负载 m 向左运动，活塞和负载的总质量为 $\sum m$。当突然关闭出口通道时，液体被封闭在左腔中。由于运动部件的惯性而使左腔中的液体受压，引起液体压力急剧上升。运动部件则因受到左腔内液体压力产生的阻力而制动。

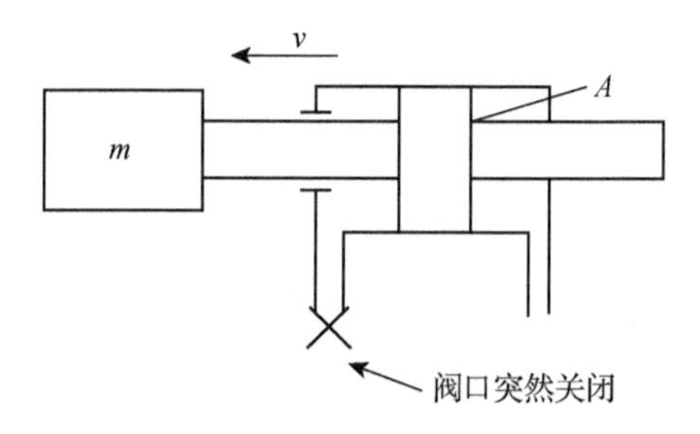

图 2-22　运动部件制动引起的液压冲击

设运动部件在制动时的减速时间为 Δt，速度减小值为 Δv，被压缸有效面积为 A，则根据动量定理得

$$\Delta pA\Delta t=\sum m\Delta v$$

$$\Delta p=\frac{\sum m\Delta v}{A\Delta t} \tag{2-87}$$

式中：$\sum m$ 为运动部件(包括活塞和负载)的总质量；

A 为液压缸的有效工作面积；

Δv 为运动部件速度的变化值，$\Delta v=v-v_1$；

Δt 为运动部件制动时间；

v 为运动部件制动前的速度；

v_1 为运动部件经过时间 Δt 后的速度。

式(2-87)的计算忽略了阻尼、泄漏等因素，其值比实际的值要大些，因而是比较安全的。

3) 减小液压冲击的措施

分析式(2-86)、式(2-87)中 Δp 的影响因素，可以归纳出减小液压冲击的主要措施有以下几种方法：

(1) 延长阀门关闭和运动部件制动换向的时间。实践证明，运动部件制动换向时间若能大于 0.2 s，冲击就大为减轻。在液压系统中采用换向时间可调的换向阀就可做到这一点。

(2) 限制管道流速及运动部件速度。例如在机床液压系统中，通常将管道流速限制在 4.5 m/s 以下，液压缸所驱动的运动部件速度一般不宜超过 10 m/min 等。

(3) 适当加大管道直径，尽量缩短管路长度。加大管道直径不仅可以降低流速，而且可以减小压力冲击波速度 c 值；缩短管路长度的目的是减小压力冲击波的传播时间 t；必要时还可在冲击区附近安装蓄能器等缓冲装置来达到此目的。

(4) 采用软管以增加系统的弹性。

2.7.2 气穴现象

在液压系统中，如果某处的压力低于空气分离压，原先溶解在液体中的空气就会分离出来，导致液体中出现大量气泡，这种现象称为气穴现象。如果液体中的压力进一步降低到饱和蒸气压，液体将迅速汽化，产生大量蒸气泡，这时的气穴现象将会愈加严重。

当液压系统中出现气穴现象时，大量的气泡破坏了液流的连续性，造成流量和压力脉动，气泡随液流进入高压区时又急剧破灭，以致引起局部液压冲击，发出噪声并引起振动，当附着在金属表面上的气泡破灭时，它所产生的局部高温和高压会使金属剥蚀，这种由气穴造成的腐蚀作用称为气蚀。气蚀会使液压元件的工作性能变坏，并使其寿命大大缩短。

气穴多发生在阀口和液压泵的进口处。由于阀口的通道狭窄，液流的速度增大，压力则大幅度下降，以致产生气穴。当泵的安装高度过大，吸油管直径太小，吸油阻力太大，或泵的转速过高，造成进口处真空度过大时，亦会产生气穴。

为减少气穴和气蚀的危害，通常采取下列措施：

(1) 减小小孔或缝隙前后的压力降。一般希望小孔或缝隙前后的压力比值 $p_1/p_2<3.5$。

(2) 降低泵的吸油高度，适当加大吸油管内径，限制吸油管内液体的流速，尽量减少吸油管路中的压力损失(如及时清洗滤油器或更换滤芯等)。对于自吸能力差的泵需用辅助泵供油。

(3) 管路要有良好的密封，防止空气进入。

液压元件

3.1 液压泵

3.1.1 液压泵概述

液压泵和液压马达属于容积式液压机械,它们都是利用密闭容积的变化来工作的。因此,抓住密封容积是如何构成的,以及密封容积是如何变化的问题,是理解液压泵和液压马达工作原理与结构特点的关键。

1. 液压泵的工作原理

如图 3-1 所示为单柱塞液压泵的工作原理图。图 3-1 中,柱塞 2 装在缸体 3 中形成密封容积 a,柱塞 2 在弹簧 4 的作用下始终压紧在偏心轮 1 上。当原动机驱动偏心轮 1 旋转时,柱塞便在缸体中作往复运动,使得密封容积 a 的大小随之发生周期性的变化。当柱塞外伸时,密封容积 a 由小变大,形成真空,油箱中的油液在大气压力的作用下,经吸油管顶开吸油单向阀 6 进入 a 腔而实现吸油,此时排油单向阀 5 在系统管道油液压力的作用下关闭;反之,当柱塞 2 被偏心轮 1 压进缸体时,密封容积 a 由大变小,a 腔中吸满的油液将顶开排油单向阀 5,流入系统而实现排油,此时吸油单向阀 6 关闭。原动机驱动偏心轮不断旋转,液压泵就不断地吸油和排油。

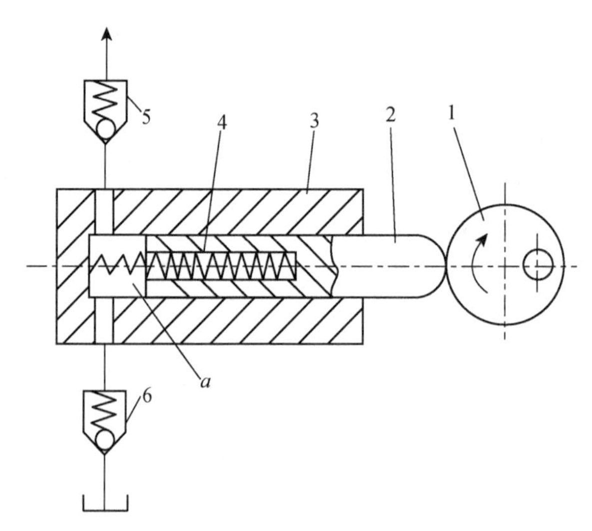

1—偏心轮;2—柱塞;3—缸体;4—弹簧;5—排油单向阀;6—吸油单向阀。

图 3-1 单柱塞容积式泵的工作原理图

液压泵排出油液的压力取决于油液流动需要克服的阻力,排出油液的流量取决于密封容积变化的大小和变化频率。

由此可见,容积式液压泵靠密封油腔容积的变化实现吸油和排油,从而将原动机输入的机械功率 $T\omega$(T 为输入的转矩,ω 为输入的角速度)转换成液压功率 pq(p 为输出压力,q 为输出流量)。液压泵和液压马达实现吸、排油的方式称为配流。这里,单向阀 5、6 组成阀配流机构,使吸、排油过程相互隔开,从而使系统能随负载建立起相应的压力。

这种单柱塞泵是靠密封油腔的容积变化进行工作的,称为容积式泵。构成容积式液压泵必须具备如下 3 个条件:

(1) 容积式泵必定具有一个或若干个密封油腔。

(2) 密封油腔的容积能产生由小到大和由大到小的变化,以形成吸、排油过程。

(3) 具有相应的配流机构以使吸、排油过程能各自独立完成。

本章所述的各种液压泵虽然组成密封腔的零件结构各异,配流机构形式也各不相同,但它们都满足上述 3 个条件,都属于容积式液压泵。

从工作原理和能量转换的角度来说,液压泵和液压马达是可逆工作的液压元件,即向液压泵输入工作液体,便可使其变成液压马达而带动负载工作。因此,液压马达同样需要满足上述 3 个条件,液压马达的工作原理在此不再赘述。

必须指出,由于液压泵和液压马达的工作条件不同,对各自的性能要求也不一样,因此,同类型的液压泵和液压马达尽管结构很相似,但仍存在不少差异,所以在实际使用中,大部分液压泵和液压马达不能互相代用(注明可逆的除外)。

2. 液压泵的主要性能参数

液压泵的性能参数主要有压力、转速、排量、流量、功率和效率。

1) 液压泵的压力(常用单位为 MPa)

(1) 额定压力 p_n。在正常工作条件下,按试验标准规定连续运转所允许的最高压力称为额定压力。额定压力值与液压泵的结构形式及其零部件的强度、工作寿命和容积效率有关。在液压系统中,安全阀的调定压力要小于泵的额定压力。产品铭牌标注的就是额定压力。

(2) 最高允许压力 p_{max}。p_{max} 是指泵在短时间内所允许超载使用的极限压力,它受泵本身密封性能和零件强度等因素的限制。

(3) 工作压力 p。p 为液压泵在实际工作时的输出压力,亦即液压泵出口的压力,泵的输出压力由负载决定。当负载增加时,输出压力就增大;负载减小,输出压力就降低。

(4) 吸入压力。吸入压力是液压泵进口处的压力。自吸式泵的吸入压力低于大气压力,一般用吸入高度衡量。当液压泵的安装高度太高或吸油阻力过大时,液压泵的进口压力将因低于极限吸入压力而导致吸油不充分，而在吸油腔产生气穴或气蚀。吸入压力的大小与泵的结构形式有关。

2）液压泵的转速（常用单位为 r/min）

（1）额定转速 n：在额定压力下，根据试验结果推荐能长时间连续运行并保持较高运行效率的转速。

（2）最高转速 n_{max}：在额定压力下，为保证使用寿命和性能所允许的短暂运行的最高转速，其值主要与液压泵的结构形式及自吸能力有关。

（3）最低转速 n_{min}：为保证液压泵可靠工作或运行效率不致过低所允许的最低转速。

3）液压泵的排量及流量

（1）排量 V_p（m^3/r，常用单位为 mL/r）。在不考虑泄漏的情况下，液压泵主轴每转一周所排出的液体的体积称为排量，又称为理论排量或几何排量。

（2）理论流量 q_t（m^3/s，常用单位为 L/min）。在不考虑泄漏的情况下，液压泵在单位时间内所排出的液体的体积称为理论流量，工程上又称为空载流量。

$$q_t = nV_p \tag{3-1}$$

式中：n 为液压泵的转速，r/min；

V_p 为液压泵的排量。

（3）实际流量 q_p。q_p 指实际运行时，在不同压力下液压泵所排出的流量。实际流量低于理论流量，其差值 $\Delta q = q_t - q_p$ 为液压泵的泄漏量。

（4）额定流量 q_n。在额定压力、额定转速下，按试验标准规定必须保证的输出流量称为额定流量。

（5）瞬时理论流量 q_{tsh}。由运动学机理可知，液压泵的流量往往具有脉动性，液压泵在某一瞬间所排的理论流量称为瞬时理论流量。

（6）流量不均匀系数 δ_q。δ_q 是指在液压泵的转速一定时，因流量脉动造成的流量不均匀的程度。

$$\delta_q = \frac{(q_{tsh})_{max} - (q_{tsh})_{min}}{q_t} \tag{3-2}$$

4）液压泵的功率

液压泵的输入功率为机械功率，表现为泵轴上的转矩 T 和角速度 ω；液压泵的输出功率为液压功率，表现为压力 p_p 和流量 q_p。

（1）输入功率 P_i。液压泵的输入功率是原动机的输出功率，亦即实际驱动泵轴所需的机械功率。

$$P_i = \omega T = 2\pi n T \tag{3-3}$$

(2) 输出功率 P_o。液压泵的输出功率(kW)用其实际流量 q_p 和出口压力 p_p 的乘积表示。

$$P_o = p_p q_p \tag{3-4}$$

式中：q_p 为液压泵的实际流量，m^3/s；

p_p 为液压泵的出口压力，Pa。

(3) 理论功率 P_t。如果液压泵在能量转换过程中没有能量损失，则输入功率与输出功率相等，即为理论功率，用 P_t 表示。

$$P_t = p q_t = 2\pi n T_t \tag{3-5}$$

式中：T_t 为液压泵的理论转矩。

5) 液压泵的效率

实际上，液压泵的功率在能量转换过程中是有损失的，因此输出功率小于输入功率，两者之差即为功率损失。液压泵的功率损失有机械损失和容积损失两类：因摩擦而产生的损失是机械损失，因泄漏而产生的损失是容积损失。功率损失用效率来描述。

(1) 机械效率 η_{pm}。液体在泵内流动时，液体黏性会引起转矩损失，泵内零件相对运动时，机械摩擦也会引起转矩损失。机械效率 η_{pm} 是泵所需要的理论转矩 T_t 与实际转矩 T 之比，即

$$\eta_{pm} = \frac{T_t}{T} \tag{3-6}$$

(2) 容积效率 η_{pv}。在转速一定的条件下，将液压泵的输出功率与理论功率之比，或者液压泵的实际流量与理论流量之比，定义为泵的容积效率，即

$$\eta_{pv} = \frac{q_p}{q_t} = 1 - \frac{q_1}{q_t} = 1 - \frac{q_1}{nV_p} \tag{3-7}$$

式中：q_1 为液压泵的泄漏量。

在液压泵的结构形式、几何尺寸确定后，泄漏量 q_1 的大小主要取决于泵的出口压力，与液压泵的转速(对定量泵)或排量(对变量泵)无多大关系。因此，液压泵在低转速或小排量下工作时，其容积效率将会很低，以致无法正常工作。

由于泵内相对运动零件之间的间隙很小，泄漏油液的流态是层流，所以泄漏量 q_1 和泵的工作压力 p_p 是线性关系，即

$$q_1 = k_1 p_p \tag{3-8}$$

式中：k_1 为泵的泄漏系数。

因此

$$\eta_{pv}=1-\frac{k_1 p_p}{V_p n} \tag{3-9}$$

(3) 总效率 η_p。η_p 为液压泵的输出功率与输入功率之比。

$$\eta_p=\frac{P_o}{P_i}=\frac{p_p q_p}{2\pi nT}=\frac{p_p q_t \eta_{pv}}{2\pi nT_t/\eta_{pm}}=\frac{p_p q_t}{2\pi nT_t}\eta_{pv}\eta_{pm}=\eta_{pv}\eta_{pm} \tag{3-10}$$

液压泵的总效率 η_p 在数值上等于容积效率和机械效率的乘积。液压泵的总效率、容积效率和机械效率可以通过实验测得。

液压泵的容积效率 η_{pv}、机械效率 η_{pm}、总效率 η_p、理论流量 q_t、实际流量 q_p 和实际输入功率 P_i 与工作压力 p_p 的关系曲线如图 3-2 所示。该曲线是液压泵在特定的介质、转速和油温等条件下工作时通过实验得出的。

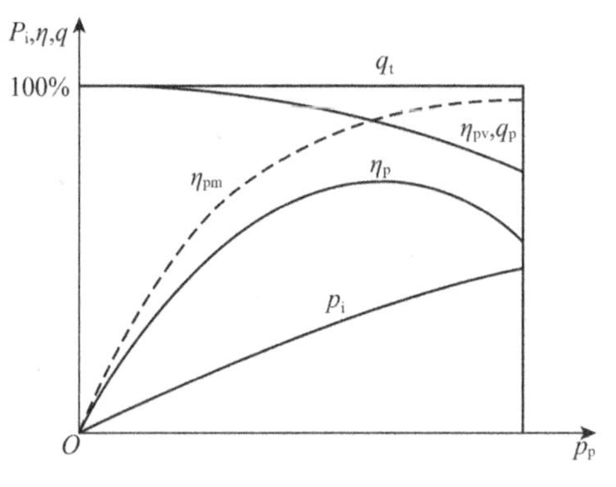

图 3-2　液压泵的性能曲线

由图 3-2 可知，液压泵在零压时的流量即为 q_t。由于泵的泄漏量随压力的升高而增大，所以泵的容积效率 η_{pv} 及实际流量 q_p 随泵工作压力的升高而降低。压力为零时的容积效率 $\eta_{pv}=100\%$，这时的实际流量 q_p 可以视为理论流量 q_t。总效率 η_p 开始随压力 p_p 的增大很快上升，接近液压泵的额定压力时总效率 η_p 最大，达到最大值后，又逐步降低。由容积效率和总效率这两条曲线的变化，可以看出机械效率的变化情况：泵在低压时，机械摩擦损失在总损失中所占的比重较大，其机械效率 η_{pm} 很低。随着工作压力的提高，机械效率很快上升。在达到某一值后，机械效率大致保持不变，从而表现出总效率曲线几乎和容积效率曲线平行下降的变化规律。

6) 液压泵的噪声

液压泵的噪声通常用分贝(dB)衡量，液压泵噪声产生的原因主要包括流量脉动、液流冲击、零部件的振动和摩擦，以及液压冲击等。

例题　已知中高压齿轮泵 CBG2040 的排量为 40.6 mL/r，该泵在转速为

1 450 r/min、压力为 10 MPa 的工况下工作，泵的容积效率 $\eta_{pv}=0.95$，总效率 $\eta_p=0.9$，求驱动该泵所需电动机的功率 P_{pi} 和泵的输出功率 P_{po}。

解：(1) 求泵的输出功率 P_{po}。

液压泵的实际输出流量 q_p 为

$$q_p=q_t\eta_{pv}=V_p n_p \eta_{pv}=40.6\times10^{-3}\times1\,450\times0.95=55.927(\mathrm{L/min})$$

则液压泵的输出功率为

$$P_{po}=p_p q_p=\frac{10\times10^6\times55.927\times10^{-3}}{60\times10^3}=\frac{55.927}{6}=9.321(\mathrm{kW})$$

(2) 求泵的输出功率 P_{pi}。

电动机功率即泵的输入功率。

$$P_{pi}=\frac{P_{po}}{\eta_p}=\frac{9.321}{0.9}=10.357(\mathrm{kW})$$

查电动机手册，应选配功率为 11 kW 的电动机。

3. 液压泵的分类

液压泵的类型很多，按主要运动构件的形状和运动方式分为齿轮泵、叶片泵、柱塞泵和螺杆泵 4 大类，按排量能否改变可分为定量泵和变量泵。

液压泵还可以按压力来分类，见表 3 - 1。

表 3 - 1　液压泵压力分级

压力分级	低压	中压	中高压	高压	超高压
压力/MPa	≤2.5	2.5～8	8～16	16～32	32

常用液压泵的图形符号如图 3 - 3 所示。

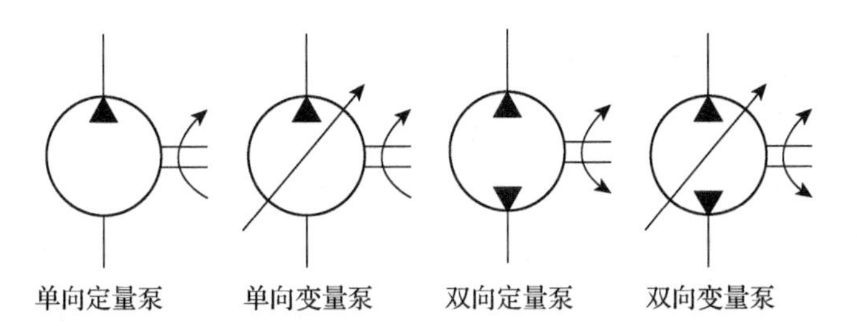

图 3 - 3　液压泵和液压马达的图形符号

3.1.2　叶片泵

叶片泵分为单作用式和双作用式两种。单作用式叶片泵转子每旋转一周进行一次吸油、排油过程,并且流量可调节,故称为变量泵。双作用式叶片泵转子每旋转一周,进行两次吸油、排油过程,并且流量不可调节,故称为定量泵。叶片泵的结构比较复杂,一般需要通过泵的拆装实验来了解其结构特点。

1. 单作用式叶片泵

1) 单作用式叶片泵的工作原理

如图 3-4 所示,单作用式叶片泵是由转子 1、定子 2、叶片 3 和配流盘等组成。

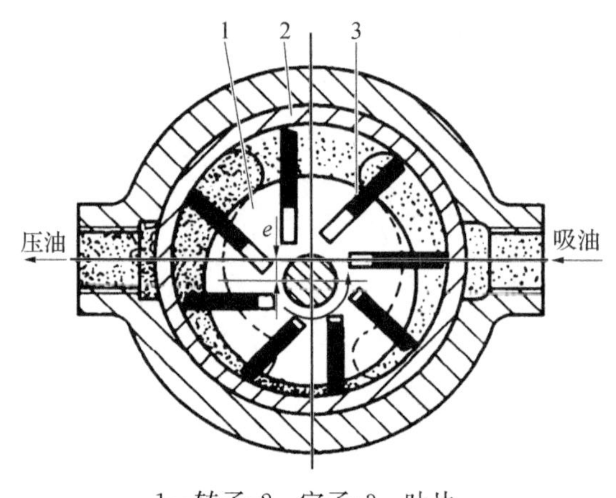

1—转子;2—定子;3—叶片。

图 3-4 单作用式叶片泵的工作原理

定子的工作表面是一个圆柱表面,定子与转子不同心安装,有一偏心距 e。叶片装在转子槽内可灵活滑动。转子回转时,在离心力和叶片根部压力油的作用下,叶片顶部贴紧在定子内表面上,在定子、转子每两个叶片和两侧配流盘之间就形成了一个个密封腔。当转子按图 3-4 所示的方向转动时,图 3-4 中右边的叶片逐渐伸出,密封工作腔和容积逐渐增大,产生局部真空,于是油箱中的油液在大气压力的作用下,由吸油口经配流盘的吸油窗口(图 3-4 中虚线所示的形槽),进入这些密封工作腔,这就是吸油过程。反之,图 3-4中左面的叶片被定子内表面推入转子的槽内,密封工作腔容积逐渐减小,腔内的油液受到压缩,经配流盘的压油窗口排到泵外,这就是压油过程。在吸油腔和压油腔之间有一段封油区,将吸油腔和压油腔隔开。泵转一周,叶片在槽中滑动一次,进行一次吸油、排油,故称该泵为单作用式叶片泵。

2) 单作用式叶片泵的流量

根据定义,叶片泵的排量 V 应由油泵中密封工作腔的数目 Z 和每个密封工作腔在压油时的容积变化量 ΔV 的乘积来决定(如图 3-5 所示)。

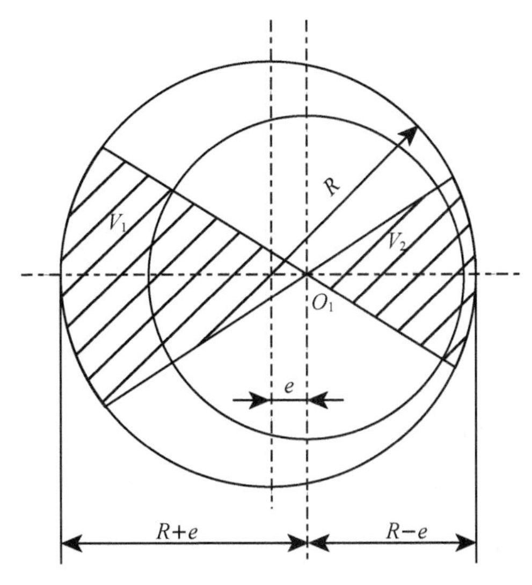

图 3-5 单作用叶片泵排量计算简图

单作用式叶片泵每个密封工作腔在转子转一周时的容积变化量为 $\Delta V=V_1-V_2$。设定子内半径为 R,定子宽度为 B,两叶片之间的夹角为 β。两个叶片形成一个工作容积,ΔV 近似等于扇形体积 V_1 和 V_2 之差,即

$$\Delta V=V_1-V_2=\frac{1}{2}\beta B[(R+e)^2-(R-e)^2]=\frac{4\pi}{Z}ReB \tag{3-11}$$

式中:β 为两相邻叶片间的夹角,$\beta=\frac{2\pi}{Z}$;

Z 为叶片的数目。

因此,单作用式叶片泵的排量为

$$V=Z\Delta V=4\pi ReB \tag{3-12}$$

若泵的转速为 n,容积效率为 η_v,单作用叶片泵的理论流量和实际流量分别为

$$q_t=Vn=4\pi ReBn \tag{3-13}$$

$$q=q_t\eta_v=4\pi ReBn\eta_v \tag{3-14}$$

单作用式叶片泵的流量是有脉动的,理论分析表明,泵内的叶片数愈多,流量脉动率愈小,此外,奇数叶片泵的脉动率比偶数叶片泵的脉动率小。

另外,由于单作用式叶片泵转子和定子之间存在偏心距 e,改变偏心距 e 便可改变 q,所以可调节泵的流量,故又称单作用式叶片泵为变量泵。但由于吸、压油腔的压力不平衡,使轴承受到较大的径向载荷,因此又称单作用式叶片泵为非卸荷式的叶片泵。

2. 双作用式叶片泵

1）双作用式叶片泵的工作原理

如图 3－6 所示，双作用式叶片泵的组成同单作用式叶片泵一样。它分别有两个吸油口和两个压油口。定子 1 和转子 2 的中心重合，定子内表面近似于长径为 R、短径为 r 的椭圆形，并有两对均匀分布的配油窗口。两个相对的窗口连通后分别接进出油口，构成两个吸油口和两个压油口。转子每转一周，每个密封工作空间完成两次吸油和压油，所以称其为双作用式叶片泵。

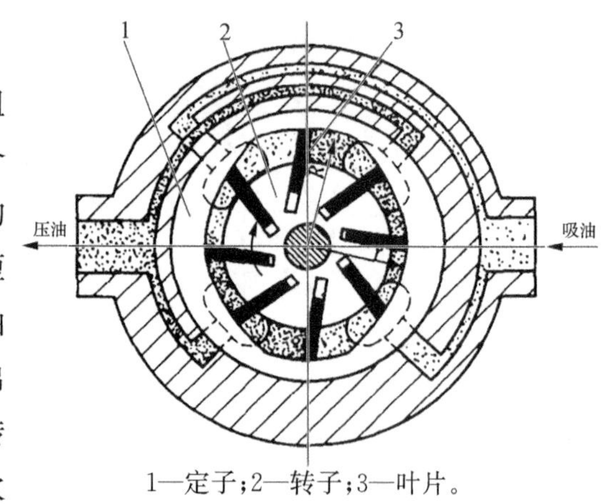

1—定子；2—转子；3—叶片。

图 3－6　双作用式叶片泵的工作原理

2）双作用式叶片泵的流量

双作用式叶片泵的流量推导过程(图 3－7)同单作用式叶片泵一样。

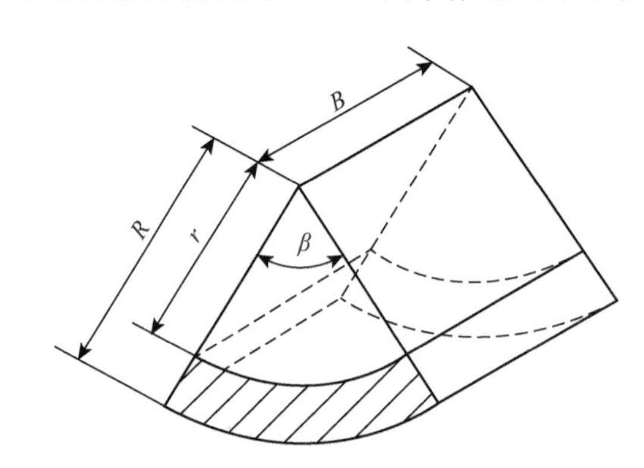

图 3－7　双作用式叶片泵排量计算简图

在不考虑叶片的厚度和倾角影响时，双作用式叶片泵的排量为

$$V=2Z\frac{\beta}{2}(R^2-r^2)B=2\pi B(R^2-r^2) \tag{3-15}$$

式中：R 为定子大圆弧半径；

r 为定子小圆弧半径；

B 为叶片宽度。

泵的输出流量为

$$q=Vn\eta_v=2\pi B(R^2-r^2)n\eta_v \tag{3-16}$$

实际上叶片是有一定厚度的，叶片所占的工作空间并不起输油作用，故若叶片厚度

为 b,叶片倾角为 θ,则转子每转因叶片所占体积而造成的排量损失为

$$V'=\frac{2B(R-r)}{\cos\theta}bZ \tag{3-17}$$

因此,考虑上述影响后泵的实际流量为

$$q=(V-V')n\eta_v=2B\left[\pi(R^2-r^2)-\frac{(R-r)bZ}{\cos\theta}\right]n\eta_v \tag{3-18}$$

式中:B 为叶片宽度;

b 为叶片厚度;

Z 为叶片数目;

θ 为叶片倾角。

从双作用式叶片泵的结构中可以看出,两个吸油口和两个压油口对称分布,径向压力平衡,轴承上不受附加载荷,所以又称为卸荷式叶片泵,同时其排量不可变,因此也称为定量叶片泵。有的双作用式叶片泵的叶片根部槽与该叶片所处的工作区相通。叶片处在吸油区时,叶片根部与吸油区相通;叶片处在压油区时,叶片根部槽与压油区相通。这样,叶片在槽中往复运动时,根部槽也相应地吸油和压油,这一部分输出的油液正好补偿了由于叶片厚度所造成的排量损失,这种泵的排量不受叶片厚度的影响。

3. 限压式变量叶片泵

如上所述,单作用式叶片泵是由于转子相对定子有一个偏心距 e,使泵轴旋转时密封工作油腔的容积产生变化,密封油腔的容积变化量即为泵的排量,如果改变 e 的大小,就会改变泵的排量,这就是变量叶片泵的工作原理。

限压式变量叶片泵按改变偏心方式分为手动调节变量和自动调节变量两种,自动调节变量中又分为限压式、稳流量式、恒压式等。

限压式变量叶片泵的流量随负载大小自动调节,它按照控制方式分为内反馈和外反馈两种形式。

如图 3 - 8 所示为外反馈限压式变量叶片泵的工作原理:转子的中心 O 是固定不变的,定子(其中心为 O_1)可以水平左右移动,它在调压弹簧的作用下被推向右端,使定子和转子的中心保持一个偏心距 e_{max}。当泵的转子按逆时针方向旋转时,转子上部为压油区,压力油的合力把定子向上压在滑块滚针支承上。定子右边有一个反馈柱塞,它的油腔与泵的压油腔相通。设反馈柱塞的面积为 A,则作用在定子上的反馈力为 p_A。当液压力小于弹簧力 F_S 时,弹簧把定子推向最右边,此时偏心距为最大值 e_{max},$q=q_{max}$。当泵的压力增大,$p_A>F_S$ 时,反馈力克服弹簧力,把定子向左推移,偏心距减小,流量降低。当压力大到泵内偏心距所产生的流量全部用于补偿泄漏时,泵的输出流量为零,不管外载再怎

样加大，泵的输出压力不会再升高，这就是此泵被称为限压式变量叶片泵的原因。外反馈的意义则表示反馈力是通过柱塞从外面加到定子上的。

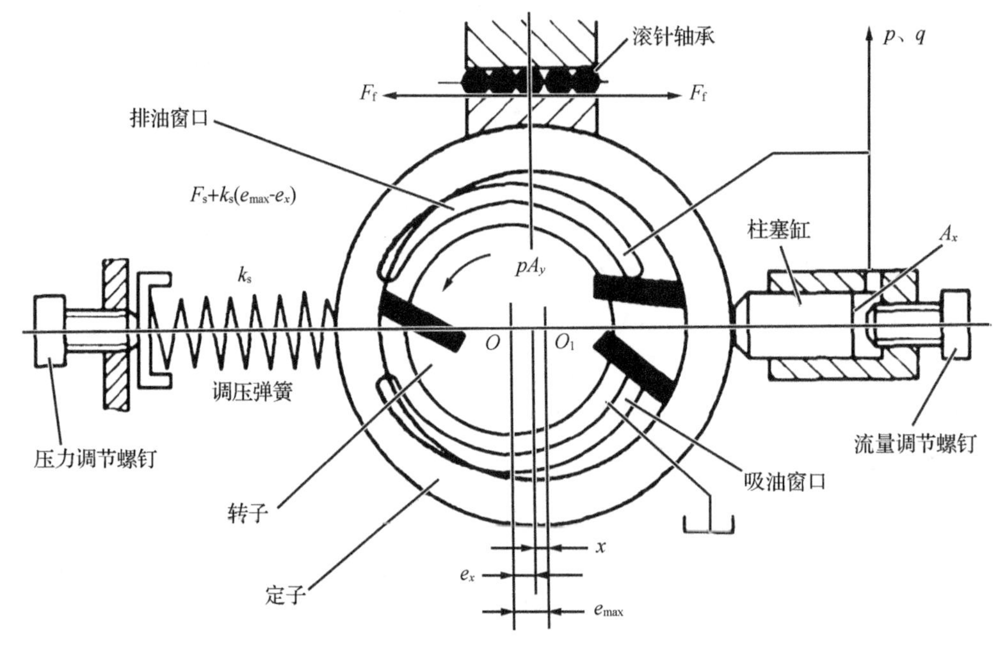

图 3-8　外反馈限压式变量叶片泵的工作原理

3.1.3　柱塞泵

柱塞泵按柱塞排列和运动方式的不同，分为轴向柱塞泵和径向柱塞泵。轴向柱塞泵是指柱塞的轴线和传动轴的轴线平行，径向柱塞泵是指柱塞的轴线和传动轴的轴线垂直。轴向柱塞泵按其结构不同可分为斜盘式和斜轴式两大类，它具有结构上容易实现无级变量等优点，所以在国防工业和民用工业中都得到了广泛应用，一般在液压系统需要高压时要用到它，如龙门刨床、拉床、液压机、起重机械等设备的液压系统。

1. 径向柱塞泵

1）径向柱塞泵的工作原理

径向柱塞泵的工作原理如图 3-9 所示，它由柱塞 1、缸体 2（又称转子）、衬套（传动轴）3、定子 4 和配流轴 5 等组成。转子的中心与定子中心之间有一偏心距 e，柱塞径向排列安装在缸体中，缸体由原动机带动连同柱塞一起旋转，柱塞在离心力（或低压油）的作用下抵紧定子内壁，当转子连同柱塞按图 3-9 所示方向旋转时，右半周的柱塞往外滑动，柱塞底部的密封工作腔容积增大，于是通过配流轴轴向孔吸油；左半周的柱塞往里滑动，柱塞孔内的密封工作腔容积减小，于是通过配流轴轴向孔压油。转子每转一周，柱塞在缸孔内吸油、压油各一次。

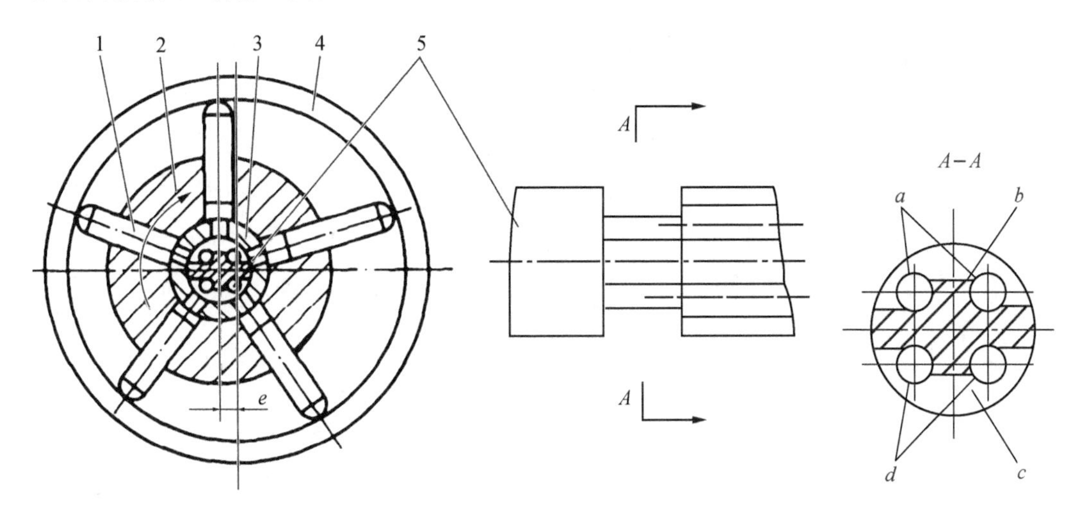

1—柱塞；2—转子；3—衬套；4—定子；5—配流轴。

图 3-9 径向柱塞泵的工作原理

2）排量和流量的计算

当径向柱塞泵的定子和转子间的偏心距为 e 时，柱塞在缸体孔内的运动行程为 $2e$，若柱塞数为 Z，柱塞直径为 d，则泵的排量为

$$V=\frac{\pi}{4}d^2\cdot 2eZ \tag{3-19}$$

若泵的转速为 n，容积效率为 η_v，则泵的流量为

$$q=\frac{\pi}{4}d^2\cdot 2eZn\eta_v \tag{3-20}$$

由于柱塞在缸体中移动的速度是变化的，各个柱塞在缸中移动的速度也不相同，所以径向柱塞泵的瞬时流量是脉动的。柱塞数为奇数时要比柱塞数为偶数时的瞬时流量脉动小得多，因此，径向柱塞泵的柱塞数为奇数。

2. 轴向柱塞泵

轴向柱塞泵的缸体直接安装在传动轴上，通过斜盘使柱塞相对缸体往复运动。压力和功率较小者，以柱塞的球端直接与斜盘作点接触；压力和功率较大者，柱塞通常是通过滑履与斜盘接触。

1）直轴式轴向柱塞泵的工作原理

柱塞泵依靠柱塞在缸体内作往复运动，使得密封油腔的容积变化而实现吸油和压

油，如图 3-10 所示。斜盘式轴向柱塞泵是由缸体 4(转子)、柱塞 3、斜盘 2、配流盘 5、传动轴 1 等主要部件组成的。柱塞和配流盘形成若干个密封的工作油腔，斜盘倾角(斜盘工作表面与垂直于轴线方向的夹角)为 γ。油缸体内均匀分布着几个柱塞孔，柱塞在柱塞孔里滑动。当传动轴带着缸体和柱塞一起旋转时(图 3-10 所示为逆时针)，柱塞在缸体内作往复运动。在自下而上回转的半周内，柱塞逐渐向外伸出，使缸体内密封油腔的容积增加，形成局部真空，于是油液就通过配流盘的吸油窗口 a 进入缸体中。在自上而下的半周内，柱塞被斜盘推着逐渐向里缩回，使密封油腔的容积减小，将液体从配油窗口 b 排出去。这样，缸体每转动一周，就完成一次吸油和一次压油过程。

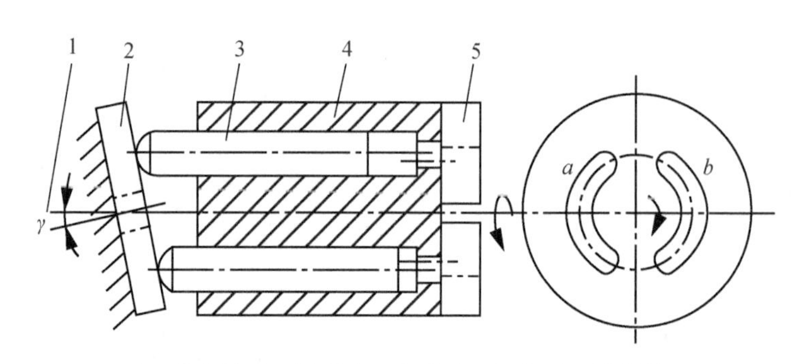

1—传动轴；2—斜盘；3—柱塞；4—缸体；5—配流盘。

图 3-10　直轴式轴向柱塞泵的工作原理

2) 轴向柱塞泵的流量

在图 3-10 中，柱塞的直径为 d，柱塞分布圆的直径为 D，斜盘倾角为 γ 时，柱塞的往复运动行程为

$$s=D\tan\gamma \tag{3-21}$$

当柱塞数为 Z 时，柱塞泵的排量为

$$V=\frac{\pi}{4}d^2 DZ\tan\gamma \tag{3-22}$$

若泵的转速为 n，容积效率为 η_v，则泵的实际输出流量为

$$q=\frac{\pi}{4}d^2 DZn\eta_v\tan\gamma \tag{3-23}$$

实际上泵的输出流量是脉动的，可以从表 3-2 中看出，当柱塞数为奇数时，脉动率较小；柱塞数愈多，脉动率 σ_q 愈小。所以在结构和强度计算允许的情况下，要尽可能使柱塞数量多，这样对输出流量有利，通常柱塞数取 5、7、9、11，而轴向柱塞泵从结构上采用 7 个柱塞时布置较为合理，也是最适用的。

表 3-2 轴向柱塞泵 Z 和 σ_q 的关系

Z	5	6	7	8	9	10	11	12
σ_q/%	4.98	13.9	2.53	7.8	1.53	5.0	1.02	3.53

由轴向柱塞泵的工作原理得知，由于斜盘和缸体呈一个倾斜角，所以才引起柱塞在缸体内作往复运动。因此，当泵的结构和转速一定时，泵的流量就取决于柱塞往复行程的长度，即倾角的大小。故改变倾角就可以改变输出流量，若改变倾斜盘的方向就能使泵的进出口变换，轴向柱塞泵则成为双向变量泵。

3）轴向柱塞泵的结构特点

（1）柱塞和柱塞孔的加工、装配精度高。柱塞上开设均压槽，以保证轴孔的最小间隙和良好的同心度，使泄漏流量减小。

（2）缸体端面间隙的自动补偿。由图 3-10 可见，使缸体紧压配流盘端面的作用力，除机械装置或弹簧的推力外，还有柱塞孔底部台阶面上所受的液压力，此液压力比弹簧力大很多，而且随泵工作压力的增大而增大。由于缸体始终受力紧贴着配流盘，所以使端面间隙得到了补偿。

（3）可采用滑履结构。在斜盘式轴向柱塞泵中，如果各柱塞球形头部直接接触斜盘而滑动，液压泵即为点接触式，这种形式的液压泵，因其接触应力大而极易磨损，故只能用在 $p<10$ MPa 的场合，当工作压力增大时，通常都在柱塞头部装一滑履(图 3-11)。滑履按静压原理设计，缸体中的压力油经柱塞球头中间的小孔流入滑履油室，致使滑履和斜盘间形成液体润滑，因此减少了滑履的磨损。使用这种结构的轴向柱塞泵压力可达 32 MPa 以上，流量也可以很大。

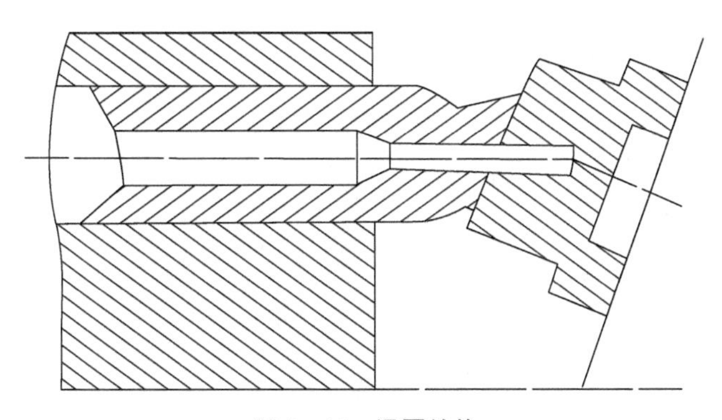

图 3-11 滑履结构

（4）轴向柱塞泵没有自吸能力。轴向柱塞泵靠加设辅助设备，如采用回程盘或在每个柱塞后加返回弹簧，也可在柱塞泵前安装一个辅助泵提供低压油液，强行将柱塞推出，以便吸油充分。

(5) 具有变量机构。变量轴向柱塞泵中的主体部分大致相同,其变量机构有各种结构形式,有手动、手动伺服、恒功率、恒流量、恒压变重等形式。图 3-12 所示的是手动伺服变量机构简图。该机构由缸筒 1、活塞 2 和伺服阀组成。活塞 2 的内腔构成了伺服阀的阀体,并有 c、d 和 e 三个孔道分别沟通缸筒 1 的下腔 a、上腔 b 和油箱。主体部分的斜盘 4 或缸体通过适当的机构与活塞 2 下端相连,利用活塞 2 的上下移动来改变倾角。当用手柄操纵伺服阀阀芯 3 向下移动时,上面的阀口打开,a 腔中的压力油经孔道 c 通向 b 腔,活塞因上腔面积大于下腔的面积而向下移动,活塞 2 移动时又使同服阀上的阀口关闭,最终使活塞 2 停止运动。同理,当阀芯向上移动时,下面的阀口打开,b 腔经孔道 d 和 e 接通油箱,活塞在 a 腔压力油的作用下向上移动,并在该阀口关闭时自行停止运动。变量机构就是这样依照伺服阀的动作来实现其控制的。

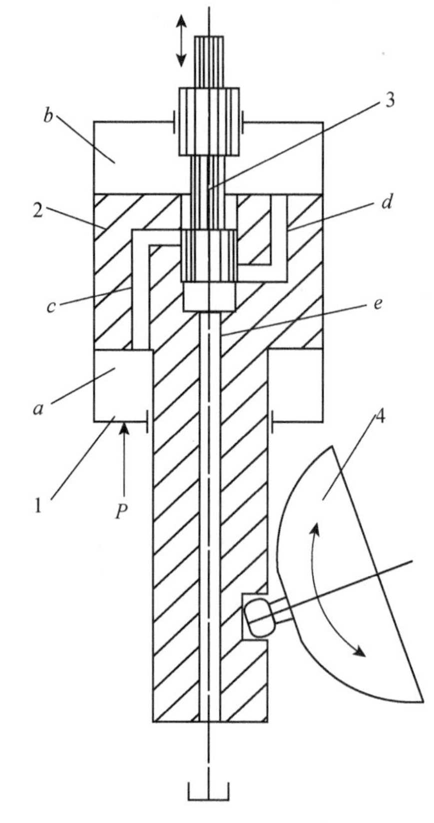

1—缸筒;2—活塞;3—伺服阀阀芯;4—斜盘。

图 3-12 手动伺服变量机构

3.1.4 齿轮泵

齿轮泵和齿轮马达的主要特点是结构简单、体积小、重量轻、转速高、自吸性能好、对油液污染不敏感、工作可靠、维护方便、价格低廉等,它们在一般液压传动系统中,特别是工程机械上应用较为广泛。其主要缺点是流量脉动和压力脉动较大,泄漏损失大,容积效率较低,噪声较严重,容易发热,排量不可调节,只能作定量泵、定量马达,故适用范围受到一定限制。

齿轮泵及齿轮马达按齿轮啮合形式的不同分为外啮合和内啮合两种,按齿形曲线的不同分为渐开线齿形和非渐开线齿形两种。

1. 齿轮泵的工作原理

图 3-13 所示为齿轮泵工作原理图。由于齿轮两端面与泵盖的间隙以及齿轮的齿顶

与泵体内表面的间隙都很小，因此，一对啮合的轮齿将泵体、前后泵盖和齿轮包围的密封容积分隔成左、右两个密封的工作腔。当原动机带动齿轮按如图 3-13 所示的方向旋转时，右侧的轮齿不断退出啮合，而左侧的轮齿不断进入啮合。因啮合点的啮合半径小于齿顶圆半径，右侧退出啮合的轮齿露出齿间，其密封工作腔容积逐渐增大，形成局部真空，油箱中的油液在大气压力的作用下经泵的吸油口进入这个密封油腔——吸油腔。随着齿轮的转动，吸入的油液被齿轮转移到左侧的密封工作腔。左侧进入啮合的轮齿使密封油腔——压油腔容积逐渐减小，把齿间油液挤出，从压油口输出，压入液压系统。这就是齿轮泵的吸油和压油过程。齿轮连续旋转，泵连续不断地吸油和压油。

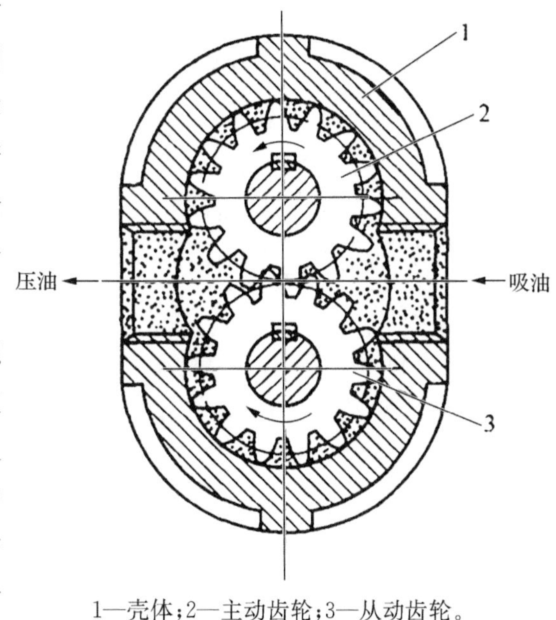

1—壳体；2—主动齿轮；3—从动齿轮。

图 3-13 齿轮泵的工作原理图

齿轮啮合点处的齿面接触线将吸油腔和压油腔分开，起到了配油(配流)作用，因此不需要单独设置配油装置，这种配油方式称为直接配油。

2. 齿轮泵的结构特点分析

1）*泄漏问题*

液压泵中构成密封工作容积的零件要作相对运动，因此存在着配合间隙。由于泵吸、压油腔之间存在压力差，其配合间隙必然产生泄漏，泄漏会影响液压泵的性能。外啮合齿轮泵压油腔的压力油主要通过 3 条途径泄漏到低压腔。

(1) 泵体的内圆和齿顶径向间隙的泄漏。由于齿轮转动方向与泄漏方向相反，且压油腔到吸油腔通道较长，所以该间隙泄漏量相对较小，约占总泄漏量的 10%～15%。

(2) 齿面啮合处间隙的泄漏。齿形误差会造成沿齿宽方向齿面接触不好而产生间隙，使压油腔与吸油腔之间造成泄漏，这部分泄漏量很少。

(3) 齿轮端面间隙的泄漏。齿轮端面与前后盖之间的端面间隙较大，此端面间隙封油长度又短，所以泄漏量最大，占总泄漏量的 70%～75%。由此可知，齿轮泵由于泄漏量较大，其额定工作压力不高，要想提高齿轮泵的额定压力并保证较高的容积效率，首先要减少沿端面间隙的泄漏问题。

2）困油现象

为了保证齿轮传动的平稳性，保证吸排油腔严格地隔离以及保证齿轮泵供油的连续性，根据齿轮啮合原理，就要求齿轮的重叠系数 ε 大于 1（一般取 $\varepsilon=1.05\sim1.3$），这样在齿轮啮合中，在前一对齿轮退出啮合之前，后一对齿轮已经进入啮合。在两对齿轮同时啮合的时段内，就有一部分油液困在两对齿轮所形成的封闭油腔内，既不与吸油腔相通，也不与压油腔相通。这个封闭油腔的容积开始时随齿轮的旋转逐渐减少，之后又逐渐增大（如图3－14所示）。封闭油腔容积减小时，困在油腔中的油液受到挤压，并从缝隙中挤出而产生很高的压力，使油液发热，轴承负荷增大；而封闭油腔容积增大时，又会造成局部真空，产生气穴现象。这些都将使齿轮泵产生强烈的振动和噪声，这就是困油现象。

消除困油现象的措施是在齿轮端面两侧板上开卸荷槽。困油区油腔容积增大时，通过卸荷槽与吸油区相连，反之与压油区相连。卸荷槽的形式各种各样，有对称开口，有不对称开口，有圆形盲孔，如 CB-G 泵。

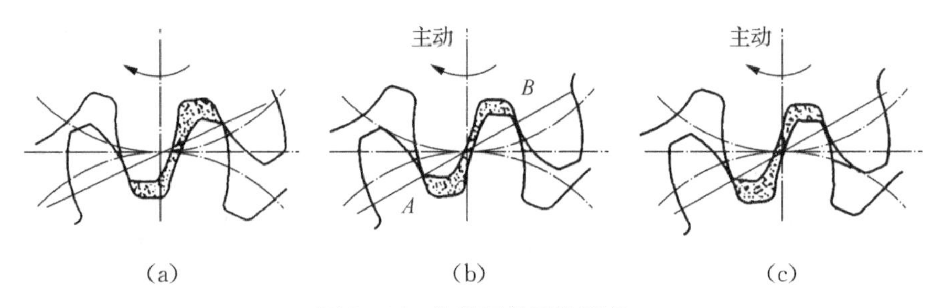

图 3－14　齿轮泵的困油现象

3）不平衡的径向力

在齿轮泵中，作用在齿轮外圆上的压力是不相等的，如图 3－15 所示。齿轮周围压力不一致，使齿轮轴受力不平衡。压油腔压力愈高，这个力愈大。从泵的进油口沿齿顶圆圆周到出油口齿和齿之间的油的压力，从压油口到吸油口按递减规律分布，这些力的合力构成了一个不平衡的径向力。其带来的危害是加重了轴承的负荷，并加速了齿顶与泵体之间的磨损，影响了泵的寿命。可以采用减小压油口的尺寸、加大齿轮轴和轴承的承载能力、开压力平衡槽、适当增大径向间隙等办法来解决。

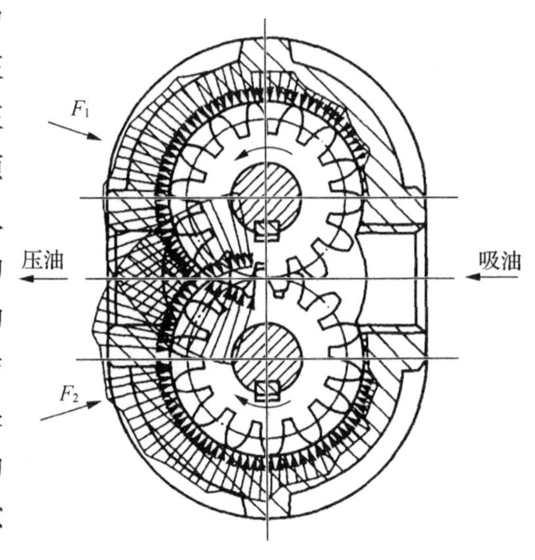

图 3－15　齿轮泵的径向受力图

3. 螺杆泵

螺杆泵中由于主动螺杆 3 和从动螺杆 1 的螺旋面在垂直于螺杆轴线的横截面上是一对共轭摆线齿轮，故又称螺杆为摆线螺杆泵。螺杆泵的工作机构是由互相啮合且装于定子内的 3 根螺杆组成的，中间一根为主动螺杆，由电机带动，旁边两根为从动螺杆，另外还有前、后端盖等主要零件(参看图 3-16)。螺杆的啮合线把主动螺杆和从动螺杆的螺旋槽分割成多个相互隔离的密封腔。随着螺杆的旋转，这些密封工作腔一个接一个地在左端形成，不断地从左到右移动。主动螺杆每转一周，每个密封工作腔便移动一个螺旋导程。因此，在左端吸油腔，密封油腔容积逐渐增大，进行吸油；而在右端压油腔，密封油腔容积逐渐减小，进行压油。由此可知，螺杆直径愈大，螺旋槽愈深，泵的排量就愈大；螺杆愈长，吸油口 2 和压油口 4 之间的密封层次愈多，泵的额定压力就愈高。

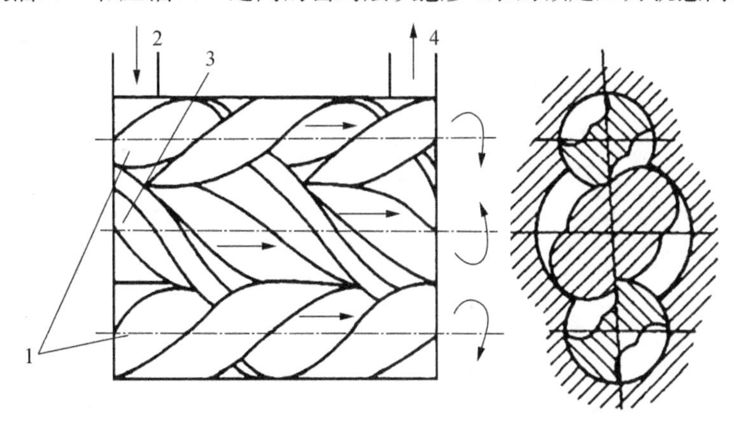

1—从动螺杆；2—吸油口；3—主动螺杆；4—压油口。

图 3-16 螺杆泵

螺杆泵的优点是结构简单紧凑，体积小，动作平稳，噪声小，流量和压力脉动小，螺杆转动惯量小，快速运动性能好，因此已较多地应用于精密机床的液压系统中。其缺点是由于螺杆形状复杂，加工比较困难。

3.1.5 液压泵的选用

液压泵是液压系统的动力元件，其作用是供给系统一定流量和压力的油液，因此它也是液压系统的核心元件。合理地选择液压泵对于降低液压系统的能耗、提高系统的效率、降低噪声、改善工作性能和保证系统的可靠工作都十分重要。

选择液压泵的原则是应根据主机工况、功率大小和系统对工作性能的要求，首先确定液压泵的结构类型，然后按系统所要求的压力、流量大小确定其规格型号。表 3-3 给出了各类液压泵的性能特点、比较及应用。

表 3-3　各类液压泵的性能比较

类型	齿轮泵	叶片泵		柱塞泵	
		单作用式(变量)	双作用式	轴向柱塞式	径向柱塞式
压力范围/MPa	2～21	2.5～6.3	6.3～21	21～40	10～20
排量范围/(mL/r)	0.3～650	1～320	0.5～480	0.2～3 600	20～720
转速范围/(r/min)	300～7 000	500～2 000	500～4 000	600～6 000	700～1 800
容积效率/%	70～95	85～92	80～94	88～93	80～90
总效率/%	63～87	71～85	65～82	81～88	81～83
流量脉动/%	1～27			1～5	<2
功率质量比/(kW/kg)	中	小	中	中 大	小
噪声	稍高	中	中	大	中
耐污能力	中等	中	中	中	中
价格	最低	中	中低	高	高
应用	一般常用于机床液压系统及低压大流量的一些系统或控制系统。中等高压齿轮泵常用于工程机械、航空、造船等方面	在中、低压液压系统中用得较多,常用于精密机床及一些功率较大的设备上,如高精度平磨、塑料机械等,在组合机床液压系统中用得很多	在各类机床设备中得到了广泛应用,在注塑机、运输装卸机械、液压机和工程机械中得到了广泛应用	在各类高压系统中应用非常广泛,如用于冶金、锻压、矿山、起重机械、工程机械、造船等方面	多用在 10 MPa 以上的各类液压系统中,由于体积大,重量大,耐冲击性好,故常用于固定设备中,如拉床、压力机或船舶等

一般来说,各种类型的液压泵的结构原理、运转方式和性能特点各有不同,因此应根据不同的使用场合选择合适的液压泵。一般负载小、功率小的机械设备选择齿轮泵、双作用式叶片泵,精度较高的机械设备(如磨床)选择螺杆泵、双作用式叶片泵,负载较大并有快速和慢速工作的机械设备(如组合机床)选择限压式变量叶片泵,负载大、功率大的设备(如龙门刨、拉床等)选择柱塞泵,一般不太重要的液压系统(机床辅助装置中的送料、夹紧等系统)选择齿轮泵。

3.2　液压执行元件

3.2.1　液压缸工作原理、类型及特点

1. 液压缸工作原理

如图 3-17 所示,液压缸由缸筒 1、活塞 2、活塞杆 3、端盖 4、密封件 5 等主要部件组成。

图 3－17 为单杆双作用液压缸，根据运动形式不同，它可分为缸筒固定和活塞杆固定两种。

1）缸筒固定式

左腔输入压力油，当油的压力足以克服作用在活塞杆上的负载时，推动活塞以速度 v_1 向右运动，压力不再继续上升。反之，往右腔输入压力油，活塞以速度 v_2 向左运动，这样便完成了一次往复运动。

2）活塞杆固定式

当活塞杆固定，左腔输入压力油时，缸筒向左运动；当往右腔输入压力油时，则缸筒右移，如图 3－17 所示。

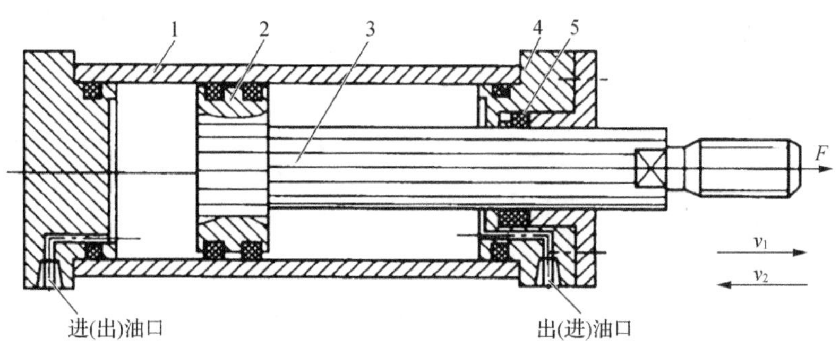

1—缸筒；2—活塞；3—活塞杆；4—端盖；5—密封件。

图 3－17 液压缸工作原理

可见，液压缸是将输入液体的压力能（压力 p 和流量 q）转变成机械能，用来克服负载做功，输出一定的推力 F 和运动速度 v。活塞杆的运动速度 v 取决于流量 q。因此，缸输入的压力 p、流量 q、输出作用力 F 和速度 v 是液压缸的主要性能参数。

2. 液压缸类型及特点

1）活塞式液压缸

活塞式液压缸由缸筒、活塞和活塞杆、端盖等主要部件组成；通常有单杆和双杆两种形式。

（1）单杆活塞式液压缸

单杆活塞液压缸有缸体固定和活塞杆固定两种形式，但它们的工作台移动范围都是活塞运动行程的两倍。单杆活塞缸具有 3 种连接方式，由于左右两腔活塞的有效作用面积 A_1 和 A_2 不相等，因此，即使输入液压缸油液的压力和流量相同，3 种不同的连接方式下输出的推力和速度大小也各不相同。活塞杆推出的作用力较大，速度较慢；而活塞杆拉入时，作用力较小，速度较快，如图 3－18 所示。

①当无杆腔进油、有杆腔回油时

$$F_1 = p_1 A_1 - p_2 A_2 = p_1 \frac{\pi}{4} D^2 - p_2 \frac{\pi}{4}(D^2 - d^2) \tag{3-24}$$

$$v_1=\frac{q}{A_1}=\frac{4q}{\pi D^2} \tag{3-25}$$

式中：F_1 为推力；

v_1 为运动速度；

p_1 为进油压力；

p_2 为回油压力。

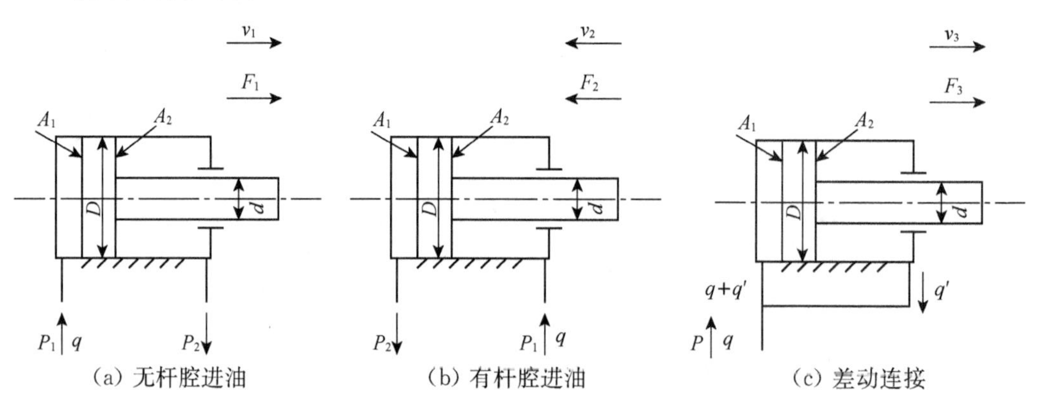

(a) 无杆腔进油　(b) 有杆腔进油　(c) 差动连接

图 3-18　单杆活塞式液压缸

若回油腔直接接油箱，$p_2\approx0$，则

$$F_1=p_1A_1=p_1\frac{\pi}{4}D^2 \tag{3-26}$$

②当有杆腔进油、无杆腔回油时

$$F_2=p_1A_2-p_2A_1=p_1\frac{\pi}{4}(D^2-d^2)-p_2\frac{\pi}{4}D^2 \tag{3-27}$$

$$v_2=\frac{q}{A_2}=\frac{4q}{\pi(D^2-d^2)} \tag{3-28}$$

式中：F_2 为推力；

v_2 为运动速度；

p_1 为进油压力；

p_2 为回油压力。

若回油腔直接接油箱，$p_2\approx0$，则

$$F_2=p_1A_2=p_1\frac{\pi}{4}(D^2-d^2) \tag{3-29}$$

v_2 与 v_1 之比称为液压缸的速度比 λ_v，即

$$\lambda_v=\frac{v_2}{v_1}=\frac{1}{1-\left(\frac{d}{D}\right)^2} \tag{3-30}$$

③液压缸左右两腔同时进入压力油，即差动连接。在差动连接时，液压缸左右两腔

同时进入压力油，但因为两腔的有效作用面积不等，故活塞向右运动。有杆腔排出的流量 $q'=v_3A_2$ 也进入无杆腔，加大了左腔的流量 $(q+q')$，从而加快了活塞移动的速度，若不考虑损失，则差动缸活塞推力 F_3 和运动速度 v_3 为

$$F_3=p_1(A_1-A_2)=p_1\frac{\pi}{4}d^2 \tag{3-31}$$

$$v_3=\frac{q+q'}{A_1}=\frac{q+\frac{\pi}{4}(D^2-d^2)v_3}{\frac{\pi}{4}D^2} \tag{3-32}$$

整理得

$$v_3=\frac{4q}{\pi d^2} \tag{3-33}$$

由上述可知，差动连接比非差动连接时的推力小且运动速度快，所以这种连接形式是以减小推力为代价而获得快速运动的。

单杆液压缸是广泛应用的一种执行元件，适用于推出时承受工作载荷、退回时为空载或载荷较小的液压装置。

(2) 双杆活塞式液压缸

双杆活塞式液压缸如图 3-19 所示，图 3-19(a)为采用缸筒固定安装形式，它的进、出油口布置在缸筒两端，活塞通过活塞杆带动工作台移动，当活塞的有效行程为 l 时整个工作台的运动范围为 $3l$，因此该安装方式占地面积大，适用于小型机床。图 3-19(b)为活塞杆固定安装形式，这种安装连接是缸体与工作台相连，活塞杆通过支架固定在机床上，动力由缸体传出，因此工作台移动范围等于两倍的有效行程，该安装方式节省了占地面积，适用于行程较长的机床。

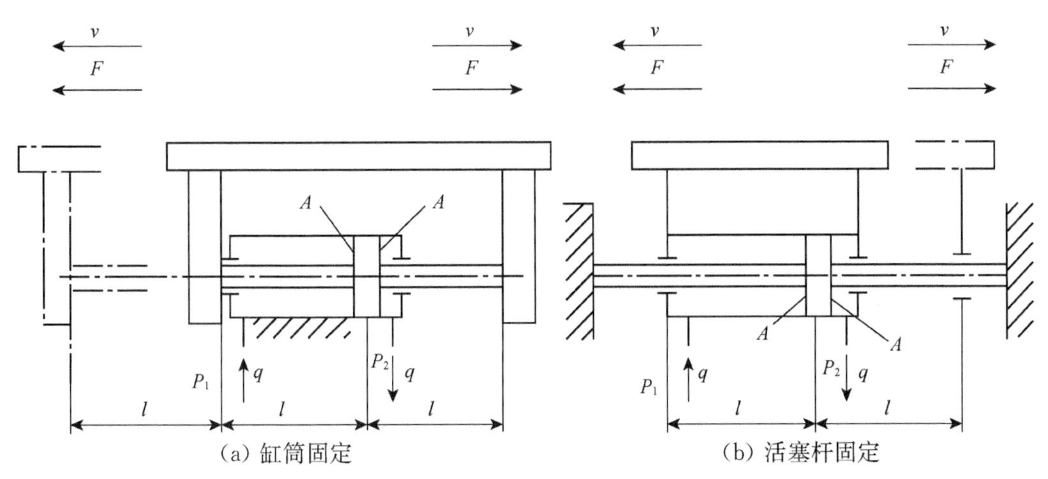

图 3-19　双杆活塞式液压缸及其安装形式

双杆活塞式液压缸的活塞两侧都装有活塞杆，由于两腔的有效面积相等，故活塞往返的作用力和运动速度都相等，即

$$F=A(p_1-p_2)=\frac{\pi}{4}(D^2-d^2)(p_1-p_2) \tag{3-34}$$

$$v=\frac{q}{A}=\frac{4q}{\pi(D^2-d^2)} \tag{3-35}$$

此种形式的液压缸在机床中常被采用。

2）柱塞式液压缸

图 3-20 为柱塞式液压缸。这是一种单作用式液压缸，因此柱塞缸常成对使用[图 3-20(b)]。这种液压缸的柱塞 1 和缸筒 2 不接触，运动时由缸盖上的导向套来导向，因此缸筒内只需粗加工，甚至不加工，故工艺性好。它特别适用于行程较长的场合（如龙门刨床），在液压升降机、自卸卡车和叉车中也有所应用。

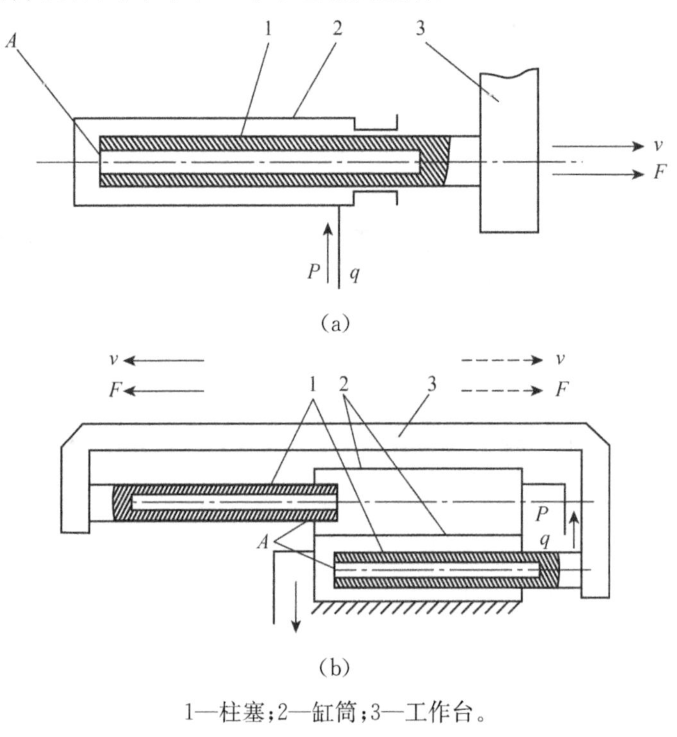

1—柱塞；2—缸筒；3—工作台。

图 3-20　柱塞式液压缸

柱塞缸产生的推力 F 和运动速度 v 分别为

$$F=Ap=\pi d^2 p/4 \tag{3-36}$$

$$v=4q/\pi d^2 \tag{3-37}$$

式中：d 为柱塞直径；

其他符号意义同前。

柱塞缸只能在压力油作用下产生单向运功，回程借助于运动件的自重或外力的作用（采用垂直放置或借助弹簧力等）。为了得到双向运动，柱塞缸常成对使用，如图 3-21 所示。为减轻重量，防止柱塞水平放置时因自重而下垂，常把柱塞做成空心的形式。

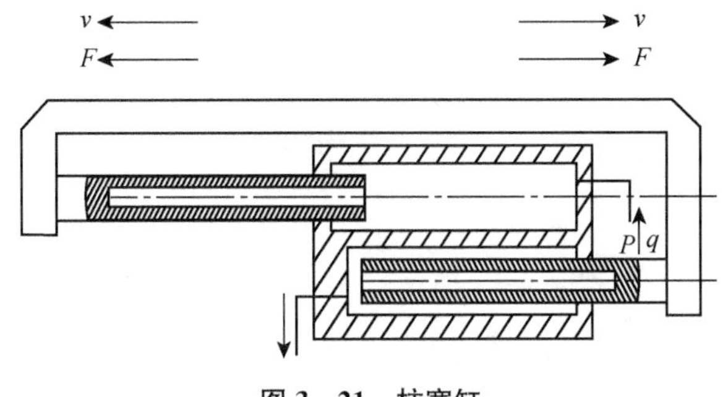

图 3-21 柱塞缸

3）伸缩式液压缸

伸缩式液压缸又称为多级液压缸，由两个或多个活塞套装而成（图 3-22）。它的前一级活塞缸的活塞是后一级活塞缸的缸筒，活塞伸出时（按活塞 1、2 的有效工作面积由大到小依次伸出），可获得很长的工作行程，缩回时（按活塞有效工作面积由小到大依次缩回）长度则较短，故结构较紧凑。由于各级活塞的有效工作面积不同，在输入液压力和流量不变的情况下，液压缸的推力和速度是分级变化的：先动作的活塞速度低、推力大；后动作的活塞推力小、速度高。图 3-22 为双作用式伸缩缸（亦有单作用式）。伸缩式液压缸常用于工程机械（如翻斗汽车、起重机等）和农业机械上。

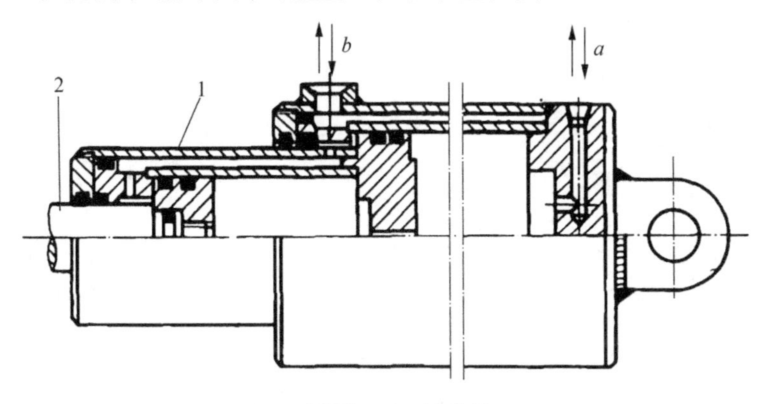

1、2—活塞；a、b—进出油口。

图 3-22 伸缩式液压缸

3.2.2 液压缸的基本结构

图 3-23 为一种用于机床上的单杆活塞缸结构，它由缸筒、端盖、活塞、活塞杆、导向套、密封圈等组成。缸筒 8 和前后端盖 1、10 用四个拉杆 15 和螺帽 16 紧固连成一体。活

塞 3 通过螺母 2 和压板 5 固定在活塞杆 7 上。为了保证形成的油腔具有可靠的密封性，在前后端盖和缸筒之间、缸筒和活塞之间、活塞和活塞杆之间及活塞杆与后端盖之间都分别设置了相应的密封圈 19、4、18 和 11。后端盖和活塞杆之间还装有导向套 12、刮油圈 13 和防尘圈 14,它们是用压板 17 夹紧在后端盖上的。

压板 5 后面的缓冲套 6 和活塞杆的前端部分分别与前、后端盖上的单向阀 21 和节流阀 20 组成前后缓冲器，使活塞及活塞杆在行程终端处减速，防止或减弱活塞对端盖的撞击。

液压缸的具体工作原理如下：当压力为 p_1 的油液从 B 口进入时(如图 3-23 所示)，对于并联的节流阀 20、单向阀 21,油液会顶开阻力相对较小的单向阀 21 并经过孔道 a、b 作用于螺母 2 的左侧，对活塞 3 和活塞杆 7 产生使其右移的推力。当该推力大于或等于阻碍活塞、活塞杆右移的一切阻力时，活塞、活塞杆右移，而压力为 p_2 的有杆腔油液即回油，经端盖 10 和活塞杆 7 之间的环形孔道 h 从 C 口排出。此时液压缸速度(即活塞速度)相对较快。当液压缸(即活塞)移至右端，且在缓冲套 6 进入环形孔道 h 后，有杆腔的回油(排油)只能从孔道 b' 经节流阀由 C 口排出。此时回油流经节流阀，致使液压缸(活塞)速度减缓，其运动得到缓冲，故可防止或减弱活塞对缸盖的撞击。反之，当压力为 p_1 的油液(图 3-23 中虚线 p_1 所示)从 C 口进入时，亦顶开单向阀，并经孔道 a'、b' 进入液压缸有杆腔，作用于活塞 3 右侧的环形端面(有效工作面积 A_2)上，推动活塞、活塞杆左移，无杆腔(左腔)的回油则经端盖 1 中间的孔从 B 口排出。此时因回油阻力小，且不经

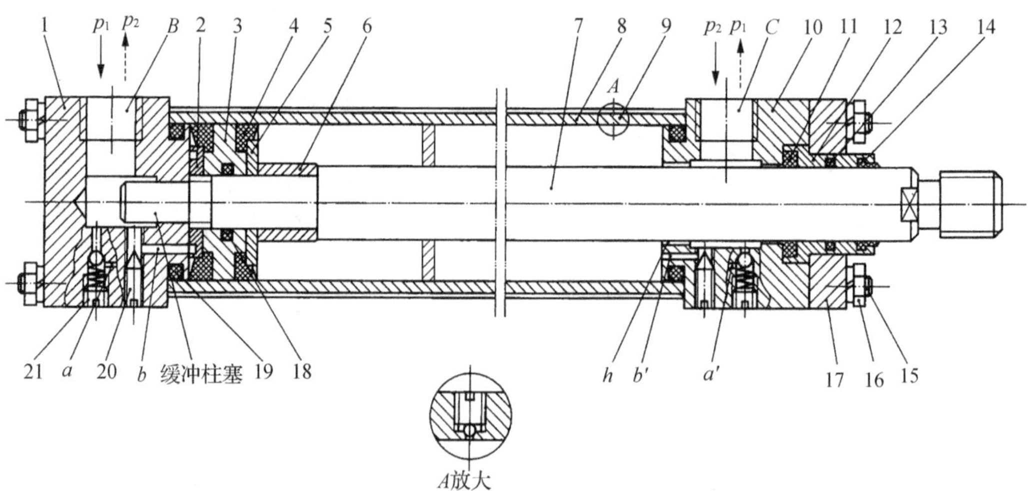

1、10—前后端盖；2—螺母；3—活塞；4、11、18、19—密封圈；5—压板；6—缓冲套；7—活塞杆；8—缸筒；9—排气阀；12—导向套；13—刮油圈；14—防尘圈；15—拉杆；16—螺帽；17—压板；20—节流阀(两个)；21—单向阀(两个)；p_1—进油压力；p_2—回油压力；A、B、C—进油或回油口；a、b、a'、b'、h—孔。

图 3-23 机床用单杆活塞缸结构

节流阀,故液压缸(活塞)快速运动。当活塞运动到左端且缓冲柱塞进入端盖 1 的内孔时,活塞 3 与端盖 1 之间的油液(回油)只能从并联的单向阀 21、节流阀 20 中排出(即单向阀 21 反向进油关闭,回油则经孔道 b、节流阀 20 从 B 口排出)。此时因回油受到节流阀的节制,故液压缸速度明显减慢,其运动得到缓冲,因而防止或减弱了活塞对缸盖的撞击。

值得提出的是,一个新液压缸或长期未用的液压缸,在开始使用之前,要先进行排气,以保证液压缸工作时运动的平稳性。缸筒 8 上的排气阀 9 供导出液压缸内积聚的空气之用。

3.2.3 液压马达

液压马达是把液压能转变为机械能的一种能量转变装置。从能量互相转换的观点看,泵和马达是统一体的矛盾着的两个方面,它们可以依一定的条件而变化。当电动机带动其转动时,即为泵,输出压力油(流量和压力);当向其通入压力油时,即为马达,输出机械能(扭矩和转速)。从工作原理上讲,它们是可逆的,但由于用途不同,故在结构上各有其特点。因此,在实际工作中大部分泵和马达是不可逆的。液压马达与液压泵在结构和原理上基本相同,都是依靠密封容积周期性变化而工作的,都有配流机构。当向液压泵的工作容腔输入高压油液时,液压泵就可以作为液压马达使用;当液压马达的主轴由外力矩驱动旋转时,液压马达就变成液压泵。因此,理论上液压泵与液压马达是可逆工作的液压元件。

但是,由于液压泵和液压马达的使用目的和性能要求不同,同类型的液压泵和液压马达在结构上还是存在一定差异的,在实际使用中很少可以互逆使用。它们的主要差异表现在以下几方面:

(1) 为保证液压马达能够正、反转,要求其内部结构对称,而为了改善性能,要使液压泵内部结构不对称。

(2) 液压马达不要求有自吸能力,而液压泵必须保证具有自吸能力。

(3) 在确定液压马达的轴承结构形式及其润滑方式时,应保证其能在很宽的速度范围内正常地工作,而液压泵的转速较高且一般变化很小。

(4) 液压马达要求有较大的启动转矩,而液压泵没有此要求。

液压马达的分类与液压泵基本相同,如图 3 - 24 所示。额定转速高于 500 r/min 的液压马达属于高速液压马达,又称为高速小转矩马达,其主要特点是转速较高、转动惯量小、便于启动和制动、调节灵敏度高,但输出转矩小,一般为几十到几百牛 · 米;额定转速低于 500 r/min 的属于低速液压马达,又称为低速大转矩马达,其主要特点是转速低、排量大、输出转矩大,可直接与工作机构相连接,不需要减速装置,缺点是体积大。

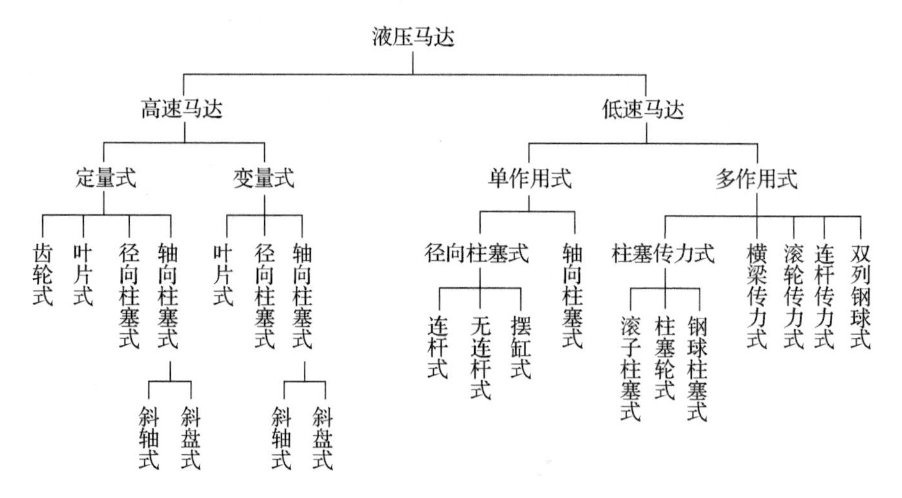

图 3-24　液压马达的分类

3.3　液压控制元件

3.3.1　控制元件概述

1. 基本结构

液压系统中,液压阀本身不做有用功,只是对执行元件起控制作用。它们都是由阀体、阀芯(滑阀或锥阀)和阀芯动力机构(如弹簧、电磁铁等)三大部分组成的,阀的操纵机构可以是手动、机动、电动、液动或电液动等。尽管各种阀的工作原理不完全相同,但大部分是通过阀芯的移动来控制油口的开闭或限制、改变油液的流动来工作的,而且控制阀进出油口间的压差及通过阀口的流量之间都符合孔口流量公式($q=KA_{\mathrm{T}}\Delta p^{m}$)。各种阀都可以看成是油路中的一个液阻,只要有液体流过,都会产生压力降(有压力损失)和温度升高的现象。

液压传动系统对液压控制阀的基本要求为:

(1) 动作灵敏、工作平稳可靠,工作时冲击和振动尽可能小。

(2) 油液通过液压阀时压力损失要小。

(3) 密封性能好,泄漏量要小。

(4) 结构要简单紧凑,安装、维护、调整方便,通用性强,寿命长。

2. 分类

液压阀的分类方法很多，以至于同一种阀在不同的场合，因其着眼点不同有不同的名称，下面介绍几种不同的分类方法：

（1）根据液压阀在液压系统中的功用可分为方向控制阀、压力控制阀和流量控制阀。

（2）根据液压阀控制方式可分为定位或开关控制阀、电液比例阀、伺服控制阀和数字控制阀。

（3）根据液压阀阀芯的结构形式可分为滑阀（或转阀）类、锥阀类、球阀类。此外，还有喷嘴挡板阀和射流管阀。

（4）根据液压阀连接和安装形式的不同可分为管式阀、板式阀、叠加式阀和插装式阀。

3. 基本要求

液压系统对液压控制阀的基本要求如下：

（1）动作灵敏，使用可靠，工作时冲击和振动小，噪声小，使用寿命长。

（2）流体通过液压阀时，压力损失小；阀口关闭时，密封性能好，内泄漏小，无外泄漏。

（3）所控制的参量（压力或流量）稳定，受外部干扰时变化量小。

（4）结构紧凑，安装、调整、使用、维护方便，通用性好。

4. 性能参数

液压阀的性能参数是对液压阀进行评价和选用的依据，它反映了液压阀的规格大小和工作特性，主要包含下述两个参数：

1）公称通径

公称通径代表阀的通流能力的大小，对应于液压阀的额定流量。它是液压阀连接接口的名义尺寸，与实际尺寸不一定相等，因为实际尺寸还受到流量、流速等参数的影响，如通径同为 10 mm，某电磁换向阀连接口的实际直径为 11.2 mm，而直角单向阀却是 14.7 mm。有些系列液压阀的规格用额定流量来表示也有既用通径又给出所对应的流量来表示液压阀的规格。

2）额定压力

液压阀的额定压力是指阀长期工作所允许的最高压力。对压力控制阀，实际最高压力有时还与液压阀的调压范围有关；对换向阀，实际最高压力还可能受到其功率极限的限制。

除此之外，性能参数还包括一些与具体液压阀有关的量，如通过额定流量时的额定压力损失、最小稳定流量、开启压力等。只要工作压力和流量不超过额定值，液压阀即可正常工作。目前对不同的液压阀也给出了一些不同的数据，如最大工作压力、开启压力、允许背压、最大流量等。

3.3.2 方向控制阀

1. 单向阀

1）普通单向阀

单向阀又称止回阀，它是一种只允许液流沿一个方向通过，而反向液流被截止的方向阀。对单向阀的主要性能要求是：正向液流通过时压力损失要小；反向截止时密封性要好；动作灵敏，工作时冲击和噪声小。

管式单向阀为直通式，直通式单向阀进口和出口流道在同一轴线上。板式单向阀为直角式，直角式单向阀进出口流道成直角布置。图 3-25(a)、(b)所示为管式连接的钢球式直通单向阀和锥阀式直通单向阀。液流从 P_1 流入，克服弹簧力而将阀芯顶开，再从 P_2 流出。当液流反向流入时，由于阀芯被压紧在阀座密封面上，所以液流被截止。

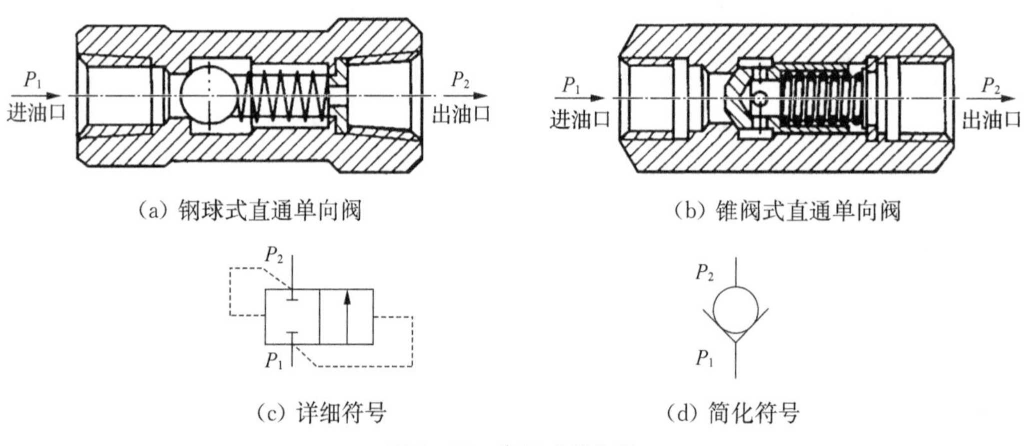

图 3-25 直通式单向阀

钢球式单向阀的结构简单，但密封性不如锥阀式，并且由于钢球没有导向部分，工作时容易产生振动，一般用在流量较小的场合。锥阀式单向阀应用最多，虽然其结构比钢球式复杂一些，但其导向性好，密封可靠。

图 3-26 为板式连接的直角式单向阀，液流从 P_1 口流入，顶开阀芯后，直接经阀体的铸造流道从 P_2 口流出，压力损失小，而且只要打开端部螺塞即可对内部进行维修，十分方便。

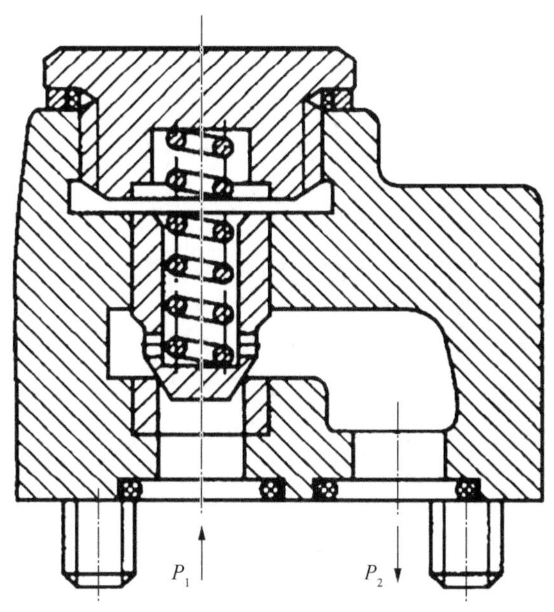

图 3-26　直角式单向阀

单向阀中的弹簧主要用来克服摩擦力、阀芯的重力和惯性力，使阀芯在反向流动时能迅速关闭，所以单向阀中的弹簧较软。单向阀的开启压力一般为 0.03～0.05 MPa，并可根据需要更换弹簧。如将单向阀中的软弹簧更换成合适的硬弹簧，就成为背压阀。背压阀通常安装在液压系统的回油路上，用以产生 0.3～0.5 MPa 的背压。所谓背压是在液压回路的回油侧或压力作用面的相反方向所作用的压力。

对单向阀的主要性能要求除了正向导通时压力损失要小，还要求反向截止时无泄漏，阀芯动作灵敏，工作时无撞击和噪声。单向阀主要用于不允许油液反向流动的场合，如安装在泵的出口，一方面防止系统的压力冲击影响泵的正常工作，另一方面在泵不工作时防止系统的油液倒流经泵回油箱。单向阀还被用来分隔油路，以防止油路之间的相互干扰；它还可与其他阀并联组成复合阀，如单向顺序阀、单向节流阀等；也可安装在系统的回油路作为背压阀使用，还可安装在泵的卸荷回路使泵维持一定的控制压力。

2）液控单向阀

（1）结构及工作原理

液控单向阀又称单向闭锁阀，它由一个普通单向阀和一个微型控制液压缸组成，其结构如图 3-27(a)所示。在液控单向阀的下部有一个控制油口 K，当控制油口不通压力油时，该阀的作用与普通单向阀相同，即油液只能从 $p_1 \rightarrow p_2$ 正向通过，反向 $p_2 \rightarrow p_1$ 不通；当控制油口 K 通入控制压力油时，将控制活塞 6 顶起，并将阀芯 2 强行顶开，使油口 p_1、p_2 相互接通。这时油液就可以在两个方向(实际应用时常是从 $p_2 \rightarrow p_1$ 方向)上自由通流。在图示结构的液控单向阀中，控制活塞的背压腔与 p_1 相通，因此称

图 3－27(a)所示的液控单向阀为内泄式液控单向阀。

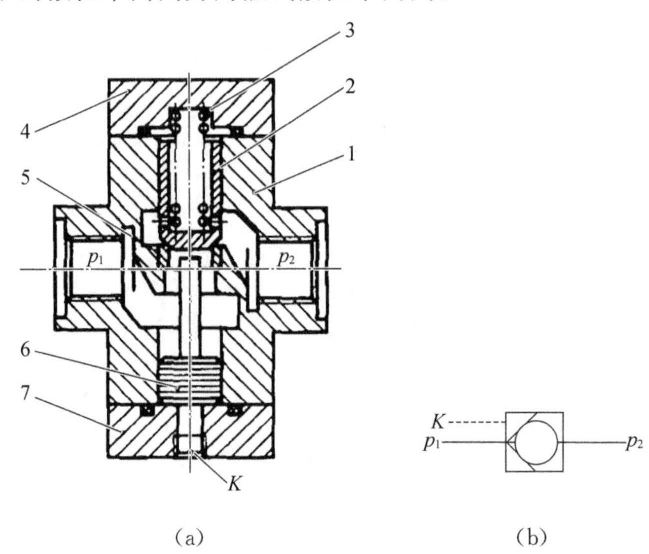

(a)　　　　(b)

1—阀体；2—阀芯；3—弹簧；4—上盖；5—阀座；6—控制活塞；7—下盖。

图 3－27　内泄式液控单向阀

对于上述结构，当反向出油腔压力 $p_1=0$ 时，使 $p_2\rightarrow p_1$ 反向接通所需最小控制压力 $p_{Kmin}\geqslant 0.4p_2$。若 $p_1\neq 0$ 且较高，所需 p_{Kmin} 也提高，为节省功率此时应采用图 3－28(a)所示外泄式液控单向阀，这样可大大降低控制油压，外泄油液可通过泄油管直接引回油箱。

(2) 职能符号

液控单向阀内泄式、外泄式的简化职能符号分别如图 3－27(b)、图 3－28(b)所示。图 3－28(c)为液控单向阀的详细符号。

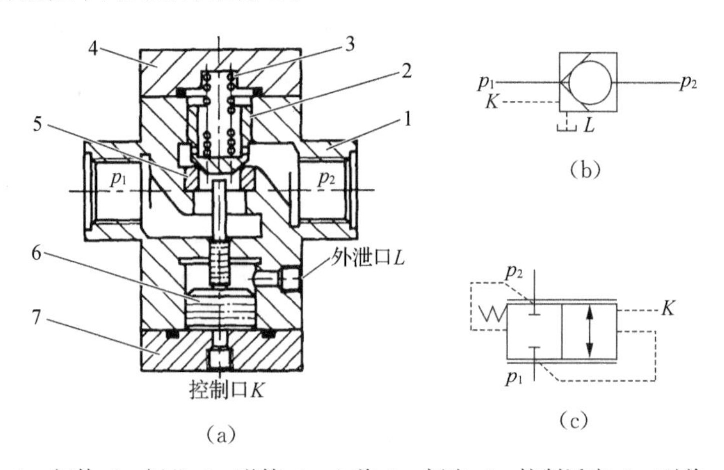

(a)　　　　(b)　　　　(c)

1—阀体；2—阀芯；3—弹簧；4—上盖；5—阀座；6—控制活塞；7—下盖。

图 3－28　外泄式液控单向阀

液控单向阀具有良好的单向密封性能，在液压系统中应用很广，常用于执行元件需要较长时间保压、锁紧等情况下，也用于防止立式液压缸停止时自动下滑及速度换接等回路中。

2. 换向阀

换向阀利用阀芯相对于阀体的相对运动使油路接通和断开来改变油液流动方向，从而控制执行装置的运动方向、启动和停止等。

换向阀的种类很多，分类方法如表 3-4 所示。

表 3-4 换向阀的分类

<table>
<tr><th>分类方法</th><th colspan="2">类型</th></tr>
<tr><td>按阀的结构方式</td><td colspan="2">滑阀式、转阀式、球阀式</td></tr>
<tr><td>按工作通路数</td><td>二通、三通
四通、五通</td><td rowspan="2">二位二通、二位三通
二位四通、二位五通
三位四通、三位五通</td></tr>
<tr><td>按工作位置数</td><td>二位、三位</td></tr>
<tr><td>按阀的操纵方式</td><td colspan="2">手动、机动、电磁动、液动、电液动</td></tr>
<tr><td>按安装方式</td><td colspan="2">管式、板式、叠加式、插装式</td></tr>
<tr><td>按阀芯定位方式</td><td colspan="2">定位式、复位式</td></tr>
</table>

对换向阀的主要性能要求是：换向动作灵敏、可靠、平稳、无冲击；能获得准确的终止位置；内部泄漏和压力损失较小。

1）转阀

换向阀都是由阀体与阀芯两个主要部分组成的，阀芯一般有三种形式，即锥阀式、转阀式和滑阀式。锥阀式换向阀结构密封性能好。转阀式原理如图 3-29 所示，其油路的

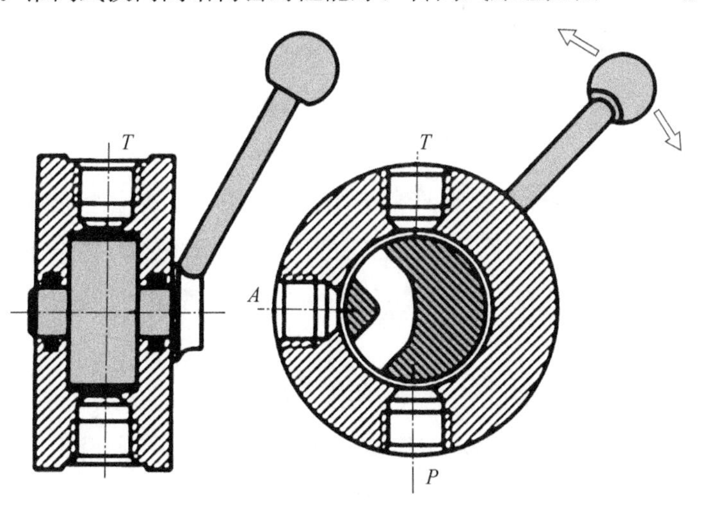

图 3-29 转阀式换向阀工作原理

连通和截止是通过控制旋转阀芯中的沟槽来实现的，一般采用手动控制。该类阀结构简单，但阀芯上有径向不平衡力存在，使得手动操作困难。因此，转阀式换向阀工作压力一般较低，允许通过的流量也较少，一般在中低压系统中作为先导控制阀与其他液压阀联合使用。

2）滑阀式换向阀

（1）职能符号

①换向阀的“位”与“通”

换向阀的“位”是指改变阀芯与阀体的相对位置时，所能得到油口连通形式的种类数。“通”是指阀体上的通油口数量，有几个通油口就称为几通（表 3-5）。

②职能符号的规定和含义

a. 用方框表示换向阀的工作位置，如用三个方框就表示三位阀。

b. 方框内的箭头表示处在这一位置上油路的连通状态，但并不一定表示油液的实际流向。

c. 方框周边连接的接口表示换向阀的“通”，如有四个接口就表示四通阀。

d. 通常，阀与液压泵和供油路相连的油口用 P 表示，回油用 T 表示，与执行装置的连接油口用 A、B 表示。

（2）操纵方式

滑阀式换向阀的操作方式目前主要有手动、机动、电动、液动和电液动等几种。根据操作方式不同，换向阀可对应地称为手动换向阀、机动换向阀、电磁换向阀、液动换向阀、电液换向阀等。

①手动换向阀

手动换向阀依靠手操纵杠杆（或脚踏踏板）推动滑阀阀芯相对阀体运动来改变油液的通流状态，实现执行装置的换向。手动换向阀结构简单，动作可靠，但由于需要人力操纵，故只适合于间歇动作且要求人工控制的小流量场合。

②机动换向阀

机动换向阀也称为行程阀，通常只有初始和换向两个位置。机动换向阀结构简单，动作可靠，换向位置精度高，改变挡块或凸轮的形状，可使阀芯获得合适的换向速度，减小换向冲击。此类阀的缺点在于连接管路较长，整个液压系统不紧凑。

③电磁换向阀

电磁换向阀是利用电磁铁得电后产生的吸力推动阀芯，实现油路换向的。该类阀操作方便，可借助行程开关、按钮开关或其他元件发出的电信号来控制电磁铁的通电、断电，采用该类阀易于实现自动化，因此电磁换向阀在液压系统中被广泛应用。

表 3－5　滑阀式换向阀主体部分的结构形式

名称	结构原理图	图形符号	使用场合		
二位二通阀	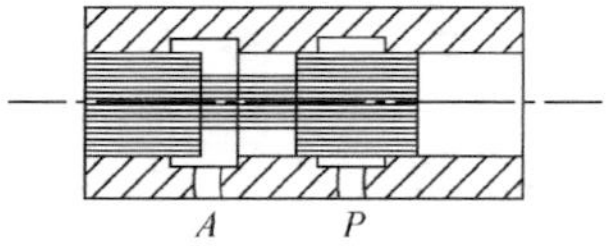 A P	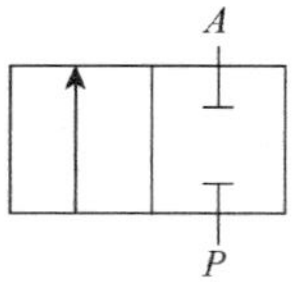 A P	控制油路的接通与切断（相当于一个开关）		
二位三通阀	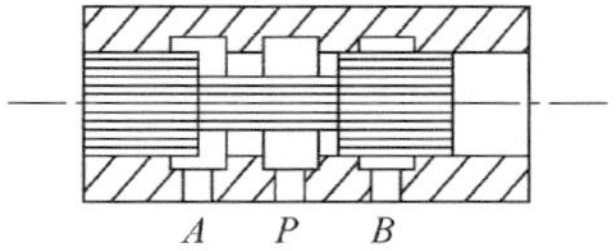 A P B	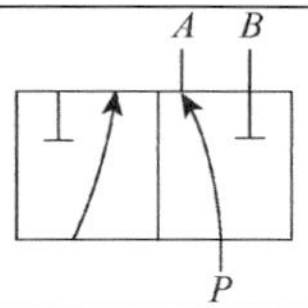 A B P	控制液流方向（从一个方向变换成另一个方向）		
二位四通阀	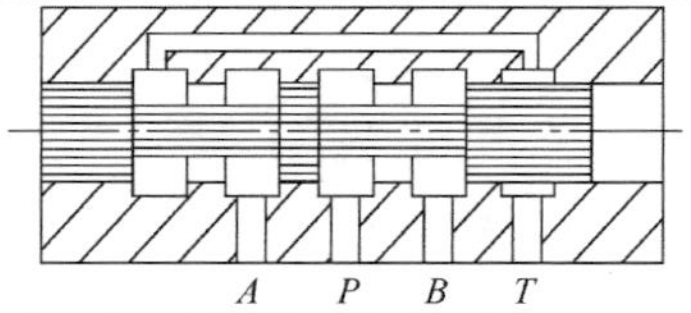 A P B T	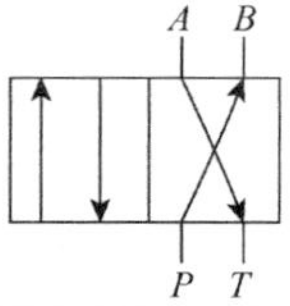 A B P T	控制执行元件换向	不能使执行元件在任一位置处停止运动	执行元件正反向运动时回油方式相同
三位四通阀	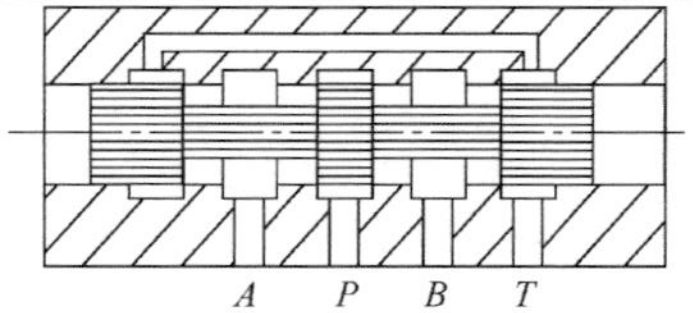 A P B T	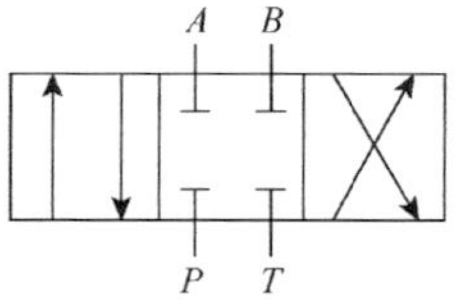 A B P T		能使执行元件在任一位置处停止运动	
二位五通阀	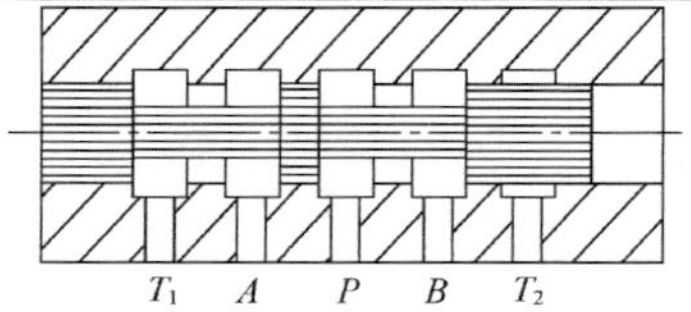 T_1 A P B T_2	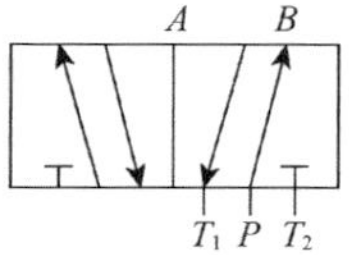 A B T_1 P T_2		不能使执行元件在任一位置处停止运动	执行元件正反向运动时可以得到不同的回油方式
三位五通阀	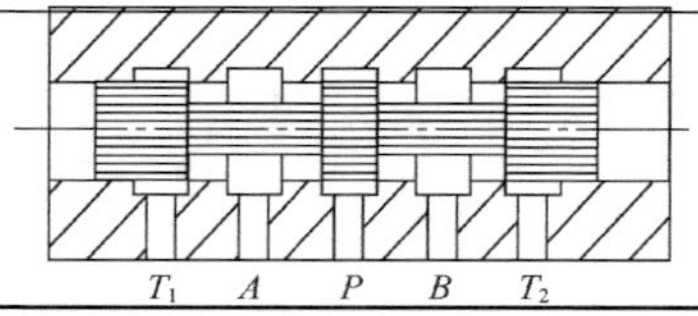 T_1 A P B T_2	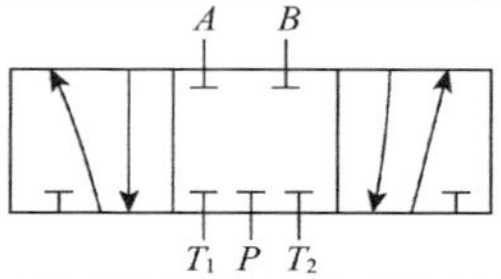 A B T_1 P T_2		能使执行元件在任一位置处停止运动	

图 3-30 所示为三位四通电磁换向阀的结构和图形符号。当两端电磁铁都不通电时，阀芯 2 在两端弹簧作用下处于中位，油口 P、T、A、B 都不通；当右端电磁铁通电时，衔铁通过推杆 6 将阀芯推向左端，油口 P 与 A 连通，B 与 T 连通；当左端电磁铁通电时，衔铁通过推杆 6 将阀芯推向右端，油口 P 与 B 连通，A 与 T 连通。值得注意的是，两端电磁铁不能同时通电，否则阀芯位置不确定。

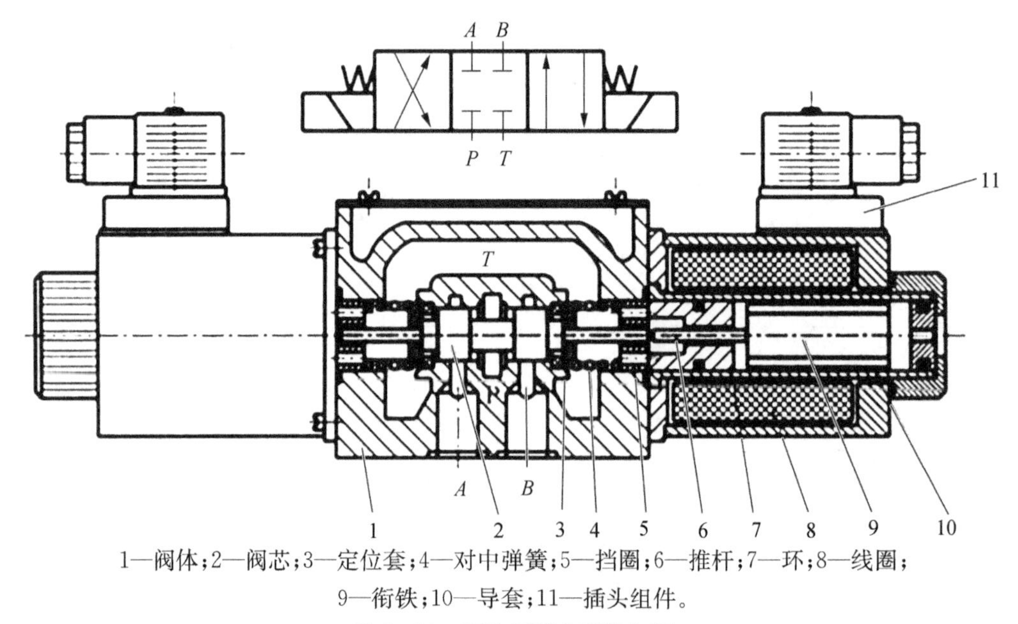

1—阀体；2—阀芯；3—定位套；4—对中弹簧；5—挡圈；6—推杆；7—环；8—线圈；
9—衔铁；10—导套；11—插头组件。

图 3-30 三位四通电磁换向阀

电磁铁按衔铁所在腔是否充满油液可分为干式电磁铁和湿式电磁铁，按所连接的电源不同可分为交流电磁铁和直流电磁铁两类。交流电磁铁直接利用 380 V、220 V 或 110 V交流电源，使用方便，启动力大，换向时间短(0.03～0.15 s)，但换向冲击、发热和噪声均较大，工作可靠性差，寿命短。直流电磁铁需要 12 V、24 V、36 V 或 110 V 直流电源，具有发热小、噪声小、体积小、允许换向频率较高、工作可靠性好、寿命长等优点，由于需要特殊电源，其造价较高，一般用于换向精度要求较高的场合。

电磁换向阀的优点是动作迅速，操作方便，便于实现自动控制，但因电磁吸力有限，电磁换向阀的最大通流流量小于 100 L/min。若通流流量较大或要求换向可靠、冲击小，则要选用液动换向阀或电液换向阀。

④液动换向阀

液动换向阀是利用控制油路的压力油来推动阀芯移动，实现油路的换向的。由于压力油可以产生很大的推力，因此液动换向阀的通流量可以很大，能够实现大流量的换向控制。

⑤电液换向阀

电液换向阀是由电磁换向阀和液动换向阀组合而成的，其中电磁换向阀也称为先导阀，它的作用是改变控制油液的液流方向，从而控制液动换向阀的阀芯移动，实现主油路换向；液动换向阀称为主阀，主要作用是控制系统中执行元件的换向。这里，电磁换向阀流过的流量仅用来推动主阀阀芯移动，流量较少，因此较小的电磁铁吸力就可以移动阀芯；液动换向阀由于依靠压力油驱动，因此可通过的流量较大。可见，这种组合形式的换向阀可以用较小的电磁铁吸力来控制主油路大流量的换向，适用于高压、大流量的液压系统。

(3) 中位机能

换向阀处于常态(换向阀没有操纵力的状态)时，阀中各油口的连接状态称为换向阀的滑阀机能。滑阀机能直接影响到执行元件的工作状态，不同的滑阀机能可满足系统的不同要求。

对于二位换向阀，靠近弹簧的那一位为常位。二位二通换向阀有常开型和常闭型两种，常开型的常态位是连通的，在换向阀型号后面用代号“H”表示，常闭型的常态位是截止的，不标注代号。在液压系统图中，换向阀的图形符号与油路的连接应画在常态位置上。

对于三位换向阀，其常态为中间位置，各油口的连通状态称为中位机能。三位换向阀的中位有多种形式，表 3－6 列出了常见的中位机能结构原理、代号、图形符号等。

表 3－6 三位换向阀的中位机能

中位机能形式	中间位置时的滑阀状态	中间位置的符号	
		三位四通	三位五通
O	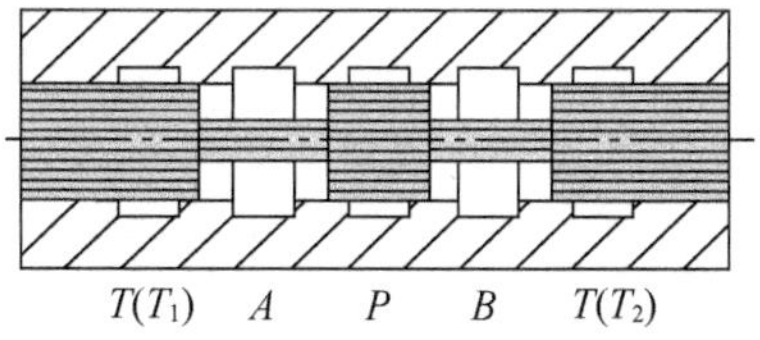 $T(T_1)$ A P B $T(T_2)$	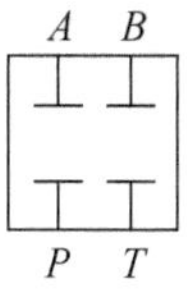 A B P T	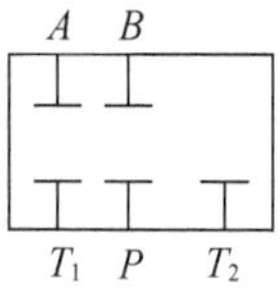 A B T_1 P T_2
H	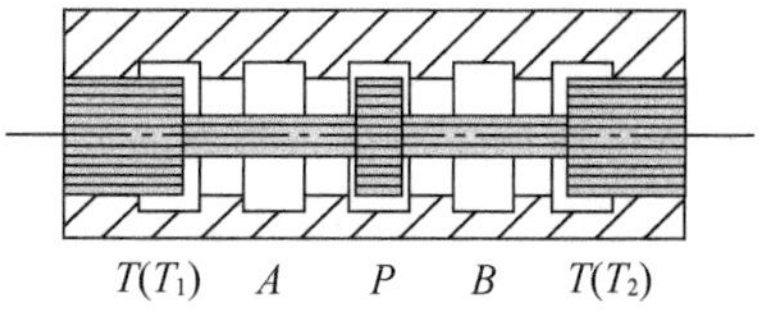 $T(T_1)$ A P B $T(T_2)$	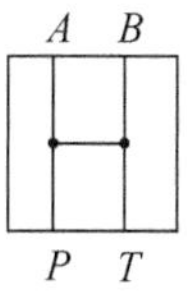 A B P T	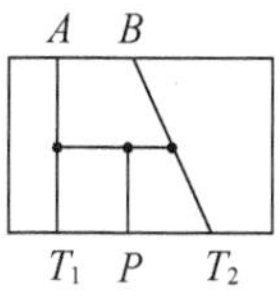 A B T_1 P T_2

（续表）

中位机能形式	中间位置时的滑阀状态	中间位置的符号	
		三位四通	三位五通
Y	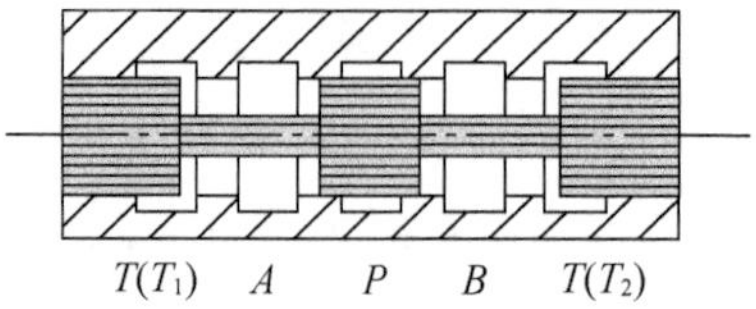 $T(T_1)$ A P B $T(T_2)$	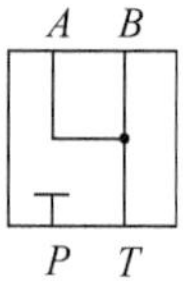 A B P T	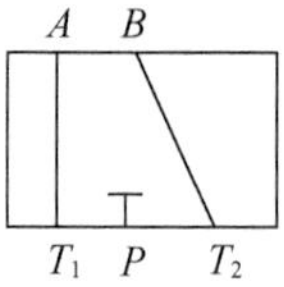 A B T_1 P T_2
J	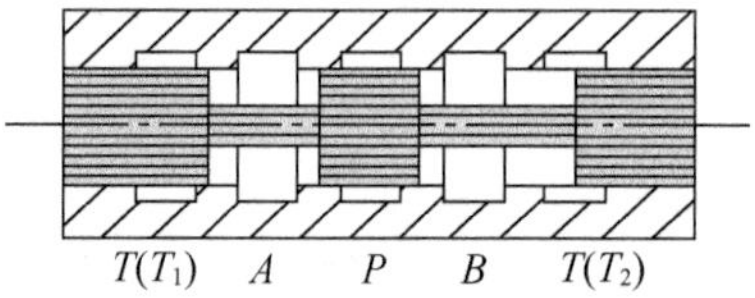 $T(T_1)$ A P B $T(T_2)$	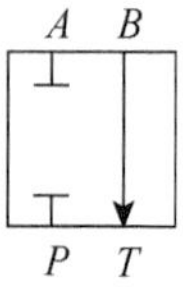 A B P T	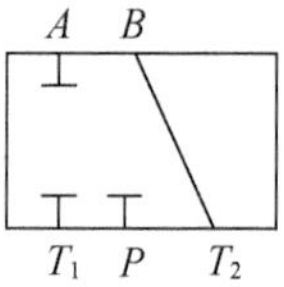 A B T_1 P T_2
C	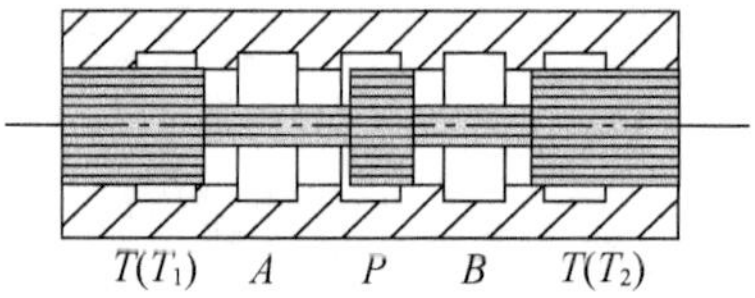 $T(T_1)$ A P B $T(T_2)$	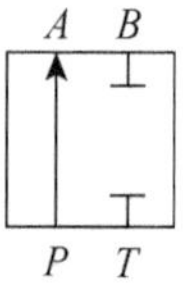 A B P T	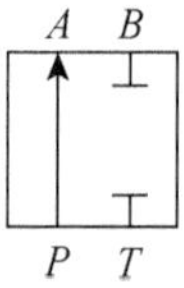 A B P T
P	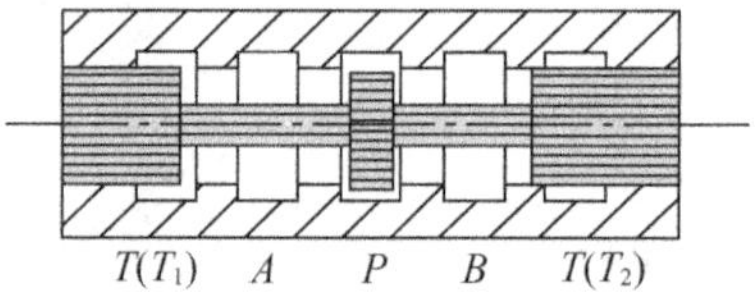 $T(T_1)$ A P B $T(T_2)$	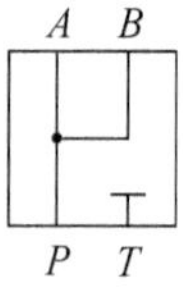 A B P T	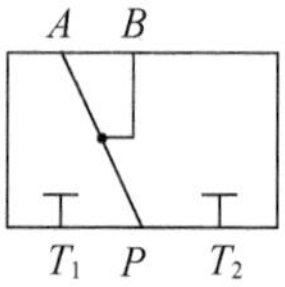 A B T_1 P T_2
K	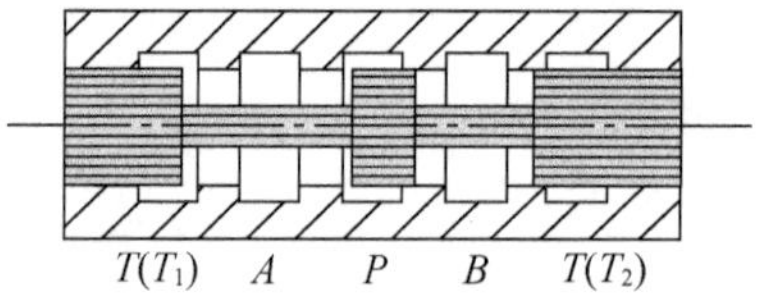 $T(T_1)$ A P B $T(T_2)$	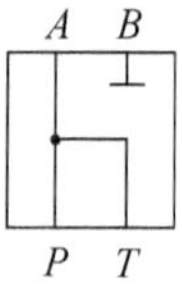 A B P T	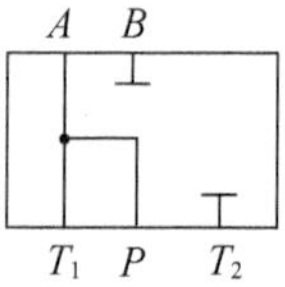 A B T_1 P T_2
X	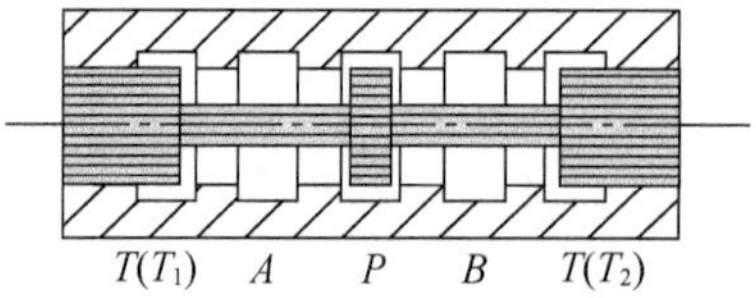 $T(T_1)$ A P B $T(T_2)$	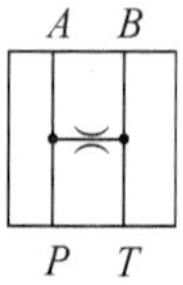 A B P T	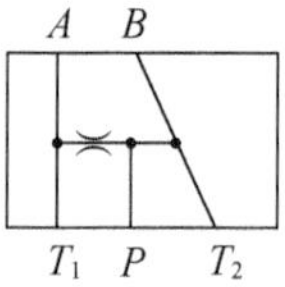 A B T_1 P T_2
M	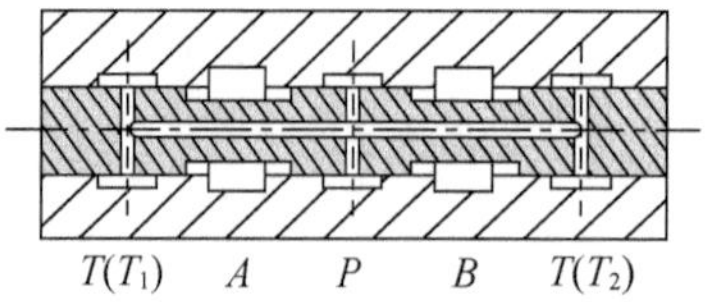 $T(T_1)$ A P B $T(T_2)$	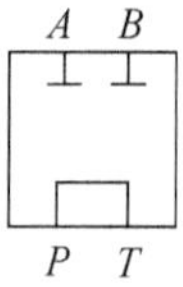 A B P T	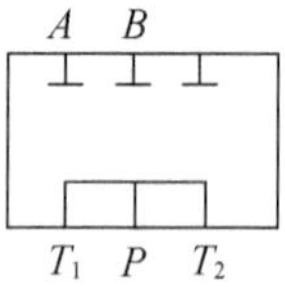 A B T_1 P T_2
U	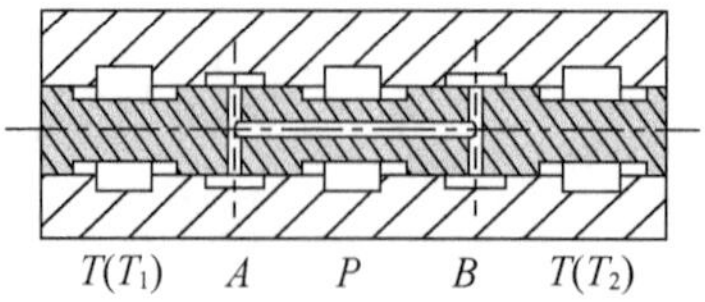 $T(T_1)$ A P B $T(T_2)$	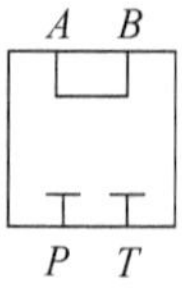 A B P T	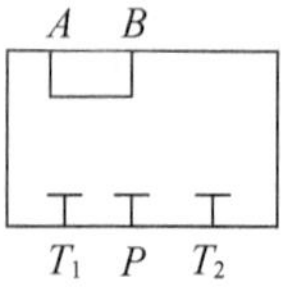 A B T_1 P T_2

在分析和选择阀的中位机能时，通常考虑以下几点：

①系统保压。当液压泵用于多缸系统时，要求系统能够保压，此时必须保证 P 口断开，应选用 O 形或 Y 形。当 P 口与 T 口连接不太通畅时，系统也能保持一定的压力供控制油路使用，如 X 形。

②系统卸荷。当 P 口与 T 口直接相通时，液压泵出口的油液直接回油箱，液压泵卸荷，如 H 形、M 形。

③执行机构换向精度与平稳性。当油口 A、B 都不通 T 口时（如 O 形、M 形），换向时容易产生液压冲击，换向不平稳，但换向精度高。当油口 A、B 都与 T 口相通时（如 H 形、Y 形），换向时液压冲击小，但换向过程不易制动，换向精度低。

④启动平稳性。阀在中位时，液压缸某腔通油箱（A、B 或其一与 T 口相通），则启动时该腔因无油液起缓冲作用，启动不平稳，如 J 形、Y 形。

⑤执行机构“浮动”和任意位置停止。阀在中位时，当油口 A、B 互通时，卧式液压缸呈“浮动”状态，其位置可用其他机构任意调整，如 H 形、Y 形。当油口 A、B 封闭或与 P 口连接（不包含差动连接）时，液压缸可在任意位置上停止，如 O 形。

3.3.3 压力控制阀

1. 溢流阀

1）溢流阀结构和工作原理

溢流阀的主要用途有两点：一是用来保持系统或回路的压力恒定，如在定量泵节流调速系统中作溢流恒压阀，用以保持泵的出口压力恒定；二是在系统中作安全阀用，在系统正常工作时，溢流阀处于关闭状态，而当系统压力大于或等于其调定压力时，溢流阀才开启溢流，对系统起过载保护作用。此外，溢流阀还可作背压阀、卸荷阀、制动阀、平衡阀和限速阀等使用。

直动式溢流阀是依靠作用在阀芯上主油路的油液压力与作用在阀芯上的弹簧力相平衡来控制阀芯启闭的。

直动式溢流阀的结构图和图形符号如图 3-31 所示，其结构主要由阀体 1、阀芯 2、弹簧 3、调节杆 4、调节螺母 5 等组成。P 为进油口，T 为回油口。压力油从 P 口进入溢流阀，部分压力油经阀芯 2 下端的径向孔 a 和轴向阻尼孔 b 进入阀芯底部油腔 c，油液对阀芯产生一个向上的液压力 F。若调压弹簧 3 的预压缩量为 x_0，则弹簧作用于阀芯上的力 F_S 大小为 $F_S=kx_0$，方向向下。

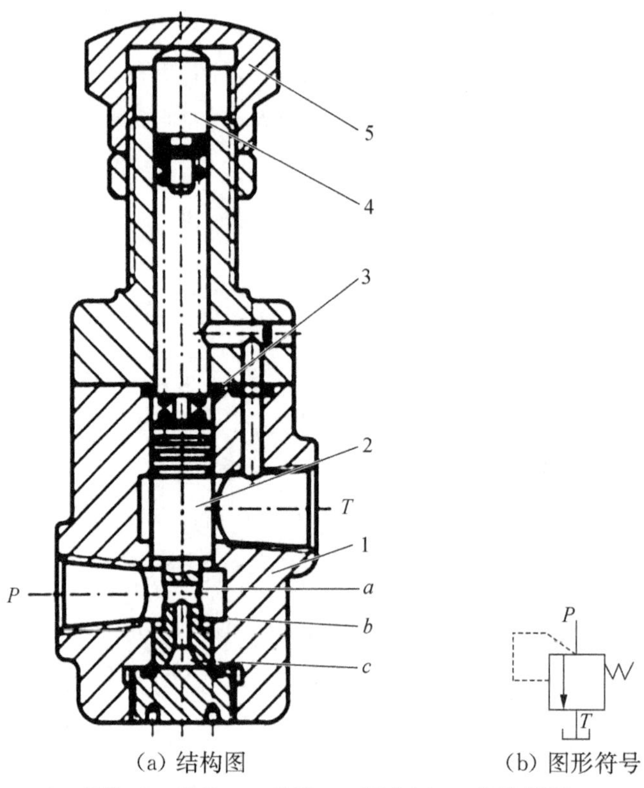

(a) 结构图　　(b) 图形符号

1—阀体;2—阀芯;3—弹簧;4—调节杆;5—调节螺母。

图 3-31　直动式溢流阀

当进口压力 p 较低,$F<F_S$ 时,阀芯处于图示的位置,将进油口 P 与回油口 T 隔断。当压力 p 增大,达到 $F\geqslant F_S$ 时,阀芯向上运动,调压弹簧被压缩,溢流阀口被打开,进、出油口连通而溢流。此时阀芯处于受力平衡状态,调节螺母 5 可以改变弹簧的压紧力,这样就可以调节溢流阀的进口油液压力 p。若设阀芯下端油液作用面积为 A_0,阀口开度为 x,弹簧预压缩量为 x_0,弹簧刚度为 K_S,同时忽略阀芯重力、摩擦力、液动力的影响,则可列出平衡方程

$$pA_0=K_S(x_0+x) \tag{3-38}$$

则

$$p=\frac{K_S(x_0+x)}{A_0} \tag{3-39}$$

若溢流阀工作时阀口开度 x 相对于 x_0 很小,可忽略,则溢流阀入口压力 p 为恒定值。

由式(3-39)可以看出,溢流阀利用被控压力作为信号来改变弹簧的压缩量,从而改变阀口的通流面积和系统的溢流量来达到定压的目的。当系统压力升高时,阀芯上升,阀口通流面积增加,溢流量增大,进而使系统压力下降。溢流阀内部通过阀芯的平衡和

运动构成的这种负反馈作用是其定压作用的基本原理，也是所有定压阀的基本工作原理。同时可知，系统控制压力与弹簧力的大小成正比，因此要提高控制压力，一方面可减小阀芯的面积，另一方面可增大弹簧压缩量或增大弹簧的刚度。由于受到结构尺寸的限制，应增大弹簧刚度，这样，在阀芯位移相同的情况下，弹簧力变化较大，因而溢流阀的定压精度较低。所以，这种直动式溢流阀一般用于定压小于2.5 MPa的小流量场合。

如果采取适当的措施，直动式溢流阀也可实现高压大流量情况下的定压控制，如德国 Rexroth 公司开发的通径为 6～20 mm、压力为 40～63 MPa，以及通径为 25～30 mm、压力为 31.5 MPa 的直动式溢流阀，最大流量可达 330 L/min，其中较为典型的锥阀式直动溢流阀结构如图 3-32 所示。锥阀 2 的上端设有偏流盘 1 托住调压弹簧，锥阀下端有一阻尼活塞 3，用来提高锥阀工作稳定性和保证开启后不倾斜。偏流盘 1 上的环形槽用来改变液流方向，一方面可以补偿锥阀 2 的液动力，另一方面由于液流方向的改变，产生一个与弹簧力相反方向的射流力，当通过溢流阀的流量增加时，虽然因锥阀阀口增大引

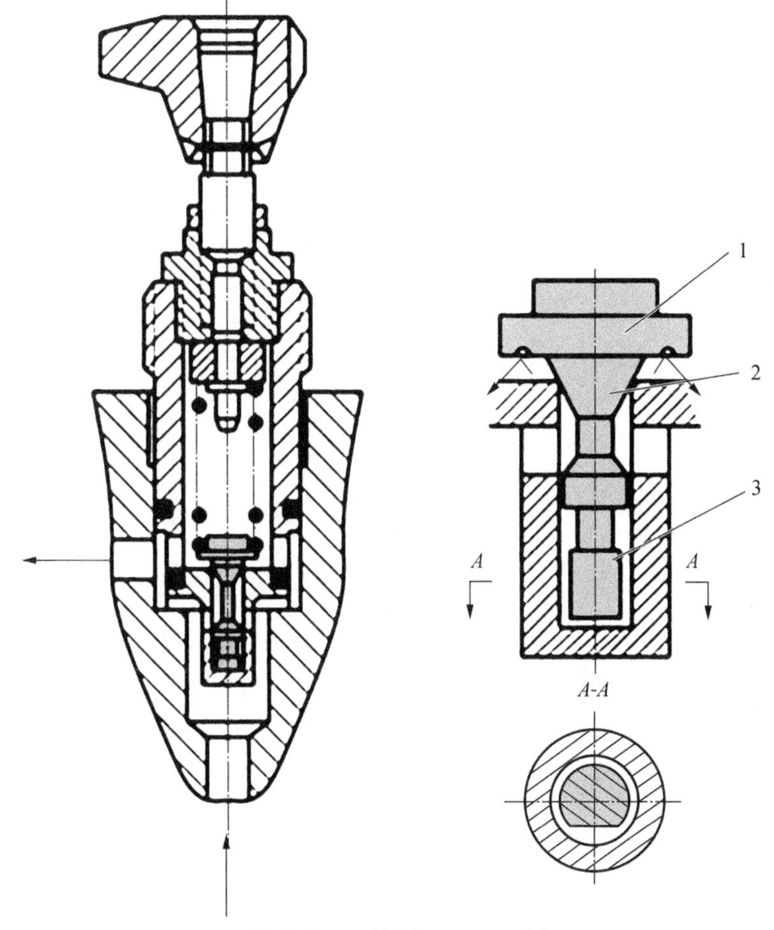

1—偏流盘；2—锥阀；3—阻尼活塞。

图 3-32 锥阀式直动溢流阀

起弹簧力增加，但与弹簧力反方向的射流力也同时增加，抵消了弹簧力的增加，这有利于提高阀的通流流量和工作压力。

2）溢流阀的应用

（1）溢流稳压

在定量泵和节流阀的调速系统回路中，溢流阀不断地将系统中多余的油液溢流回油箱，并保持系统压力稳定。

（2）安全保护

在普通的变量泵系统中，溢流阀用来限定系统的最高压力，起过载保护作用，故称其为安全阀。

（3）系统卸荷

在采用先导式溢流阀调压的定量泵系统中，当阀的远程口 K 与油箱连通时，在很小的压力下就可以开启阀口，使泵卸荷，以减少能量损耗。

（4）系统背压

在系统的回油路上连接溢流阀，会造成回油阻力，形成背压。背压可以改善执行元件的运动平稳性。

（5）远程调压

当先导式溢流阀的远程口 K 与调压较低的溢流阀连通，其进口压力低于溢流阀的调整压力时，主阀即可溢流，实现远程调压。

（6）多级调压

将先导式溢流阀的远程口 K 通过换向阀连接不同调定压力的溢流阀时，系统可获得多种稳压值。

2. 减压阀

减压阀利用流体流过阀口产生压力降的原理，使出口压力低于进口压力，并保持出口压力恒定，其主要用于系统某一支路的油液压力要求低于主油路压力的场合。例如，当系统中的夹紧支路或润滑支路需要稳定的低压时，只需在该支路上串联一个减压阀即可。减压阀按其控制压力形式的不同可分为定值减压阀、定差减压阀和定比减压阀三种。其中定值减压阀应用最为广泛，简称减压阀。

当液压系统主油路的压力较高、压力波动比较大而分支油路需要一个稳定的较低工作压力时，可在主油路与分支油路间串接一个减压阀，用以降低和调节分支油路的工作压力，同时可消除主油路波动对分支油路工作压力的影响。减压阀被广泛用于系统的夹紧、润滑、电液换向阀的控制压力等回路中。应当注意，为使减压回路可靠工作，减压阀的最高调定压力应比系统调定压力低一定的数值。例如，在中压系统中约低0.5 MPa，在中高压系统中约低 1 MPa，否则减压阀不能正常工作。当减压支路的执行元件需要调速时，节流元件应安装在减压阀出口的油路上，以免减压阀工作时，其先导阀泄油影响执行元件的速度。

直动式减压阀的工作原理如图 3-33 所示。

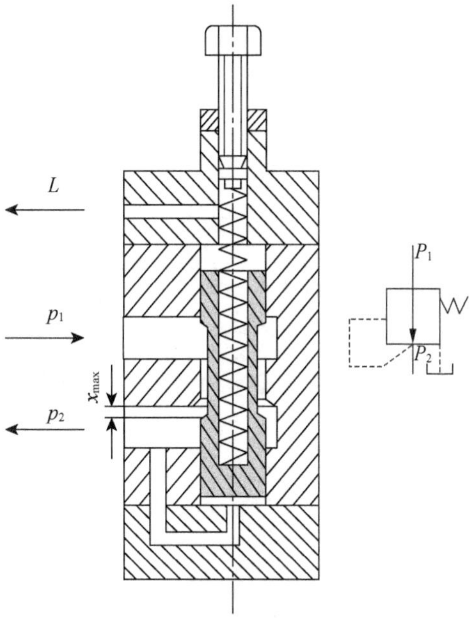

P_1 口是进油口，P_2 口是出油口，阀芯在原始位置时，进、出口畅通，阀处于常开状态。阀芯下端的压力引自出口，当出口压力 p_2 增大到减压阀调定压力时，阀芯处于上升的临界状态，当 p_2 继续增大时，阀芯上移，关小阀口，油液阻力增大，压降增大，使出口压力减小；反之，当出口压力 p_2 减小时，阀芯下移，阀口开大，压降减小，使出口压力回升。若忽略阀芯运动时的摩擦力、重力和液动力，并设阀芯下端油液作用面积为 A_R，弹簧刚度为 K_S，预压缩量为 x_0，阀芯最大开口量为 x_{max}，阀口开度为 x，则阀芯的力平衡方程为

$$p_2A_R=K_S(x_0+x_{max}-x) \quad (3-40)$$

图 3-33 直动式减压阀的工作原理

则

$$p_2=\frac{K_S(x_0+x_{max}-x)}{A_R} \quad (3-41)$$

若 $x \ll x_0+x_{max}$，则有

$$p_2 \approx \frac{K_S(x_0+x_{max})}{A_R}=\text{常数} \quad (3-42)$$

这就是减压阀出口压力可基本保持定值的原因。

当减压阀进油口压力 p_1 基本恒定时，若增加减压阀的流量 q，则阀口开度加大，出口压力 p_2 略有下降。

3. 顺序阀

顺序阀是以压力为信号自动控制油路通断的压力控制阀，常用于控制系统中多个执行元件动作的先后顺序。顺序阀按动作原理可分为直动式和先导式，按控制压力油的来源可分为内控式和外控式，按泄油方式可分为内泄和外泄等类型。

不同控制方式、泄油方式的顺序阀及其与单向阀组合可构成各种具有不同功能的顺序阀。其职能符号和用途见表 3-7。

表 3－7 各种功能顺序阀的职能符号和用途

控制与泄油方式	内控外泄	外控外泄	内控内泄	外控内泄	内控外泄加单向阀	外控外泄加单向阀	内控内泄加单向阀	外控内泄加单向阀
名称	顺序阀	外控顺序阀	背压阀	卸荷阀	内控单向顺序阀	外控单向顺序阀	内控平衡阀	外控平衡阀
职能符号	P_1 P_2	P_1 P_2	P_1 P_2	P_1 P_2	P_1 P_2	P_1 P_2	P_2 P_1	P_1 P_2
用途	顺序控制，用于泵与换向阀之间	顺序控制，用于泵与换向阀之间	加背压	使泵卸荷	顺序控制，用于换向阀与执行元件之间	顺序控制，用于换向阀与执行元件之间	防止自重引起的活塞自由下落	防止自重引起的活塞自由下落

3.3.4 流量控制阀

流量控制阀通过改变节流口的通流面积或通流通道的长短来改变局部阻力的大小，从而实现对流量的控制。流量控制阀是节流调速系统中的基本调节元件。在定量泵供油的节流调速系统中，必须将流量控制阀与溢流阀配合使用，以便将多余的油液排回油箱。流量控制阀包括节流阀、调速阀、旁通调速阀（又称溢流节流阀）和分流集流阀等。

1. 节流阀

节流阀是结构最简单、应用最广泛的一种流量控制阀。它是借助于控制机构使阀芯相对于阀体孔运动，以改变阀口的通流面积，从而调节输出流量的阀类。

1）结构与工作原理

图 3－34 所示为一种典型的节流阀的结构图。压力油从进油口 P_1 流入，经节流口后从 P_2 流出，节流口的形状为轴向三角槽式。节流阀芯 5 在弹簧 6 的推力作用下，始终紧靠在推杆 2 上。调节顶盖上的手轮，借助推杆 2 可推动阀芯 5 作上下移动。通过阀芯的上下移动，改变节流口的开口量大小，实现流量的调节。由于作用在阀芯 5 上的压力是平衡的，因而调节力较小，便于在高压下进行调节。

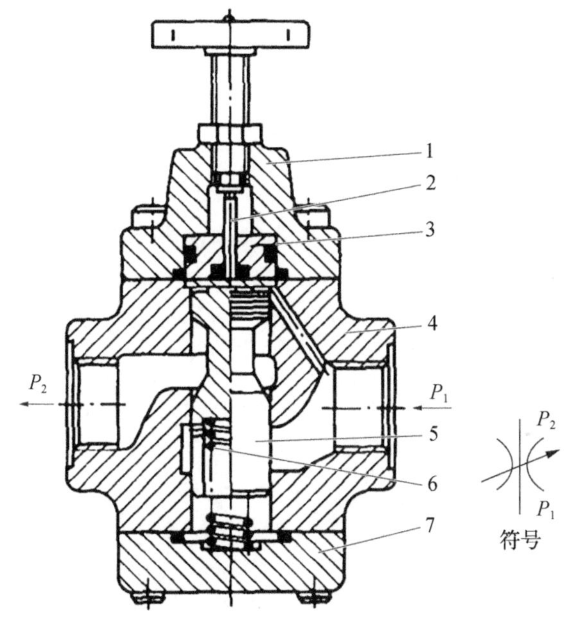

1—顶盖；2—推杆；3—导套；4—阀体；5—阀芯；6—弹簧；7—底盖。

图 3－34 轴向三角槽式节流阀

2）节流阀的应用

节流阀常与定量泵、溢流阀一起组成节流调速回路。由于节流阀的流量不仅取决于节流口面积的大小，还与节流口前后的压差有关，阀的刚度小，故只适用于执行元件负载变化较小、速度稳定性要求不高的场合。

此外，利用节流阀能够产生较大压力损失的特点，可用其作液压加载器。

对于执行元件负载变化大、对速度稳定性要求高的节流调速系统，必须对节流阀进行压力补偿来保持节流阀前后压差不变，从而保证流量稳定。

2. 调速阀

调速阀是进行了压力补偿的节流阀，它由定差减压阀和节流阀串联而成，利用定差减压阀保证节流阀的前后压差稳定，以保持流量稳定。

1）结构和工作原理

图 3－35 为调速阀的工作原理图。由图 3－35 可知，由溢流阀调定的液压泵出口压力为 p_1，压力油进入调速阀后，先流过减压阀口 x_R，压力降为 p_m，经孔道 f 和 e 进入油腔 c 和 d，作用于减压阀阀芯的下端面；油液经节流阀口后，压力又由 p_m 降为 p_2，进入执行元件（液压缸），与外部负载相对应。同时压力为 p_2 的油液经孔道 a 引入腔 b，作用于减压阀阀芯的上端面。也就是说，节流阀前、后的压力 p_m 和 p_2 分别作用于减压阀阀芯的下端面和上端面。

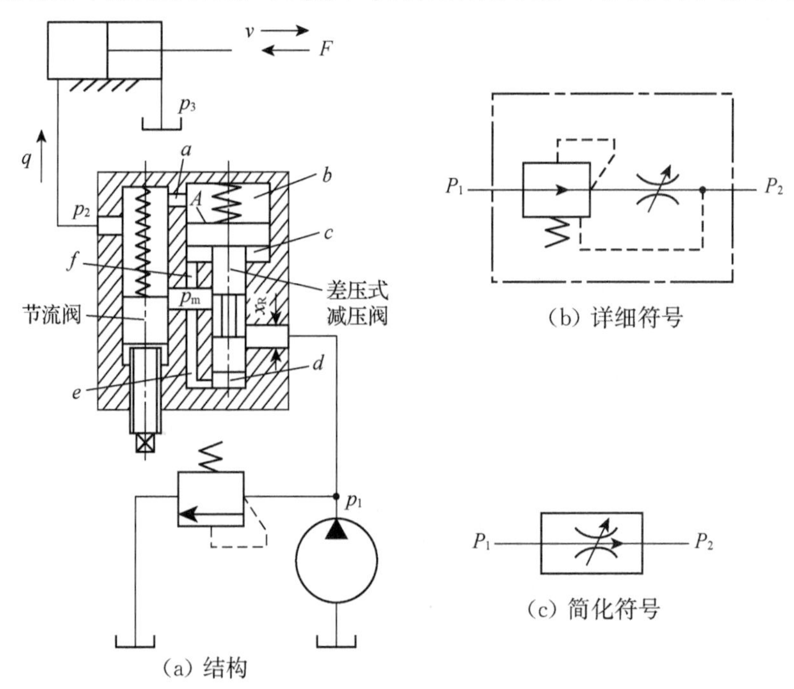

图 3－35　调速阀的工作原理图及图形符号

当调速阀稳定工作时，其减压阀芯在 b 腔的弹簧力、压力为 p_2 的液压力和 c、d 腔压力为 p_m 的液压力的作用下，处在某个平衡位置上，减压口 x_R 为某一开度。当负载压力 p_2 增大时，作用在减压阀芯上端的液压力增大，阀芯下移，减压口 x_R 加大，压降减小，使 p_m 也增大；反之，当负载压力 p_2 减小时，作用在减压阀芯上端的液压力也减小，阀芯上移，减压口 x_R 减小，压降增加，使 p_m 减小。亦即 p_m 随负载压力 p_2 的增大而增大，随 p_2 的减小而减小。当调速阀稳定工作时，减压阀阀芯的受力平衡方程式为

$$p_m A = p_2 A + F_s + G + F_f \tag{3-43}$$

式中：p_m 为节流阀的入端压力，即减压阀的出端压力；

p_2 为节流阀的出端压力；

A 为减压阀阀芯两端的面积；

F_s 为减压阀恢复弹簧的作用力；

G 为减压阀阀芯的自重(滑阀垂直安装时考虑)；

F_f 为阀芯移动时的摩擦力。

如果不考虑 G 和 F_f 的影响，则

$$\Delta p_j = p_m - p_2 = \frac{F_s}{A} \tag{3-44}$$

2）调速阀的应用

调速阀的应用与前述节流阀的相似之处是：可与定量泵、溢流阀配合，组成节流调速回路；与变量泵配合，组成容积节流调速回路等。与节流阀不同的是，调速阀一般应用于有较高速度稳定性要求的液压系统中。

3.3.5 其他控制阀

比例阀(比例控制阀的简称)和逻辑阀(即插装阀)是近期随着工业技术的发展，在液压技术领域中出现的新型液压件，它们的出现为液压技术的普及和推广开辟了新的道路。

1）比例阀

一般的液压阀都是手调的，都是对液压参数为流量、压力等的系统进行通断式控制的元件。但在相当一部分液压系统中，手调的通断式控制不能满足要求，而这些系统又不需要像电液伺服阀那样有较高的精度和响应速度，通常只希望采用较简单的电气装置实现连续控制或遥控。比例阀正是根据这种需要，在通断式控制元件和伺服控制元件的基础上发展起来的一种新型电-液控制元件。它可根据输入的电信号连续地、按比例地控制液压系统中液流的压力、流量和方向，并可防止液压冲击。

比例阀按其控制的参数可分为比例压力阀、比例流量阀、比例方向阀和比例复合阀。

前两种为单参数(压力或流量)控制阀,后两种阀能同时控制多个参数(流量和方向等)。

(1) 比例流量阀

图 3-36 为电磁比例调速阀结构及其职能符号,与普通调速阀相比,主要区别在于它用直流比例电磁铁对节流阀进行控制,代替了普通调速阀的手动控制。当电流输入比例电磁铁 5 后,比例电磁铁便产生一个与电流成比例的电磁力。此力经推杆 4 作用于节流阀阀芯 3 上,使阀芯左移,阀口开度增加。当作用于阀芯上的电磁力与弹簧力相平衡时,节流阀阀芯停止移动,节流口保持一定的开度,调速阀通过一确定的流量。因此,只要改变输入比例电磁铁的电流的大小,即可控制通过调速阀的流量。若输入的电流连续地或按一定程序变化,则比例调速阀所控制的流量也按比例或按一定程序变化。

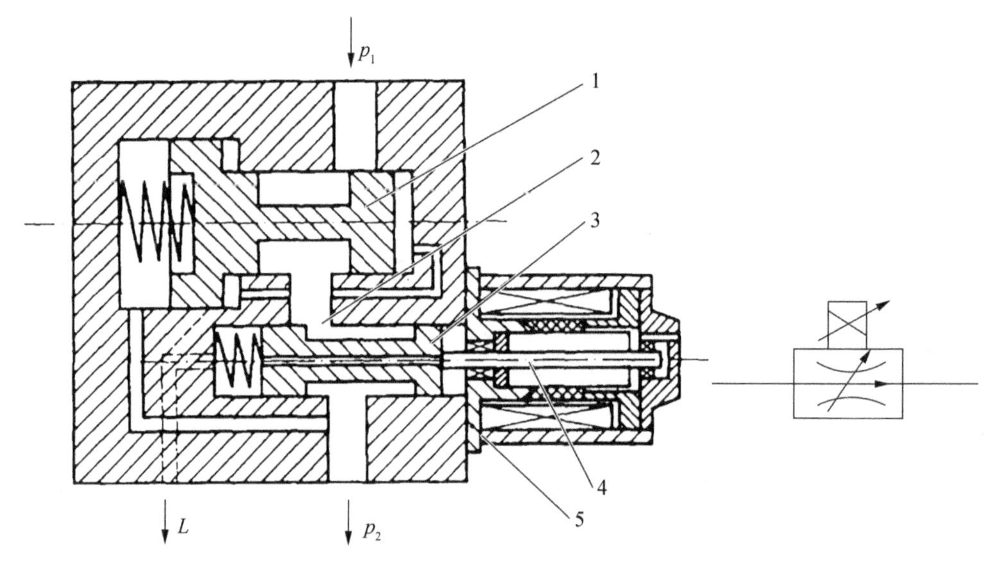

1—减压阀阀芯;2—节流口;3—节流阀阀芯;4—推杆;5—比例电磁铁。

图 3-36　电磁比例调速阀

(2) 比例方向阀

图 3-37 所示为电液比例方向阀结构原理图。它由两个比例电磁铁 4、8,比例减压阀 10 和液动换向阀 11 三部分组成,以比例减压阀为先导阀,利用减压阀出口压力来控制液动换向阀的正反开口量,从而控制系统的油流方向和流量。因此这种阀也叫比例流量-方向阀。

当直流电信号输入电磁铁 8 时,电磁铁 8 产生电磁力,经推杆将减压阀芯向右推移,通道 2 与 a 沟通,压力油 p_p 则自 p 口进入,经减压阀阀口后压力降为 p_2,并经孔道 b 流至液动换向阀 11 的右侧,推动阀芯 5 左移,使阀 11 的 p、B 口沟通。同时,反馈孔 3 将压力油 p_2 引至减压阀芯的右侧,形成压力反馈。当作用于减压阀芯的反馈油压与电磁力相等时,减压阀处于平衡状态,液动换向阀则有一相对应的开口量。压力 p_2 与输入电流

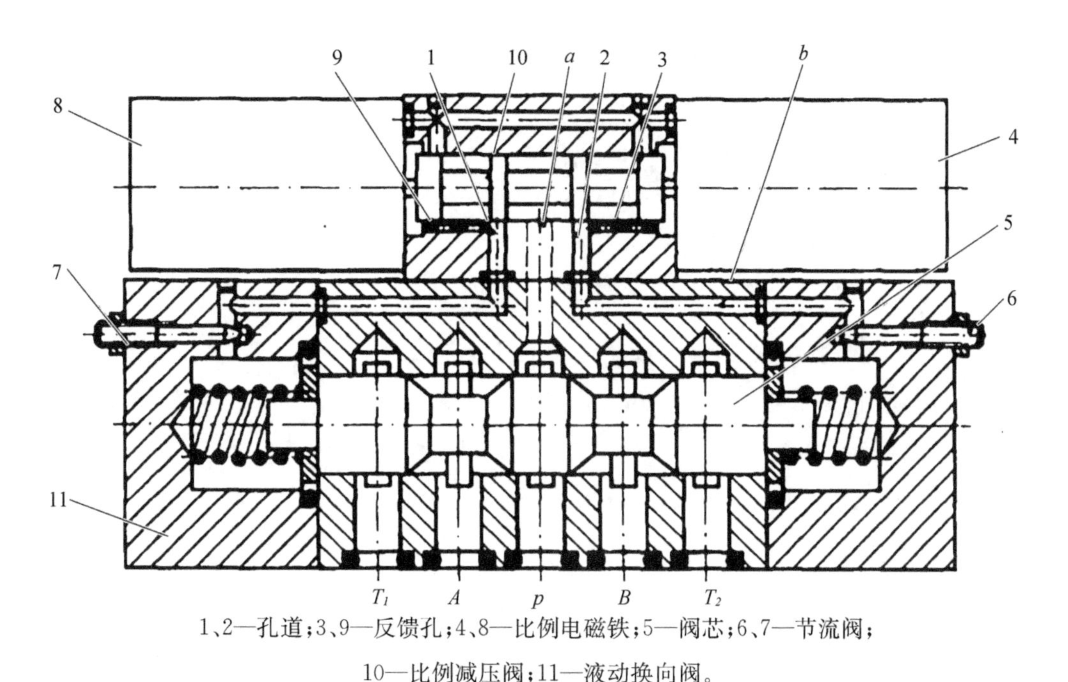

1、2—孔道；3、9—反馈孔；4、8—比例电磁铁；5—阀芯；6、7—节流阀；
10—比例减压阀；11—液动换向阀。

图 3-37 电液比例方向阀

成比例，阀 11 的开口量又与压力 p_2 成线性关系，所以阀 11 的开口量，即阀 11 的过流量与输入电流的大小成比例。增大输入电流，可使 p 至 B 之间的过流断面积加大，流量增加。

若信号电流输入电磁铁 4，使阀芯 5 右移，则压力油从孔口 A 流出，液流变向。

可见，电液比例方向阀既可改变液流方向，又可用来调速，并且二者均可由输入电流连续控制。另外，液动换向阀的端盖上装有节流阀 6、7，可用来调节液动换向阀的换向时间。

2）逻辑阀

逻辑阀的主要元件均采用插入式的连接方式，并且大部分采用锥面密封切断油路，所以逻辑阀又称为插装式逻辑阀或插装式锥阀，简称插装阀。这种阀不仅能满足常用液压控制阀的各种动作要求，而且与普通液压阀相比，在同等控制功率下，具有体积小、重量轻、功率损失小、动作速度快和易于集成等优点，特别适用于大流量液压系统的调节和控制。目前，逻辑阀在冶金、轧钢、锻压、塑料成型以及船舶等机械中均有应用。

3.4 辅助元件

3.4.1 油管和管接头

1）油管

液压系统中使用的油管有钢管、铜管、尼龙管、塑料管、橡胶软管等。采用哪种油管，主要由工作压力、安装位置及使用环境等条件决定。

(1) 钢管

钢管能承受高压,价格低廉,耐油,抗腐蚀,刚度较好,不易使油液氧化,但装配、弯曲较困难。在压力较高的管道中优先采用,且常用的是10号、15号冷拔无缝钢管。低压系统(压力小于1.6 MPa时)可以采用焊接钢管。

(2) 铜管

紫铜管装配时弯曲方便,但承压能力低(一般不超过6.5～10 MPa),抗振能力弱,材料贵重,且易使油液氧化,常在中、低压液压系统中采用,且通常只用在液压装置内部配接不便处。在机床中应用较多,并常配以扩口管接头。黄铜管可承受较高压力(达25 MPa),但不如紫铜管那样容易弯曲。

(3) 尼龙管

尼龙管是一种新型的乳白色半透明管,其承压能力因材料不同而不同(2.5～8 MPa不等)。它价格低廉,弯曲方便,但寿命较短,能部分代替紫铜管。目前尼龙管多数只在低压系统中使用。

(4) 塑料管

这种油管价格低,装置方便,但承压能力很低(小于0.5 MP),且高温时会软化,长期使用会老化,一般只在回油路、泄油路中使用。

(5) 橡胶软管

橡胶软管常用于有相对运动的两个部件之间的连接,有高压橡胶软管和低压橡胶软管两种。高压橡胶软管(压力可达20～30 MPa)由夹有几层钢丝编织的耐油橡胶制成,钢丝层数越多,耐压越高。低压橡胶软管由夹有帆布或棉线的耐油橡胶或聚氯乙烯制成,多用于压力较低的回油路中。

2) 管接头

管接头是油管与油管、油管与液压元件间的可拆装的连接件。它应满足拆装方便、连接牢固、密封可靠、外形尺寸小、通油能力大、压力损失小及工艺性好等要求。管接头的种类很多,按其通路数和流向可分为直通、弯头、三通和四通等,按管接头和油管的连接方式不同又可分为扩口式、焊接式、卡套式等。管接头与液压件之间都采用螺纹连接。

(1) 扩口管接头[图3-38(a)]

这种管接头利用油管1管端的扩口在管套2的紧压下进行密封。其结构简单,适用于铜管、薄壁钢管、尼龙管和塑料管等低压管道的连接处。

(2) 焊接管接头[图3-38(b)]

这种管接头连接牢固,利用球面进行密封,简单可靠。缺点是装配时球形头1须与油管焊接,因此适用于厚壁钢管。其工作压力可达 31.5 MPa。

(3) 卡套式管接头[图 3-38(c)]

这种管接头利用卡套 2 卡住油管 1 进行密封。其轴向尺寸要求不严,装拆方便。但对油管的径向尺寸精度要求较高,须采用精度较高的冷拔钢管。其工作压力可达 31.5 MPa。

(4) 扣压式管接头[图 3-38(d)]

这种管接头由接头外套 1 和接头芯子 2 组成,软管装好后再用模具扣压,使软管得到一定的压缩量,此种结果具有较好的抗拔脱和密封性能,在机床的中、低压系统中得到应用。

(5) 可卸式管接头[图 3-38(e)]

这种结构将外套 1 和接头芯子 2 做成六角形,便于经常拆装软管,适用于维修和小批量生产。由于装配比较费力,故只用于小管径连接。

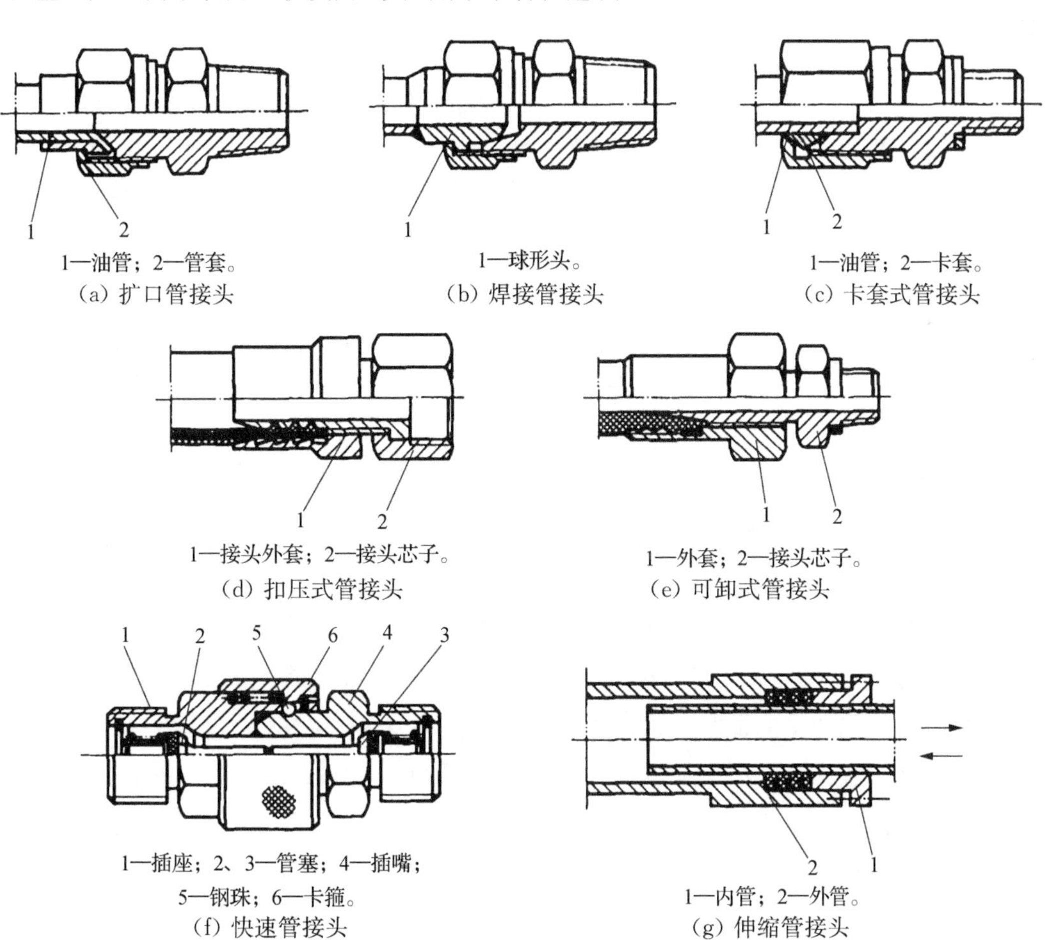

1—油管;2—管套。
(a) 扩口管接头

1—球形头。
(b) 焊接管接头

1—油管;2—卡套。
(c) 卡套式管接头

1—接头外套;2—接头芯子。
(d) 扣压式管接头

1—外套;2—接头芯子。
(e) 可卸式管接头

1—插座;2、3—管塞;4—插嘴;5—钢珠;6—卡箍。
(f) 快速管接头

1—内管;2—外管。
(g) 伸缩管接头

图 3-38 常用管接头

(6) 快速管接头[图 3-38(f)]

这种结构能快速拆装。当将卡箍 6 向左移动时，钢珠 5 可以从插嘴 4 的环形槽中向外退出，插嘴不再被卡住，就可以迅速从插座 1 中拔出来。这时管塞 2 和 3 在各自弹簧力的作用下将两个管口都关闭，使拆开后的管道内液体不会流失。这种管接头适用于经常拆卸的场合，其结构较复杂，局部阻力损失较大。

(7) 伸缩管接头[图 3-38(g)]

这种管接头由内管 1、外管 2 组成。内管可在外管内自由滑动并用密封圈密封。内管外径必须经过精密加工。这种管接头适用于连接两元件有相对直线运动的管道。

3.4.2 蓄能器

蓄能器是液压系统中的储能元件，在液压系统中贮存和释放压力能，并可以在短时间内为系统供油，还可以用于需要吸收压力脉动和减小冲击的系统中。

(1) 蓄能器的职能符号

蓄能器的职能符号见表 3-8。

表 3-8 蓄能器的职能符号

蓄能器一般符号	气体隔离式	重力式	弹簧式
	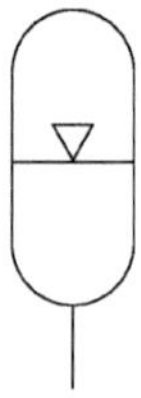	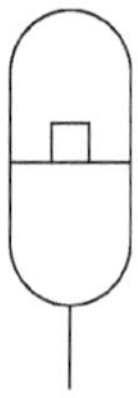	

(2) 蓄能器的应用

蓄能器是一种能够储存和释放液压能的装置，合理利用蓄能器是液压系统节约能源的方法之一，蓄能器在液压系统中主要用途如下：

①作辅助动力源

蓄能器最常见的用途就是用作液压系统的辅助动力源，当液压系统做间歇运行时，或者在一个工作循环过程中系统中的流量变化较大时，可以采用一个小油量的液压泵和一个蓄能器；当需要供油量大时，液压泵和蓄能器同时供油；当需要小流量时，泵在对系统供油时，也对蓄能器充油。这样的系统具有节约能源、成本低、能控制温升等特点。

②作应急动力源

有些液压系统在液压泵发生故障或停电时还需要保持必要的压力，液压系统需安装适当容量的蓄能器预防紧急事件，如果液压泵突然停止供油，蓄能器可以将其储存的压力油释放出来，使系统在一定的时间内获得压力油，以防止事故发生。

③补偿泄漏,稳定压力

有的液压设备在一个工作周期内需要维持长时间的恒定压力,通常可以利用蓄能器补偿泄漏,以稳定压力。

④吸收压力脉动和液压冲击

在液压系统中,当液压阀门突然关闭或液压阀换向时,系统会出现液压冲击,此时可以利用安装在产生液压冲击处的蓄能器来吸收液压冲击,使压力峰值降低。如果将蓄能器安装在液压泵的出口处,还可以降低压力脉动。

3.4.3 过滤器

液压系统中75%以上的故障是液压油被污染造成的。油液的污染会加速液压元件的磨损,造成运动件卡死,堵塞阀口,腐蚀元件,使液压元件和系统的可靠性下降,寿命降低,因而必须对油液进行过滤。过滤器的功用在于滤除混在液压油中的各种杂质,使进入系统中的油液保持一定的清洁度,保证液压系统正常工作。一般对过滤器的基本要求如下:

(1) 具有较好的过滤能力,即能阻挡一定尺寸的机械杂质。

(2) 通油性能好,即油液全部通过时不致引起过大的压力损失。

(3) 过滤材料要有足够的机械强度,在压力油作用下不致破坏。

(4) 过滤材料耐腐蚀,在一定温度下工作有足够的耐久性。

(5) 滤芯要容易清洗和更换,便于拆装和维护。

3.4.4 油箱

1) 油箱的功用

油箱的主要用途是储油、散热、分离油中的空气、沉淀油中的杂质。另外,对于中小型液压系统,为了使液压系统的结构紧凑,往往以油箱顶板作为泵装置和一些元件的安装平台。

2) 油箱的结构

图3-39所示的是一个分离式油箱结构,箱体采用钢板焊接而成。1为吸油管,4为回油管,中间有两个隔板7和9,隔板7用于阻挡沉淀杂物进入吸油管,隔板9用于阻

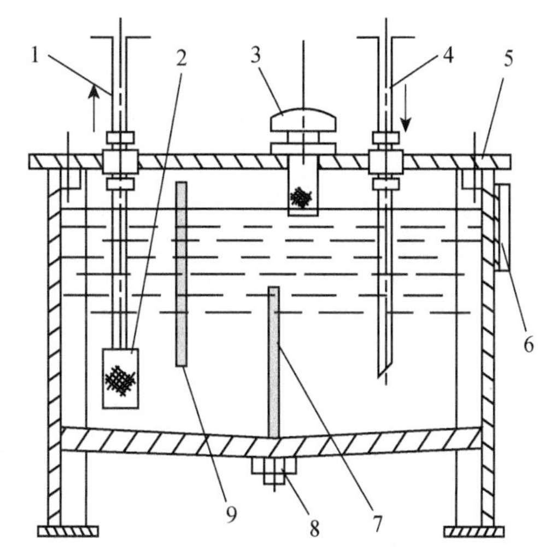

1—吸油管;2—过滤器;3—空气过滤器;4—回油管;5—上盖;6—油面指示器;7、9—隔板;8—放油塞。

图3-39 分离式油箱

挡泡沫进入吸油管，油箱底部装有放油塞 8，用以换油时排油和排污，空气过滤器 3 设在回油管一侧的上部，兼有加油和通气的作用，6 是油面指示器，当彻底清洗油箱时可将上盖 5 卸开。

3）油箱的设计

（1）油箱容积的确定

油箱必须具有足够大的容积，以满足散热要求，在泵不工作时能容纳系统所有油液，而工作时又能保证适当的油位。

油箱容积的确定是油箱设计的关键，主要根据系统的发热量和散热量得出。在实际设计时，先用经验公式初步确定油箱的容积，然后验算油箱的热平衡。当不设冷却器，以自然环境冷却时，油箱的有效容积（为油箱总容积的 80%）的估算经验公式为

$$V=aq \tag{3-45}$$

式中，V 为油箱的有效容积；

q 为液压泵的总额定流量；

a 为经验系数，其数值确定如下：对低压系统，$a=2\sim4$；对中压系统，$a=5\sim7$；对中、高压或高压大功率系统，$a=6\sim12$。

（2）油箱设计时的注意事项

①油箱应有足够的强度、刚度。油箱一般用厚 2.5～4 mm 的钢板焊接而成，尺寸高大的油箱要加焊角板、筋条以增加刚度。油箱上盖板若安装电机传动装置、液压泵和其他液压元件，则盖板不仅要适当加厚，而且要采取措施局部加强。

②安装吸油过滤器。泵的吸油管上应安装 100～200 目的网式过滤器，过滤器距箱底和侧壁应有一定的距离，以保证泵的吸入功能。

③吸油管与回油管尽量远离。吸油管与回油管分别安装在油箱的两端，以隔板隔开，以增加油液循环流动的距离，提高散热效果，并使油液有足够长的时间沉淀污物，排出气泡。隔板的高度一般取为油面高度的 3/4。

④油箱底面应略带斜度，并在最低处安设放油塞。换油时为便于清洗油箱，大容量的油箱一般均在侧壁设清洗窗，其位置安排应便于吸油过滤器的装拆。

⑤油箱内壁表面应进行特殊处理。为了防锈、防漏水、减少油液污染，新油箱内壁经喷丸、酸洗和表面清洗后，可涂一层与工作油液相容的塑料薄膜或耐油清漆。

⑥在油箱的侧壁安装液位计，以指示最低、最高油位。另外如有必要安装热交换器、温度计等附加装置，需要合理确定它们的安放位置。

液压基本回路

任何一个液压系统，无论它所要完成的动作有多么复杂，总是由一些基本回路所组成。所谓基本回路，就是由一些液压元件组成的，用来完成特定功能的典型油路。

一般按功能对液压基本回路进行分类，如用来控制执行元件运动方向的方向控制回路、用来控制系统或某支路压力的压力控制回路、用来控制执行元件运动速度的速度控制回路、用来控制多缸运动的多缸运动回路等。

4.1 压力控制回路

压力控制回路是利用压力控制阀来控制系统整体或某一部分的压力，以满足执行元件的力、力矩和各种动作对系统压力的要求。压力控制回路有调压回路、减压回路、增压回路、卸荷回路、保压回路、平衡回路、锁紧回路等。

4.1.1 调压回路

调压回路的功用在于使系统整体或某一部分的压力保持恒定或不超过某一数值。一般用溢流阀来实现这一功能。调压回路主要有单级调压回路、二级调压回路、多级调压回路及无级调压回路等几种。

4.1.2 减压回路

减压回路的功用是使系统中的某一部分油路具有较低的稳定压力。机床的工件夹紧、导轨润滑及液压系统的控制油路常需用减压回路。

最常见的减压回路是在所需低压的支路上串接定值减压阀，如图 4－1(a)所示，回路中的单向阀 3 用于主油路压力降低(低于减压阀 2 的调定压力)时，防止液压缸 4 的压力随之下降，起短时保压作用。

图 4－1(b)所示为二级减压回路。先导型减压阀 2 的遥控口通过二位二通阀 3 接至远程调压阀 4，当二位二通阀处于图示位置时，缸 5 的压力由减压阀 2 的调定值决定；当二位二通阀 3 得电处于右位时，缸 5 的压力由远程调压阀 4 的调定值决定，阀 4 的调定压力必须低于阀 2，液压泵的最大工作压力由溢流阀 1 调定。减压回路也可以采用比例减压阀来实现无级减压。

为使减压阀稳定工作，其最低调整压力不应小于 0.5 MP，最高调整压力至少应比系统压力小 0.5 MPa。当减压回路中的执行元件需要调速时，调速元件应放在减压阀的后面，以避免因减压阀的外泄口泄油引起执行元件速度发生变化。

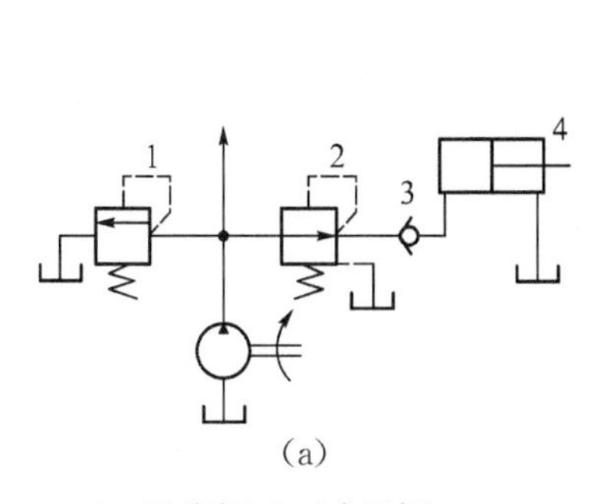

(a)

1—溢流阀;2—减压阀;

3—单向阀;4—液压缸。

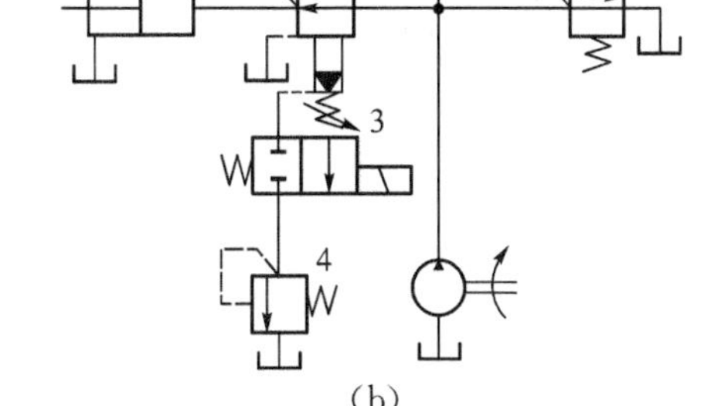

(b)

1—溢流阀;2—减压阀;3—二位二通电磁阀;

4—调压阀;5—液压缸。

图 4-1 减压回路

4.1.3 增压回路

1) 单作用增压缸增压回路

图 4-2(a)所示是使用单作用增压缸的增压回路。当系统在图示位置工作时,系统的供油压力 p_1 进入增压缸的大活塞腔,活塞右移,小活塞获得较高压力 p_2,工作缸 2 在压力 p_2 的作用下向外伸出;当二位四通阀右位接入系统时,增压缸返回,辅助油箱 3 中的油液经单向阀补入小活塞腔,工作缸 2 靠弹簧回程。此回路只能间歇增压,因而只适用于工作缸需要很大的单向作用力而行程较短的场合,如制动器、离合器等。

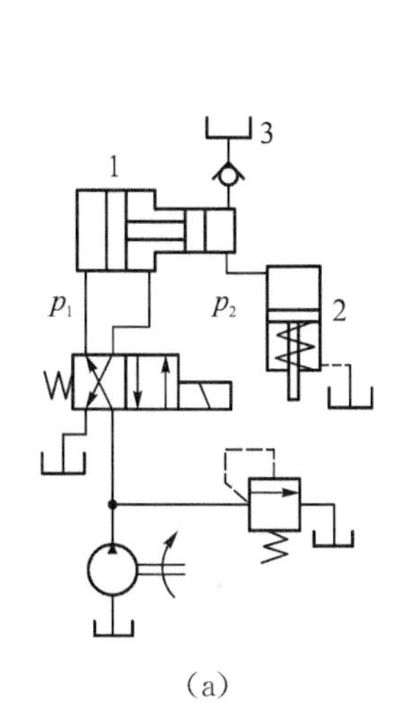

(a)

1—增压缸;2—工作液压缸;3—辅助油箱。

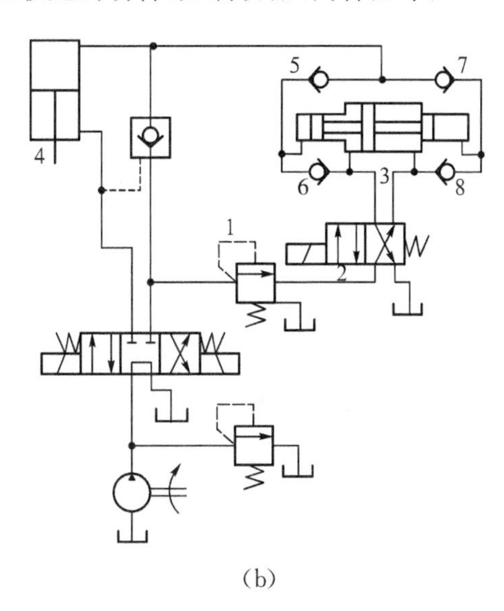

(b)

1—顺序阀;2—两位四通电磁换向阀;

3—增压缸;4—液压缸;5、6、7、8—单向阀。

图 4-2 增压回路

2）双作用增压缸增压回路

图 4-2(b)是采用双作用增压缸的增压回路。它能连续输出高压油，适用于增压行程要求较长的场合。当工作缸 4 向下运动遇到较大负载时，系统压力升高，油液经顺序阀 1 进入双作用增压缸 3，增压缸活塞不论向左或向右运动，均能输出高压油，只要换向阀 2 不断切换，增压缸就不断作往复运动，连续输出高压油，高压油经单向阀 5 或 7 进入工作缸 4 的上腔，使工作缸 4 在向下运动的整个行程内获得较大推力。单向阀 6 和 8 起隔开增压缸的高低压油路和补油作用。工作缸 4 向上运动时增压回路不起作用。

4.1.4 卸荷回路

卸荷回路的功用是在液压泵驱动电机不频繁启闭的情况下，使液压泵在接近零功率损耗的工况下运转，以减少功率损耗，降低系统发热，延长泵和电机的使用寿命。因为泵的输出功率等于流量和压力的乘积，因此卸荷的方法就有流量卸荷和压力卸荷两种。前者主要是使用变量泵，使泵仅为补充油液泄漏而以最小流量运转，此方法比较简单，但泵仍在高压状态下运行，磨损比较严重；后者是使泵在接近零压的工况下运转。下面介绍几种典型的压力卸荷回路。

1）用换向阀的卸荷回路

图 4-3(a)所示为采用二位二通阀的卸荷回路。这种卸荷回路中，换向阀 2 的规格必须与液压泵 1 的额定流量相适应。

图 4-3(b)所示为采用换向阀中位机能的卸荷回路。表 3-6 中 M、H、K 形中位机能的三位换向阀处于中位时，泵输出的油液直接回油箱而实现卸荷。图 4-3(b)为采用 M 形中位机能电液换向阀的卸荷回路，这种回路切换时压力冲击小，但回路中必须设置单向阀(背压阀)，以使系统能保持 0.3 MPa 左右的压力，供操纵控制油路之用。

2）用先导式溢流阀的卸荷回路

图 4-3(c)所示为采用二位二通电磁换向阀控制先导式溢流阀的卸荷回路。当先导式溢流阀 1 的远程控制口通过二位二通电磁换向阀 2 接通油箱时，泵输出的油液以很低的压力经溢流阀回油箱，实现泵的卸荷。这一回路中二位二通电磁换向阀只通过很少的流量，因此可采用小流量规格的电磁换向阀。在实际产品中，可将小规格的电磁换向阀和先导式溢流阀组合在一起形成组合阀，称为电磁溢流阀。

3）用先导式卸荷阀的卸荷回路

在双泵供油的液压系统中，常采用图 4-3(d)所示的用先导式卸荷阀的卸荷回路。

当执行元件快速运行时，两液压泵1、2同时向系统供油，进入工作阶段后，系统压力由于负载变化而升高到卸荷阀3的调定值时，卸荷阀开启，使低压大流量泵1卸荷，此时仅高压小流量泵2向系统供油。溢流阀5用于调定工作行程的压力，单向阀的作用是将高低压油路隔开，起止回作用。

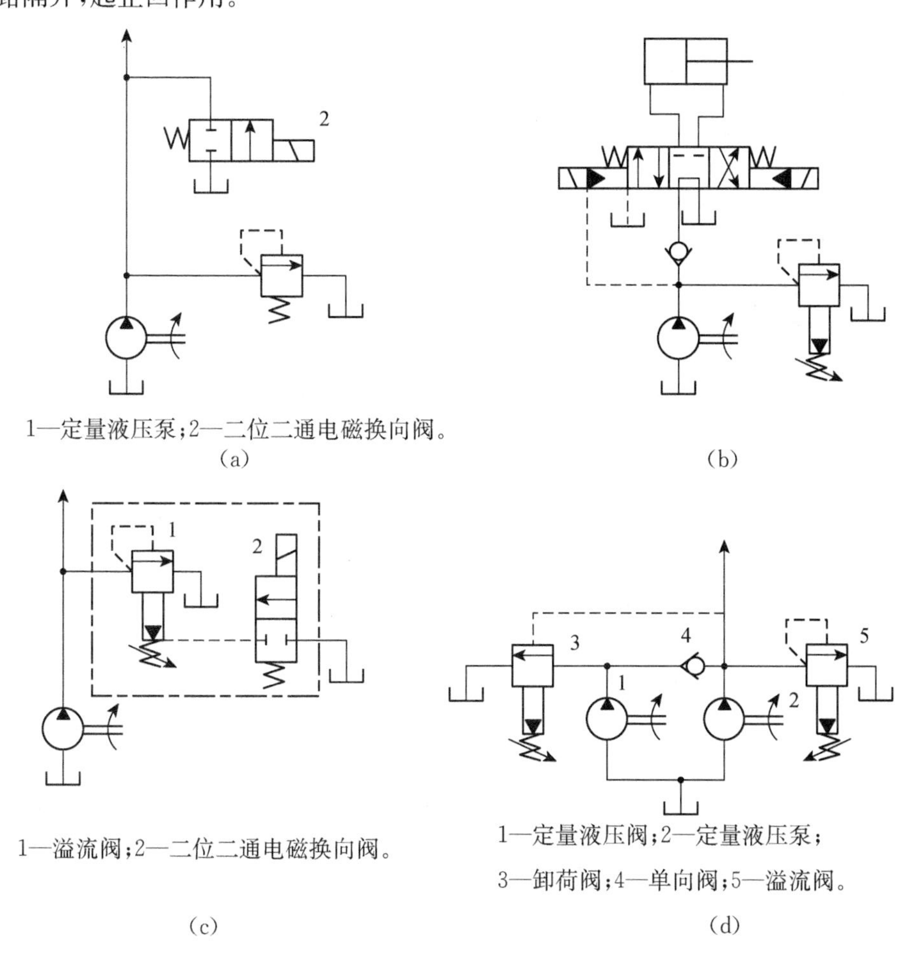

1—定量液压泵；2—二位二通电磁换向阀。

(a)

(b)

1—溢流阀；2—二位二通电磁换向阀。

(c)

1—定量液压阀；2—定量液压泵；

3—卸荷阀；4—单向阀；5—溢流阀。

(d)

图4-3　卸荷回路

4.1.5　保压回路

保压回路的功用是使系统在液压缸不动或因工件变形而产生微小位移的工况下稳定地维持住压力。保压回路因保压时间、保压稳定性、功率损失、经济性等不同而有多种方案。

1）采用液控单向阀的保压回路

对保压性能要求不高时，可采用密封性能较好的液控单向阀保压，这种方法简单、经济，但保压时间短，压力稳定性不高。保压性能要求较高时，需采用补油的方法弥补回路的泄漏，以维持回路中压力的稳定。

图 4-4 所示为采用液控单向阀和电接点压力表的自动补油式保压回路。当电磁铁 1YA 通电时，换向阀 2 左位工作，油缸 5 下腔进油，油缸上腔的油液经液控单向阀 3 回油箱，使油缸向上运动；当电磁铁 2YA 通电时，换向阀右位工作，电接点压力表 4 在油缸上腔压力升至其调定的上限压力值时发信号，电磁铁 2YA 失电，换向阀处于中位，液压泵 1 卸荷，油缸由液控单向阀保压。当油缸压力下降到电接点压力表设定的下限值时，电接点压力表发信号，电磁铁 2YA 通电，换向阀再次右位工作，液压泵给系统补油，压力上升。如此往复，自动地保持油缸的压力在调定值范围内。

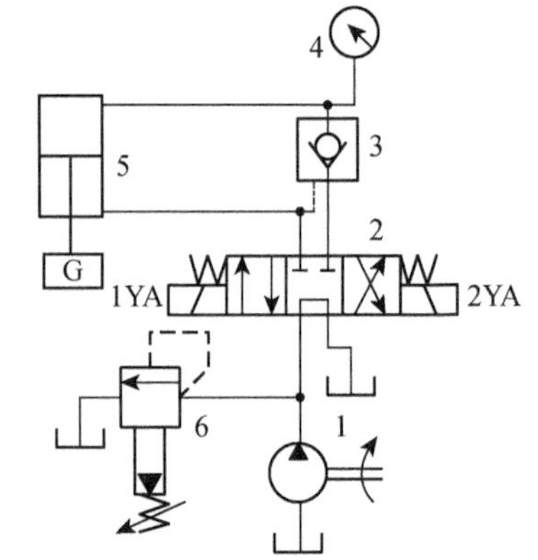

1—定量液压泵；2—三位四通电磁换向阀；
3—液控单向阀；4—压力表；
5—液压缸；6—溢流阀。

图 4-4　采用液控单向阀的保压回路

2) 用辅助泵的保压回路

图 4-5 所示是采用高压小流量泵作为辅助泵的保压回路。当液压缸加压完毕要求保压时，压力继电器 4 发出信号，换向阀 2 回中位，主泵 1 卸荷；同时二位二通换向阀 8 处于右位，由辅助泵 5 向液压缸上腔供油，维持系统压力稳定。辅助泵只需补偿封闭容积的泄漏量，故可选用小流量泵，以减小功率损失。压力稳定性取决于溢流阀 7 的稳压性能。

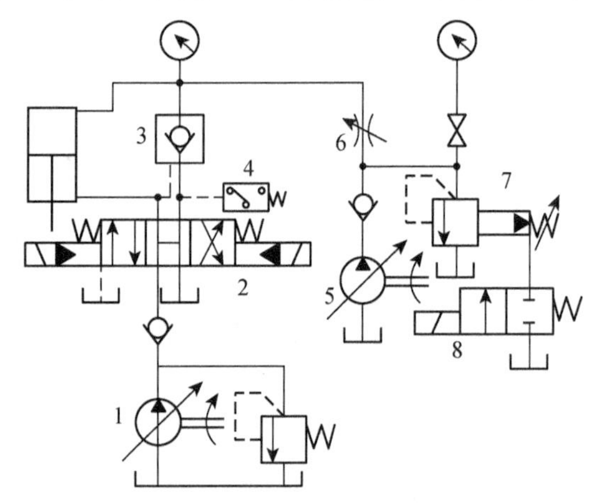

1—变量液压泵；2—三位四通电磁换向阀；3—液控单向阀；4—压力继电器；
5—辅助泵；6—节流阀；7—溢流阀；8—二位二通电磁换向阀。

图 4-5　用辅助泵的保压回路

3) 用蓄能器的保压回路

图 4-6(a)所示的回路中，当主换向阀 5 处于左位工作时，液压缸 7 推进压紧工件，进油路压力升高至调定值时，压力继电器 8 发出信号使二通阀 6 通电，泵即卸荷，单向阀

2 自动关闭，液压缸则由蓄能器 3 保压。当蓄能器压力不足时，压力继电器复位使泵重新工作。保压时间决定于系统的泄漏程度、蓄能器的容量等。

图 4－6(b)所示为多缸系统中的一缸保压回路，当主油路压力降低时，单向阀 3 关闭，支路由蓄能器 4 保压并补偿泄漏，压力继电器 5 的作用是在支路中压力达到预定值时发出信号，使主油路开始动作。

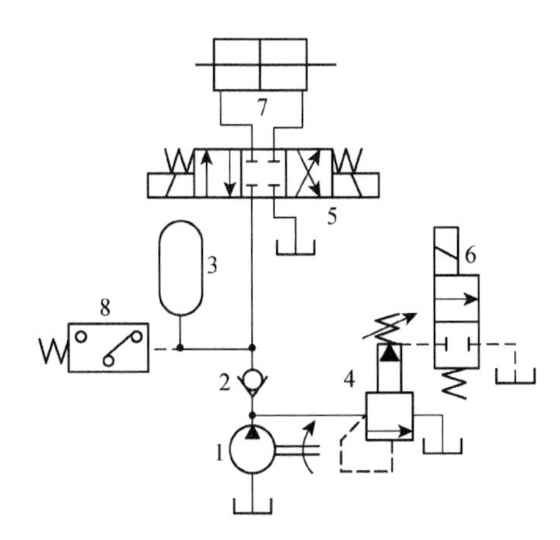

1—定量液压泵；2—单向阀；3—蓄能器；4—溢流阀；
5—三位四通电磁换向阀；6—二位四通电磁换向阀；
7—液压缸；8—压力继电器。

(a)

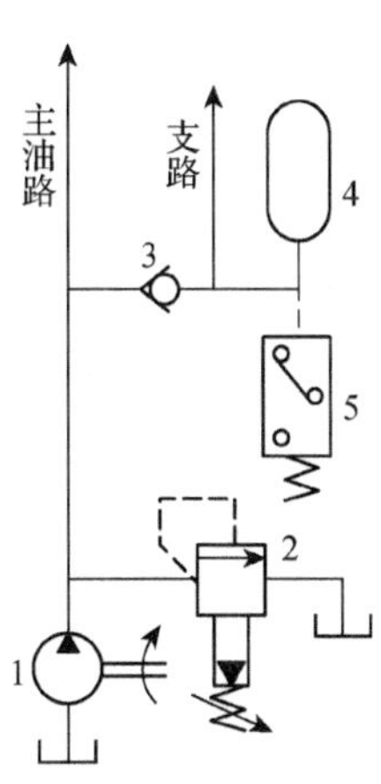

1—定量液压泵；2—溢流阀；3—单向阀；
4—蓄能器；5—压力继电器。

(b)

图 4－6　用蓄能器的保压回路

4.1.6　平衡回路

平衡回路的功用是使垂直或倾斜放置的液压缸的回油路保持一定的背压力，以防止液压缸和与它相连的工作部件因自重而自行下落。平衡回路通常用单向顺序阀或液控单向阀来实现平衡控制。

1）采用单向顺序阀的平衡回路

图 4－7(a)所示为采用单向顺序阀(此处即平衡阀)的平衡回路。调整顺序阀的开启压力，使开启压力稍大于液压缸活塞和工作部件自重形成的下腔背压，即可防止运动部件自行下落。活塞下行时，由于液压缸回油腔有一定的背压支承重力负载，故活塞平稳下落；当换向阀处于中位时，液压泵卸荷，活塞停止运动。在这种回路中，活塞向下运动时，功率损失大，锁住时，活塞和与之相连的工作部件会因单向顺序阀和换向阀的泄漏而缓慢下降，因此此回路只适用于工作部件重量不大、活塞锁住时定位要求不高的场合。

图 4－7(b)所示为采用液控顺序阀的平衡回路。当活塞下行时，液控顺序阀被进油路上的控制压力油打开，液压缸回油腔背压消失，运动部件快速下行，回路效率较高；当

回路停止工作时，液控顺序阀关闭，防止活塞和工作部件因自重而下降。这种回路的缺点是活塞下行时的平稳性较差，这是由于液控顺序阀打开后，液压缸回油腔背压消失，活塞由于自重而加速下降，造成液压缸上腔供油不足，进油路压力消失，使液控顺序阀关闭；当顺序阀关闭时，因活塞停止下行，液压缸上腔油压升高，液控顺序阀打开。因此液控顺序阀始终工作于启、闭的过渡状态，因而会影响工作的平稳性。这种回路适用于运动部件重量不大、停留时间较短的液压系统中。

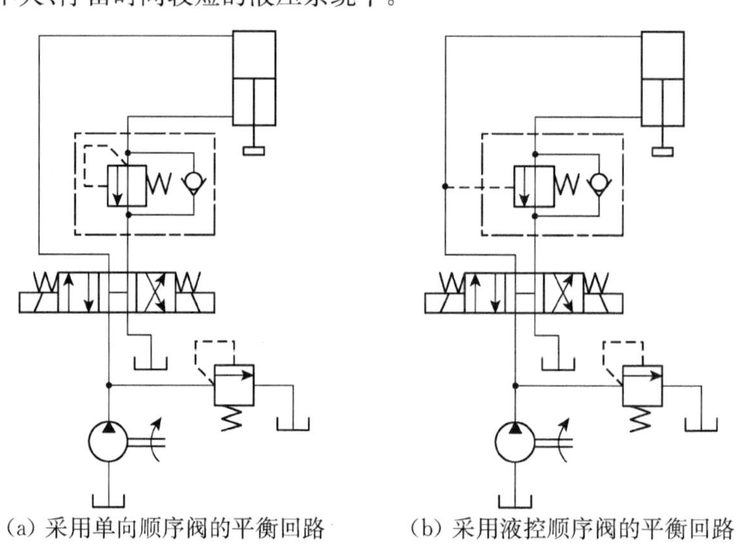

(a) 采用单向顺序阀的平衡回路　　(b) 采用液控顺序阀的平衡回路

图 4-7　采用单向顺序阀和液控顺序阀的平衡回路

2）采用液控单向阀的平衡回路

图 4-8 所示为采用液控单向阀的平衡回路。由于液控单向阀 1 采用锥阀结构，密封性能好，泄漏量小，故能使活塞长时间停留不动。单向节流阀 2 用于限速，以使活塞向下运动平稳。

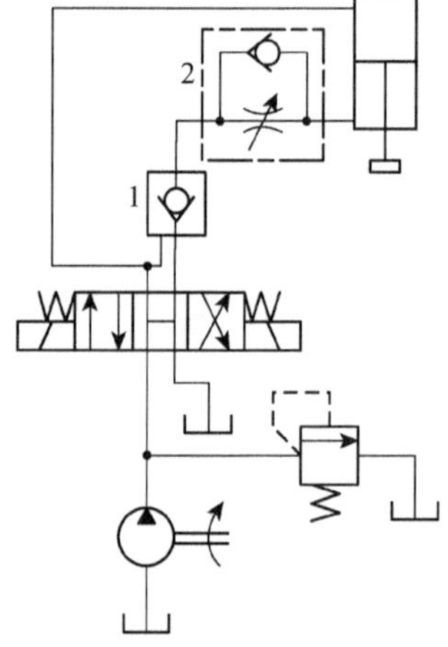

1—液控单向阀；2—单向节流阀。

图 4-8　采用液控单向阀的平衡回路

4.1.7 锁紧回路

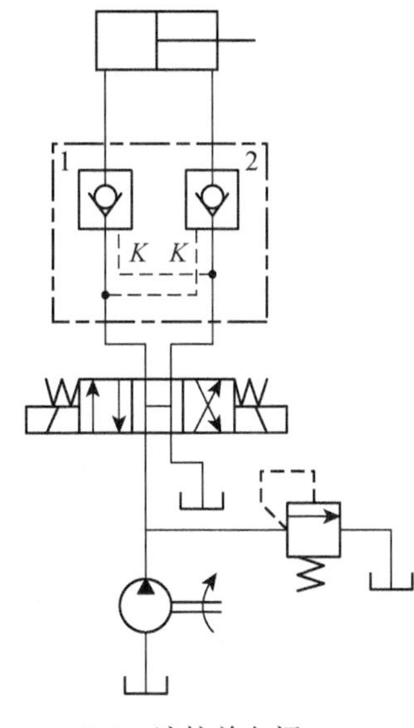

1、2—液控单向阀。

图 4-9 锁紧回路

锁紧回路的功用是通过切断执行元件的进油、回油通道来使之停止在任意位置，且停留后不会因外力作用而移动位置。使液压缸锁紧的最简单的方法是利用三位换向阀的 M 形或 O 形中位机能来封闭缸的两腔，使活塞可以在行程范围内任意位置停止。但滑阀易泄漏，故锁紧精度不高。最常用的方法是采用液控单向阀的锁紧回路，如图 4-9 所示。在液压缸的两侧油路上都串接一个液控单向阀（液压锁），当换向阀处于左位时，压力油经单向阀 1 进入液压缸左腔，同时压力油作用于单向阀 2 的控制油口 K，打开阀 2，使液压缸右腔油液经阀 2 及换向阀流回油箱，活塞向右运动；反之，活塞向左运动。当需要在某一位置停留时，将换向阀切换至中位，因 H 形（或 Y 形）中位机能的换向阀中位卸荷，所以阀 1 和阀 2 均关闭，使活塞双向锁紧。这个回路由于采用了锥阀式结构的液控单向阀，密封性好，泄漏极少，锁紧的精度主要取决于液压缸的泄漏程度。这种回路被广泛用于工程机械、起重运输机械等有锁紧要求的场合。

4.2 速度控制回路

液压传动系统中的速度控制回路包括调节执行元件速度的调速回路、使执行元件获得快速运动的快速运动回路、在快速运动和工作进给速度以及工作进给速度之间进行变换的速度换接回路。

调速回路用于调节执行元件的工作速度。在不考虑液压油的压缩性和泄漏的情况下，液压缸的运动速度为

$$v=\frac{q}{A} \tag{4-1}$$

式中：A 为液压缸的有效工作面积。

液压马达的转速为

$$n=\frac{q}{V_{\mathrm{M}}} \tag{4-2}$$

式中：q 为输入执行元件的流量；

V_M 为液压马达的排量。

由式(4-1)、式(4-2)可知,改变输入执行元件的流量 q 或改变液压缸的有效工作面积 A(或液压马达的排量 V_M)均可达到改变速度的目的。实际工作中改变液压缸有效工作面积 A 较难,故合理的调速途径是改变进入液压执行元件的流量 q 和可变的变量马达排量。根据上述分析,液压系统的调速回路主要有以下三种形式:

(1) 节流调速——采用定量泵供油,依靠流量控制阀调节进入执行元件的流量以实现调速。

(2) 容积调速——通过改变变量泵或变量马达的排量来实现调速。

(3) 容积节流调速(联合调速)——采用变量泵供油,依靠流量控制阀和变量泵联合调速。

对调速回路的基本要求分别如下:

(1) 在规定的调速范围内能灵敏、平稳地实现无级调速,具有良好的调节特性。

(2) 负载变化时,工作部件速度变化小(在允许范围内),即具有良好的速度刚性。

(3) 效率高,发热少,具有良好的功率特性。

1) 节流调速回路

节流调速回路由定量泵、溢流阀、流量控制阀(节流阀和调速阀)和定量执行元件等组成。它通过改变流量控制阀的通流截面面积的大小控制进入执行元件的流量来实现调速。根据流量阀在回路中的位置节流调速回路可分为进油节流调速回路、回油节流调速回路和旁路节流调速回路三种,根据流量控制阀的类型可分为普通节流阀的节流调速回路和调速阀的节流调速回路。

(1) 普通节流阀的节流调速回路

①进油节流调速回路

如图 4-10 所示,在进油节流调速回路中,节流阀安装在液压缸的进油路上,即串联在定量泵和液压缸之间,溢流阀则与其并联成溢流支路。液压泵输出的油液一部分经节流阀进入液压缸工作腔,推动活塞运动,液压泵多余的油液则经溢流阀排回油箱,这是这种调速回路正常工作的必要条件。由于溢流阀有溢流,泵的出口压力 p_p 就是溢流阀的调整压力并且该压力基本保持恒定。调节节流阀的通流面积,即可调节通过节流阀的流量,从而调节液压缸的运动速度。

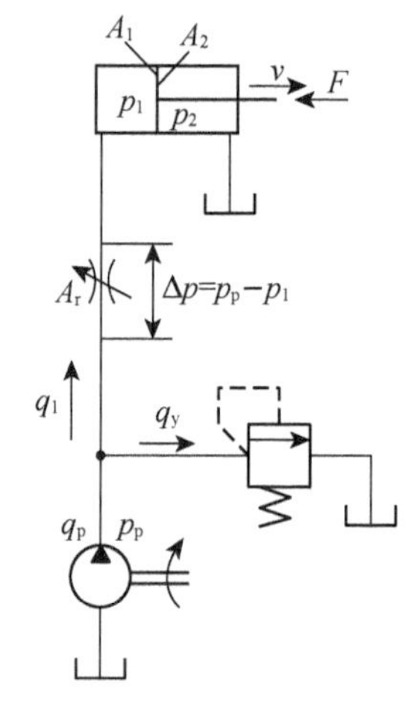

图 4-10 进油节流调速回路

普通节流阀进油节流调速回路适用于轻载、低速、负载变化不大及速度稳定性要求不高的小功率场合。

②回油节流调速回路

如图 4－11 所示，将节流阀串接在液压缸的回油路上，即构成回油节流调速回路。通过调节液压缸的排油量 q_2 来调节液压缸的进油量 q_1，达到调节液压缸运动速度的目的。定量泵多余的油液经溢流阀流回油箱。

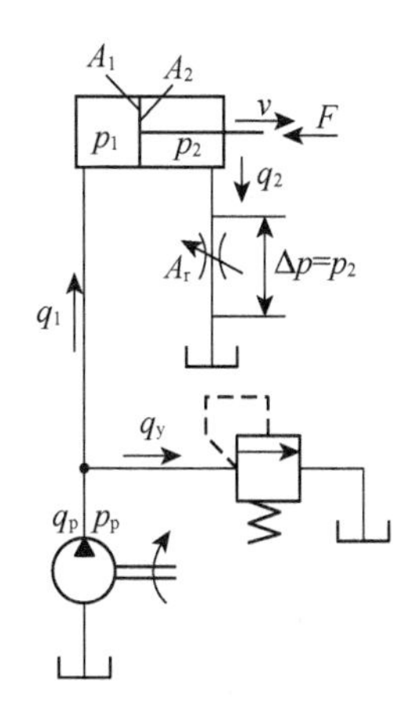

图 4－11　回油节流调速回路

尽管回油节流调速回路和进油节流调速回路的速度负载特性与功率特性相似，但它们在某些方面还是有着明显差别，主要表现在以下几方面：

a. 承受负值负载的能力。所谓负值负载就是作用力的方向与执行元件运动方向相同的负载。在回油节流调速回路中，由于节流阀接于回油路上使液压缸回油腔形成一定的背压，因此，该回路可以承受负值负载。

b. 运动的平稳性。接于回油节流调速回路中的节流阀起到了背压回路中背压阀的作用，可以产生回油背压力，能有效地提高运动部件的平稳性，减少爬行现象。

c. 油液发热及泄漏的影响。在回油节流调速回路中，油液经节流阀回油箱，通过油箱散热冷却后再重新进入泵和液压缸，因此对液压缸的泄漏程度、稳定性等无影响；而在进油节流调速回路中，经节流阀后发热的油液直接进入液压缸，会影响液压缸的泄漏程度，从而影响容积效率和速度的稳定性。

d. 实现压力控制的方便性。进油节流调速回路中，进油腔的压力随负载而变化，当工作部件碰到止挡块而停止后，其压力将上升到溢流阀的调定压力，可方便地利用这一压力变化来实现压力控制；而在回油节流调速回路中则不便实现压力控制。

e. 停车后的启动性能。在回油节流调速回路中，若停车时间较长，液压缸回油腔的油液会流回油箱而泄压，重新启动时背压不能立即建立，会引起工作部件的前冲现象。对于进油节流调速回路来说，只要在启动时关小节流阀，就能避免启动冲击。

③旁路节流调速回路

a. 工作原理

图 4－12 所示为普通节流阀的旁路节流调速回路，这种回路把节流阀接在与执行元件并联的旁支油路上。节流阀调节了液压泵溢回油箱的流量，从而控制了进入液压缸的流量，调节节流阀的通流面积，即可实现调速。由于溢流功能由节流阀来完成，故正常工作时溢流阀处于关闭状态，溢流阀作安全阀用，其调定压力必须大于克服最大负载所需压力，一般为最大负载压力的 1.1～1.2 倍。液压泵的供油压力则随负载的变化而改变。

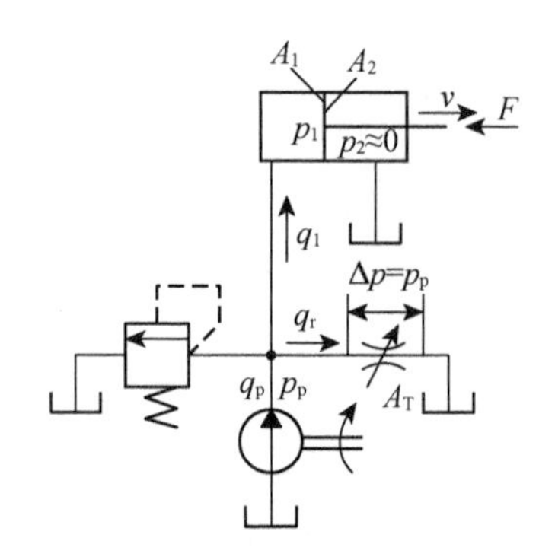

图 4-12　旁路节流调速回路

b. 功率和效率

旁路节流调速回路只有节流损失而无溢流损失，液压泵的输出功率随着工作压力 p_1 的增减而增减，因而回路的效率比前两种回路要高。

由于旁路节流调速回路速度负载特性很软，低速承载能力又差，故其应用比前两种回路少，仅用于高速、重载、对速度平稳性要求不高的较大功率系统中，如牛头刨床主运动系统、输送机械液压系统等。

(2) 调速阀的节流调速回路

在节流阀调速回路中，负载的变化引起速度变化的原因在于负载变化会引起节流阀两端压差的变化，因而通过节流阀的流量会发生变化，导致执行元件的速度也相应地发生变化，即速度负载特性软，速度稳定性差。为了克服这一缺点，回路中的节流阀可用调速阀来代替，由于调速阀本身能在负载变化的条件下保证节流阀进、出口压差基本不变，因而使用调速阀后，节流调速回路的速度-负载特性将得到改善，如图 4-13 所示。

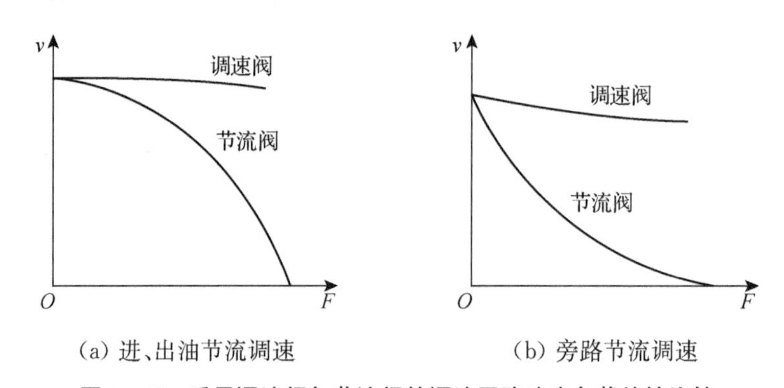

图 4-13　采用调速阀与节流阀的调速回路速度负载特性比较

需要指出，为了保证调速阀中定差减压阀起到压力补偿作用，调速阀两端压差必须大于一定数值，中低压调速阀两端压差为 0.5 MPa，高压调速阀为 1 MPa，否则调速阀调速回路与节流阀调速回路的负载特性将没有区别。另外，调速阀调速回路工作时也有溢流损失和节流损失，并且节流损失包括了减压阀与节流阀两部分的功率损失。在相同条件下，供油压力也需调得高些，故功率损失比节流阀节流调速回路要大些。

2）容积调速回路

容积调速回路由变量泵或变量马达及安全阀等元件组成，它通过改变变量泵或变量马达的排量来实现调速。容积调速回路的优点是没有节流损失和溢流损失，因而效率高，油液温升小，适用于高速、大功率调速系统。缺点是变量泵和变量马达的结构复杂、成本较高。

容积调速回路按油路的循环形式不同分为开式回路和闭式回路。在开式回路中，液压泵从油箱吸油，执行元件的回油直接通油箱。这种回路结构简单，油液在油箱中能得到充分的冷却，油液中杂质能得到充分沉淀，但油箱尺寸大，空气和杂质易进入油路，致使运动不平稳，该回路多用于系统功率不大的场合。在闭式回路中，执行元件的回油直接与泵的吸油腔相连，结构紧凑，空气和污物不易进入回路，但结构较复杂，油液冷却条件差，需要辅助泵向系统供油，以补偿泄漏、冷却和换油。补油泵的流量一般为主油泵流量的10%～15%，压力一般为0.3～1.0 MPa。

容积调速回路通常有三种基本形式：变量泵和定量执行元件组成的容积调速回路，定量泵和变量马达组成的容积调速回路，变量泵和变量马达组成的容积调速回路。

（1）变量泵和定量执行元件组成的容积调速回路

图4-14所示为变量泵和定量执行元件组成的容积调速回路。图4-14(a)中执行元件为液压缸，该回路是开式回路，2为安全阀，起过载保护作用。图4-14(b)中执行元件为定量液压马达，该回路为闭式回路，油泵5为补油泵，其压力由溢流阀6调定。

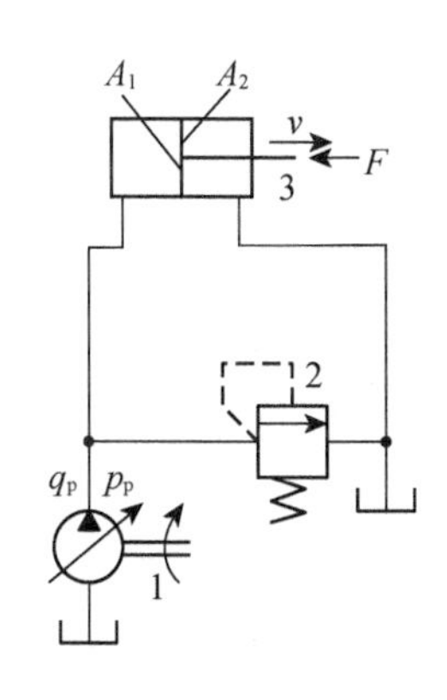

1—变量液压泵；2—安全缸；3—液压缸。

(a)

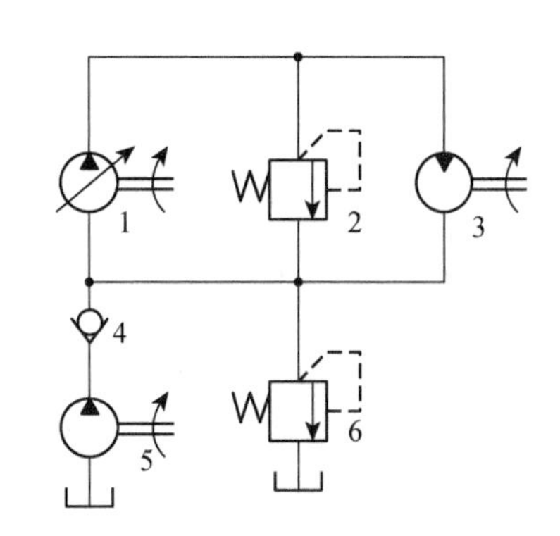

1—变量液压泵；2—安全阀；3—定量液压马达；
4—单向阀；5—定量液压泵；6—溢流阀。

(b)

图4-14 变量泵-定量执行元件容积调速回路

(2) 定量泵和变量马达组成的容积调速回路

图4-15所示为定量泵和变量马达组成的容积调速回路。图中主油泵1为定量泵，其流量不变，通过改变变量马达3的排量来调节马达的输出转速。2是安全阀，油泵5为补油泵，其压力由溢流阀6调定。

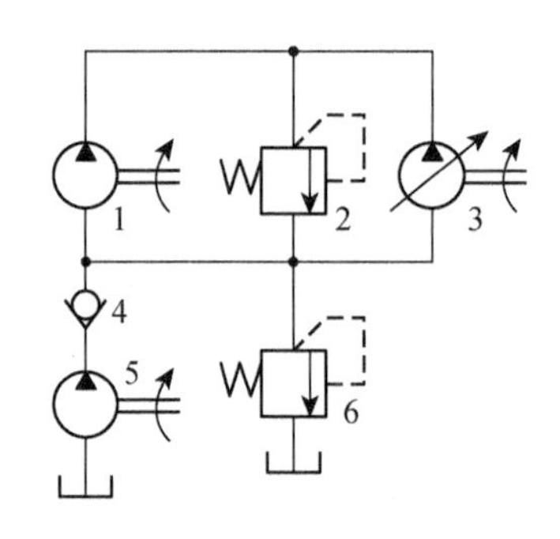

1—定量液压泵；2—安全阀；3—变量液压马达；4—单向阀；5—定量液压泵；6—溢流阀。

图4-15 定量泵-变量马达容积调速回路

这种调速回路的调速范围不大。另外，这种回路不能用于双向液压马达在运行中平稳换向，因为换向时，双向液压马达的偏心量(或倾角)必然经历一个变小→为零→反向增大的过程，也就是马达的排量变小→为零→变大的过程。马达输出就要经历转速变大、转矩变小→转矩太小而不能带动负载转矩而使转速为零→反向高转速的过程，调节很不方便，所以这种回路目前已很少单独使用。

类似于变量泵和定量执行元件组成的调速回路，液压泵和液压马达随负载的增加泄漏会增加，容积效率降低，故这种回路也存在随负载增加而速度下降的现象。

(3) 变量泵和变量马达组成的容积调速回路

图4-16所示为采用双向变量泵和双向变量马达组成的容积调速回路。图中双向变量泵1正向或反向供油，马达即正向或反向旋转。相向安装的单向阀6和8用于使补油泵4能双向补油，相向安装的单向阀7和9使安全阀3在两个方向上都能起过载保护作用，溢流阀5用于补油泵的定压和溢流。这种回路实际上是上述两种调速回路的组合，由于液压泵和液压马达的排量均可改变，故扩大了调速范围，并扩大了液压马达转矩和功率输出的选择余地。

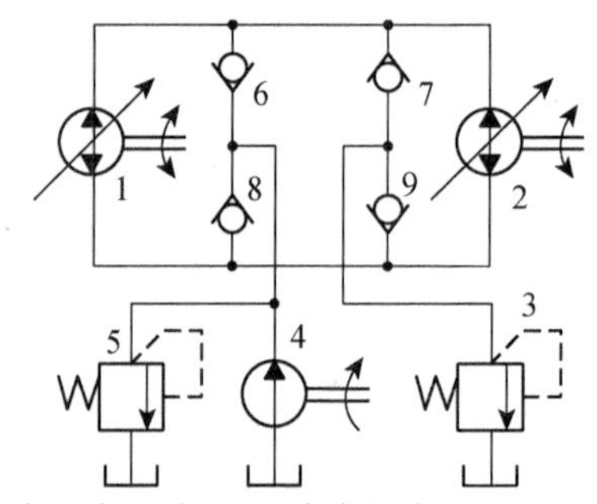

1—双向变量液压泵；2—双向变量液压马达；3—溢流阀；4—定量液压泵；5—溢流阀；6、7、8、9—单向阀。

图4-16 变量泵-变量马达容积调速回路

一般工作部件在低速时要求有较大的转矩，高速时要求输出功率恒定。在这种情况下，先将变量马达的排量调至最大(使马达能获得最大输出转矩)，用变量泵调速，当变量泵的排量由小变大，直至最大时，马达的转速也随之升高，输出功率随之线性增加，此过程马达输出转矩恒定，属恒转矩输出；若要进一步加大液压马达转速，可使泵保持最大排量，用变量马达调速，将马达排量由大调小，马达转速继续升高，输出转矩随之降低。此时因泵保持最大输出功率状态不变，故马达处于恒功率输出状态。

与前两种调速回路相同，这种调速回路也有随负载增大而泄漏增加、转速下降的特性。

3）容积节流调速回路

容积节流调速回路用压力补偿型变量泵供油，用流量控制阀（节流阀或调速阀）调节进入液压缸或从液压缸流出的流量来调节活塞运动速度，并使变量泵的输油量自动与液压缸所需流量相适应。这种调速回路没有溢流损失，故效率比节流调速方式高；变量泵的泄漏可由压力反馈作用得到补偿，故速度稳定性比容积调速回路好。容积节流调速回路常用于调速范围大、中小功率场合。

（1）限压式变量泵与调速阀组成的容积节流调速回路

如图 4－17(a)所示，回路由限压式变量泵 1 供油，压力油经调速阀 2 进入液压缸 3 工作腔，回油经背压阀 4 返回油箱。改变调速阀中节流阀的通流面积 A_T 的大小，就可以调节液压缸的运动速度，泵的输出流量 q_p 和通过调速阀进入液压缸的流量 q_1 相适应。稳定工作时 $q_p=q_1$，如果关小调速阀，则在关小节流阀口的瞬间，q_1 减小，而液压泵的输出流量还未来得及改变，于是 $q_p>q_1$，因回路中阀 5 为安全阀，没有溢流，故必然导致泵出口压力 p_p 升高，通过压力反馈使得限压式变量泵的输出流量自动减小，直至减小到与 A_T 对应的流量 q_1 相等，重新建立 $q_p=q_1$ 的平衡；反之，在开大调速阀的一瞬间，将出现 $q_p<q_1$，从而会使限压式变量泵出口压力降低，输出流量自动增大，直至 $q_p=q_1$。由此可

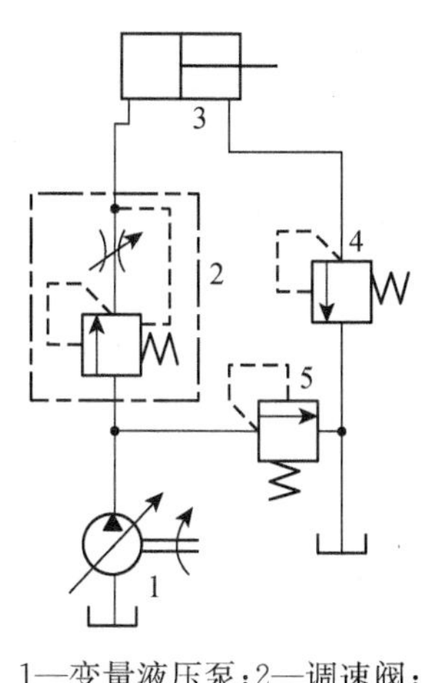

1—变量液压泵；2—调速阀；
3—液压缸；4—背压阀；5—安全阀。

(a)

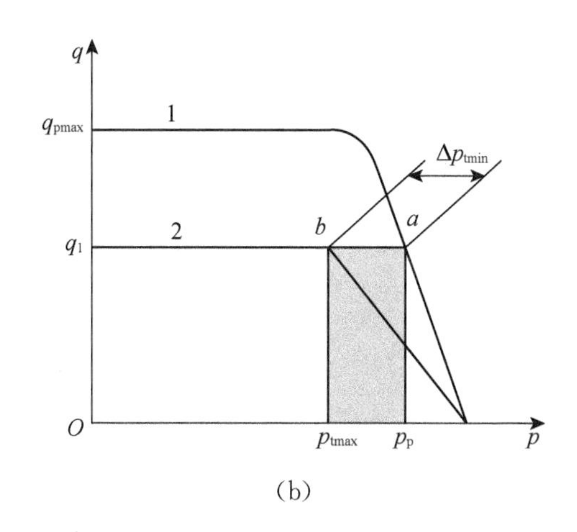

(b)

图 4－17　限压式变量泵与调速阀组成的容积节流调速回路

见，调速阀不仅可以保证进入液压缸的流量稳定，而且可以使泵的供油流量自动地和液压缸所需的流量相适应，即对应于调速阀一定的开口度，调速阀的进口（即泵的出口）具有一定的压力，泵输出相应的流量。

图 4-17(b)为该调速回路的特性曲线。曲线 1 是限压式变量泵的流量-压力特性曲线，曲线 2 是某一开口度下调速阀的流量-压差特性曲线。两条曲线的交点是回路的工作点(此时泵的供油压力为 p_p，流量为 $q_p=q_1$，改变调速阀的开口度，使曲线 2 上下移动，回路的工作状态便相应改变。为了保证调速阀正常工作所需的压差 $\Delta p_t \geqslant \Delta p_{tmin}$（$\Delta p_{tmin}$ 一般为 0.5 MPa 左右)，液压缸的最大工作压力应为 $p_{tmax}=p_p-\Delta p_{tmin}$。因此液压缸工作腔压力的正常范围是

$$p_2\frac{A_2}{A_1}\leqslant p_1\leqslant p_p-\Delta p_{tmin} \tag{4-3}$$

这种回路没有溢流损失，但仍有节流损失。若不考虑泵、缸和管路的损失，回路的效率为

$$\eta=\frac{\left(p_1-p_2\frac{A_2}{A_1}\right)q_1}{p_pq_p}=\frac{p_1-p_2\frac{A_2}{A_1}}{p_p} \tag{4-4}$$

若无背压，$p_2\approx 0$，则

$$\eta=\frac{\left(p_1-p_2\frac{A_2}{A_1}\right)q_1}{p_pq_p}=\frac{p_1}{p_p} \tag{4-5}$$

由式(4-5)可以看出，这种回路在负载变化较大且大部分时间处于低负载下工作时的效率不高。

(2) 差压式变量泵和节流阀组成的容积节流调速回路

图 4-18(a)所示为差压式变量泵和节流阀组成的容积节流调速回路，该回路的工作原理与限压式变量泵和调速阀组成的容积节流调速回路基本相似：节流阀 2 控制进入液压缸 3 的流量 q_1，并使变量泵 1 输出的流量 q_P 自动与液压缸所需流量 q_1 相适应。阀 4 为背压阀，阀 5 为安全阀，阻尼孔 6 用作变量泵定子移动的阻尼，避免回路发生振荡。

泵的变量机构由定子两侧的控制缸 a 和 b 组成，定子的移动（即偏心量的调节）靠控制缸两腔的液压力之差与弹簧力的平衡来实现。压力差增大时，偏心量减少，输出流量减少，压力差一定时，输出流量也一定。调节节流阀的开口量，即改变其两端压力差，就改变了泵的偏心量，调节其流量，使之与通过节流阀进入液压缸的流量相适应。例如，在关小节流阀口的瞬间，q_1 减小，而液压泵的输出流量还未来得及改变，于是 $q_p>q_1$，则泵的供油压力上升，泵的定子在控制活塞的作用下右移，泵的偏心距减小，使泵的供油量下降至 $q_p=q_1$；反之亦然。

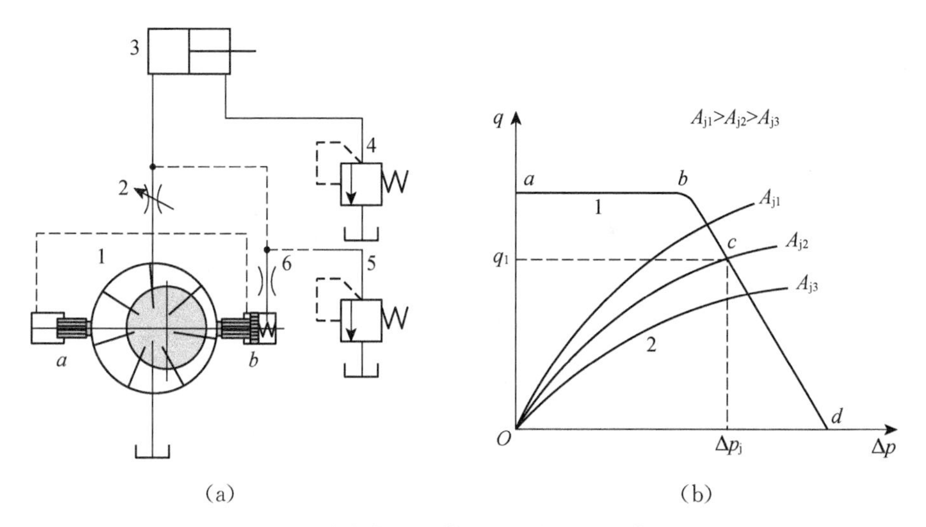

(a) (b)

图 4-18 差压式变量泵和节流阀组成的容积节流调速回路

在这种回路中，当节流阀开口量调定后，输入液压缸的流量基本不受负载变化的影响而保持恒定。这是因为差压式变量泵的控制回路能保证节流阀的两端压差不变，并且具有自动补偿泄漏的功能。依据控制缸对定子作用力的静态平衡方程可以导出节流阀两端压差 Δp_j。

$$p_p A_1 + p_p(A - A_1) = p_1 A + F_s \tag{4-6}$$

即

$$\Delta p_j = p_p - p_1 = \frac{F_s}{A} \approx \text{常数} \tag{4-7}$$

式中：A、A_1 为控制缸无柱塞腔的面积和柱塞的面积；

p_p、p_1 为液压泵供油压力和液压缸工作压力；

F_s 为控制缸中的弹簧力。

由式(4-7)可知，节流阀两端压差 Δp_j 基本上由作用在控制缸柱塞上的弹簧力来确定，由于该弹簧刚度小，工作中压缩量变化又很小，所以 F_s 基本恒定，使节流阀两端压差不受负载变化的影响，节流阀具有调速阀的功能。

图 4-18(b)中曲线 1 为差压式变量泵的流量-压差特性曲线，曲线 2 是节流阀在一定开度下的流量-压差特性曲线，两者的交点即为系统的工作点。调节节流阀的通流面积，便可改变系统的工作点，调节执行元件的工作速度。由于变量泵与节流阀的流量压差特性曲线不随负载而变(只随压差而变)，故负载变化时，系统工作状态稳定不变，其速度-负载特性硬。为了保证能可靠地控制变量泵定子相对于转子的偏心量，节流阀两端的压力差不可过小，一般需保持 0.3～0.4 MPa。

这种调速回路没有溢流损失，故回路效率较高。由于泵的供油压力随工作压力的增减而增减，故在轻载条件下工作时，其效率较高的特点尤为显著。

4）变频泵控调速回路

使用电机变频调速技术对液压系统调速，可以简化液压回路，提高系统效率，降低噪声，拓宽系统调速范围。基于这些优点，变频驱动液压技术在液压电梯、飞机、注塑机、液压转向系统、制砖设备中获得了广泛应用。

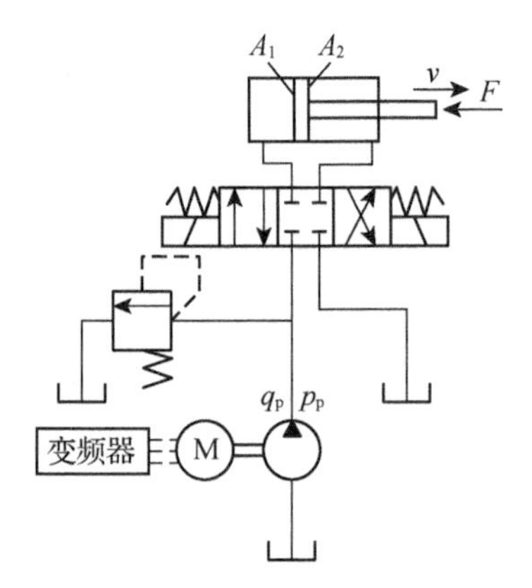

图 4－19　开式变频泵控调速回路

变频泵控调速回路主要由变频器、异步电机、定量泵、液压缸以及安全阀组成，如图 4－19 所示。将三相电源接入变频器的输入侧，变频器的控制信号将 380 V/50 Hz 的工频电源转换成特定频率、特定幅值的电压信号供给电机，电机带动液压泵旋转。通过变频器调节定量泵的转速，改变泵输出的流量，进而调节执行元件的运行速度，控制液压系统状态，起到最大限度节约能源的目的。同时，系统中液压元件的数量减少，简化了油路系统，也减少了油液发热。

变频泵控调速回路的液压缸活塞运动速度与容积调速回路类似。

$$v=\frac{q_p}{A_1}=\frac{q_t-k_1\dfrac{F}{A_1}}{A_1}=\frac{V_p n_p-k_1\dfrac{F}{A_1}}{A_1} \tag{4-8}$$

变频泵控调速回路性能优点如下：

(1) 高效节能。变频泵控液压调速系统无节流损失和溢流损失，所以系统回路效率高，与传统的阀控节流调速相比，节能率在 20%以上。

(2) 调速范围宽、精度高。对于变频泵控调速系统，在基速以下调速属于恒转矩调速，基速以上调速属于恒功率调速，调速范围宽。变频器的频率最小设定单位一般为 0.01 Hz，调速精度相当高。

(3) 运行模式容易实现。对于一般精度要求的系统可采用开环控制。开环控制时执行器的加、减速运行时间以及恒速运行时间可由变频器设定，即运行模式可以由变频器设定。当精度要求较高或者执行器做复杂曲线运动时，可采用计算机控制，由计算机给出变频器的控制信号。另外，大多数变频器都带有矢量控制，可以采用先进的控制算法满足控制特性需求。

(4) 系统的寿命与可靠性提高。在变频泵控调速系统中，采用定量泵代替结构复杂的变量泵，同时避免使用对油液要求高的伺服阀，大大提高了系统运行的可靠性。另外，定量泵也避免了长期高速运转，大大减少了泵的磨损，延长了使用寿命，也降低了系统的噪声。

变频泵控调速回路缺点如下：

(1) 低速稳定性较差。变频器是通过降低电机的转速来达到节能的目的的，而某些定量泵(如叶片泵)对转速有最低要求，转速过低会导致其自吸能力下降，造成吸油不充分而形成气蚀，引起噪声和流量脉动。

(2) 启停时不够平稳。在变频电机带动液压泵启动和停止时，系统存在静、动摩擦的转换以及其他一些非线性环节(如死区、滞环、泄漏)的影响，这会引起系统压力脉动和转速波动。

4.3 方向控制回路

通过控制进入液压执行元件液流的通、断或变向来实现执行元件的启动、停止或改变其运动方向的回路称为方向控制回路。

通常在执行元件和液压泵之间接入标准换向阀构成换向回路。但由于换向阀的种类繁多，采用不同类型的换向阀换向，对系统性能的影响也不同。

采用电磁换向阀最为方便，但电磁换向阀动作快，换向有冲击，并且一般不易作频繁切换，以免线圈烧坏；采用电液换向阀，可通过调节单向节流阀(阻尼器)来控制其液动阀的换向速度，换向冲击小，但仍不能进行频繁切换；手动换向阀不能实现自动往复运动；采用机动阀换向时，可以通过工作机构的挡块和杠杆来实现自动换向，但机动阀必须安装在工作机构附近，且当工作机构运动速度很低，挡块推动杠杆带动换向阀阀芯移至中间位置时，工作机构可能因失去动力而停止运动，出现“换向死点”，而当工作机构高速运动时，又可能因换向阀芯移动过快而引起换向冲击。

因此，对一些需频繁进行连续往复运动且对换向过程又有很多要求的换向机构(如磨床工作台)常采用特殊设计的机液换向阀，以行程挡块推动机动先导阀，由它控制一个可调式液动换向阀来实现工作台的换向，这样既可避免“换向死点”，又可消除换向冲击。这种换向回路，按换向要求不同可分为时间控制制动式和行程控制制动式两种。

1) 时间控制制动式换向回路

图 4-20 所示为时间控制制动式换向回路，这种换向回路只受换向阀 3 控制。在换向过程中，如先导阀 2 在杠杆 5 的带动下移至左端位置，控制油路中的压力油经单向阀 I_2 进入换向阀 3 的右端，换向阀左端的油液经节流阀 J_1 流回油箱，换向阀 3 的阀芯向左移动，其右制动锥面使回油通道逐渐关小，活塞速度逐渐减慢，并在换向阀 3 的阀芯移过距离 l 后将通道闭死，使活塞停止运动。当节流阀 J_1 和 J_2 的开口大小调定之后，换向阀阀芯移动距离 l 所需要的时间(使活塞制动所经历的时间)就确定不变，因此这种制动方式称为时间控制制动式。这种换向回路的主要优点是其制动时间可根据运动部件运动

速度的快慢、惯性的大小通过调节节流阀 J_1 和 J_2 的开口量得到调节，以便控制换向冲击，提高工作效率。其主要缺点是换向过程中的冲击量受运动部件的速度和其他一些因素的影响，换向精度不高。所以这种换向回路主要用于工作部件运动速度较高，要求换向平稳，但换向精度要求不高的场合，如用于平面磨床和插、拉、刨床液压系统中。

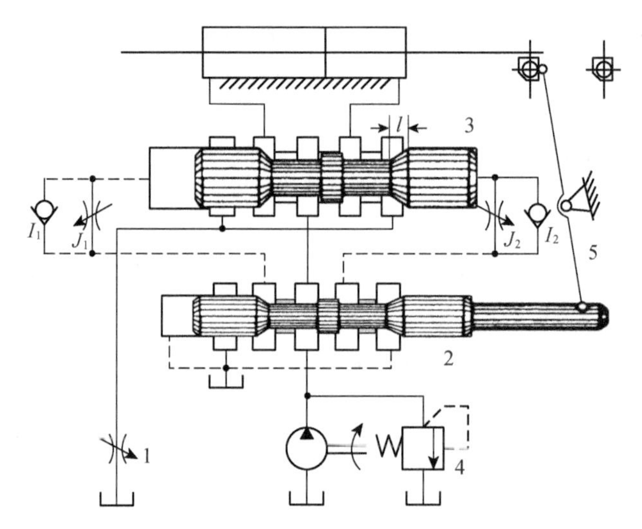

1—可调节流阀；2—先导阀阀芯；3—换向阀阀芯；4—溢流阀；5—杠杆。

图 4-20　时间控制制动式换向回路

2）行程控制制动式换向回路

图 4-21 所示为行程控制制动式换向回路，这种回路的特点是先导阀不仅对操纵主换向阀的控制压力油起控制作用，还直接参与工作台换向制动过程的控制。如图 4-21 所示，

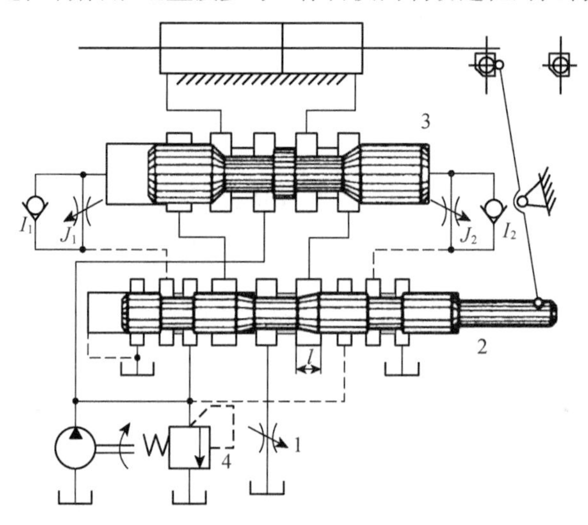

1—可调节流阀；2—先导阀阀芯；3—换向阀阀芯；4—溢流阀。

图 4-21　行程控制制动式换向回路

液压缸活塞向右移动，拨动先导阀阀芯向左移动，此时先导阀阀芯 2 的右制动锥将液压缸右腔的回油通道逐渐关小，使活塞速度逐渐减慢，对活塞进行预制动。当回油通道被关得很小、活塞速度变得很慢时，换向阀 3 才开始切换，换向阀阀芯向左移动，切断主油路通道，使活塞停止运动，并随即使它向相反的方向启动。这里，不论工作部件原来的速度如何，先导阀总是先移动一段固定的行程，将工作部件先进行预制动后再由换向阀使之换向。所以这种制动方式称为行程控制制动式。这种换向回路的优点是换向精度高，冲击量较小。但由于先导阀的制动行程恒定不变，制动时间的长短和换向冲击的大小将受到运动部件速度的影响。所以这种换向回路适用于工作部件运动速度不高，但换向精度要求较高的场合，如内、外圆磨床的液压系统。

4.4 多执行元件控制回路

在液压系统中，如果由一个油源给多个执行元件供油，各执行元件会因回路中压力、流量的相互影响而在动作上受到牵制。多执行元件控制回路是通过对回路中的压力、流量和行程的控制来实现多执行元件预定动作要求的，多执行元件控制回路主要包括顺序动作回路、同步回路和互不干扰回路。

4.4.1 顺序动作回路

顺序动作回路的功用是使多个执行元件严格按照预定顺序依次动作。按控制方式不同，顺序动作回路分为压力控制和行程控制两种。

1) 压力控制顺序动作回路

压力控制顺序动作回路是利用液压系统工作过程中的压力变化控制某些液压元件（如顺序阀、压力继电器等）动作，进而控制执行元件按先后顺序动作的。

图 4－22(a)所示为使用顺序阀的压力控制顺序动作回路。当三位四通换向阀 3 左位接入回路且顺序阀 2 的调定压力大于液压缸 A 的最大前进工作压力时，压力油先进入液压缸 A 的左腔，实现动作①；缸 A 右行至终点后，压力上升，压力油打开顺序阀 2 进入液压缸 B 的左腔，实现动作②；同样地，当换向阀 3 切换至右位且顺序阀 1 的调定压力大于缸 B 的最大返回工作压力时，两液压缸按③和④的动作顺序返回。这种回路顺序动作的可靠性取决于顺序阀的性能及其压力的调定值。为保证顺序动作的可靠性，顺序阀的调定压力应比前一行程液压缸的最大工作压力高出 0.8～1.0 MPa，以避免系统压力波动时产生误动作。

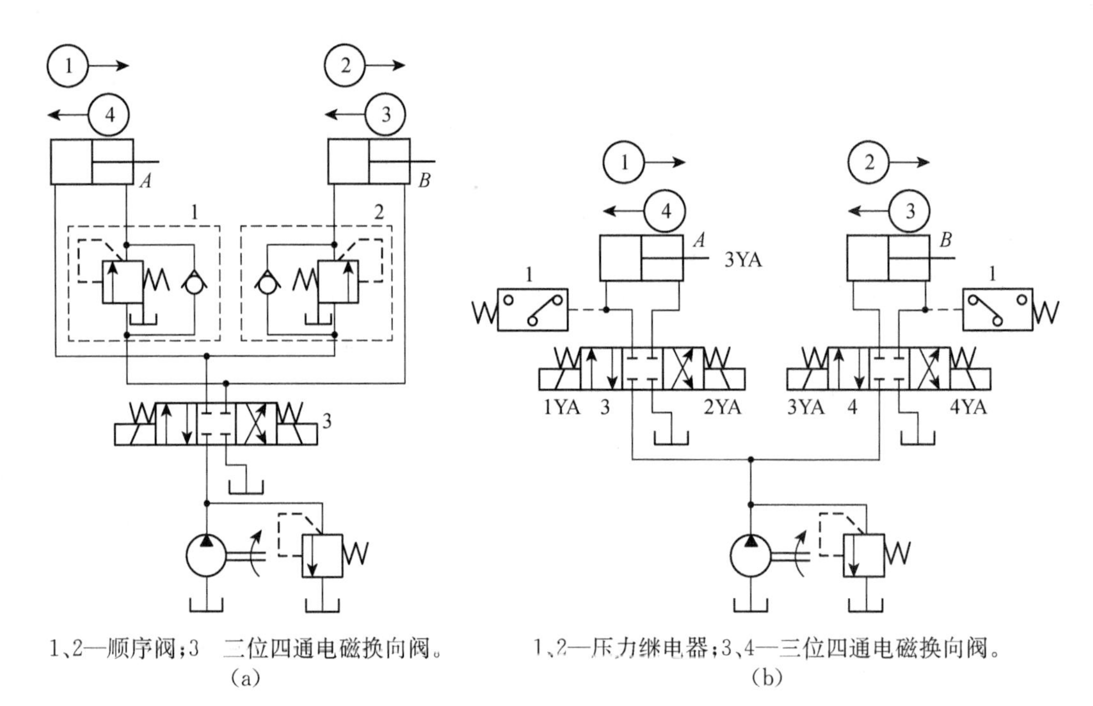

1、2—顺序阀；3—三位四通电磁换向阀。
(a)

1、2—压力继电器；3、4—三位四通电磁换向阀。
(b)

图 4-22 压力控制顺序动作回路

图 4-22(b)所示为压力继电器控制的顺序动作回路。当电磁铁 1YA 通电时，缸 A 向右运动，执行动作①；当缸 A 活塞运动到右端点后，回路压力升高，压力继电器 1 动作，使电磁铁 3YA 通电，缸 B 向右运动，执行动作②；当 3YA 断电、4YA 通电时(由行程开关控制，图中未画出)，阀 4 右位工作，缸 B 退回，执行动作③；当缸 B 活塞运动至左端点后，回路压力升高，压力继电器 2 动作，使 4YA 断电、2YA 通电，阀 3 右位工作，缸 A 退回，执行动作④，至此完成一个工作循环。这种顺序动作回路控制顺序动作方便，但由于压力继电器的灵敏度高，在液压冲击下易产生误动作，所以同一系统中压力继电器的数目不宜过多。

2) 行程控制顺序动作回路

图 4-23 所示为采用行程阀控制的顺序动作回路。图中两液压缸活塞均退至左端点。当推动手动换向阀 1 的手柄使换向阀 1 处于左位时，液压缸 A 右行，完成动作①；当液压缸 A 运动到规定位置，其挡块压下行程阀 2 后，行程阀 2 处于上位，液压缸 B 右行，完成动作②；当换向阀 1 复位处于右位后，液压缸 A 先退回，实现动作③；随着挡块后移，行程阀 2 复位，液压缸 B 退回，实现动作④。这种回路工作可靠，但动作一经确定，再改变就比较困难。

图 4-24 所示为采用行程开关控制的顺序动作回路。按下启动按钮，电磁铁 1YA 得电，换向阀 1 左位工作，缸 A 活塞向右运动，完成动作①；活塞到达预定位置后，其上的挡块压下行程开关 S2，使电磁铁 2YA 得电，换向阀 2 左位工作，缸 B 活塞向右运动，完成动

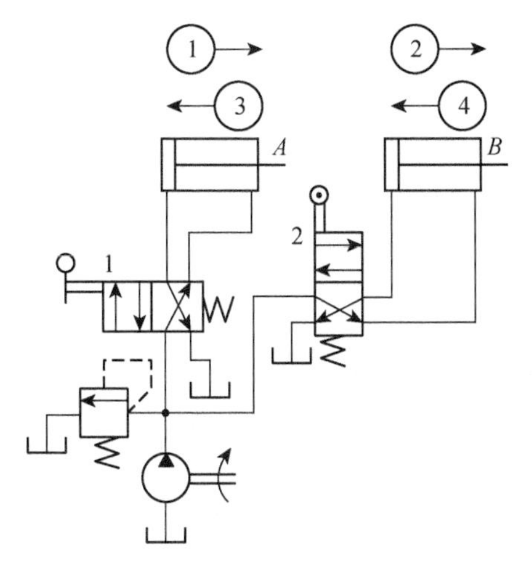

1—手动换向阀；2—行程阀。

图 4-23 采用行程阀的顺序动作回路

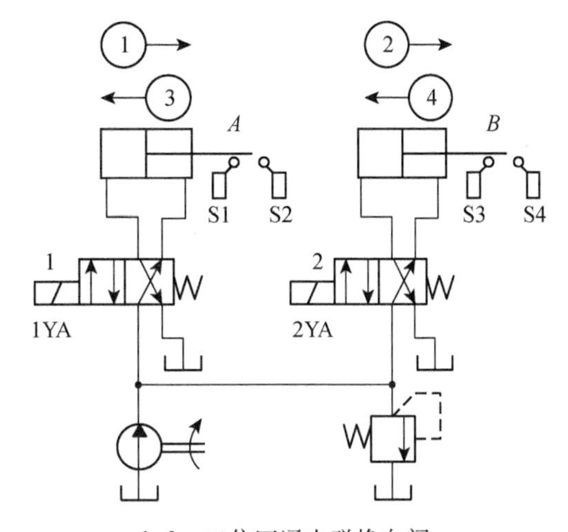

1，2—二位四通电磁换向阀；
S1、S2、S3、S4—行程开关。

图 4-24 采用行程开关的顺序动作回路

作②；当 B 缸活塞上的挡块压下行程开关 S4 时，电磁铁 1YA 失电，缸 A 活塞向左退回，完成动作③；当缸 A 活塞上的挡块压下行程开关 S1 时，电磁铁 2YA 失电，缸 B 活塞向左退回，实现动作④，完成一个工作循环。在这种回路中，调整挡块位置可调整液压缸的行程，通过电控系统可任意改变动作顺序，该回路控制灵活方便，故应用广泛。

4.4.2 同步回路

同步回路用于保证系统中的两个或多个执行元件以相同的位移或速度运动。影响同步运动精度的因素很多，如外负载、泄漏、摩擦阻力、变形及液体中含有气体等都会使执行元件运动不同步。为此，同步回路要尽量克服或减少这些因素的影响，有时要采取补偿措施，消除累积误差。

1）采用调速阀的同步回路

图 4-25 所示两并联液压缸 A、B 面积相等，两缸的进（回）油路上分别串接一个调速阀，通过调节两个调速阀的流量来使两液压缸同步运动。这种回路结构简单，但调整比较麻烦，由于回路中没有补偿装置，所以同步精度不高。

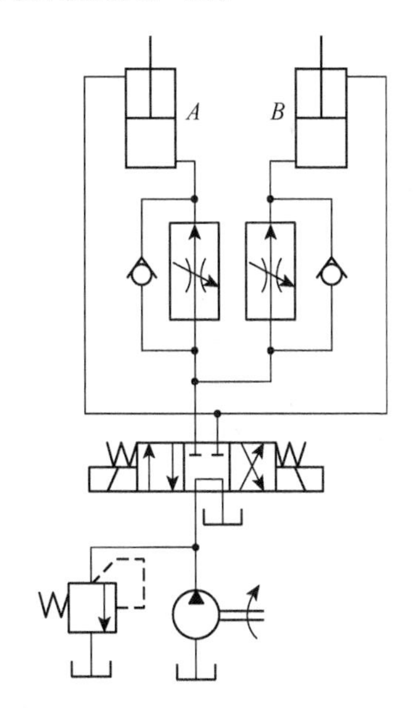

图 4-25 采用调速阀的同步回路

2）带补偿装置的串联液压缸同步回路

图 4-26 所示为两液压缸串联同步回路。回路中，缸 A 和缸 B 的有效工作面积相

等，因而可实现缸 A、缸 B 的同步运动，补偿装置使每一次下行运动中的同步误差得到消除，以避免误差的积累。其补偿原理是：当三位四通换向阀 1 左位工作时，两液压缸活塞同时向下运动，若缸 A 活塞先行到达端点，则挡块压下行程开关 S1，电磁铁 3YA 得电，换向阀 2 左位接入回路，压力油经换向阀 2 和液控单向阀 3 进入缸 B 上腔进行补油，使其活塞继续下行至行程端点；若缸 B 活塞先到达端点，则挡块压下行程开关 S2，电磁铁 4YA 得电，换向阀 2 右位接入回路，压力油进入液控单向阀 3 的控制腔，打开阀 3，缸 A 下腔与油箱接通，使活塞继续下行至行程端点，从而消除累积误差。由于泵供油压力至少是两缸工作压力之和，因而串联式同步回路只适用于负载较小的液压系统。

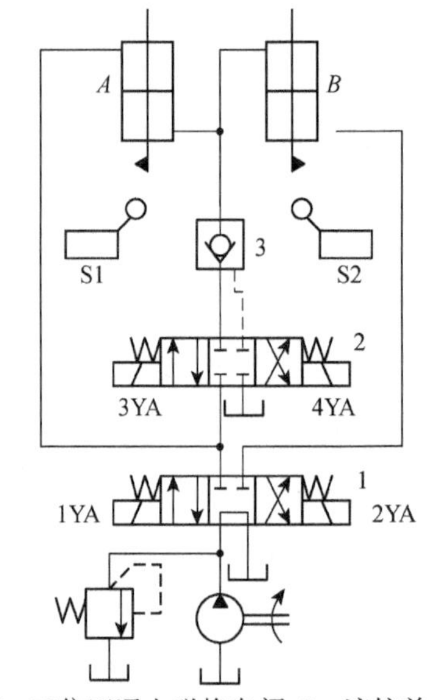

1、2—三位四通电磁换向阀；3—液控单向阀；S1、S2—行程开关。

图 4-26　带补偿装置的串联缸同步回路

3）采用同步缸或同步马达的同步回路

图 4-27(a)所示为采用同步缸的同步回路。同步缸 2 由两个尺寸相同的双杆缸连

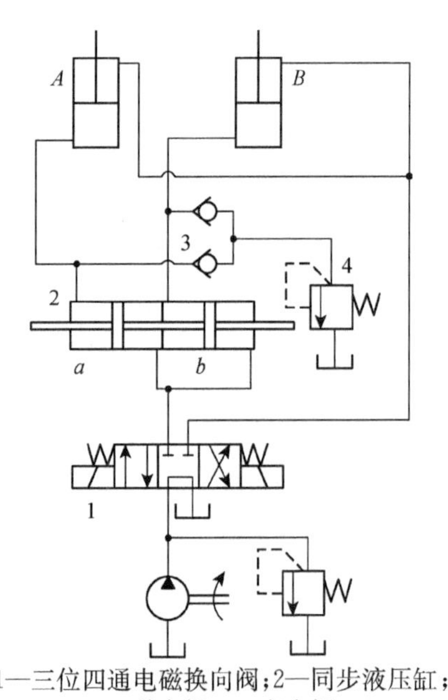

1—三位四通电磁换向阀；2—同步液压缸；3—单向阀；4—安全阀。

(a)

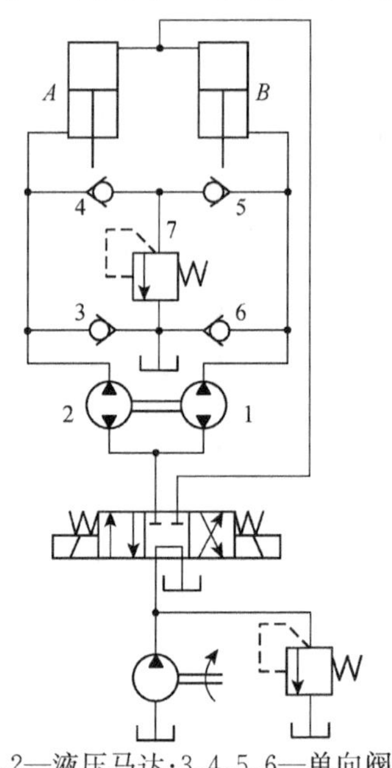

1、2—液压马达；3、4、5、6—单向阀；7—溢流阀。

(b)

图 4-27　采用同步缸、同步马达的同步回路

接而成，当换向阀1左位工作，同步缸2活塞左移时，其油腔 a 与 b 中的油液使缸 A 与缸 B 同步上升。若缸 A 的活塞率先到达终点，则油腔 a 中的余油经单向阀3和安全阀4排回油箱，油腔 b 中的油液继续进入缸 B 下腔，使活塞到达终点。反之，若缸 B 的活塞先到达终点，也可使缸 A 的活塞相继到达终点。

图4-27(b)所示为采用相同结构、相同排量的液压马达作为分流装置的同步回路。两液压马达传动轴刚性连接，将等量油液分别输送给有效工作面积相同的液压缸 A、B，使它们同步运动。由单向阀和溢流阀7组成的交叉溢流补偿回路可在行程终点补偿误差。

4.4.3 互不干扰回路

互不干扰回路的功用是防止多个执行元件因速度不同而在动作上产生相互干扰。

1）双泵供油互不干扰回路

图4-28所示为采用双泵供油使速度不同的多缸互不干扰的回路。图中液压缸 A、B 各自要完成“快进—工进—快退”的自动工作循环，各缸快速进退皆由大流量泵2供油，任一缸进入工进，则改由小流量泵1供油。其工作原理为：在图示状态下各缸原位停止。当换向阀5、换向阀6均通电时，缸 A、缸 B 均由双联泵中的大流量泵2供油并作差动快进。若缸 A 先完成快进动作，则触动行程开关使阀5断电、阀4通电，此时大泵2进

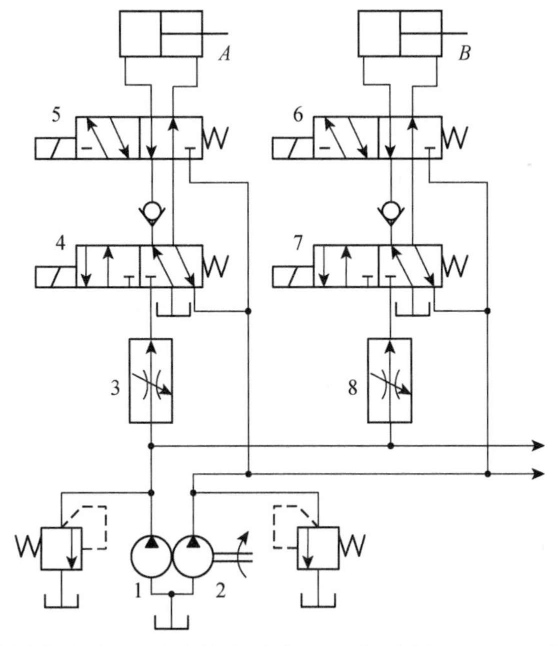

1—小流量液压泵；2—大流量液压泵；3、8—调速阀；4、5、6、7—换向阀。

图4-28 双泵供油互不干扰回路图

入缸 A 的油路被切断，而小泵 1 至缸 A 的进油路打开，缸 A 由调速阀 3 调速工进，缸 B 仍作快进，互不影响。当各缸都转为工进后，它们全由小泵 1 供油。此后，若缸 A 又率先完成工进，行程开关应使换向阀 5 和 4 均通电，缸 A 即由大泵 2 供油快退。当各电磁铁皆断电时，各种缸都停止运动，并被锁于所在位置上。

2）采用蓄能器的互不干扰回路

图 4-29 所示回路中，泵 1 向蓄能器供油充压。当电磁铁 1YA 和 3YA 通电时，液压缸 A 和 B 快速向右运动，若缸 A 先快速到达预定位置，压下行程开关 S1 使电磁铁 5YA 通电，则缸 A 转工作进给，由蓄能器 6 供给高压油，速度由调速阀 5 控制；而缸 B 则仍由泵供油快速向右运动，这样，慢速缸的速度不会受到干扰。当缸 B 的活塞也运动到指定位置压下行程开关 S2 时，6YA 通电，两缸均慢速运动，此时泵向两缸同时供给高压油，其压力由溢流阀 2 调定。阀 9 和阀 10 均为提高两缸运动平稳性而设置的背压阀。

这种回路的效率较高，但由于蓄能器的容量有限，故一般只用于缸的容量较小或不同缸之间互不干扰且行程较短的场合。

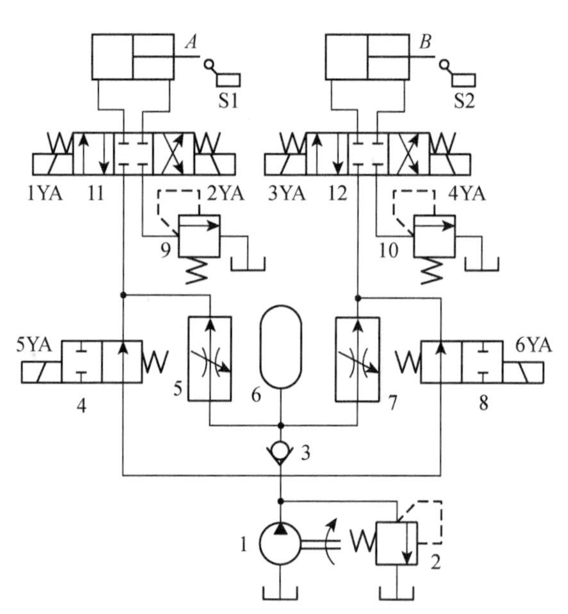

1—定量液压泵；2—溢流阀；3—单向阀；4、8—二位四通电磁换向阀；
5、7—调速阀；6—蓄能器；9、10—溢流阀；11、12—三位四通电磁换向阀；
S1、S2—行程开关。

图 4-29　用蓄能器的互不干扰回路

5

机电传动系统力学基础

在绝大多数的机电系统中，都存在着机械运动。在生产、生活实践中，机械运动的动力一般是由电动机提供的，这样的系统称为机电传动系统或电力拖动系统。所以，机电传动系统是一个由电动机拖动，并通过传动机构带动生产机械运动的动力学整体。尽管电动机种类繁多、特性各异，生产机械的负载性质也可以各种各样，但从动力学的角度来看，机电传动系统都应服从动力学的定律。本章首先分析机电传动系统的运动方程式，然后分析生产机械的负载性质，进而分析机电传动系统稳定运行的条件。

5.1 单轴机电传动系统

5.1.1 单轴系统的运动方程式

机电传动系统一般是由电动机、传动机构、工作机构、控制设备和电源组成，最简单的机电传动系统由电动机转轴与工作机构（生产机械）直接相连构成，这种电动机转轴与生产机械直接相连的系统称为单轴机电传动系统。图 5-1 所示为单轴机电传动系统模型，它是由电动机 M 产生转矩 T_M，以克服负载转矩 T_L，带动生产机械以角速度 ω 运动。电动机转矩 T_M、负载转矩 T_L 以及生产机械角速度 ω 的方向约定如图 5-2 所示。

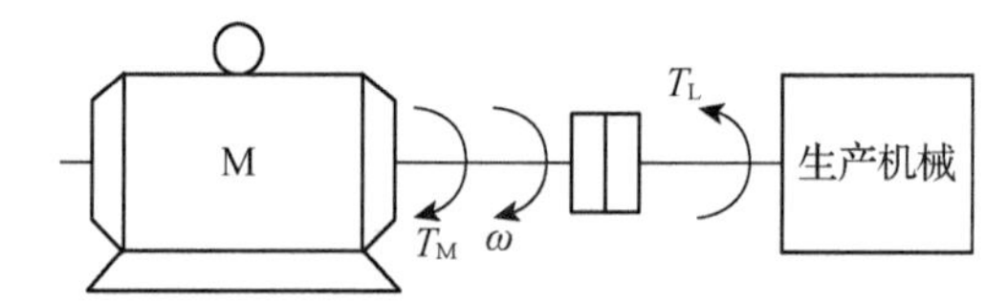

图 5-1 单轴机电传动系统结构模型

当电动机的转矩作用于这一系统时，根据动力学有关定理，电动机产生的转矩 T_M 可用来克服负载转矩 T_L，并产生角加速度 $d\omega/dt$，带动生产机械运动。角加速度的大小与旋转体的转动惯量 J 成反比。单轴机电传动系统的运动方程式可用式(5-1)表示，它实质上反映了旋转运动系统的牛顿第二定律。式(5-1)也即系统动力学模型或数学模型。

$$T_M - T_L = J\frac{d\omega}{dt} \tag{5-1}$$

式中：T_M 为电机产生的转矩，N·m；

T_L 为系统负载转矩，N·m；

J 为转动惯量，kg·m^2；

ω 为系统角速度，rad/s；

t 为时间，s。

式(5-1)是机电传动系统的运动方程式的一般形式，由于此式所使用的单位会使公式的计算和使用不太方便，因此，在实际工程计算中，往往用转速代替角速度 ω，用飞轮惯量（也称飞轮转矩）GD^2 代替转动惯量 J。J 与 GD^2 的关系为

$$J=m\rho^2=\frac{G}{g}\cdot\left(\frac{D}{2}\right)^2=\frac{GD^2}{4g} \tag{5-2}$$

式中：g 为重力加速度，$g=9.81\ \mathrm{m/s^2}$；

m 为系统旋转部分质量，kg；

G 为系统旋转部分重力，$G=mg$，N；

ρ 为系统旋转部分质量半径，m；

D 为系统旋转部分质量直径，m。

$$\omega=\frac{2\pi}{60}n \tag{5-3}$$

式中：n 为系统旋转部分转速，r/min。

将式(5－2)和式(5－3)代入式(5－1)可得运动方程式的实用形式为

$$T_M-T_L=\frac{GD^2}{375}\cdot\frac{\mathrm{d}n}{\mathrm{d}t} \tag{5-4}$$

式(5－4)中常数 375 包含着 $g=9.81\ \mathrm{m/s^2}$，故它有加速度量纲；GD^2 是个整体物理量，切不可把它分割开来理解，对于一些像电机这样的标准部件，其飞轮惯量可以从其产品目录或技术手册中查到。式(5－4)是常用的机电传动系统的运动方程式，它表征了机电传动系统的普遍规律，是研究机电传动系统各种运转状态的基础，也是生产实践中设计计算的依据。

5.1.2 系统的运动状态分析

运动方程式决定着系统运动的特征。当电动机转矩 T_M 与负载转矩 T_L 平衡时，传动系统维持恒速转动，转速 n 或角速度 ω 不变，加速度 $\mathrm{d}\omega/\mathrm{d}t$ 等于零，即 $T_M=T_L$。此时，$n=$常数，$\mathrm{d}\omega/\mathrm{d}t=0$，或 $\omega=$常数，$\mathrm{d}\omega/\mathrm{d}t=0$，这种运动状态称为静态（相对静止状态）或稳态（稳定运转状态）。

当 $T_M\neq T_L$ 时，速度（n 或 ω）就会变化，产生加速或减速过程，速度变化的大小与传动系统的转动惯量 J 有关。当 $T_M>T_L$ 时，加速度 $a=\mathrm{d}\omega/\mathrm{d}t$ 为正，传动系统为加速运动；当 $T_M<T_L$ 时，加速度 $a=\mathrm{d}\omega/\mathrm{d}t$ 为负，系统为减速运动。系统的加速或减速运动状态称为动态。

$$T_d=\frac{GD^2}{375}\cdot\frac{\mathrm{d}n}{\mathrm{d}t} \tag{5-5}$$

系统处于动态的本质，是系统中存在着一个动态转矩 T_d，并且它使系统的运动状态发生变化，产生加速度。这样，运动方程式(5－1)和式(5－4)可以写成转矩平衡方程式：

$$T_M - T_L = T_d \text{或} T_M = T_L + T_d$$

即在任何情况下，电动机所产生的转矩总是被轴上的负载转矩和动态转矩之和所平衡。当 $T_M = T_L$ 时，$T_d = 0$，表示没有动态转矩，系统恒速运转，即系统处于稳态。稳态时，电动机发出转矩的大小仅由电动机所带的负载（生产机械）决定。

5.1.3 系统运动方向

由于运动是相对的，所以运动系统中各量的方向（正负）是可以人为定义的。但是为了避免混淆，通常首先规定电动机某一旋转方向为正方向。电动机的转矩是起主动作用的，当它与转速方向相同时为正，反之为负；负载转矩，是起阻止运动作用的，当它与转速方向相反时为正，反之为负。如图 5-2 所示。

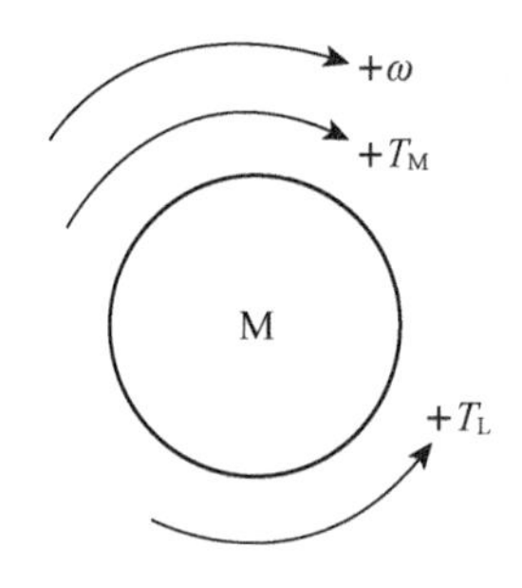

图 5-2 转速、转矩方向约定

根据上述约定就可以从转矩和转速的符号判定 T_M 与 T_L 的性质，若 T_M 与 n 符号相同（同为正或同为负），则表示 T_M 的作用方向与 n 相同，T_M 为拖动转矩；若 T_M 与 n 符号相反，则表示 T_M 的作用方向与 n 相反，T_M 为制动转矩。而对于负载转矩则与上述情况正好相反，若 T_L 与 n 符号相同，则表示 T_L 的作用方向与 n 相反，T_L 为制动转矩；若 T_L 与 n 符号相反，则表示 T_L 的作用方向与 n 相同，T_L 为拖动转矩。在实际的机电传动系统中，尽管存在着负载性质截然不同的摩擦性负载转矩和位能性负载转矩，但通过分析可知它们都符合上述规律。

5.2 多轴机电传动系统

在实际应用的机电系统中，机械运动的周期一般为几分之一秒到数分钟，甚至数小时，而作为机械运动动力源的电动机的转速一般为每分钟数百转至数千转。因此，电动机不能与系统运动机构直接相连，而是要通过机械减速装置（如齿轮减速箱、带轮传动装置、蜗轮蜗杆等）相连，从而构成多轴拖动系统。根据负载运动方式的不同，多轴拖动系统模型可用图 5-3 和图 5-4 来表示。

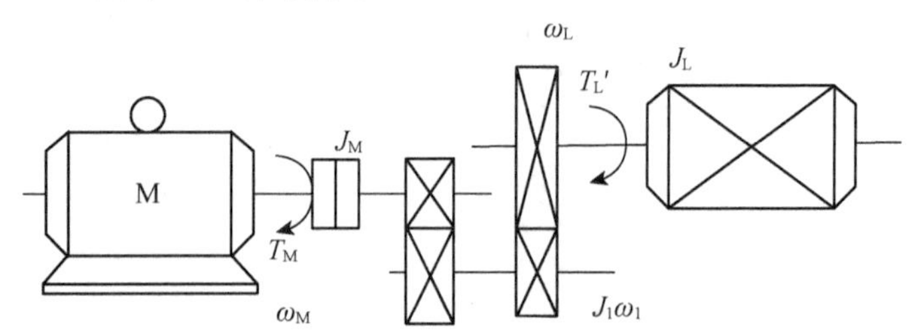

图 5-3 负载作旋转运动的多轴机电传动系统

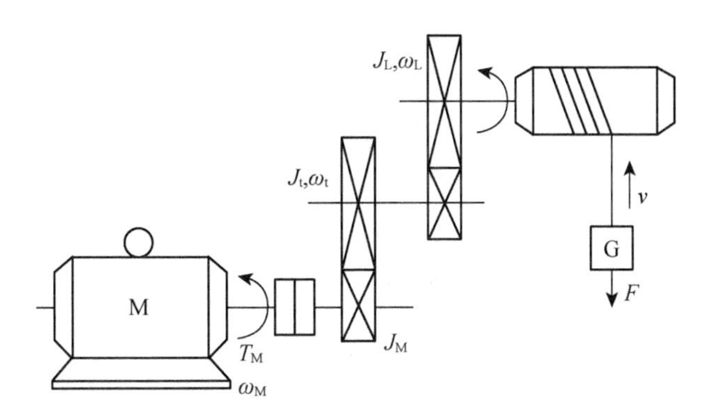

图 5-4 负载作直线运动的多轴机电传动系统

由于系统中存在着多根轴，不同轴上具有不同的转动惯量和转速，因而就不可能用一个方程式来描述系统，对于每一根轴都需要列写一个方程式，这给分析研究系统和设计计算带来许多麻烦。在这种情况下，最好的解决办法是把多轴系统等效成单轴系统来处理，这样问题就简单多了。

把多轴系统等效成单轴系统，实质就是把各轴上的相关量折算到一根轴上去，但为了保证折算前后系统等效，要求折算后的系统与折算前的系统在能量关系和动力学性能方面等效，即必须保证折算前后系统所传递的功率及系统的动能相同。为了列出这个系统的运动方程，必须先将各转动部分的转矩和转动惯量或直线运动部分的质量都折算到某一根轴上，工程应用中一般折算到电动机轴上，即将系统折算成如图 5-1 所示的最简单的典型单轴系统。

5.2.1 负载转矩的折算

负载转矩作用在生产机械轴上，如果把它等效到电机轴上为 T_L，则就相当于电机拖动一个具有等效负载转矩 T_L 的负载在运动，而等效负载消耗的功率与实际负载所消耗的功率应相等，即可以以功率守恒原则进行折算。

对于如图 5-3 所示的旋转运动，当系统匀速运动时生产机械的负载功率为

$$P_L'=T_L'\omega_L$$

式中，T_L'为生产机械的负载转矩；ω_L 为生产机械的旋转角速度。

设 T_L'折算到电动机轴上的负载转矩为 T_L，则电动机轴上的负载功率为

$$P_M=T_L\omega_M=T_L n_M\frac{2\pi}{60}=\frac{T_L n}{9.55} \tag{5-6}$$

式中：ω_M 为电动机转轴的角速度。

传动机构在传递功率的过程中有损耗，这个损耗可以用传动效率 η_C 来表示，即

$$\eta_C=\frac{\text{输出功率}}{\text{输入功率}}=\frac{P'_L}{P_M}=\frac{T'_L\omega_L}{T_L\omega_M} \tag{5-7}$$

于是,可得折算到电动机轴上的负载转矩为

$$T_L=\frac{T'_L\omega_L}{\eta_C\omega_M}=\frac{T'_L}{\eta_C j} \tag{5-8}$$

式中:η_C 为电动机拖动生产机械时的传动效率;

$j=\omega_M/\omega_L$,为传动机构的速比。

对于如图 5-4 所示的直线传动,如齿轮齿条机构传动,若生产机械直线运动部件的负载力为 F,运动速度为 v,则所需的机械功率为

$$P'_L=Fv$$

它反映在电动机轴上的机械功率为

$$P_M=T_L\omega_M$$

式中:T_L 为负载力 F 在电动机轴上产生的负载转矩。

同样考虑到由于摩擦阻力等因素,电动机拖动生产机械移动,传动机构中存在着能量损耗,根据功率平衡关系有

$$T_L\omega_M\eta_C=Fv$$

将式(5-3)代入上式,得

$$T_L=\frac{9.55Fv}{\eta_C n} \tag{5-9}$$

5.2.2 转动惯量和飞轮转矩的折算

要保证折算前后系统等效,折算前后系统的动能应相等。由于转动惯量和飞轮转矩与运动系统的动能有关,因此可根据动能守恒原则进行折算。对于旋转运动,折算后系统总的动能应等于折算前系统各轴动能之和,即

$$\frac{1}{2}J_Z\omega_M^2=\frac{1}{2}J_M\omega_M^2+\frac{1}{2}J_1\omega_1^2+\frac{1}{2}J_L\omega_L^2 \tag{5-10}$$

所以,折算到电动机轴上的总转动惯量为

$$J_Z=J_M+\frac{J_1}{j_1^2}+\frac{J_L}{j_L^2} \tag{5-11}$$

式中:J_M、J_1、J_L 为电动机轴、中间传动轴、生产机械轴上的转动惯量;

$j_1=\omega_M/\omega_1$,为电动机轴与中间传动轴之间的速比;

$j_L=\omega_M/\omega_L$,为电动机轴与生产机械轴之间的速比;

ω_M、ω_1、ω_L 为电动机轴、中间传动轴、生产机械轴上的角速度。

将式(5-2)代入式(5-11),可得折算到电动机轴上的总飞轮转矩为

$$GD_Z^2=GD_M^2+\frac{GD_1^2}{j_1^2}+\frac{GD_L^2}{j_L^2} \tag{5-12}$$

式中:GD_M^2、GD_1^2、GD_L^2 分别为电动机轴、中间传动轴、生产机械轴上的飞轮转矩。

在绝大多数情况下,传动机构中的各轴以及负载轴的转速都要比电机轴的转速低,而转动惯量或飞轮转矩与速比平方成反比,当速比 j 较大时,中间传动机构的转动惯量 J_1 或飞轮转矩 GD_L^2 在折算后占整个系统的比重不大,实际工程中为了计算方便,多用适当加大电动机轴上的转动惯量 J_M 或飞轮转矩 GD_L^2 的方法,来考虑中间传动机构的转动惯量 J_1 或飞轮转矩 GD_L^2 的影响,于是有

$$J_Z=\delta J_M+\frac{J_L}{j_L^2} \tag{5-13}$$

或

$$GD_Z^2=\delta GD_M^2+\frac{GD_1^2}{j_1^2} \tag{5-14}$$

若电动机轴上只有传动机构中的第一级小齿轮或带轮,则一般取 $\delta=1.1\sim1.25$。

对于直线运动,如图 5-4 所示的拖动系统,设直线运动部件的质量为 m,则有

$$\frac{1}{2}J_Z\omega_M^2=\frac{1}{2}J_M\omega_M^2+\frac{1}{2}J_1\omega_1^2+\frac{1}{2}J_L\omega_L^2+\frac{1}{2}mv^2$$

可得折算到电动机轴上的总转动惯量为

$$J_Z=J_M+\frac{J_1}{J_1^2}+\frac{J_L}{J_L^2}+m\frac{v^2}{\omega_M^2} \tag{5-15}$$

总飞轮转矩为

$$GD_Z^2=GD_M^2+\frac{GD_1^2}{j_1^2}+\frac{GD_L^2}{j_L^2}+4gm\frac{v^2}{\omega_M^2} \tag{5-16}$$

或

$$GD_Z^2=GD_M^2+\frac{GD_1^2}{j_1^2}+\frac{GD_L^2}{j_L^2}+365\frac{Gv^2}{n_M^2} \tag{5-17}$$

综上所述,通过对系统相关物理量进行等效折算,就可以把实际的中间传动机构带有旋转运动部件或直线运动部件的多轴拖动系统折算成等效的单轴拖动系统。从而可以用单轴传动系统的运动方程式来研究多轴机电传动系统的运动规律。

5.3 典型负载的机械特性

在机电传动系统中,为了研究多轴机电传动系统的运动规律,不仅要将负载转矩的

值进行折算，还必须对负载转矩的特性有一个明确的认识。负载转轴上负载转矩和转速之间的函数关系称为负载的机械特性。由于多轴系统负载转矩折算是线性的，所以，为了便于和电动机的机械特性配合起来分析传动系统的运行情况，今后提及负载机械特性时，除特别说明外，均指折算到电动机轴上的负载转矩和转速之间的函数关系。

结构特征不同的各种生产机械，其机械特性也各不相同。在生产、生活现实中存在典型的生产机械及负载特性。这里介绍几种典型的负载机械特性。

5.3.1 恒转矩型机械特性

所谓恒转矩负载特性，是指负载转矩 T_L 与其转速 n 无关的机械特性。其特点是负载转矩为常数，负载转矩因摩擦、非弹性体的压缩、拉伸与扭转等作用而产生。有这一类特性的生产机械有金属切削机床的进给机构、起重机械的提升机构、皮带运输机等。根据负载转矩方向变化的情况，恒转矩特性负载可分为反抗性恒转矩负载和位能性恒转矩负载。反抗性恒转矩负载特性曲线如图 5-5 所示，位能性恒转矩负载特性曲线如图 5-6 所示。

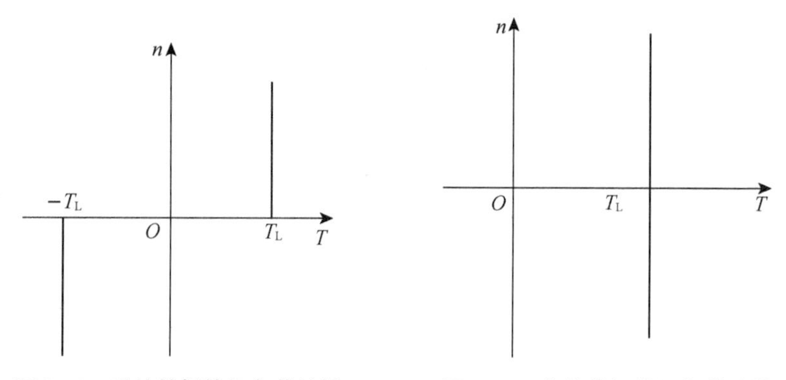

图 5-5 反抗性恒转矩负载特性　　图 5-6 位能性恒转矩负载特性

反抗性恒转矩负载的转矩作用方向随转动方向的改变而改变。它的方向恒与运动方向相反，运动方向发生改变时，负载转矩的方向也会随着改变，因而它总是阻碍运动的。摩擦性负载就是典型的反抗性恒转矩负载，所以反抗性恒转矩负载也称摩擦转矩负载。具有这一类特性的生产机械有金属切削机床的进给机构、皮带运输机等。

由转矩正方向的约定可知，反抗转矩与转速 n 取相同的符号，即 n 为正方向时 T_L 为正，特性曲线在第一象限；n 为反方向时 T_L 为负，特性曲线在第三象限，如图 5-5 所示。

位能性恒转矩负载和反抗性恒转矩负载不同，负载转矩的方向不随转速方向的改变而改变，它是由物体的重力和弹性体的压缩、拉伸与扭转等作用所产生的负载转矩。具有这一类特性的生产机械有起重机械的提升机构、建筑工程用的卷扬机和垂直升降机等。

位能转矩的作用方向恒定，与运动方向无关，它在某方向阻碍运动，而在相反方向便促进运动。卷扬机起吊重物时由于重力的作用方向始终朝向地心，所以，由它产生的负载转矩永远作用在使重物下降的方向，当电动机拖动重物上升时，T_L 与 n 方向相反；当重物下降时，T_L 与 n 方向相同。不管 n 是正向还是反向，T_L 都不变，特性曲线在第一、四象限，如图 5-6 所示。不难理解，在运动方程中，反抗转矩 T_L 的符号总是正的，位能转矩 T_L 的符号有时为正，有时为负。

5.3.2　离心机型机械特性

凡是按离心力原理工作的机械，如离心式鼓风机、水泵等，它们的负载转矩 T_L 与转速 n 的平方成正比，即 $T_L=Cn^2$，C 为常数，如图 5-7 所示。另外，离心式鼓风机这一类型的机械在实际工作时，除了主要具有通风机性质的负载特性外，轴上还有一定的摩擦转矩 T_0，所以，实际通风机的机械特性应为 $T_L=T_0+Cn^2$，如图 5-7 中虚线所示。

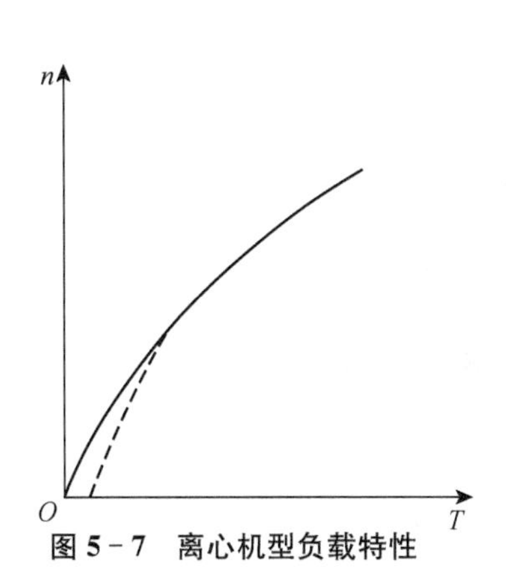

图 5-7　离心机型负载特性

5.3.3　恒功率型机械特性

此类机械的负载转矩 T_L 与转速 n 成反比，即 $T_L=K/n$，K 为常数，如图 5-8 所示。如车床加工时，在粗加工时，切削量大，负载阻力大，开低速；在精加工时，切削量小，负载阻力小，开高速。当选择这样的方式加工时，不同转速下，切削功率基本不变。除了上述几种类型的生产机械外，还有一些生产机械具有各自的转矩特性，如带曲柄连杆机构的生产机械，它们的负载转矩 T_L 是随时间作无规律的随机变化的。

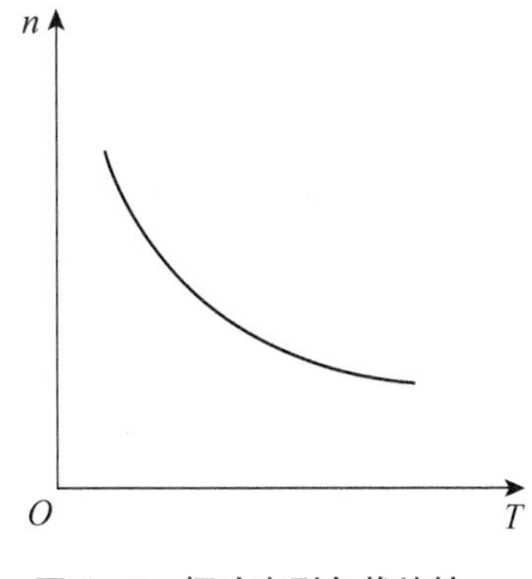

图 5-8　恒功率型负载特性

5.4　机电传动系统稳定运行的条件

通过上述分析可知，不同性质的负载具有不同的特性，而电动机也有其自身的特性。为了使系统能够可靠稳定地运行，合理选配电动机的机械特性与负载机械特性是至关重要的。

为了分析方便，习惯上将电动机的机械特性曲线 $n=f(T_M)$ 和生产机械特性曲线 n

$=f(T_L)$画在同一个 $T-n$ 坐标平面上，如图 5－9 所示，图中曲线 1 为电动机的机械特性，曲线 2 为负载机械特性(恒转矩型)。稳态时系统应处于匀速运动状态，此时电动机轴上的拖动转矩 T_M 和折算到电动机轴上的负载转矩 T_L 大小相等，方向相反，相互平衡。从 T_L 坐标平面上来看，这意味着电动机的机械特性曲线和生产机械特性曲线必然有交点，此交点即为拖动系统的平衡点，如图 5－9 中的交点 a 和 b。

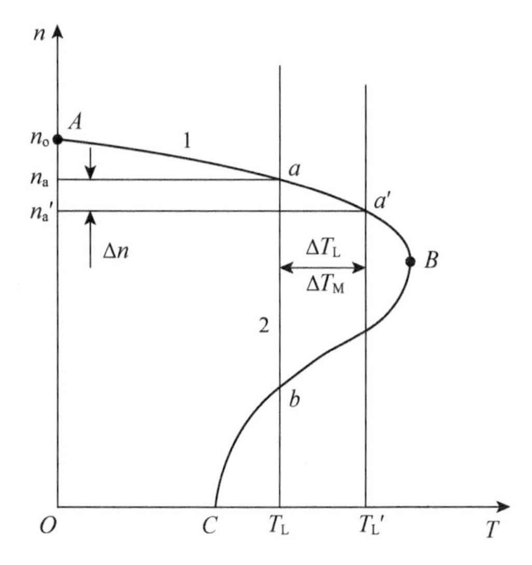

图 5－9　系统稳定运行工作点

交点 a 和 b 是否都是系统稳定运行点呢？先来分析交点 a 的情况。实际的系统在运行中总会出现干扰，如电源的波动或负载的变化，现假设负载转矩突然增加了 ΔT_L，则 T_L 变为 T_L'，这时，电动机来不及反应，转速仍工作在原来的 a 点，其转矩为 T_M，于是 $T_M < T_L'$，由拖动系统运动方程可知，系统要减速，即 n 要下降，电动机的工作点转移到 a' 点，此时系统又处于平衡状态，在该点稳定运行。当干扰消除($\Delta T=0$)后，$T_M > T_L$ 迫使电机加速，转速 n 上升，系统重新回到原来的运行点 a 稳定运行；反之，若 T_L 突然减小，n 上升，当干扰消除后，也能回到 a 点稳定运行，所以 a 点是系统的稳定工作点。现在再来分析 b 点的情况，系统在 b 点运行时，若 T_L 突然增加，n 要下降，随着 n 的下降 T_M 要进一步减小，直至 n 等于 0，电动机停转；反之，若 T_L 突然减小，n 上升，随着 n 的上升 T_M 要进一步增大，促使 n 进一步上升，直至超过 B 点进入 AB 段的 a 点工作。所以，b 点不是系统的稳定平衡点。由此可见，对于恒转矩负载，电动机的 n 增加时，系统必须具有向下倾斜的机械特性，才能稳定运行，若特性上翘，便不能稳定运行。

从以上分析可以得到机电传动系统稳定运行的充分必要条件有：

(1) 电动机的机械特性曲线和生产机械的特性曲线有交点(即拖动系统的平衡点)。

(2) 当电动机转速大于平衡点所对应的转速时，应有 $T_M < T_L$；而当转速小于平衡点所对应的转速时，$T_M > T_L$。

只有满足上面两个条件的平衡点，才是拖动系统的稳定平衡点，即只有在这样的特性配合下，系统在受外界干扰后，才具有恢复到原平衡状态的能力而进入稳定运行。

5.5　机电传动系统的过渡过程

运行中的机电传动系统可能处于两种状态：稳定的状态(静态)或变动的状态(动

态)。系统处于静态时动态转矩为零,即系统中拖动转矩(电动机的转矩)与负载转矩平衡,系统以恒速运转;当系统中拖动转矩或负载转矩发生变化时,系统中存在动态转矩,系统处于动态,速度处于变化之中,此时,系统就要由一个稳定运转状态变化到另一个稳定运转状态,这个变化过程称为过渡过程。在过渡过程中,电动机的转速、转矩和电流都要按一定的规律变化,它们都是时间的函数。系统的启动、制动、速度改变和负载变化等都会引起过渡过程。

除了不经常启动、制动而长期运转的工作机械,如通风机、水泵等外,大多数的生产机械对机电传动系统的过渡过程都会提出各种各样的要求。如龙门刨床的工作台、可逆式轧钢机、轧钢机的辅助机械等,它们在工作中需要经常进行启动、制动、反转和调速,因此,都要求过渡过程尽量快,以缩短生产周期中的非生产时间,提高生产率。升降机、载人电梯、地铁、电车等生产机械则要求启动、制动过程平滑,加减速度变化不能过大,以保证安全和舒适。而对造纸机、印刷机等生产机械,也必须限制加速度的大小,如果加速度超过允许值,则可能损坏机器部件或可能生产出次品。另外,在过渡过程中能量损耗的大小,系统的准确停车与协调运转等,都会对机电传动系统的过渡过程提出不同的要求。为了满足各种需要,必须研究过渡过程的基本规律,研究系统各参量随时间的变化规律,如转速、转矩、电流等随时间的变化规律,才能正确地选择机电传动装置,为机电传动自动控制系统提供控制原则,以便设计出完善的启动、制动等自动控制线路,以求改善产品质量,提高生产率和减轻劳动强度。

5.5.1 机电传动系统过渡过程分析

机电传动系统是一个惯性系统,当状态改变时必然会产生过渡过程。系统中存在的惯性环节包括:

(1) 机械惯性:由运动部件产生,它反映在 J 或 GD^2 上,使转速 n 不能突变。

(2) 电磁惯性:它反映在电枢回路电感和励磁绕组电感上,分别使电枢回路电流 I_a 和励磁磁通 Φ 不能突变。

(3) 热惯性:因电机部件的热容量产生,它反映在温度上,使温度不能突变。

这三种惯性虽然对系统都产生影响,如电机运行发热时,电枢电阻和励磁绕组电阻都会变化,从而会引起电流 I_a 和磁通 Φ 的变化。但是热惯性较大,温度变化较转速、电流等参量的变化要慢得多,因此一般可以不考虑热惯性,而只考虑机械惯性和电磁惯性。

由于机电传动系统有机械惯性和电磁惯性,在对其进行控制(如启动、制动、反向和调速)过程中,如果系统中电气参数(如电压、电阻、频率)突然发生变化或传动系统的负载突然变化,那么传动系统的转速、转矩、电流、磁通等也会变化,并需经过一定的时间达到稳定，从而形成机电传动系统的电气机械过渡过程。相比之下，电动机的电磁惯性比机械惯性要小得多，对系统运行影响也不大，因此可只考虑机械惯性。在这种过渡过程中，仅转速不能突变。机电传动系统的运动方程式为

$$T_M - T_L = \frac{GD^2}{375} \cdot \frac{dn}{dt}$$

若已知 T_M、T_L、GD^2 与 n 的关系，上式即可求解。T_M 与 n 的关系即电机的机械特性，$n=f(T_M)$，T_L 与 n 的关系即生产机械的负载机械特性，$T_L=f(n)$，而 GD^2 是系统固有的常数，一般不随转速而改变。

对于常用的交流异步电动机和直流他(并)励电动机拖动系统，T_M 与 n 在工作范围内有近似的线性关系。若拖动的是恒转矩负载，即 T_L=常数，在此情况下，n 的变化过程可用下述方法计算：

设 $n=f(T_M)$，根据解析几何直线方程的截距式，$n=f(T_M)$可写成

$$\frac{T_M}{T_{st}} + \frac{n}{n_0} = 1$$

即

$$T_M = T_{st}\left(1 - \frac{n}{n_0}\right) \tag{5-18}$$

式中：T_{st} 为 $n=0$ 时的转矩；

n_0 为理想空载转速。

同理，

$$T_L = T_{st}\left(1 - \frac{n_s}{n_0}\right) \tag{5-19}$$

式中：n_s 为 T_L 为恒转矩时系统稳定运行的稳态转速。

将上面 T_M、T_L 的表达式代入式(5-4)，得

$$T_{st}\left(1 - \frac{n}{n_0}\right) - T_{st}\left(1 - \frac{n_s}{n_0}\right) = \frac{GD^2}{375} \cdot \frac{dn}{dt}$$

整理后得

$$T_{st}\frac{n_s - n}{n_0} = \frac{GD^2}{375} \cdot \frac{dn}{dt}$$

即

$$n_s - n = \frac{GD^2}{375} \cdot \frac{n_0}{T_{st}} \cdot \frac{dn}{dt}$$

式中：T_{st}、n_0、GD^2 为常数。令

$$\tau_m = \frac{GD^2}{375} \cdot \frac{n_0}{T_{st}}$$

τ_m 是反映机电传动系统机械惯性的物理量，通常称其为机电传动系统的机电时间常数。于是

$$\tau_m \frac{dn}{dt}+n=n_s \tag{5-20}$$

这是一个典型的一阶线性常系数非齐次微分方程。它的全解是

$$n=n_s+Ce^{-t/\tau_m} \tag{5-21}$$

式中：C 为积分常数，由初始条件决定。

若过渡过程开始，即 $t=0$ 时，$n=n_i$，代入式(5-21)得

$$C=n_i-n_s \tag{5-22}$$

所以

$$n=n_s+(n_i-n_s)e^{-t/\tau_m} \tag{5-23}$$

同样，对式(5-21)求导数，并将结果代入式(5-4)，得到

$$T_M=T_L-\frac{GD^2}{375}\cdot\frac{C}{\tau_m}\cdot e^{-t/\tau_m} \tag{5-24}$$

若 $t=0$ 时，$T_M=T_i$，代入式(5-23)后求出 C，式(5-23)变为

$$T_M=T_L+(T_i-T_L)e^{-t/\tau_m} \tag{5-25}$$

如果电动机的电流 $I\propto T$，也可得

$$I_a=I_L+(I_i-I_L)e^{-t/\tau_m} \tag{5-26}$$

式中：I 为 $t=0$ 时电动机电流的初始值。

式(5-23)、式(5-24)、式(5-26)便分别是当 $T_L=$ 常数、$n=f(T_M)$ 是线性关系时，机电传动系统过渡过程中转速、转矩、电流对时间的动态特性，即 n、T_M、I_a 随时间的变化规律。这些关系式在不同的初始条件下，可适合于传动系统各种运转状态。以启动过程为例，即 $t=0$ 时，$n_i=0$，$T_i=T_{st}$，$I_i=I_{st}$，于是可得

$$n=n_s(1-e^{-t/\tau_m}) \tag{5-27}$$

$$T_M=T_L+(T_{st}-T_L)e^{-t/\tau_m} \tag{5-28}$$

$$I_M=I_L+(I_{st}-I_L)e^{-t/\tau_m} \tag{5-29}$$

它们所反映的物理过程是，启动开始($t=0$)时，$T_M=T_{st}$，动态转矩 $T_d=T_M-T_L$ 最大，电动机加速度也最大，转速迅速上升。随着 n 上升，T_M 与 T_d 相应减少，系统的加速度减少，速度上升也随之减慢。当 $T_M=T_L$ 时，转速达到稳态转速 n_s。理论上要时间趋于无穷大时过渡过程才算结束，实际上，$t=(3\sim5)\tau_m$ 时，就可以认为转速已经达到稳态转速 n_s。

若停车即 $n_s=0$ 时，则式(5-23)变为

$$n=n_i e^{-t/\tau_m} \tag{5-30}$$

这表示电动机从 n_i 开始的自由停车过程中，转速也按指数规律变化。

5.5.2 改善机电传动系统过渡过程的方法

对机电传动系统的运动方程式(5-4)两边积分，可得

$$t=\int\frac{GD^2}{375}\cdot\frac{\mathrm{d}n}{T_M-T_I}=\int\frac{GD^2}{375}\cdot\frac{\mathrm{d}n}{T_d} \tag{5-31}$$

则当过渡过程的边界确定以后，就可以确定机电常数 m。

启动时，转速由 $n=0$ 升到 $n=n_s$，则 $\tau_m=\frac{GD^2}{375}\cdot\frac{n_s}{T_d}$。

自由停车时，转速由 $n=n_s$ 降到 $n=0$，则 $\tau_m=\frac{GD^2}{375}\cdot\frac{n_s}{T_L}$。

可以看出，过渡过程的时间与飞轮惯量 GD^2 和速度改变量成正比，与动态转矩成反比。所以，加快电机系统过渡过程的方法如下：

1）减少系统飞轮惯量 GD^2

在系统总的飞轮惯量中，电动机转子的飞轮惯量 GD_M^2 占了大部分，因此，减小电动机转子的 GD_M^2 就成为加快过渡过程的有效方法。所以在有些场合可采用小惯量直流电动机。由于这种电动机电枢做得细长，转动惯量 GD_M^2 小，且启动转矩大，因此，系统的 $\mathrm{d}n/\mathrm{d}t$ 很大，启动快，从而加速了过渡过程，提高了系统的快速响应性能。

2）增加动态转矩 T_d

增加动态转矩可以通过加大电机的电磁转矩来实现。目前，在很多场合下，大惯量直流电动机（亦称宽调速直流力矩电动机）可以取代小惯量直流电动机。这种电动机电枢做得粗短，即 D/l 较大，GD^2 较大，但它的最大转矩 T_{max} 约为额定转矩 T_N 的 5～10 倍，即 $T_d=T_{max}-T_L$，所以，快速性指标 T_{max}/GD^2 仍然很好，不比小惯量电动机差。其低速时转矩大，可以直接驱动生产机械，而不需使用减速机构，这样与机械匹配就容易多了，结构简化，没有传动间隙存在，能使系统精度提高。另外，因其电枢粗短，散热好，过载持续时间可以较长，性能好的力矩电动机可在三倍于额定转矩（或电流）的过载条件下工作 30 min 仍能正常运行。所以，大惯量直流力矩电动机在快速直流拖动系统中得到了广泛的应用。

此外，在电机确定的情况下，可以通过控制电机电流（转矩），保持动态转矩最大，这样系统的加速度也就最大，过渡过程的时间就最短。因此，在允许情况下，希望整个过渡过程保持电流（或转矩）最大，以加快过渡过程。

直流电机和交流电机

6.1 直流电机

6.1.1 直流电机的工作原理和基本结构

1. 直流电机的工作原理

1) 直流发电机的工作原理

图6-1所示是一个简单的直流发电机模型。它的两个磁极(N极和S极)在空间固定不动。两磁极之间有一个铁质的圆柱体(称为电枢铁芯)。电枢铁芯与磁极之间的间隙称为气隙。两根导体ab和cd连成一个线圈,并嵌置在电枢铁芯表面上,通常称为电枢绕组。线圈的首、末端分别连接到两个圆弧形的铜片(称为换向片)上。换向片固定在转轴上,换向片之间以及换向片与转轴之间都是互相绝缘的。电机的转动部分称为电枢。为了把电枢绕组和外电路接通,发电机装置了两个在空间固定不动的电刷A和B。当电枢转动时,电刷A只能与转到上面的一片换向片接触,而电刷B只能与转到下面的一片换向片接触。

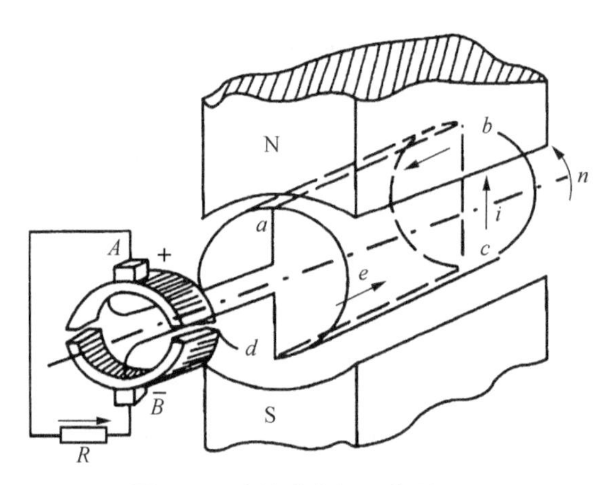

图6-1 直流发电机工作原理图

假设电机的电枢由一个原动机拖动,以恒定转速逆时针方向转动。根据法拉第电磁感应定律可知,每一根导体中将产生感生电势,其方向可用右手定则确定。在图6-1所示位置时,ab导体处于N极下,电势方向由b到a,而cd导体处于S极下,电势方向由d到c。从整个线圈来看,导体ab与cd的电势方向恰好是相加的,并经由电刷A和B输出给负载。很明显,电刷A具有正极性,电刷B具有负极性。

当电枢以恒定转速旋转时，导体 ab(或 cd)将轮流在 N 极下及 S 极下切割磁力线，所以导体 ab 及 cd 中感应电势是交变电势。但由于电刷 A 只与处于 N 极下的导体相接触，当 ab 导体处在 N 极下时，电势方向由 b 到 a，电势引到电刷 A 上时，电刷 A 的极性为“+”。当 cd 导体转到 N 极下时，电刷 A 则与 cd 导体相接触，电势方向由 c 到 d，电势引到电刷 A 上时，其极性仍为“+”。由此可见，电刷 A 的极性永远为“+”，电刷 B 的极性永远为“-”，故 A、B 电刷间的电势为直流电势。

由此可见，当电枢在原动机的驱动下以恒定速度运转时，线圈中感应的交变电势，通过换向片和电刷的整流作用变成直流电势。因此供给外电路的电流是方向不变的电流。所以说直流电机实质上是一台装有机械整流器的交流电机。为了突出换向器在直流电机中将交流整成直流的作用，人们又把这种电机称为换向器式直流电机。

2) 直流电动机的工作原理

图 6-2 所示为直流电动机工作原理模型。直流电动机电机部分与发电机相同，只是把外电路中的负载电阻换成直流电源，电枢不是由原动机驱动，而是连接一个机械负载。在电刷 A、B 两端接上直流电源 U，电刷 A 接至电源的正极，电刷 B 接至电源的负极。则线圈中有电流流过，其方向如图 6-2 中箭头所示。我们知道，位于磁场中的载流导体必将受到电磁力的作用，电磁力的方向可用左手定则确定。这个电磁力形成了作用于电枢铁芯的电磁转矩。由图 6-2 可见，转矩的方向是逆时针的。电动机的电枢在此转矩的作用下，将逆时针旋转，从而拖动与电机轴相连的负载机械运转，使其成为一台直流电动机。

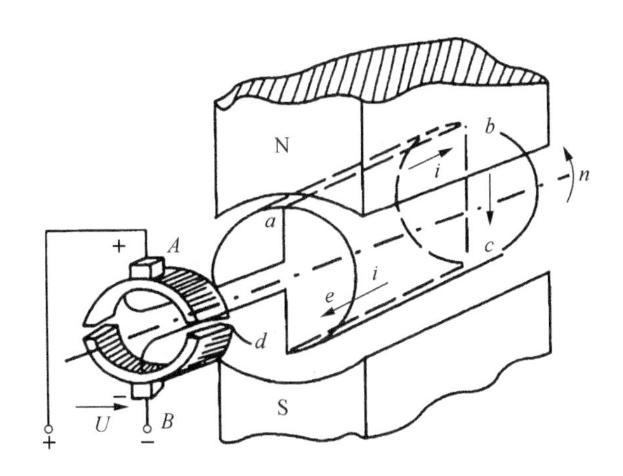

图 6-2 直流电动机工作原理图

当电机的电枢转动起来以后，导体 ab 和 cd 随着电枢一起旋转。但电刷在空间中是固定的，从而保证了各个极下线圈边中的电流始终是一个方向。即电流由正电刷 A 流入，总是从 N 极下的导线流进去，从 S 极下的导线流出来，因此线圈所产生的力矩总是单方向的。这样,就可使电动机能够连续地旋转。从这里可以看出,在直流电动机中,电刷和换向片的作用,正好与直流发电机相反,它们将电源输入的直流电流转换成线圈中流过的交变电流。

3) 直流电机的感应电势

不管是发电机还是电动机,由于其转子线圈在磁场中转动(作切割磁力线运动),则线圈中必然会产生感应电势。现在进一步分析线圈中的感应电势。对每根导体而言,其感应电势的瞬时值为

$$e_x = B_x l v \tag{6-1}$$

式中:B_x 为导体所处位置的磁通密度(简称磁密);

l 为导体的有效长度,即导体切割磁力线部分的长度;

v 为导体相对于磁场运动的线速度。

在已制成的电机中,导体的有效长度 l 为定值。如电机以恒定速度旋转,则 v 为常数。由式(6-1)可知,电势 e 与磁密 B_x 成正比。也就是说,当电枢恒速旋转时,导体内感应电势随时间变化的规律与磁密沿气隙的分布规律相同。在实际电机中,气隙磁密沿空间分布的规律如图 6-3 所示,因此导体内感应电势的波形亦如图 6-3 所示,而电刷 A、B 之间输出电势的波形已经换向器整流为直流。

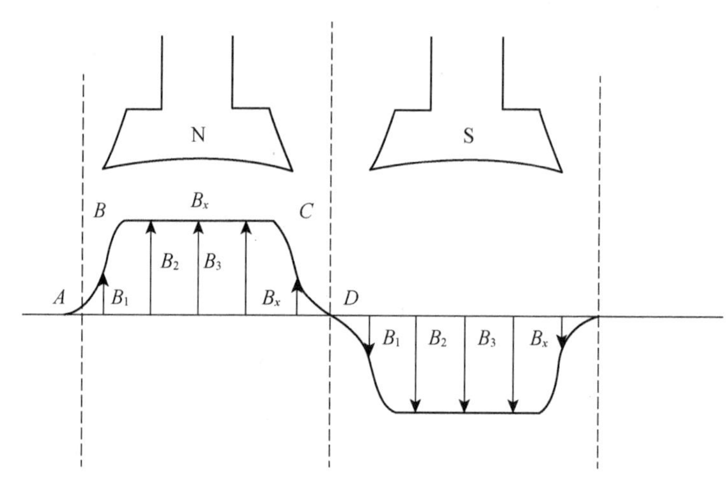

图 6-3　气隙磁密沿空间分布图

从图 6-3 可以看出,对于一个线圈,电刷 A、B 间的输出电势是脉动的直流电势,而且电压的数值不高,为了消除电压的脉动并提高其幅值,在实际电机中,电枢绕组不是由一个线圈而是由若干个均匀分布在电枢表面的线圈按一定规律连接而成。由于每个元件边在磁场中所处的位置不同,不同元件边的导体电势 e_x 也不同。设 N 为电枢总导体

数，a 为并联支路对数，则每条支路的导体数为$\frac{N}{2a}$，于是电枢总电势 E 可由下式决定，即

$$E=\sum_{x=1}^{\frac{N}{2a}}e_x=lv\sum_{x=1}^{\frac{N}{2a}}B_x \tag{6-2}$$

当电枢导体数 N 很大时，式(6-2)中的 $\sum_{x=1}^{\frac{N}{2a}}B_x$ 可用平均磁密 B_{pj} 乘以$\frac{N}{2a}$来代替。如果每极磁通 Φ 为已知，电机极距为 τ，电机的磁极对数为 p，则 $\Phi=B_{pj}l\tau$，电枢表面导体的线速度 $v=2p\tau\frac{n}{60}$(m/s)。其中 n 为电机每分钟的转数，将这些关系代入式(6-2)可得

$$E=K_e\Phi n \tag{6-3}$$

式中：$K_e=\frac{pN}{60a}$，为与电机结构有关的常数，称为电势常数；

E 为电动势，V；

Φ 为一对磁极的磁通，Wb；

n 为电枢转速，r/min。

式(6-3)是直流电机的一个很重要的而且也是最基本的关系式。如果每极磁通量保持不变，则电枢电势 E 和转速 n 成正比。如果转速 n 保持不变，则电枢电势 E 与每极磁通 Φ 成正比。总之，电枢感应电势的大小取决于每极磁通量、极对数、电机的转速以及绕组导体数和连接方法。

4) 直流电机的电磁转矩

同样道理，不管是发电机还是电动机，只要其转子线圈中有电流存在，则处于磁场中的线圈导体必然会受到电磁力的作用。下面将进一步分析载流导体在磁场中所受的作用力。若磁场与导体相互垂直，则作用在单个导体上的电磁力为

$$f_x=B_xli \tag{6-4}$$

式中：B_x 为导体所处磁场的磁通密度；

i 为流经导体的电流；

l 为导体的有效长度；

f_x 为作用在导体上的电磁力。

在此电磁力 f_x 的作用下，电枢上将有一转矩作用，其大小为

$$T_x=2f_xr=B_xliD \tag{6-5}$$

式中：T_x 为作用在电枢上的电磁转矩；

r 为电枢的半径；

D 为电枢的直径。

电机转子总的电磁转矩应该是全部导体所产生的转矩之和。经整理可得

$$T=K_{t}\Phi I_{a} \tag{6-6}$$

式中:$K_{t}=\frac{pN}{2\pi a}$,对已制成的电机来说为一常数,称为转矩常数;

T 为电机的电磁转矩,N·m;

I_{a} 为电枢总电流,A。

式(6-6)也和式(6-3)一样,是直流电机很重要的关系式之一。它表明,电动机的电磁转矩与每极磁通量和电枢电流的乘积成正比。

电势常数 K_{e} 和转矩常数 K_{t} 都取决于电机的结构,因此两者之间必然存在着一个固定的关系,即

$$\frac{K_{t}}{K_{e}}=\frac{\frac{pN}{2\pi a}}{\frac{pN}{60a}}=\frac{60}{2\pi}=9.55$$

5) 直流电机的可逆性

上文对发电机和电动机的基本原理进行了分析,从工作原理图(图6-1、图6-2)上可以看出,它们的电机内部的结构完全一样。也就是说,对于同一台直流电机,在原动机拖动下,电机输出直流电能供给外部电路负载,完成将轴上的输入机械能转换为电能输出的过程,成为一台发电机。如果在电机的电刷上接上直流电源,在电枢中将产生电流,从而产生电磁转矩,带动负载机械运转,电机完成将输入的电能转换为机械能的过程,成为一台电动机。这就是说,同一台直流电机在某种外界条件下可作为发电机运行,而在另一种外界条件下可作为电动机运行。

式(6-3)虽然是根据直流发电机的原理推导得到的,但应当看到,当直流电机的电枢绕组在磁场中以一定速度旋转时,不管这种旋转是原动机拖动电枢旋转(对发电机而言),还是电枢绕组本身有电流通过在磁场中产生电磁转矩而使电机旋转(对电动机而言),在电枢绕组中都将感应出一个与电枢转速成正比的电势。因此,式(6-3)无论对发电机还是电动机都是适用的。

同样,式(6-6)虽然是根据直流电动机的原理推导得到的,它表明电机的电磁转矩和电枢绕组中流过的电流成正比,但这与这一电流产生的方式无关。即不管是由电机向外电路输出电流(发电机),或是由直流电源向电枢绕组输入电流(电动机),只要电枢绕组中有电流流过,便会产生电磁转矩。由此可见,式(6-6)无论对发电机或电动机都是适用的。

应当指出,上面分析和计算时采用的是空载时气隙的每极磁通。如果电机是有载运

行，电枢电流就要产生磁场，即出现电枢磁势。这时气隙磁场则由主极磁势与电枢磁势两者的合成磁势所建立。气隙每极磁通量将稍有变化，但上面推导的关系式仍是正确的。所以不论电机有没有负载，如果气隙的每极磁通量为Φ，则电枢绕组中的感应电势和电磁转矩都符合式(6-3)和式(6-6)。

2. 直流电机的基本结构

不同用途或不同功率的直流电机的结构形式也各有不同。因此，在生产、生活现实中有着各种结构形式的直流电机。但不管其结构形式如何变化，从原理上讲它都是由一些基本部件组成的。图6-4和图6-5分别为直流电机的结构示意图和剖面示意图。

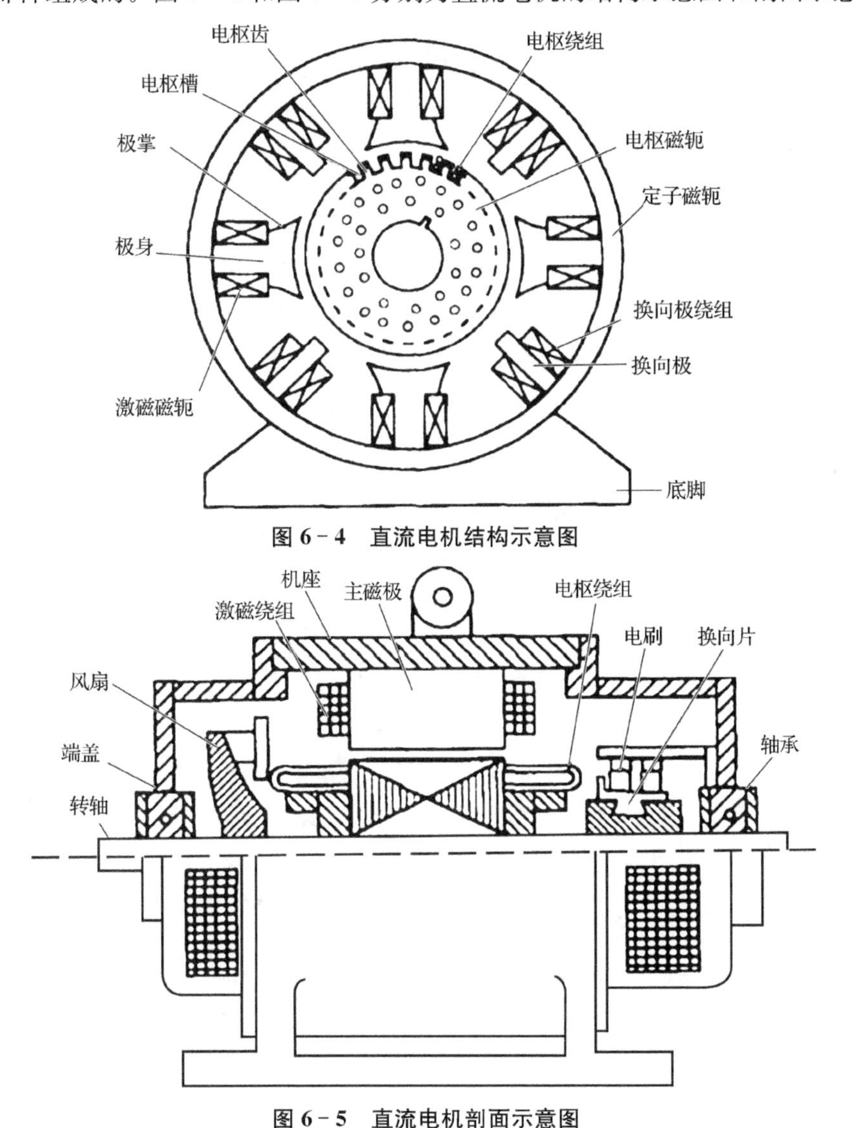

图6-4 直流电机结构示意图

图6-5 直流电机剖面示意图

总体上说，直流电机由定子(固定部分)和转子(转动部分)两大部分组成。定子的作用是用来产生磁场和作电机本身的机械支撑。它包括主磁极、换向极、机座、端盖、轴承等，静止的电刷装置也固定在定子上。转子上用来感应电势和电流从而实现能量转换的部分称为电枢，它包括电枢铁芯和电枢绕组。电枢铁芯固定在转轴上，转轴两端分别装有换向器和风扇等。习惯上人们常将直流电机的转子称为电枢。

由于本章主要研究电机的运行，而不牵涉电机的设计和制造工艺等问题。因此仅对直流电机的主磁极、机座、电枢铁芯和电枢绕组、换向器和电刷装置、换向极等主要部件作简要介绍。

1) *主磁极*

主磁极用以产生气隙磁场，以便电枢绕组在此磁场中转动而感应电势。产生磁场可以有两种方法：其一是采用永久磁铁作主磁极，这样的电机称为永磁直流电机，绝大部分的微、小型直流电机都采用这种方法；其二是对励磁绕组通以直流电流来建立磁场，几乎所有的中、大型直流电机都采用这种方法。对于第二种方法，主磁极包括主磁极铁芯和套在铁芯上的励磁绕组两部分。主磁极铁芯靠近电枢的扩大部分称为极掌(或极靴)。为了降低电枢旋转时极掌表面可能引起的涡流损耗，主磁极铁芯一般用 1～1.5 mm 厚的低碳钢板冲片叠压而成，并用铆钉把铁片紧固成一个整体。极掌与电枢表面形成的气隙通常是不均匀的。主磁极绕组是用圆截面或矩形截面的绝缘铜导线绕制成的集中绕组。为了节约用铜，有的电机主磁极绕组用铝线绕制。整个主磁极用螺栓固定在机座上。由于电机的 N 极和 S 极只能成对出现，故主磁极的极数一定是偶数，而且极性相异的磁极是沿机座内圆周按 N、S、N、S、…交替地排列。

2) *机座*

机座的主体部分可作为磁极间磁的通路，这部分称为磁轭。机座同时又用来固定主磁极、换向极和端盖，可以借底脚把电机固定在安装电机的基础上。机座一般用铸钢铸成或用厚钢板焊接而成，以保证其具有良好的导磁性能和机械性能。对于换向要求较高的电机，有时也采用薄钢板叠成的机座。

3) *电枢铁芯和电枢绕组*

电枢铁芯用作电机磁的通路及嵌置电枢绕组。为了减少涡流损耗，电枢铁芯一般用 0.5 mm 或 0.35 mm 厚的涂有绝缘漆的硅钢片叠压而成。每片冲片上冲有嵌放绕组的矩形槽或梨形槽和一些通风孔，如图 6－6 所示。对于容量较大的电机，为了加强冷却，会把电枢铁芯沿轴向分成数段，段与段之间空出 8～10 mm 作为径向通风道。

电枢绕组用以感应电势和通过电流，使电机实现机电能量转换。电枢绕组由许多用绝缘导线绕成的线圈组成。各线圈以一定规律焊接到换向器上而连接成一个整体。小型电机的电枢绕组用圆截面导线绕制并嵌置在梨形槽中，较大容量的电机则用矩形截面导线绕制而嵌置在开口槽中。线圈与铁芯之间以及上、下层线圈之间都必须妥善地绝缘。为了防止电机转动时线圈受离心力而甩出，要在槽口加上槽楔予以固定。有些小容量直流电动机的电枢绕组敷设在没有槽的电枢铁芯表面，要用玻璃丝带绑扎，并用热固性树脂将其粘固成一整体，这种电机称为无槽电机。

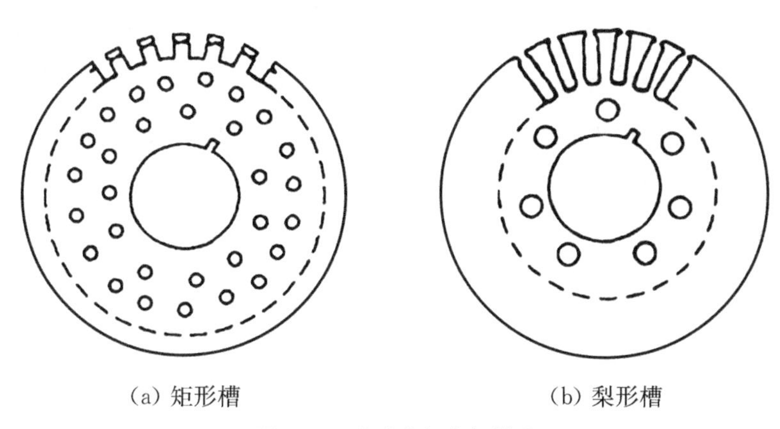

(a) 矩形槽　　(b) 梨形槽

图 6-6　直流电机电枢铁芯

4) 换向器和电刷装置

对发电机而言，换向器的作用是将电枢绕组内感应的交流电势转换成电刷间的直流电势。对电动机而言，换向器的作用则是将从电源输入的直流电流转换成电枢绕组内的交变电流，并保证每个磁极下电枢导体内电流的方向不变，以产生方向不变的电磁转矩。换向器由许多彼此互相绝缘的换向片构成，它有多种结构形式，图 6-7 所示为常用的结构形式。这种形式的换向片下部为燕尾形，由 V 形钢制套筒和 V 形环固定，并由螺旋压圈紧固成一整体。片与片之间用云母垫片绝缘。电刷的作用有两个：其一是将转动的电枢与外电路相连接，使电流经电刷流入电枢或从电枢流出；其二是与换向器配合而获得直流电压。电刷装置由电刷、刷握、刷杆座和汇流条等部件构成。电刷放在刷握的刷盒中，弹簧机构把它压在换向器表面上。刷握固定在刷杆上，每一刷杆装置由若

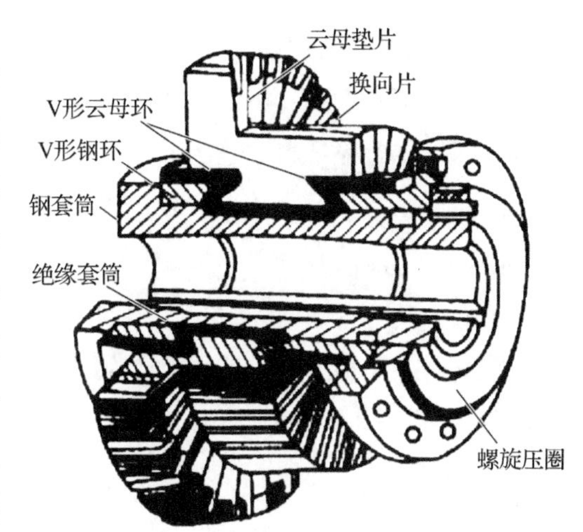

图 6-7　直流电机的换向器

干个刷握构成一个电刷组。电刷组的组数(也叫刷杆数)与主极的极数相等。刷杆座的位置也是可以调整的。调整刷杆座的位置,就同时调整了各电刷组在换向器上的位置。同极性的各刷杆用汇流条连在一起并引到电机出线盒的接线柱上,或先与换向极绕组串联之后再引到出线柱上。

5) 换向极

换向极是用来改善换向的,由铁芯和套在上面的绕组构成,其结构类似于主磁极。由于有电枢电流存在,电机气隙中会产生磁场,此磁场的方向与主磁场方向相互垂直,使得电机气隙合成磁场发生畸变,从而使换向器上片间电压分布不均,造成换向困难。换向极的作用就是消除电枢磁场的影响,其绕组与电枢绕组相串联,工作时其产生的磁场与电枢产生的磁场大小相等、方向相反,从而起到消除或削弱电枢反应的作用。

小型电机的换向极铁芯用整块钢制成。换向极绕组与电枢绕组串联,需要通过较大电流,因此绕组是用截面大的矩形截面导线绕制而成的,其匝数较少。换向极装在两相邻主极之间,用螺杆固定在机座上。换向极的数目一般与主极的极数相等。在小功率的直流电机中,有时换向极的数目只有主极的一半,有时不装换向极。

最后必须指出,在静止的主磁极和转动的电枢之间有空气隙,气隙对电机的运行性能有着很大的影响。空气隙的大小随着电机容量的不同而不同。小型电机的空气隙约为 1～3 mm,大型电机的空气隙可达 12 mm。空气隙的量值虽小,但由于其磁阻较大,因而在电机的磁路系统中占有很重要的地位。

3. 直流电机的励磁方式

一般来讲,直流电机可按结构、用途、容量大小等分类。但从运行的角度来看,按励磁方式分类更有意义。因为除了少数微型电机的磁极是永久磁铁外,绝大多数电机的磁场都是通过在磁极绕组中通以直流电流而建立的。因此通常都是按励磁绕组的连接方式(即按励磁方式)对直流电机进行分类。直流电机按其励磁绕组与电枢绕组连接方式的不同,分为他励、并励、串励和复励四种,如图 6－8 所示。四种电机在能量转换的电磁过程方面,本质上没有什么区别,但运行特性却有明显的差别。

图 6－8(a)为他励直流电机,其特点是励磁绕组接在独立的励磁电源上,而与电枢绕组无关。图 6－8(b)为并励直流电机,其特点是励磁绕组与电枢绕组并联。他砺直流电机和并励直流电机的励磁绕组的匝数较多,导线较细。图 6－8(c)为串励直流电机,其特点是励磁绕组与电枢绕组串联,电枢电流就是励磁电流,励磁绕组匝数少、导线较粗。图 6－8(d)为复励直流电机,其特点是在主磁极上装有两套励磁绕组,一套与电枢绕组并联,是并励绕组,另一套与电枢绕组串联,是串励绕组。两套励磁绕组产生的磁势方向相

同时称为积复励，若方向相反则称为差复励。工业应用中常用积复励。

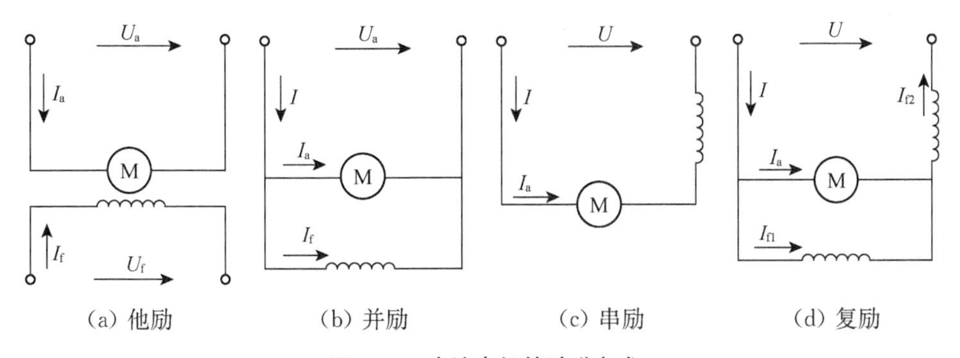

图 6－8　直流电机的励磁方式

励磁绕组所消耗的功率为电机额定功率的 1%～3%，并励或他励绕组中的电流一般为额定电流的 1%～5%。

6.1.2　直流电动机

根据电机励磁方式的不同，直流电动机有他励、并励、串励、复励和永磁等形式。他励电动机的励磁绕组和电枢绕组分别由两个独立的电源供电。下面简要讨论这几种类型电动机的特性。

1. 他励和并励直流电动机

他励电动机的励磁绕组和电枢绕组分别由两个独立的电源供电，其原理电路如图 6－9(a) 所示。并励电动机的励磁绕组是和电枢绕组并联后由同一个直流电源供电，其原理电路如图 6－9(b)所示，这时电源提供的电流 I 等于电枢电流 I_a 和励磁电流 I_f 之和。

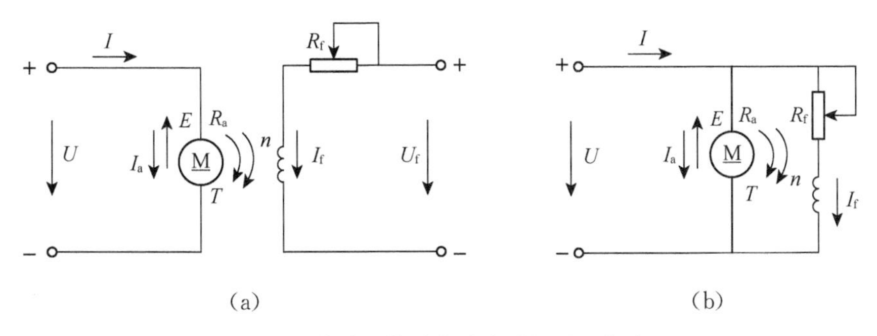

图 6－9　他励和并励直流电动机原理电路图

由图 6－9 所示的直流他励电动机与直流并励电动机的原理电路图可知，电枢回路中

的电压平衡方程为

$$U=E+I_aR_a \tag{6-7}$$

以 $E=K_e\Phi n$ 代入式(6-7)得到

$$n=\frac{U}{K_e\Phi}-\frac{R_a}{K_e\Phi}I_a \tag{6-8}$$

式(6-8)称为直流电动机的机械特性方程，再将 $I_a=T/(K_t\Phi)$ 代入上式，得到直流电动机机械特性方程的一般表达式为

$$n=\frac{U}{K_e\Phi}-\frac{R_a}{K_eK_t\Phi^2}T=n_0-\Delta n \tag{6-9}$$

他励电动机和并励电动机有着相同的运行特性，他励电动机适用于调压调速工作场合，而并励电动机适用于恒压工作场合。他励电动机由于采用单独的励磁电源，虽然控制设备要复杂一些，但这种电动机控制灵活，调速范围很宽，性能良好，是直流传动系统中应用最广泛的电动机，在后续几节中将专门对其特性进行分析。

2. 串励直流电动机

串励电动机的励磁绕组与电枢串联，其原理电路如图 6-10(a)所示。所以励磁电流 I_f 就等于电枢电流 I_a，这个电流一般比较大，所以励磁绕组导线粗、匝数少，它的电阻也较小。由于 $I_f=I_a$，因而，电动机的每极磁通 Φ 是电枢电流的函数，当然也是电动机转矩的函数，它是随负载变化而变化的。所以，串励电动机的机械特性 $n=f(T)$ 与他励电动机的大不一样，若近似地绘出其曲线，可以将曲线分作两段来考虑。

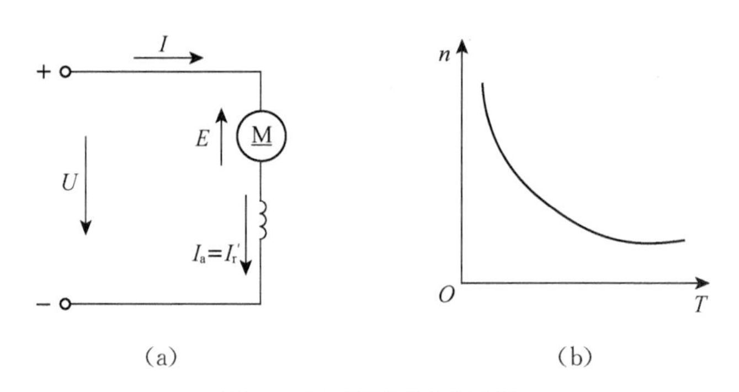

图 6-10 串励直流电动机

在曲线的第一段，电动机负载较轻、电枢电流(即励磁电流)较小，电动机磁路的饱和程度不高，因此，可以近似认为每极磁通 Φ 和电枢电流 I_a 成正比，即 $\Phi=CI_a$，C 为比例常数，并且

$$T=K_t\Phi I_a=K_t\Phi^2/C \text{ 或 } \Phi=\sqrt{CT/K_r} \tag{6-10}$$

将式(6-10)代入式(6-9)得式(6-11)：

$$n=\frac{U_n}{K_e\sqrt{CT/K_t}}-\frac{R_a}{K_eC}=\frac{U_n}{C_1\sqrt{T}}-\frac{R_a}{C_2} \tag{6-11}$$

式中，$C_1(C_1=K_e\sqrt{C/K_t})$和$C_2(C_2=K_eC)$是两个常数。

式(6-11)表明，这时机械特性曲线具有双曲线的形状，n轴是它的一条渐近线，理想空载转速趋近于无穷大。

在曲线的第二段，电动机负载较重，电枢电流较大，磁路趋于饱和，可以近似地认为Φ=常数，由式(6-9)知，此时机械特性曲线的形状近似于一条直线。

两段特性曲线组合在一起，就构成了串励电动机完整的机械特性曲线，如图6-10(b)所示。从图中可看出，串励电动机机械特性的硬度要比他励电动机小得多，为软特性。串励电动机负载的大小对电动机的转速影响很大，当负载转矩较大时，电动机转速较低；当负载轻时，转速又能很快上升。这对于牵引机车一类的运输机械来说是一个可贵的特性，重载时串励电动机可以自动降低运行速度以确保运行安全，而轻载时又可自动升高运行速度以提高生产率。它的另一个优点是，启动时的励磁电流大，$\Phi=CI_a$，$T=K_t\Phi I_a=K_tCI_a^2\propto I_a^2$，在电网或电动机容许启动电流为一定值时，串励电动机的启动转矩较他励电动机要大。所以，串励电动机多用于起重运输机械，如市内、矿区电气机车等。

串励电动机也可反向运转，但不能采用改变电源极性的方法，因为这会使电枢电流I_a与磁通Φ同时反向，使电磁转矩T依然保持原来的方向，则电动机不可能反转。改变电枢或励磁绕组的接线极性可使串励电动机反转，反转时其机械特性形状与正转时相同，但位于第三象限。

必须指出，对于串励电动机，当电枢电流趋近于零时，磁通Φ也趋近于零，从式(6-8)可以看出，这时的转速将趋近于无穷大。虽然在$I_a\approx 0$时，磁路中存在着剩磁，其值很小，但转速仍很高，以至于会出现所谓的“飞速”事故。所以，通常规定串励电动机不允许在空载或轻载(小于额定负载的15%～20%)下运行，也不允许采用皮带等容易发生断裂或滑脱的传动机构，而应采用齿轮或直接采用联轴器进行耦合。

3. 复励直流电动机

这种直流电动机的主磁极上装有两个励磁绕组，一个与电枢绕组串联，另一个与电枢绕组并联，其原理电路图如图6-11(a)所示。工业上常用的是积复励电动机，即并励绕组和串励绕组所产生的磁通方向一致。复励电动机同时具有他励电动机和串励电动机的性质，故复励电动机的机械特性介于它们两者之间，如图6-11(b)所示。复励电动机的机械特性曲线的形状依串励磁通所占的比重不同而不同，串励磁通所占比重大时复励电动机机械特性较软，一般串励磁通在额定负载时约占全部磁通的30%。复励电动机的机械特性包括确定的理想空载转速，这是因为当 $I_a=0$ 时，虽然串励磁通 $\Phi_s=0$，但仍有一定的并励磁通 Φ_{es} 的缘故。

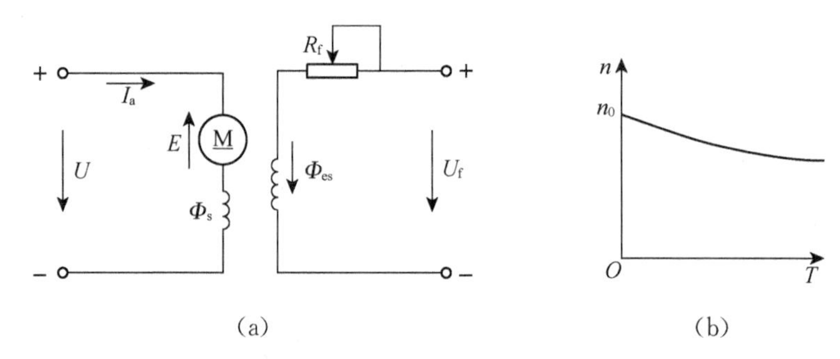

图 6-11　复励直流电动机

6.1.3　直流他励电动机的启动

给电动机施加电能，使其从静止状态开始运转，达到某一转速并稳定运行的过程称为启动过程。对直流电动机而言，由式(6-7)可知，电动机在未启动之前 $n=0$、$E=0$，而 R_a 很小，所以，如果将电动机直接接入额定电压，则启动电流将很大，为

$$I_{st}=U_N/R_a \tag{6-12}$$

一般情况下启动电流能达到其额定电流的 10～20 倍。这样大的启动电流不仅会使电动机在换向过程中产生危险的火花，烧坏整流子，而且过大的电枢电流会产生过大的电动应力，可能引起绕组的损坏，并产生与启动电流成正比的启动转矩，在机械系统和传动机构中产生过大的动态转矩冲击，使机械传动部件损坏。对供电电网来说，过大的启动电流将使保护装置动作，电源跳闸造成事故，或者引起电网电压下降，影响其他负载正常运行。因此，直流电动机是不允许直接启动的，即在启动时必须设法限制电枢电流，如普通的 Z2 型直流电动机规定电枢的瞬时电流不得大于额定电流的 1.5～2 倍。

限制直流电动机的启动电流，一般有两种方法：

一是降压启动，即在启动瞬间，降低供电电源电压，随着转速 n 的升高，反电动势 E 升高，再逐步提高供电电压，使其达到额定电压 U_N，电动机达到所要求的转速。直流发电机-电动机组和晶闸管整流装置-电动机组等就是采用这种降压方式启动的。

二是在电枢回路内串接外加电阻启动电动机，此时启动电流 $I_{st}=U_N/(R_a+R_{st})$ 将受到外加启动电阻 R_{st} 的限制，随着电机转速 n 的升高，反电动势 E 增大，再切除外加电阻，电动机达到所要求的转速。

生产机械对电动机启动的要求是有差异的。例如，市内无轨电车的直流电动机传动系统要求平稳慢速启动，若启动过快会使乘客感到不舒适，而一般生产机械则要求有足够的启动转矩以缩短启动时间，提高生产效率。从技术上来说，一般希望平均启动转矩大些，以缩短启动时间，这样启动电阻的段数就应多些；而从经济上来看，则要求启动设备简单、经济和可靠，这样启动电阻的段数就应少些。如果只有一段启动电阻，若启动后将启动电阻一下全部切除，在切除电阻的瞬间，机械惯性的作用会使电动机的转速不能突变，在此瞬间 n 维持不变，此时冲击电流仍然会很大。为了避免这种情况，通常采用逐级切除启动电阻的方法来启动电动机。如图 6－12 所示为具有三段启动电阻的他励电动机原理线路和启动特性，T_1、T_2 分别为尖锋（最大）转矩和换接（最小）转矩，启动过程中，接触器 KM_1、KM_2、KM_3 依次将外接电阻 R_1、R_2、R_3 短接，其启动特性如图 6－12(b)所示，n 和 T 沿着箭头方向在各条特性曲线上变化。

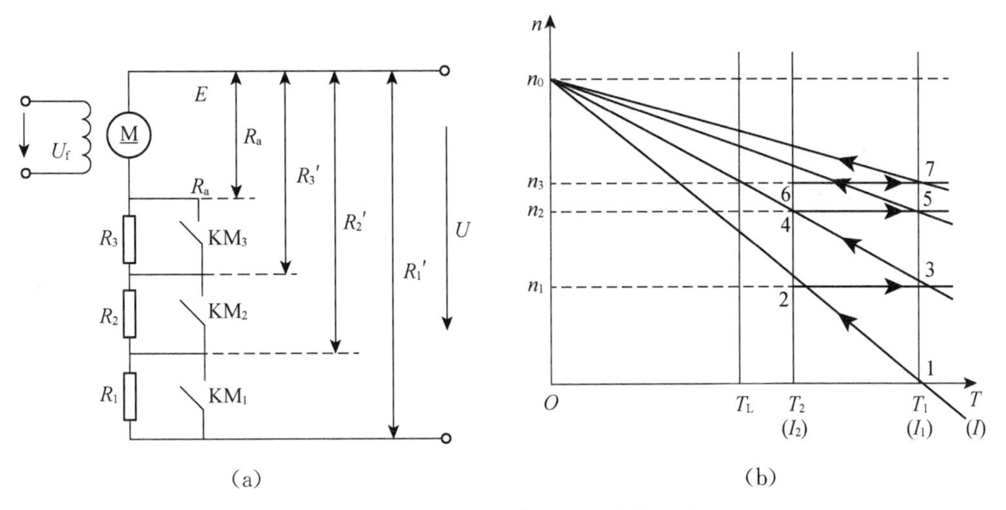

图 6－12　他励电动机电枢回路串电阻启动

6.1.4　直流他励电动机的调速

电动机的调速是生产机械所要求的。如对于金属切削机床，根据工件尺寸、材料性质、切削用量、刀具特性、加工精度等不同，需要选用不同的切削速度，以保证产品质量和提高生产效率；对于电梯类或其他要求稳速运行或准确停止的生产机械，要求在启动和制动时速度要慢或停车前降低运转速度以实现准确停止。对生产机械调速可以采用机械的、液压的或电气的方法。

电动机的调速就是在一定的负载条件下，人为地改变电动机的电路参数，以改变电动机的稳定转速。从人为机械特性上可以看到，当负载一定时，人为地改变电动机的机械特性，转速也就跟着作相应的变化。这种转速的变化是人为改变（或调节）电枢电路的电阻造成的，故称作调速或速度调节。

直流他励电动机机械特性方程式为

$$n=\frac{U_N}{K_e\Phi_N}-\frac{R_{sd}+R_a}{K_eK_t\Phi_N^2}T$$

从上式可知，改变串入电枢回路的电阻 R_{sd}，电枢供电电压 U 或主磁通 Φ 都可以得到不同的人为机械特性，从而在负载不变时可以改变电动机的转速，以达到速度调节的要求，故直流电动机调速的方法有以下三种：

(1) 改变电枢电路外串接电阻。

(2) 改变电动机电枢供电电压 U。

(3) 改变电动机主磁通 Φ。

1. 改变电枢回路电阻的调速特性

如图 6-12(a)所示，直流电动机电枢回路串联电阻后，可以得到人为的机械特性，并可用此法进行启动控制。同样用这个方法也可以进行调速。图 6-13 所示为串联电阻调速特性，从特性可看出，在一定的负载转矩 T_L 下，串入不同的电阻可以得到不同的转速，如在电阻分别为 R_a、R_3'、R_2'、R_1'的情况下，可以得到对应于 A、C、D 和 E 点的转速 n_A、n_C、n_D 和 n_E。在不考虑电枢电路的电感时，电动机调速时的机电过程（如降低转速）见图 6-13中 $A-B-C$ 的箭头方向所示，即从稳定转速 n_A 调至新的稳定转速 n_C。

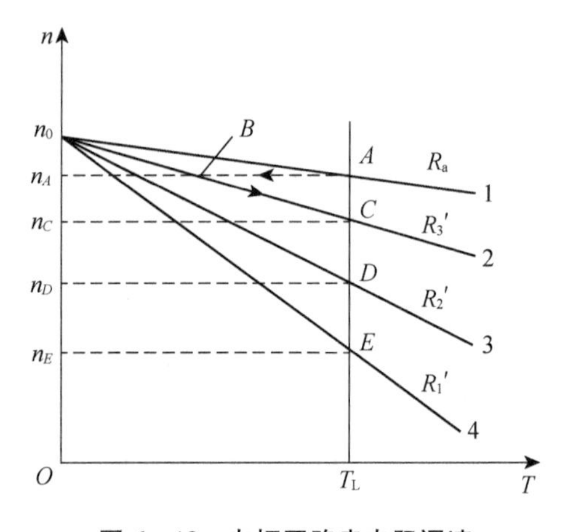

图 6-13 电枢回路串电阻调速

电枢回路串联电阻的人为机械特性，是一组通过理想空载点 n_0 的直线，串入的调速电阻越大，人为机械特性越软。在低速运行时，不大的负载变动就会引起较大的转速变化，即转速的稳定性较差。

由于 I_a 较大，调速电阻的容量也较大，体积也较大，不易做到电阻值连续调节，因而电动机转速也不能连续调节，调速范围也小。

尽管电枢串联电阻调速所需的设备简单，但是其功率损耗大，低速时转速不稳定，不能连续调速，因此只能应用于调速要求不高的中小型电动机上，大容量电动机不采用该方法。

应特别注意，启动电阻不能当作调速电阻用，否则将烧坏。

2. 改变电枢回路电压的调速特性

改变电枢供电电压 U 可得到人为机械特性，如图 6－14 所示，从该特性可以看出，在一定负载转矩 T 下，不同的供电电压可以得到不同的转速，即改变电枢电压可以达到调速的目的。

现以电压由 U_1 突然升高至 U_N 为例说明其升速的机电过程，电压为 U_1 时，电动机工作在 U_1 特性的 b 点，稳定转速为 n_b，当电压突然上升为 U_N 时，由于系统机械惯性的作用，转速 n 不能突变，仍为 n_b，相应的反电势 $E=K_e\Phi n$ 也不能突变，仍为 E_b。在不考虑电枢电路的电感时，电枢电流将随 U 的突然上升由 $I_t=(U_1-E_b)$ 突增至 $I_g=(U_N-E_b)$，则电动机的转矩也由 $T=T_L=K_t\Phi I_L$ 突然增至 $T'=T_g=K_t\Phi I_g$，即在 U 突增的这一瞬间，电动机的工作点 U_1 特性的 b 点过渡到 U_N 特性的 g 点（实际上平滑调节时，I_g 是不大的）。由于 $T_B>T_L$，所以系统开始加速，反电势 E 也随转速 n 的上升而增加，电枢电流则逐渐减小，电动机转矩也相应减小，电动机的工作点将沿 U_N 特性由 g 点向 a 点移动，直到 $n=n_a$ 时 T 又下降到 $T=T_L$，此时电动机已工作在一个新的稳定速度 n_s。

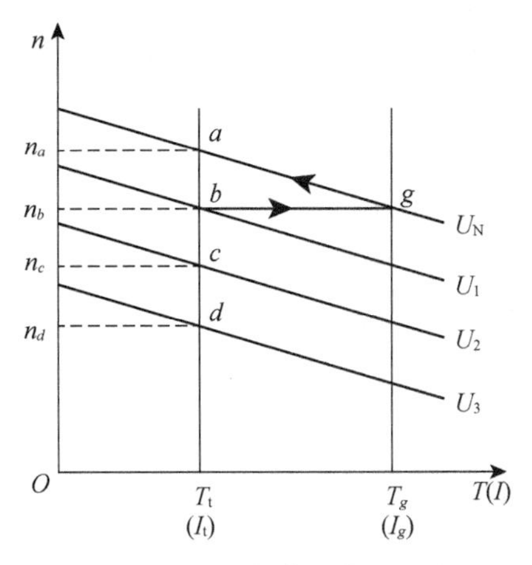

图 6－14　降低电源电压调速

由于调压调速过程中 Φ 为常数，所以当 T_L 为常数时，稳定运行状态下的电枢电流也是一个常数，而与电枢电压 U 的大小无关。这种调速方法的特点如下：

(1) 当电源电压连续变化时，转速可以平滑无级调节，一般只能在额定转速以下调节。

(2) 调速特性与固有特性互相平行,机械特性硬度不变,调速的稳定性高,调速范围较大。

(3) 调速时,电动机转矩不变,属于恒转矩调速,适合于对恒转矩型负载进行调速。

(4) 可以靠调节电枢电压来启动电机,而不再需要其他启动设备。

3. 改变励磁磁通的调速特性

改变电动机主磁通 Φ 的机械特性,从图 6-15 可以看出,在一定的负载功率 P_L 下,不同的主磁通可以得到不同的转速,即改变主磁通 Φ 可以达到调速的目的。

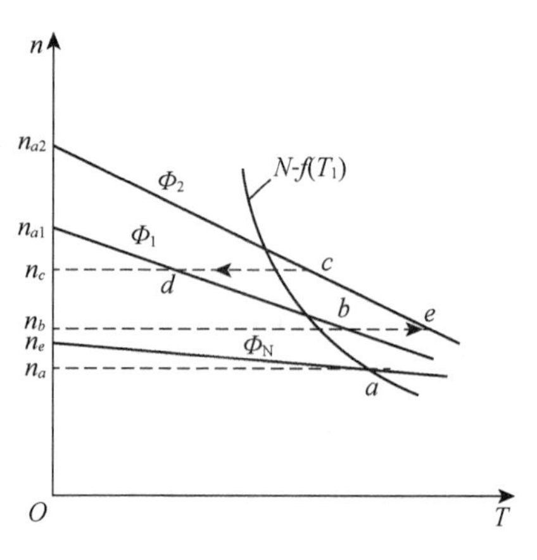

图 6-15 减弱动磁调速

在不考虑励磁电路的电感时,电动机调速时的机电过程如图 6-15 所示,降速时沿 c—d—b 进行,即从稳定转速 n_c 降到稳定转速 n_b;升速时沿 b—e—c 进行,即从 n_b 升至 n_c,这种调速方法的特点如下:

(1) 可以平滑无级调速,但只能弱磁调速,即在额定转速以上调节。

(2) 调速特性较软,且受电动机换向条件等的限制。

(3) 调速时维持电枢电压和电枢电流不变,即功率不变,属于恒功率调速。鉴于弱磁的调速范围不大,它往往是和调压调速配合使用,即在额定转速以下,用降压调速,而在额定转速以上,则用弱磁调速。

6.1.5 直流他励电动机的制动

在生产实践中,电动机拖动的机电系统有启动的要求,也就必然有停止的要求,有的系统还可能有频繁启停的要求。启动是从静止加速到某一稳定转速,而制动则是从某一稳定转速开始减速到某一较低的转速或停止,或是限制位能负载下降速度的一种运转状态。

为了使机电拖动系统停车,最简单的方法就是断开电枢电源,靠很小的摩擦阻转矩消耗机械能使转速慢慢下降,直到转速为零而停车,这称作自然停车。电动机的制动和自然停车是两个不同的概念,自然停车过程需时较长,不能满足生产机械的要求。为了提高生产效率,保证产品质量,常常需要加快停车过程,实现准确停车。实践应用中,常使电动机运行在制动状态,以有效控制过渡过程时间。

就能量转换的观点而言,电动机有两种运转状态,即电动状态和制动状态。电动状态是电动机最基本的工作状态，其特点是电动机所发出的转矩 T 的方向与转速 n 的方向相同，如图 6－16(a)所示，当起重机提升重物时，电动机将电源输入的电能转换成机械能，使重物 G 以速度 v 上升；但电动机也可工作在其发出的转矩 T 与转速 n 方向相反的状态，如图 6－16(b)所示，这就是电动机的制动状态。制动状态时，为使重物稳速下降，电动机必须发出与转速方向相反的转矩，以吸收或消耗重物的机械位能，否则重物由于重力作用，下降速度将越来越快。又如当生产机械要由高速运转迅速降到低速运转或者生产机械要求迅速停车时，也需要电动机发出与旋转方向相反的转矩，来吸收或消耗机械能，使它迅速制动。

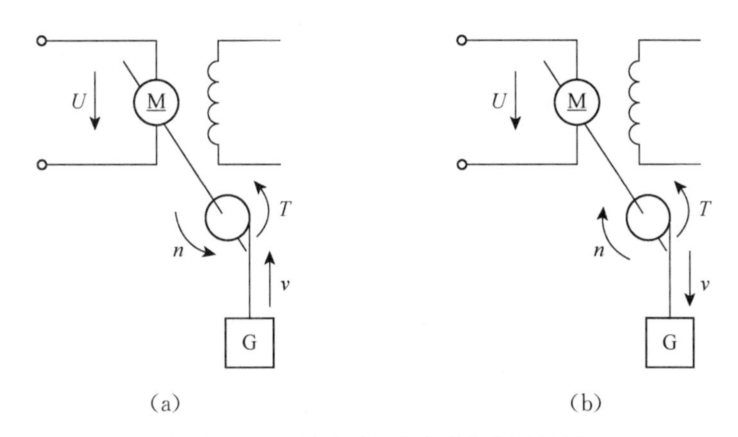

图 6－16　直流电动机的电动与制动运行

从上述分析可以看出电动机的制动状态主要有两种形式：

一种是位能性负载，为限制位能负载的运动速度，电动机的转速不变，以保持重物的匀速下降，这属于稳定的制动状态。

另一种是在降速或停车制动过程中，电动机的转速是变化的，这属于过渡的制动状态。

两种制动状态的区别在于转速是否发生变化，它们的共同点是电动机发出的转矩 T 与转速 n 方向相反，电动机工作在发电机运行状态，电动机吸收或消耗机械能(位能或动能)，并将其转化为电能反馈回电网或消耗在电枢电路的电阻中。

根据直流他励电动机处于制动状态时的外部条件和能量传递情况，它的制动状态分为能耗制动、反馈制动、反接制动三种形式。

1. 能耗制动

电动机在电动状态运行时，若把外施电枢电压 U 突然降为零，而将电枢串接一个附加电阻 R_{st} 短接起来，便能得到能耗制动的状态，如图 6－17(a)所示。即制动时，接触器

KM 断电，其常开触点断开，常闭触点闭合。这时，由于机械惯性，电动机仍在旋转，磁通 Φ 和转速 n 的存在，使电枢绕组上继续有感应电势 $E=K_e\Phi n$ 存在，其方向与电动状态方向相同。电势 E 在电枢和 R 回路内产生电流 I，该电流方向与电动状态下由电源电压 U 所决定的电枢电流方向相反，而磁通 Φ 的方向不变，故电磁转矩 $T=K_t\Phi I_a$。反向，即 T 与 n 反向，T 变成制动转矩，这时由工作机械的机械能带动电动机发电，使传动系统储存的机械能转变成电能通过电阻、电枢电阻 R_a 和附加制动电阻 R_{st} 转化成热量消耗掉，故称之为“能耗”制动。

能耗制动通常应用于拖动系统需要迅速而准确地停车及卷扬机类负载恒速下放重物的场合。改变制动电阻 R 的大小，可得到不同斜率的特性，如图 6 - 17(b)所示。在一定负载转矩 T 作用下，不同大小的 R_{st} 便有不同的稳定转速；或者在一定转速下，可使制动电流与制动转矩不同。R_{st} 越小，制动特性越平，也即制动转矩越大，制动效果越强烈。但为避免电枢电流过大，R_{st} 的最小值应该使制动电流不超过电动机允许的最大电流。

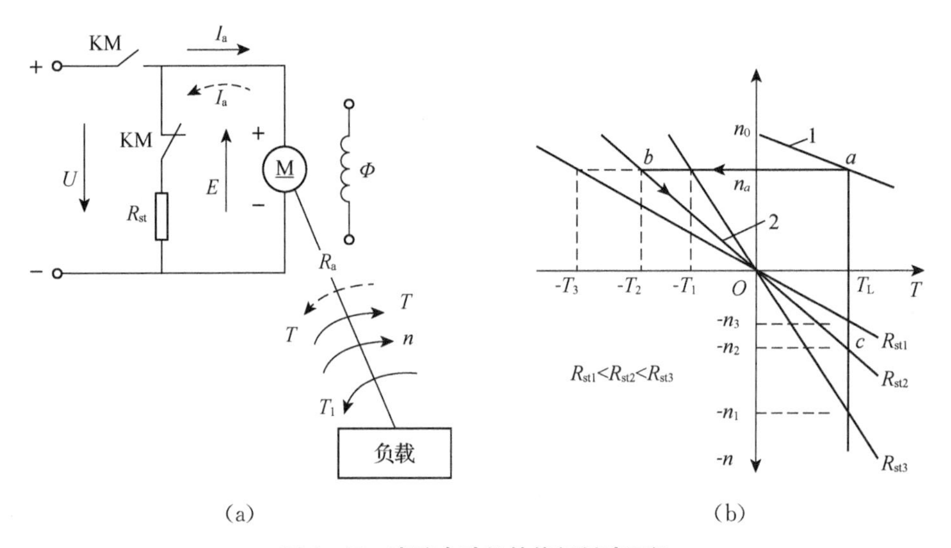

图 6 - 17 直流电动机的能耗制动运行

2. 反馈制动特性

电动机为正常接法时，在外部条件作用下电动机的实际转速 n 大于其理想空载转速 n_0，此时，电动机即运行于反馈制动状态。如电车走平路时，电动机工作在电动状态，电磁转矩 T 克服摩擦性负载转矩 T，并以转速 2 稳定在 a 点工作，如图 6 - 18(a)所示。当电车下坡时，电车位能负载转矩 T_p 使电车加速，转速 n 增加，越过 n_0 继续加速，使 $n>n_0$，感应电势 E 大于电源电压 U，故电枢中电流 I_a 的方向便与电动状态相反，转矩的方向也由于电流方向的改变而变得与电动状态相反，直到 $T_p=T+T_r$ 时，电动机以稳定的转速控制电车下坡，实际上这时是电车的位能转矩带动电动机发电，把机械能转变成电能，向电源馈送，故称该过程为反馈制动，也称再生制动或发电制动。

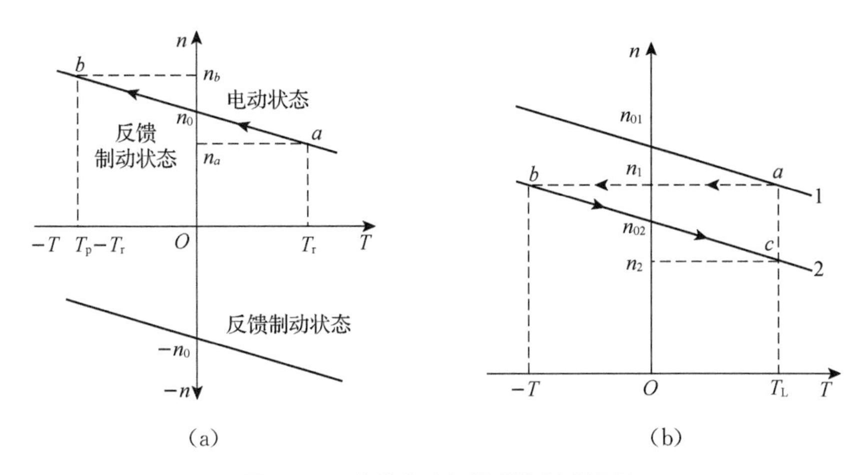

图 6-18　直流电动机的反馈制动运行

3. 反接制动特性

他励直流电动机的电枢电压 U 或者电枢电动势 E 中的任何一个在外部条件作用下改变了方向，即两者由方向相反变为方向一致时，电动机即运行于反接制动状态。把改变电枢电压 U 的方向所产生的反接制动称为电源反接制动，把改变电枢电势 E 的方向所产生的反接制动称为倒拉反接制动。

1) 电源反接制动

如图 6-19 所示，若电动机原运行在正向电动状态，电动机电枢电压 U 的极性如图 6-19(a)中的虚线所示，那么此时电动机稳速运行在第一象限中特性曲线 1 的 a 点，转速为 n_a。若电枢电压 U 的极性突然反接，如图 6-19(a)实线所示，此时电势平衡方程式为

$$E=-U-I_a(R_a+R_{ad}) \tag{6-13}$$

注意，电势 E、电枢电流 I_a 的方向为电动状态下假定的正方向。以 $E=K_e\Phi n$，$I_a=T/(K_t\Phi)$代入式(6-13)，便可得到电源反接制动状态的机械特性表达式：

$$n=\frac{-U}{K_e\Phi}-\frac{R_a+R_{ad}}{K_eK_t\Phi^2}T \tag{6-14}$$

可见，当理想空载转速 n_0 变为 $-n_0=-U/(K_e\Phi)$时，电动机的机械特性曲线为图 6-19(b) 中的直线 2，其反接制动特性曲线在第二象限。

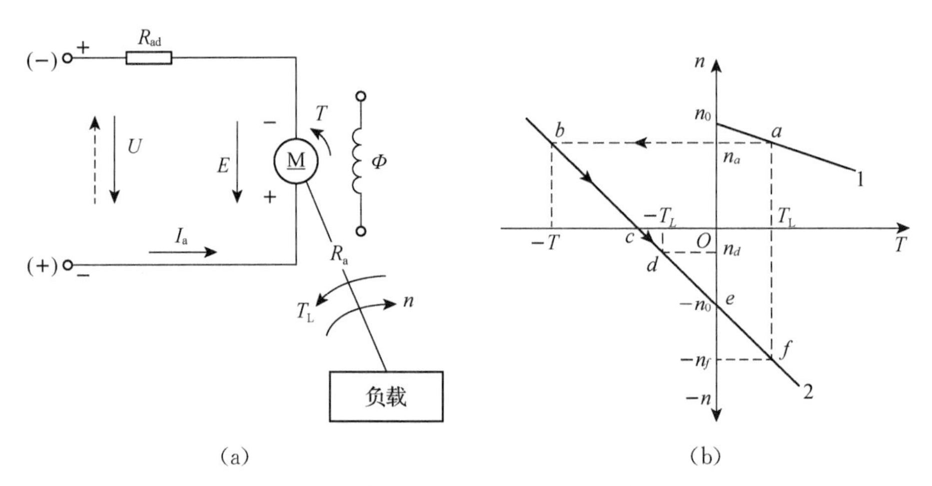

图 6-19　直流电动机的电源反接制动运行

由于在电源极性反接的瞬间，电动机的转速和它所决定的电枢电势不能突变，若不考虑电枢电感的作用，此时系统的状态由直线 1 的 a 点变到直线 2 的 b 点，电动机发出与转速 n 方向相反的转矩 T(即 T 为负值)，它与负载转矩共同作用，使电动机转速迅速下降，制动转矩将随之减小，系统状态沿直线 2 自 b 点向 c 点移动。当 n 下降到零时，反接制动过程结束。这时若电枢还不从电源拉开，电动机将反向启动，并将在 d 点(T_L 为反抗转矩时)或 f 点(T_L 为位能转矩时)建立系统的稳定平衡点。

注意，由于在反接制动期间，电枢电势 E 和电源电压 U 是串联相加的，因此，为了限制电枢电流 I_a，电动机的电枢电路中必须串接足够大的限流电阻 R_{ad}。

电源反接制动一般应用在生产机械要求迅速减速、停车和反向的场合以及要求经常正反转的机械上。

2) 倒拉反接制动

如图 6-20 所示，在进行倒拉反接制动以前，设电动机处于正向电动状态，以转速 n_a 稳定运转，提升重物。若欲放下重物，则需在电枢电路内串入附加电阻 R_{ad}，这时电动机的运行状态将由自然特性曲线 1 的 a 点过渡到人为特性曲线 2 的 c 点，电动机转矩 T 远小于负载转矩 T_L，因此，传动系统转速下降(即提升重物上升的速度减慢)，即沿着特性曲线 2 向下移动。由于转速下降，电势 E 减小，电枢电流增大，则电动机转矩 T 相应增大，但仍比负载转矩 T_L 小，所以系统速度继续下降，即重物提升速度越来越慢。当电动机转矩 T 沿特性曲线 2 下降到 d 点时，电动机转速为零，即重物停止上升，电动机反电势也为零，但电枢在外加电压 U 的作用下仍有很大的电流，此电流产生堵转转矩 T_{st}，由于此时 T_{st} 仍小于 T_L，故 T_L 拖动电动机的电枢开始反方向旋转，即重物开始下降，电动机工作状态进入第四象限。这时电势 E 的方向也反过来，E 和 U 同方向，所以电流随着转速在反方向增大，电势 E 增大，转矩也增大，到转矩 $T=T_L$ 的 b 点时，转速不再增加而以稳定的速度下放重物。由于这时重物是靠位能负载转矩 T_L 的作用下放，而电动机转矩 T 是反对重物下放的，故电动机这时起制动作用，这种工作状态称为倒拉反接制动或电势反接制动状态。

适当选择电枢电路中附加电阻 R_{ad} 的大小，即可得到不同的下降速度，且附加电阻越小，下降速度越慢。这种下放重物的制动方式弥补了反馈制动的不足，它可以得到极低的下降速度，保证了生产安全。故倒拉反接制动常用于控制位能负载的下降速度，使之不致在重物作用下有越来越大的加速。其缺点是，若对 T_L 的大小估计不准，则本应下降的重物可能向上升的方向运动。另外，其机械特性硬度小，因而较小的转矩波动就可能引起较大的转速波动，即速度的稳定性较差。

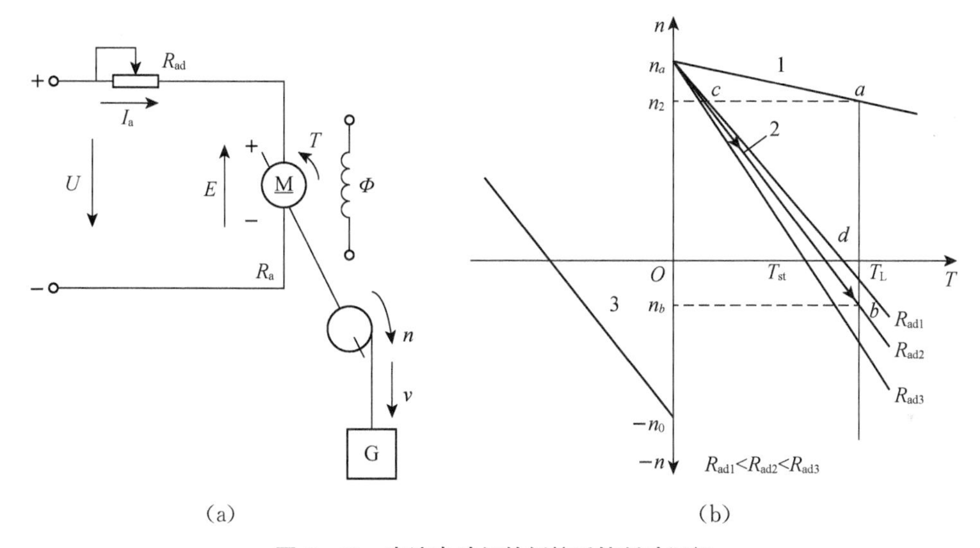

图 6－20　直流电动机的倒拉反接制动运行

由于图 6－20(a)中电压 U、电势 E、电流 I_a 都是电动状态下假定的正方向，所以倒拉反接制动状态下的电势平衡方程式、机械特性在形式上均与电动状态下的相同，即分别为

$$E=U-I_a(R_a+R_{ad}) \tag{6-15}$$

$$n_0=\frac{U}{K_e\Phi}-\frac{R_s+R_{ad}}{K_eK_t\Phi^2}T \tag{6-16}$$

因在倒拉反接制动状态下电枢反向旋转，故上列各式中的转速、电势 E 应是负值，可见倒拉反接制动状态下的机械特性曲线实际上是第一象限中电动状态下的机械特性曲线在第四象限中的延伸；若电动机反向运转在电动状态，则倒拉反接制动状态下的机械特性曲线就是第三象限中电动状态下的机械特性曲线在第二象限的延伸，如图 6－20(b)曲线 3 所示。

6.2 交流电机

6.2.1 交流电机的基本工作原理

交流旋转电机主要有同步电机和异步电机两类。虽然它们的励磁方式和运行特性有很大差别，但电机内部发生的电磁现象和机电能量转换的原理基本上是相同的，它们存在着许多共同的问题，因此可以统一起来进行研究。本节主要研究交流电机的基础知识。

1. 同步电机的基本工作原理

同步电机也是由定子和转子两部分组成，定、转子之间有气隙，如图 6－21 所示。定子上有 AX、BY、CZ 三相绕组，它们在空间彼此相差 120°的电角度，各相绕组完全相同。转子磁极(简称主极)上装有励磁绕组，由直流电流励磁。其磁通从转子 N 极出来，经过气隙、定子铁芯、气隙，进入转子 S 极而构成回路，如图 6－21 中的虚线所示。如果用一台原动机拖动发电机转子沿逆时针方向恒速旋转，则磁极的磁力线将切割定子绕组的导体，在定子导体中就会感应交变电势。假设磁极磁场的气隙磁密沿电机圆周按正弦规律分布，则导体电势随时间按正弦规律变化，即

$$e=B_i lv=B_m lv\sin\omega t=E_m\sin\omega t \qquad (6-17)$$

式中，$E_m=B_m lv$，是导体电势的最大值；

B_i 为导体所在处的磁密；

B_m 为正弦波磁密的最大值；

l 为导体的有效长度；

v 为磁力线切割导体的线速度；

$\omega=2\pi f$，f 是电势的频率。

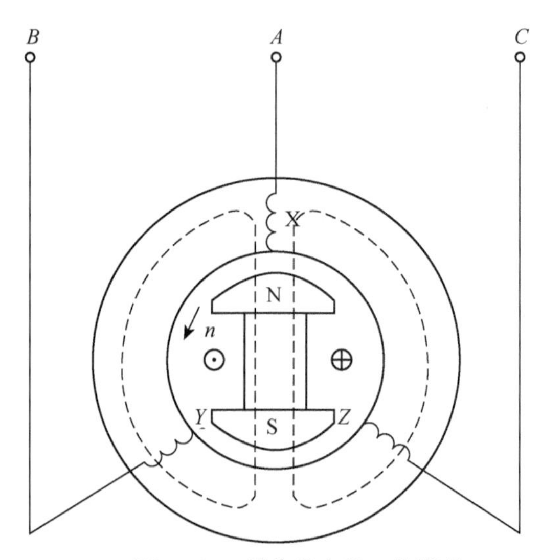

图 6－21　同步发电机工作原理

由于三相绕组在空间彼此相差 120°的电角度，因此，定子三相电势的大小相等，相位彼此互差 120°。假设相电势的最大值为 E_m，A 相电势的初相角为零，则三相电势的瞬时值为

$$\left.\begin{aligned}e_A&=E_m\sin\omega t\\e_B&=E_m\sin(\omega t-120^\circ)\\e_C&=E_m\sin(\omega t-240^\circ)\end{aligned}\right\}\tag{6-18}$$

三相电势的波形如图 6－22 所示。

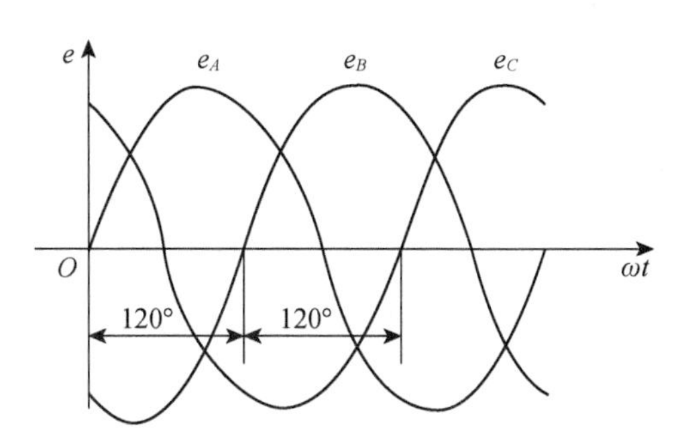

图 6－22　同步发电机三相电势波形

如果在图 6－21 所示三相绕组的出线端接上三相负载，同步发电机便有电能输出，它把轴上输入的机械能转换成电能，从而实现了机电能量的转换。

同步发电机输出的电势是交流电势，因而必须了解其频率的高低。当转子为一对磁极时，转子旋转一周，绕组中的感应电势交变一次；当电机有 p 对磁极时，转子旋转一圈，感应电势交变 p 次。如果转子每分钟转数为 n，则转子每秒转数为$\frac{n}{60}$转，因此感应电势每秒交变$\frac{pn}{60}$次，即电势的频率为

$$f=\frac{pn}{60}\ \text{Hz}\tag{6-19}$$

由此可见，感应电势的频率 f 等于电机的极对数 p 与转子每秒的转速$\frac{n}{60}$的乘积。如果电势的频率一定，则电机的转速与其极对数成反比，电机的极对数越多，其转速就越低。

从式(6－19)还可看出，同步电机的转速 n 和电网频率 f 之间有严格不变的关系。即当电网频率一定时，电机的转速 $n=\frac{60f}{p}$为一恒值，这是同步电机一个很重要的特点。

2. 异步电机的基本工作原理

异步电机的定子和同步电机的定子是一样的，但它们的转子的结构却不相同。图6-23所示为一台鼠笼式异步电动机。转子槽内有导体，导体两端用短路环联结起来，形成一个闭合的绕组。当定子三相对称绕组加上对称的三相交流电压后，定子三相绕组中便有对称的三相电流流过。它们共同形成定子旋转磁场（后面还将详细地进行分析），在图6-23中用磁极N、S表示。假设定子旋转磁场以转速1（称为同步转速）沿逆时针方向旋转，则它的磁力线将切割转子导体而感应电势。转子导体中电势的方向可用右手定则确定，如图6-23中用“⊗”和“⊙”表示电势方向。在该电势的作用下，转子导体内便有电流流过，电流的有功分量与电势同相位。于是，由电磁力定律可知，转子导体电流有功分量与旋转磁场相互作用，使转子导体受到电磁力 f 的作用，它的方向可用左手定则确定（图6-23）。在该电磁力的作用下，电动机转子就转动起来，其转向与旋转磁场的方向相同。这时，如果在电机轴上加上机械负载，电动机便拖动机械负载运转，输出机械功率，也就是说，电动机把输入的电能转换成轴上输出的机械能。

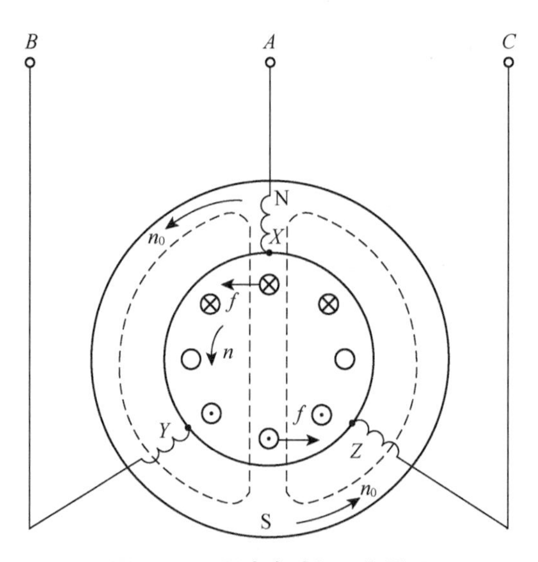

图6-23　异步电动机工作原理

异步电动机带动负载运行时，其转速不可能达到定子旋转磁场的转速。因为如果转子的转速达到定子旋转磁场的转速（同步转速），则转子导体与旋转磁场之间没有相对运动，因而转子导体中不能感应出电势和电流，也就不能产生推动转子旋转的电磁力。就是说，异步电动机负载运行的转速总是低于同步转速，两种转速之间总是存在着差异，故称其为异步电动机。

从上面的分析可以看到，异步电动机能够旋转，实现机电能量转换的前提，是定子三相对称绕组通入三相对称电流，产生旋转磁场。因此，下面将首先简要地说明旋转磁场如何产生。

3. 旋转磁场的产生

首先分析定子三相对称绕组中通以三相对称交流电流所产生的旋转磁场。图 6-24 所示为一台两极异步电动机，定子三相绕组（AX、BY、CZ）都是由一个圈所构成，它们在空间彼此相隔 120°电角度，这样的绕组称为对称三相绕组。当定子三相对称绕组接至三相对称交流电源后，定子中流过三相对称电流，各相电流的瞬时表达式为

$$
\begin{aligned}
i_A &= I_m\cos\omega t \\
i_B &= I_m\cos(\omega t-120^\circ) \\
i_C &= I_m\cos(\omega t-240^\circ)
\end{aligned}
\tag{6-20}
$$

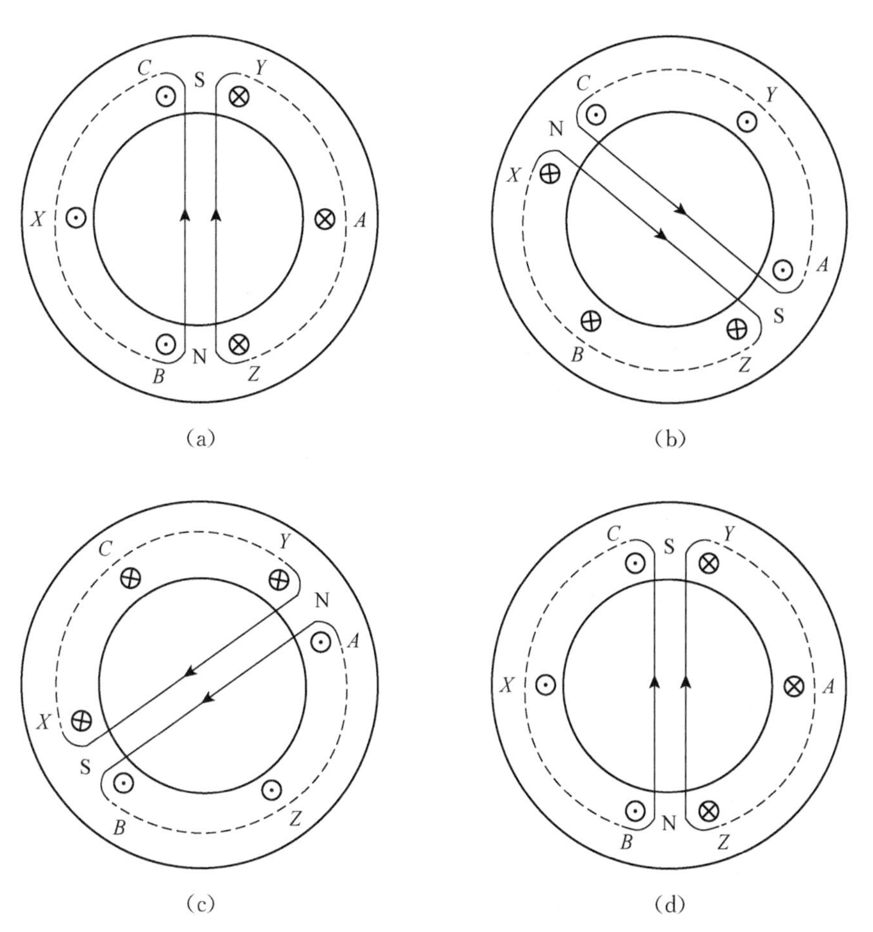

图 6-24　两极旋转磁场示意图

由于三相电流随时间的变化是连续的,为了考查三相对称电流产生的合成磁效应,选定几个特定的瞬间进行分析。例如,取 $\omega t=0(t=0)$、$\omega t=120°(t=T/3)$、$\omega t=240°(t=2T/3)$、$\omega t=360°(t=T)$等四个特定瞬间。我们规定:当电流为正时,电流从各相线圈的首端(A、B、C)流入,末端(X、Y、Z)流出;当电流为负时,电流从各相线圈的末端流入,首端流出。现以 $\omega t=0(t=0)$为例,在此瞬间,i_A 为正且达最大值,电流从 A 端流入(记以⊙),从 X 端流出(记以⊙),而 B、C 两相电流为负,分别从 Y、Z 流入,从 B、C 流出,如图 6-24(a)所示。每相绕组电流所建立的磁场方向,可根据右手螺旋定则确定,磁场轴线与该相绕组轴线重合。从图 6-24(a)可以看出,这一瞬间相电流达到正的最大值,三相绕组合成磁场的轴线与 AX 绕组的轴线重合。

用同样的方法,可以画出其余三个特定瞬间合成磁场的情况,分别如图 6-24(b)、(c)、(d)所示。从图 6-24 可以看出,三相对称电流通入三相对称绕组后,所建立的合成磁场并不是静止不动的,而是旋转的,故称为旋转磁场。

4. 旋转磁场的性质

从上面的定性分析中可以看出,三相对称交流电通入三相对称绕组,产生旋转磁场,其特点如下:

(1) 合成磁场的幅值是不变的,在旋转过程中,其幅值(用旋转矢量表示时)的轨迹是一个圆,故称为圆形旋转磁场。

(2) 旋转磁场的轴线总是与电流达到正的最大值那一相绕组轴线相重合。三相对称电流按相序 A、B、C 变化时,合成磁场的轴线也是依次从 A 相绕组轴线相继移到 B、C 相绕组轴线。也就是说,合成磁场的旋转方向决定于三相绕组电流的相序,电流的相序改变,旋转磁场的转向随之改变。

(3) 在图 6-24 所示两极电机的情况下,当 ωt 为 120°电角度时,合成磁场也旋转 120°电角度。当 ωt 为 360°电角度时,即电流变化一周,旋转磁场也旋转一周。这就是说,在两极电机中,电流变化一周,旋转磁场在空间也正好旋转一周。电流每秒钟变化 f 周,则旋转磁场每秒在空间旋转 f 转。我国国家标准规定工业交流电的频率为 50 Hz(即每秒 50 周),那么两极电机旋转磁场的速度为

$$n_0=50\ \text{r/s}=3\ 000\ \text{r/min}$$

(4) 如果把三相绕组排列成如图 6-25 所示。A、B、C 三相绕组分别由两个线圈 AX、$A'X'$,BY、$B'Y'$,CZ、$C'Z'$ 串联组成,每个线圈的跨距为 1/4 周期。用上面同样的方法,可以决定三相对称电流所建立的合成磁场仍然是一个旋转磁场。磁场的极数变为四个,即为两对磁极。由图 6-25 可知,当电流变化一周时,旋转磁场仅转过1/2 转。

也就是说，当 ωt 经过 120°电角度时，合成磁场相应地在空间转过 60°空间角。电流变化一周(即 $\omega t=360°$)，磁场在空间旋转 180°。因此，当电源频率为 $f=50$ Hz 时，四极电机旋转磁场的转速 $n_0=60f/2=1\ 500$ r/min。由此可见，只要适当地嵌置绕组，便可获得三对极、四对极或 p 对极的旋转磁场，因而异步电动机旋转磁场转速的一般表达式为

$$n_0=\frac{60f}{p}\ \text{r/min} \tag{6-21}$$

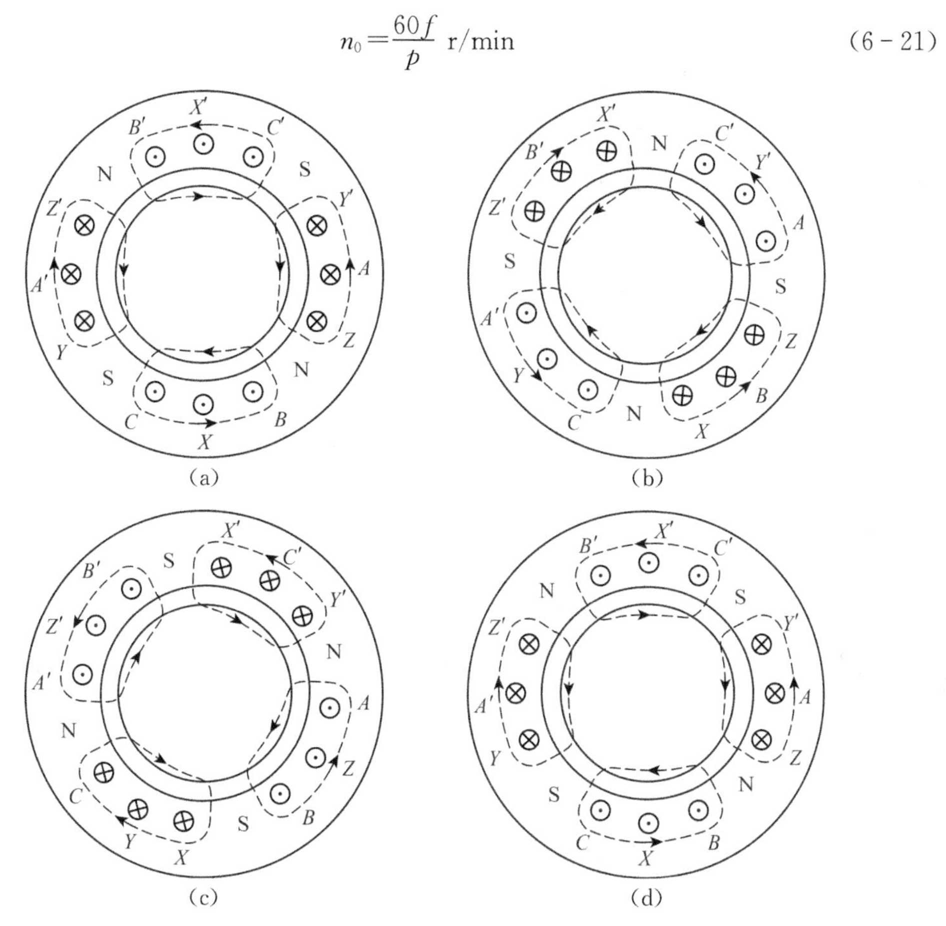

图 6-25 四极旋转磁场示意图

6.2.2 三相异步电动机的基本结构和参数

1. 三相异步电动机的基本结构

鼠笼式三相异步电动机的实物剖面图如图 6-26 所示，其主要由定子铁芯 1(包括机座外壳)、定子绕组 2、鼠笼转子 3、输出转轴 4、定子绕组外部接线盒 5、支撑轴承 6、冷却风扇 7 和罩壳 8 组成。

1—定子铁芯(包括机座外壳);2—定子绕组;3—鼠笼转子;4—输出转轴;
5—定子绕组外部接线盒;6—支承轴承;7—冷却风扇;8—罩壳。

图 6-26 鼠笼式三相异步电动机实物剖面图

1) 定子

定子由铁芯、绕组与机座三部分组成。定子铁芯是电动机磁路的一部分,它由厚 0.5 mm 的硅钢片叠压而成,片与片之间是绝缘的,以减少涡流损耗,定子铁芯的硅钢片的内圆冲有定子槽,如图 6-27 所示,槽中安放绕组,如图 6-27 中的 1 所示,硅钢片铁芯在叠压后成为一个整体,固定于机座上。定子绕组是电动机的电路部分,由许多线圈连接而成,每个线圈有两个有效边,分别放在两个槽里。三相对称绕组 AX、BY、CZ 可连接成星形(或用 Y 表示)或三角形(或用△表示)。机座主要用于固定与支撑定子铁芯。中小型异步电动机一般采用铸铁机座,可根据不同的冷却方式采用不同的机座形式。

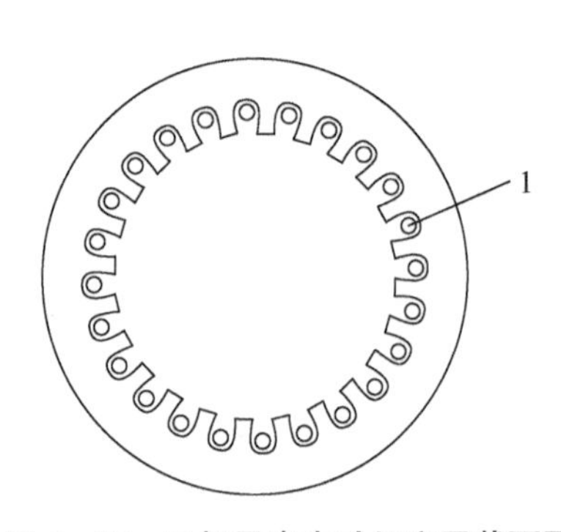

图 6-27 三相异步电动机定子截面图

2) 转子

转子由铁芯与绕组组成。转子铁芯压装在转轴上,由硅钢片叠压而成,转子硅钢片冲片如图 6-28 所示。转子铁芯也是电动机磁路的一部分,转子铁芯、气隙与定子铁芯构成电动机的完整磁路。异步电动机转子绕组多采用鼠笼式,它是在转子铁芯槽里插入铜条,再将全部铜条两端焊在两个铜端环上而组成,如图 6-28(a)所示。小型鼠笼式转子绕组多用铝离心浇注而成，如图 6－28(b)所示，这不仅是以铝代铜，而且制造得也快。

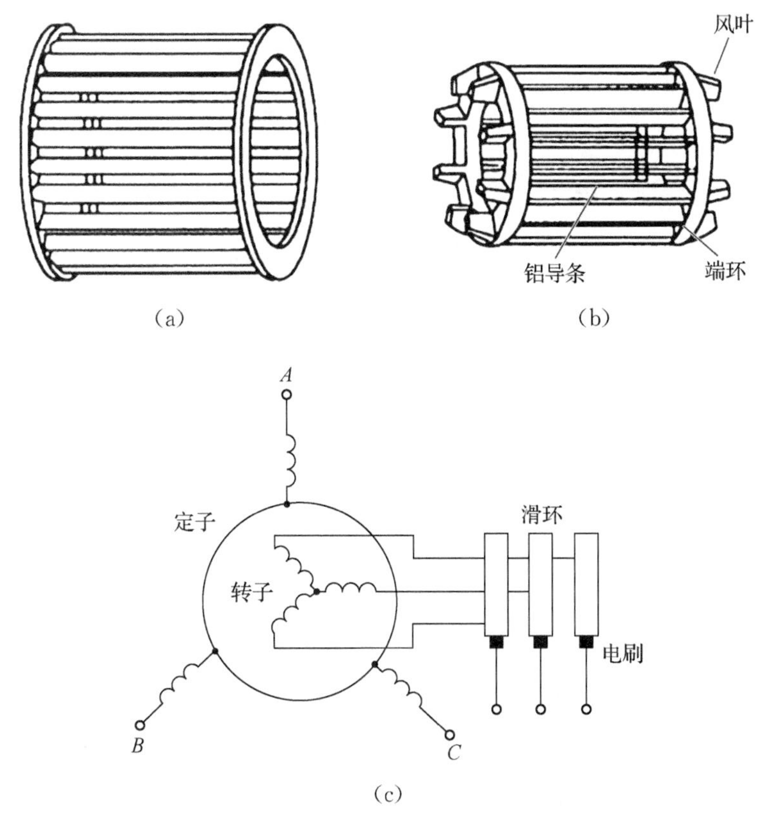

图 6－28 三相异步电动机转子结构

异步电动机的转子绕组除了鼠笼式外还有绕线式，绕线式转子绕组与定子绕组一样，绕组由线圈组成，被放入转子铁芯槽，转子绕组一般是连接成 Y 形的三相绕组，转子绕组组成的磁极数与定子相同，绕线式转子通过轴上的滑环和电刷把转子回路引到外部，以便改变转子回路参数，改善启动性能与调节转速等。

2. 三相异步电动机的基本参数

电动机在设计规定的情况下工作时，称为电动机的额定运行，额定运行时的参数通常称为额定值，这些数据大部分都标明在电动机的铭牌上。电动机的铭牌通常标有下列数据：

(1) 型号。

(2) 额定功率：在额定运行情况下，电动机轴上输出的机械功率。

(3) 额定电压：在额定运行情况下，定子绕组端应加的线电压值。

(4) 额定频率：在额定运行情况下，定子外加电压的频率。

(5) 额定电流：在额定频率、额定电压和轴上输出额定功率时，定子的线电流值。

(6) 额定转速：在额定频率、额定电压和轴上输出额定功率时，电动机的转速。

(7) 工作方式。

(8) 温升。

(9) 电机重量。

一般不标在电动机铭牌上的额定值如下：

(1) 额定功率因数：在额定频率、额定电压和电动机轴上输出额定功率时，定子相电流与相电压之间相位差的余弦。

(2) 额定效率：在额定频率、额定电压和电动机轴上输出额定功率时，电动机输出机械功率与输入功率之比。

(3) 额定输出转矩：电动机在额定转速下输出额定功率时轴上的输出转矩。

(4) 线绕式异步电动机转子静止时的滑环电压和转子的额定电流。

3. 三相异步电动机定子绕组线端连接方式

普通的三相异步电动机定子绕组的首端和末端通常都接在电动机接线盒内的接线柱上，一般按图 6-29(a)所示的方法排列，这样可以很方便地将绕组接成 Y 形[如图 6-29(b)所示]，或接成△形[如图 6-29(c)所示]。

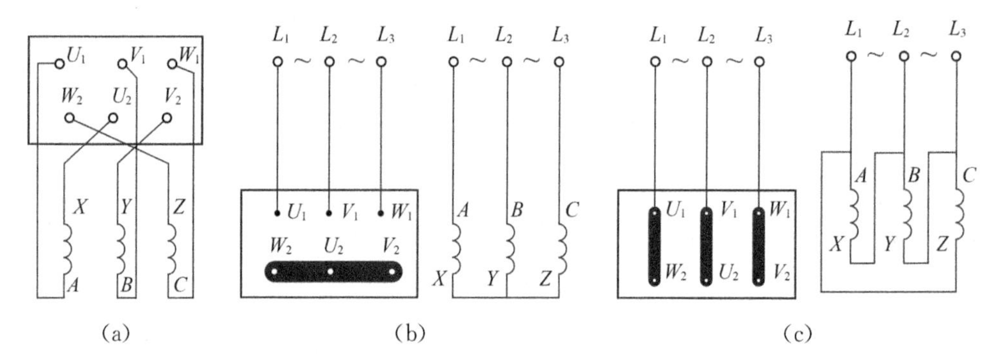

图 6-29 三相异步电动机定子绕组线端连接

按照我国电工专业标准规定，定子三相绕组出线端的首端是 U_1、V_1、W_1，末端是 U_2、V_2、W_2。

定子三相绕组的接线方式(Y 形或△形)的选择和普通三相负载一样，要根据电源的线电压而定。如果电动机所接入的电源线电压等于电动机的额定相电压(即每相绕组的额定电压)，那么，它的绕组应该接成△形；如果电源的线电压是电动机额定相电压的 3 倍，那么，它的绕组就应该接成 Y 形。通常电动机的铭牌上标有符号 Y/△和数字 380/220，前者表示定子绕组的接法，后者表示对应于不同接法应加的线电压值。

6.2.3 三相异步电动机的启动

采用电动机拖动生产机械，对电动机启动的主要要求如下：

(1) 有足够大的启动转矩，保证生产机械能正常启动。一般场合下希望启动越快越好，以提高生产效率。电动机的启动转矩要大于负载转矩，否则电动机不能启动。

(2) 在满足启动转矩要求的前提下，启动电流越小越好。因为过大的启动电流冲击，对于电网和电动机本身都是不利的。对电网而言，它会引起较大的线路压降，特别是电源容量较小时，电压下降太多，会影响接在同一电源上的其他负载，如会影响到其他异步电动机的正常运行甚至引起停车；对电动机本身而言，很大的启动电流将在绕组中产生较大的损耗，引起发热，加速电动机绕组绝缘老化，且在大电流冲击下，电动机绕组端部受电动力的作用，有发生位移和变形的可能，容易造成短路事故。

(3) 要求启动平滑，即要求启动时平滑加速，以减小对生产机械的冲击。

(4) 启动设备安全可靠，力求结构简单，操作方便。

(5) 启动过程中的功率损耗越小越好。

其中，(1)和(2)是衡量电动机启动性能的主要指标。

在异步电动机接入电网启动的瞬间，由于转子处于静止状态，定子旋转磁场以最快的相对速度(即同步转速)切割转子导体，在转子绕组中感应出很大的转子电势和转子电流，从而引起很大的定子电流，一般启动电流 I_{st} 可达到额定电流 I_N 的 5～7 倍，但因启动时 $s=1$，转子功率因数 $\cos\varphi_2$ 很低，因而启动转矩 $T_{st}=K_t\Phi I_{2st}\cos\varphi_{2st}$ 却不大，一般 $T_{st}=(0.8\sim1.5)T_N$。显然，异步电动机的这种启动特性和生产机械的要求是相矛盾的。为了解决这些矛盾，必须根据具体情况，采取不同的启动方法。

1. 直接启动(全压启动)

所谓直接启动，就是将电动机的定子绕组通过开关或接触器触点直接接入电源，在额定电压下进行启动。由于直接启动的启动电流很大，因此，一般在有独立变压器供电的情况下，若电动机启动频繁，则电动机功率小于变压器容量的 20%时允许直接启动；若电机不经常启动，则电动机功率小于变压器容量的 30%时也允许直接启动。如果没有独立的变压器供电，电动机启动比较频繁，则常按经验公式来估算，满足下列关系可直接启动，即

$$\frac{\text{启动电流 } I_{st}}{\text{额定电流 } I_N}\leqslant\frac{3}{4}+\frac{\text{电源总容量}}{4\times\text{电动机功率}}$$

直接启动因无须附加启动设备，且操作和控制简单、可靠，所以，在条件允许的情况

下应尽量采用。考虑到目前在大中型厂矿企业中，变压器的容量已足够大，因此，绝大多数中、小型鼠笼式异步电动机都采用直接启动。

2. 定子串电阻或电抗器降压启动

异步电动机采用定子串电阻或电抗器的降压启动原理，接线如图 6-30 所示。启动时，接触器 KM1 断开，KM 闭合，将启动电阻 R_{st} 串入定子电路，使启动电流减小；待转速上升到一定程度后再将 KM1 闭合，R_{st} 被短接，电动机接上全部电压而转为稳定运行。

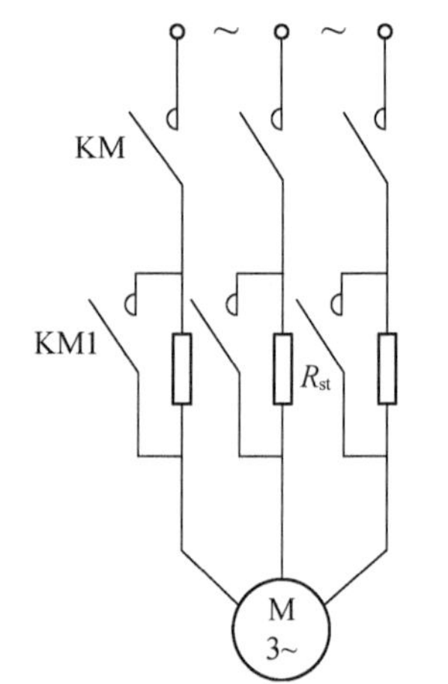

图 6-30 三相异步电动机定子串电阻启动

这种启动方法的缺点是：

(1) 启动转矩随定子电压的平方关系下降，它只适用于空载或轻载启动的场合。

(2) 不经济。在启动过程中，电阻器上能量消耗大，不适用于经常启动的电动机，若采用电抗器代替电阻器，则所需设备费较贵，且会使电动机体积大。

3. Y 形-△形降压启动

Y 形-△型(Y-△)降压启动的接线图如图 6-31 所示。启动时，接触器的触点 KM 和 KM1 闭合，KM2 断开，将定子绕组接成 Y 形；待转速上升到一定程度后再将 KM1 断开，KM2 闭合，将定子绕组接成△形，电动机启动过程完成而转入正常运行。这适用于电动机运行时定子绕组接成△形的情况。

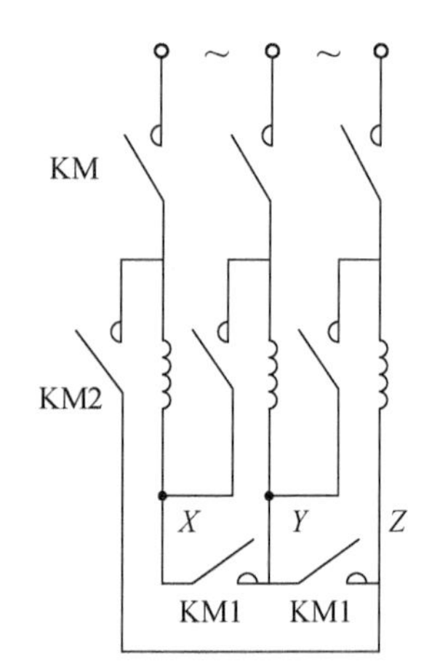

图 6-31 三相异步电动机 Y-△降压启动

设 U_1 为电源线电压，I_{stY} 及 $I_{st\triangle}$ 为定子绕组分别接成 Y 形及△形的启动电流(线电流)，Z 为电动机在启动时每相绕组的等效阻抗，则有

$$I_{stY}=U_1/(\sqrt{3}Z),\ I_{st\triangle}=\sqrt{3}U_1/Z$$

所以 $I_{stY}=I_{st\triangle}/3$，即定子接成 Y 形时的启动电流等于接成△形时启动电流的 1/3，而接成 Y 形时的启动转矩 $I_{st}\propto U_1^2$，所以，$T_{stY}=T_{st\triangle}/3$，即 Y 形连接降压启动时的启动转矩只有△形直接连接启动时的 1/3。

Y-△换接启动除了可用接触器控制外，尚有一种专用的手操式 Y-△启动器，其特点是体积小、重量轻、价格便宜、不易损坏、维修方便。

这种启动方法的优点是设备简单、经济、启动电流小，缺点是启动转矩小，且启动电压不能按实际需要调节，故只适用于空载或轻载启动场合，并只适用于正常运行时定子绕组按△接线的异步电动机。由于这种方法应用广泛，我国规定 4 kW 及以上的三相异步电动机，其定子额定电压为 380 V，连接方法为△形连接。当电源线电压为 380 V 时，它们就能采用 Y-△换接启动。

4. 延边△形降压启动

延边△形降压启动就是在启动时使定子绕组的一部分作△形连接，另一部分作 Y 形连接，如图 6-32(a)所示。从启动时定子绕组连接的图形来看，就好像将一个△形三边延长了一样，因此，称这种启动方式为延边△形降压启动。这种启动法就是启动时将定子绕组接成延边△形，启动完后将定子绕组换接成如图 6-32(b)所示。

从图 6-32(a)可看出启动时每相绕组的电压低于作△形连接直接启动时的电压，这也属于降压启动。不过，这种接法与 Y-△换接启动法相比，相电压较大，所以，其启动电流和启动转矩都较大，具体大多少，则由 Y 形部分绕组与△形部分绕组匝数之比来确定。

由于这种启动方法对电动机定子绕组的出线有特殊要求，所以用得不是很多。

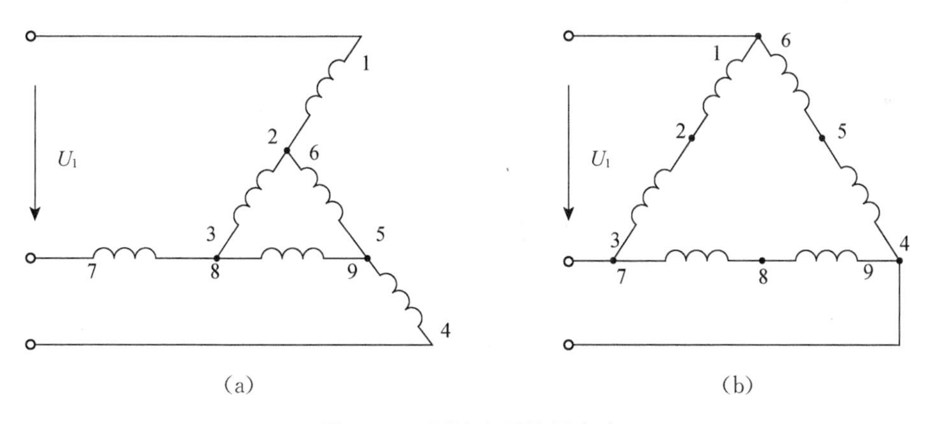

图 6-32　延边△形降压启动

5. 绕线式异步电动机转子串电阻启动

在转子电路中串入电阻 R_{2r} 后电动机特性变得很软，随着转速的上升输出转矩迅速下降，启动过程缓慢。为了加快启动过程，像直流电动机电枢串电阻启动一样，可以采用逐级切换启动电阻的办法，以保持启动过程中的最大动态转矩。

6.2.4 三相异步电动机的制动特性

1. 能耗制动特性

能耗制动是三相异步电动机比较常用的准确停车的方法，异步电动机能耗制动的原理线路图如图 6-33(a)所示。进行能耗制动时，首先将定子绕组从三相电源断开(KM1打开)，接着立即将一低压直流电源接入定子绕组(KM2 闭合)。直流电流通过定子绕组后，在电动机内部建立一个固定不变的磁场，转子在传动系统存储的机械能维持下继续旋转，转子导体内因此产生感应电势和电流，该电流与恒定磁场相互作用产生作用方向与转子实际旋转方向相反的制动转矩，在它的作用下，电动机转速迅速下降，此时运动系统储存的机械能被电动机转换成电能后消耗在转子电路的电阻中。

能耗制动的机械特性如图 6-33(b)所示，制动时系统运行点从特性 1 之 a 点平移至特性 2 之 b 点，在制动转矩和负载转矩的共同作用下沿特性 2 迅速减速，直至 $n=0$。当 $n=0$ 时，$T=0$，所以能耗制动能准确停车。另外，制动的后阶段，随着转速的降低，能耗制动转矩也很快减少，所以，制动比较平稳，但制动效果则随着转速的降低变差。可以用改变定子励磁电流 I_f 或转子电路串入电阻(绕线式异步电动机)的大小来调节制动转矩，从而调节制动的强弱。由于制动时间很短，所以通过定子的直流电流 I_f 可以大于电动机的定子额定电流，一般取 $I_f=(2\sim3)I_{1N}$。

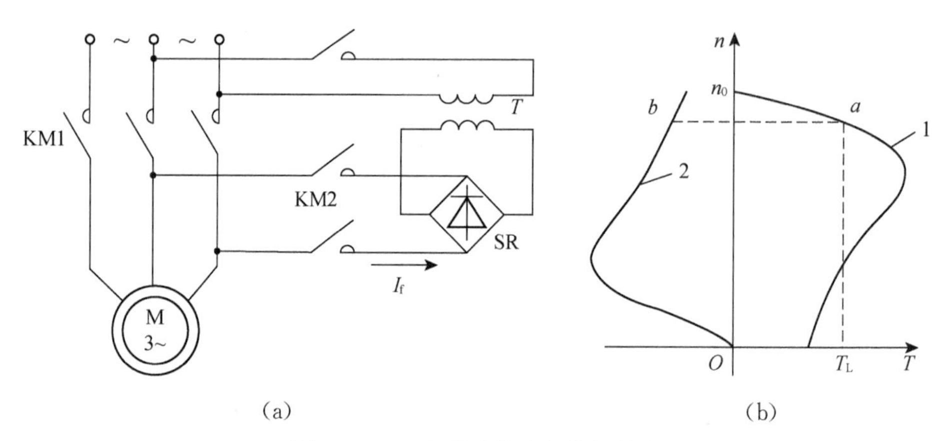

图 6-33 三相异步电动机能耗制动

2. 反馈制动特性

由于某种原因，异步电动机的运行速度高于它的同步速度，即 $n>n_0$，$s=(n_0-n)/n_0<0$ 时，异步电动机就进入发电状态。显然，这时转子导体切割旋转磁场的方向与电动状

态的方向相反，电流 I_2 改变了方向，电磁转矩 $T=K_m\Phi I_2\cos\varphi_2$ 也随之改变方向，即 T 与 n 作用的方向相反，T 起制动作用。反馈制动时，电机从轴上吸取功率，一部分功率被转化为转子铜耗，大部分则通过空气隙进入定子，并在供给定子铜耗和铁耗后，反馈给电网，所以，反馈制动又称发电制动，这时异步电动机实际上是一台与电网并联运行的异步发电机。由于 T 为负，$s<0$，所以，反馈制动的机械特性是电动状态机械特性向第二象限的延伸，如图 6－34 所示。

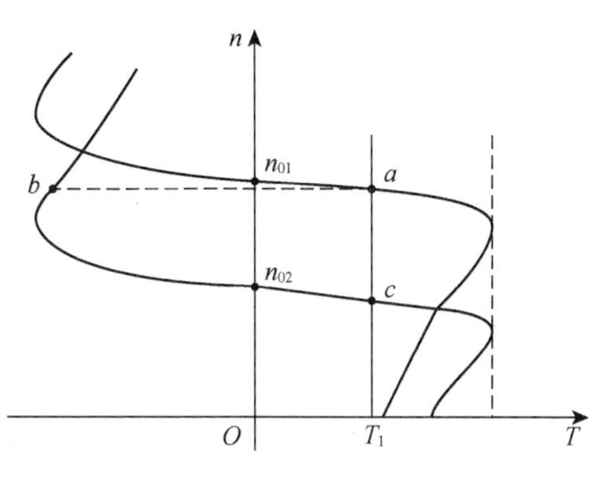

图 6－34　三相异步电动机反馈制动

电动机在变极调速或变频调速过程中，极对数突然增多或供电频率突然降低，使同步转速 n_0 突然降低，当电动机由高速挡切换到低速挡时，由于转速不能突变，在降速开始一段时间内，电动机运行到 n_{02} 的机械特性的发电区域内(b 点)，此时电枢所产生的电磁转矩为负，电磁转矩和负载转矩一起，迫使电动机降速。在降速过程中，电机将运行系统中的动能转换成电能反馈到电网，当电动机在高速挡所存储的动能消耗完后，电机就进入电动状态，一直到电动机的电磁转矩又重新与负载转矩相平衡，电机稳定运行在 c 点。

3. 反接制动特性

1）电源反接

如果正常运行时异步电动机三相电源的相序突然改变(电源反接)，旋转磁场的方向就会改变，电动机状态下的机械特性曲线就由第一象限的曲线 1 变成了第三象限的曲线 2，如图 6－35 所示。但由于机械惯性的原因，转速不能突变，系统运行点 a 只能平移至特性曲线 2 至 b 点，电磁转矩由正变负，则转子将在电磁转矩和负载转矩的共同作用下迅速减速，在从点 b 到点 c 的整个第二象限内，电磁转矩 T 和转速 n 的方向都相反，电机进入反接制动状态，待 $n=0$(点 c)，应将电源切断，否则电动机将反向启动运行。

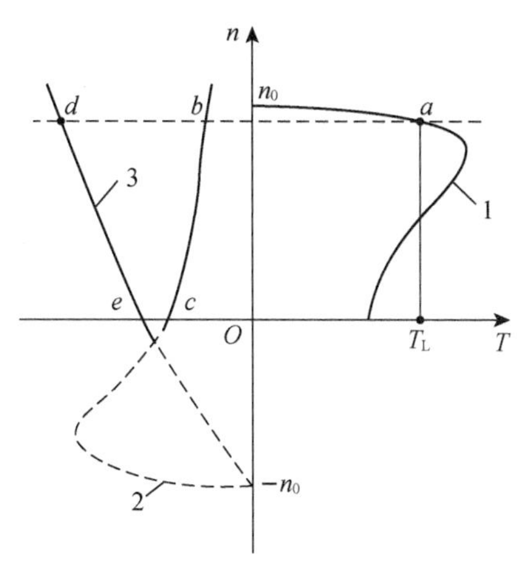

图 6－35　三相异步电动机电源反接制动

由于反接制动时电流很大，鼠笼式电动机常在定子电路中串接电阻，绕线式电动机则在转子电路中串接电阻，这时的人为机械特性如图 6－35 的曲线 3 所示，制动时工作点

由 a 点转到 d 点，然后沿特性曲线 3 减速至 $n=0$(e 点)，切断电源。

2) 倒拉制动

倒拉制动出现在位能负载转矩超过电磁转矩的时候，如起重机下放重物时，为了使下降速度不致太快，就常用这种工作状态。

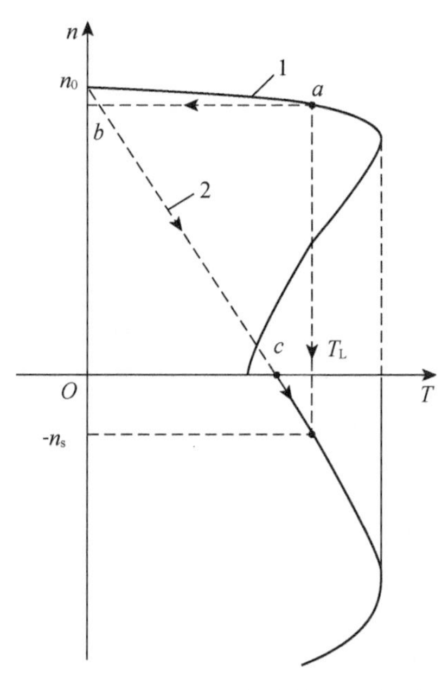

图 6-36　三相异步电动机倒拉反接制动

若起重机提升重物时稳定运行在特性曲线 1 的 a 点，如图 6-36 所示。欲使重物下降，就在转子电路内串入较大的附加电阻，此时系统运行点将从特性曲线 1 之 a 点移至特性曲线 2 的 b 点，负载转矩 T_L 将大于电动机的电磁转矩 T，电动机减速到 c 点(即 $n=0$)，这时由于电磁转矩 T 仍小于负载转矩 T_L，重物将迫使电动机反向旋转，重物被放下，即电动机转速 n 由正变负，$s>1$，机械特性由第一象限延伸到第四象限，电动机进入反接制动状态。随着下放速度的增加，s 增大，转子电流 I_2 和电磁转矩 T 增大，直至 $T=T_L$，系统达到相对平衡状态，重物以 $-n_s$ 等速放下。可见与电源反接的过渡制动状态不同，这是一种能稳定运转的制动状态。

在倒拉制动状态下，转子轴上输入的机械功率转变成电功率后，连同从定子输入的电磁功率一起，消耗在转子电路的电阻上。

将异步电动机的电源反接制动用于准确停车有一定的困难，因为它容易造成反转，而且电能损耗也比较大；反馈制动虽然是比较经济的制动方法，但它只能在高于同步转速的情况下使用；能耗制动不像电源反接制动那样，如不及时切断电源会使电动机反转，所以能用于准确停车，不过当电动机停止后不应再接通直流电源，因为那样将会烧坏定子绕组。

变频调速技术

7.1 概述

电动机是电力拖动系统中的原动机，它将电能转化为机械能，去拖动各类型生产机械的工作机构运动，以满足各种生产工艺的要求。社会化大生产的不断发展，使生产制造技术越来越复杂，对生产工艺的要求也进一步提高。而作为系统原动机的电动机则是实现这些要求的主体，因此提高电动机的调速技术对于提高整个电力拖动系统的性能具有十分重要的意义。

长期以来，在调速领域里，直流调速由于控制简单、调速性能好，一直占据统治地位，但它也具有下述缺点：

(1) 直流电动机结构复杂，成本高，故障多，维护困难，经常因火花大而影响生产。

(2) 换向器的换向能力限制了电动机的容量和速度。直流电动机的极限容量和速度之积约为 10 kW · r/min，许多大型机械的传动电动机的容量和速度之积已接近或超过该值，电动机设计制造困难，甚至根本造不出来。

(3) 为改善换向能力，要求电枢漏感小，转子短粗，这会导致转动惯量增大，影响系统动态性能。在动态性能要求高的场合，不得不采用双电枢或三电枢，这会带来造价高、占地面积大、易共振等一系列问题。

(4) 直流电动机除励磁外，全部输入功率都通过换向器流入电枢，电动机效率低。由于转子散热条件差，因而冷却费用高。

相对于直流电动机，异步电动机并无上述缺点，而且具有结构简单、坚固耐用、使用寿命长、易于维修、价格低廉的优点。因此，在整个电力拖动领域中，异步电动机独占鳌头。

7.1.1 异步电动机调速方式

当三相电动机定子绕组通入三相交流电后，定子绕组会产生旋转磁场，旋转磁场的转速与交流电源的频率 f 和电动机的磁极对数 p 有如下关系，即

$$n_0=60f/p \tag{7-1}$$

电动机转子的旋转速度(即电动机的转速)略低于旋转磁场的旋转速度 n_0(又称同步转速)，两者的转速差称为转差率 s，电动机的转速为

$$n=(1-s)60f/p \tag{7-2}$$

由式(7-2)可知，若要改变电动机转速，有如下三种方法：

①变极调速：改变电动机绕组的磁极对数 p。

②改变转差率调速：改变电动机的转差率 s。

③变频调速：改变供电电源的频率 f。

目前常见的调速方式主要有降电压调速、转子串电阻调速、串级调速、变极调速、变频调速。其中前三项均属于改变转差率调速方式。

1）异步电动机的变极调速

变极调速是通过改变定子绕组的磁极对数来改变旋转磁场同步转速进行调速的，是无附加转差损耗的高效调速方式。由于磁极对数 p 是整数，因此电动机不能实现平滑调速，只能进行有级调速。在供电频率 $f=50$ Hz 的电网中，p 为 1、2、3、4 时，相应的同步转速 n_0 分别为 3 000 r/min、1 500 r/min、1 000 r/min、750 r/min。变极调速只适用于变极电动机，现国内生产的变极电动机有双、三、四速等几类。

变极调速的优点是在每一个转速等级下都具有较硬的机械特性，稳定性好，控制线路简单，容易维护，缺点是为有级调速，调速平滑性差，从而限制了它的使用范围。

2）降电压调速

降电压调速是用改变定子电压的方法来改变电动机的转速的。调速过程中，它的转差功率以发热形式损耗在转子绕组中，属于低效调速方式。由于电磁转矩与定子电压的平方成正比，因此改变定子电压就可以改变电动机的机械特性，使其与某一负载特性相匹配就可以使电动机稳定在相应的转速上，从而实现调速功能。使用晶闸管调速是实现交流调压调速的主要手段，通过改变定子侧三相反并联晶闸管的移相角来调节转速，可以做到无级调速，如图 7－1 所示。

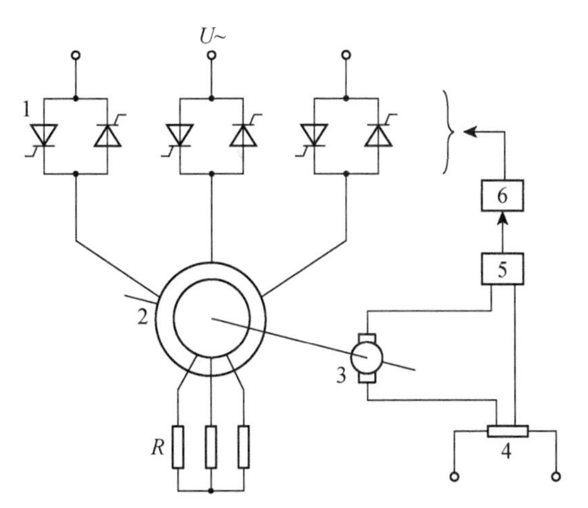

1—晶闸管装置；2—异步电动机；3—测速发电机；

4—电压给定器；5—放大器；6—触发器。

图 7－1 晶闸管调压调速系统的原理框图

降电压调速的主要优点是控制设备比较简单，可无级调速，初始投资低，使用维护比较方便，缺点是机械特性软，调速范围窄，调速效率比较低。它适用于调速要求不高、在高速区运行时间较长的中小容量的异步电动机。

3）转子串电阻调速

适用于绕线式异步电动机，通过在电动机的转子回路中串入不同阻值的电阻，人为地改变转子电流，从而改变电动机的转速，如图 7－2 所示。

转子串电阻调速的优点是设备简单，维护方便，控制方法简单，易于实现。其缺点是：只能有级调速，平滑性差；低速时机械特性软，故静差率大；低速时转差大，转子铜损高，运行效率低。这种调速方法适合于调速范围不太大和调速特性要求不高的场合。

4）串级调速

串级调速方式是转子串电阻调速方式的改进，其基本工作方式也是通过改变转子回路的等效阻抗从而改变电动机的工作特性，达到调速的目的。其实现方式是在转子回路中串入一个可变的电动势，从而改变转子回路的回路电流，进而改变电动机转速。

串级调速的优点是可以通过某种控制方式使转子回路的能量回馈给电网，从而提高效率，还可以实现无级调速，缺点是对电网干扰大，调速范围窄。

5）变频调速

变频调速是通过改变异步电动机供电电源的频率来实现无级调速的。从实现原理上考虑，变频调速是一个简捷的方法。从调速特性上看，变频调速的任何一个速度段的硬度均接近自然机械特性，调速特性好。如果能有一个可变频率的交流电源，则可实现连续调速，使平滑性变好。变频器就是一种可以实现变频、变压的变流电源的专业装置，其变频调速原理图如图 7－3 所示。

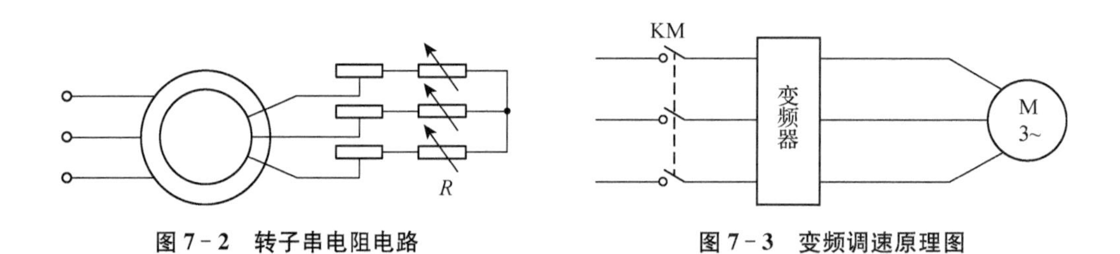

图 7－2　转子串电阻电路　　图 7－3　变频调速原理图

7.1.2　变频器分类

变频器是将频率固定的交流电变换为频率连续可调的交流电的装置。变频器技术随着微电子学、电力电子技术、计算机技术和自动控制理论等的不断发展而发展，其应用也越来越普及。

1）按变换环节分类

（1）交-交变频器。交变频器单相交-交变频器的原理如图 7-4 所示。它只需要一个变换环节就可以把恒压恒频（CVCF）的交流电源转换为变压变频（VVVF）的交流电源。因此，单相交-交变频器又称为直接变频器。

图 7-4 交-交变频器的工作原理

（2）交-直-交变频器。交-直-交变频器又称为间接变频器。它的基本电路由整流电路和逆变电路两部分组成。整流电路将工频交流电整流成直流电，逆变电路再将直流电逆变成频率可调节的交流电。按变频电源的性质不同，交-直-交变频器可分为电压型交-直-交变频器和电流型交-直-交变频器。交-直-交变频器的工作原理如图 7-5 所示。

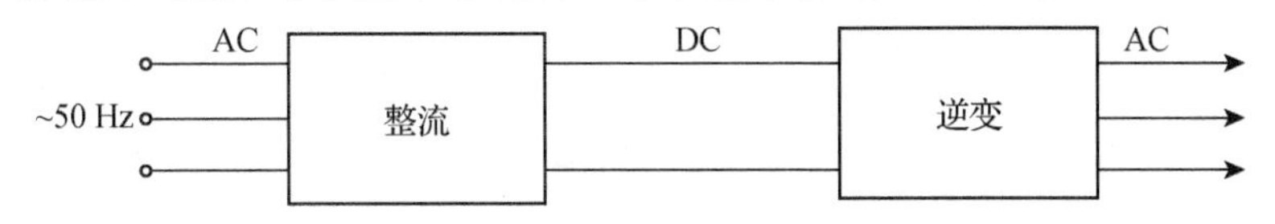

图 7-5 交-直-交变频器的工作原理

①电压型交-直-交变频器。在电压型交-直-交变频器中，整流电路产生的直流电压，通过电容滤波后供给逆变电路。由于采用大电容滤波，故电压型交-直-交变频器的输出电压的波形比较平直，在理想情况下可以将其看成一个内阻为零的电压源。逆变电路输出电压的波形为矩形或阶梯形。电压型交-直-交变频器多用于不要求正反转或快速加减速的通用变频器中。电压型交-直-交变频器的主电路结构如图 7-6(a)所示。

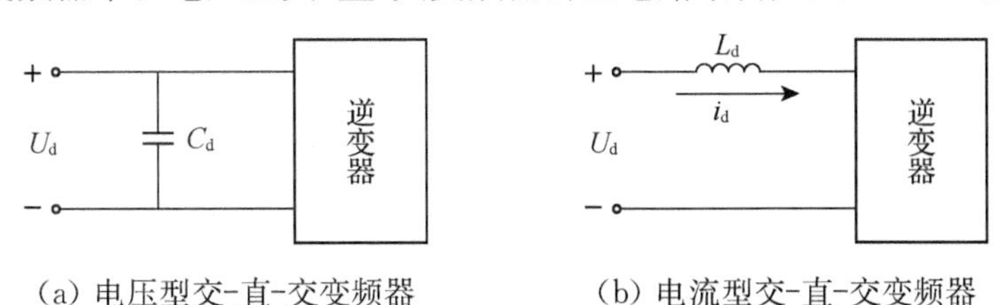

（a）电压型交-直-交变频器　（b）电流型交-直-交变频器

图 7-6 电压型和电流型交-直-交变频器的主电路结构

这种变频器在大多数情况下采用六脉波运行方式，晶闸管在一个周期内导通 180°。该电路的特点是中间直流环节的储能元件为大电容，负载的无功功率将由它来缓冲。由于大电容的作用，主电路直流电压 U_d 比较平稳，电动机端的电压波为方波或阶梯波。由于直流电源内阻比较小，相当于电压源，故电压型交-直-交变频器又称为电压源型变频器或电压型变频器。

对负载电动机而言，变频器是一个交流电压源，在不超过容量限度的情况下，它可以驱动多台电动机并联运行，具有不选择负载的通用性。其缺点是当电动机处于再生发电状态时，反馈到直流侧的无功能量难以反馈给交流电网。要实现这部分能量向电网的反馈，必须采用可逆变流器。如图 7-7 所示，电网侧交流器采用两套全控整流器反并联，电动机由电桥Ⅰ供电，反馈时电桥Ⅱ做有源逆变运行（$\alpha>90°$），将再生能量反馈给电网。

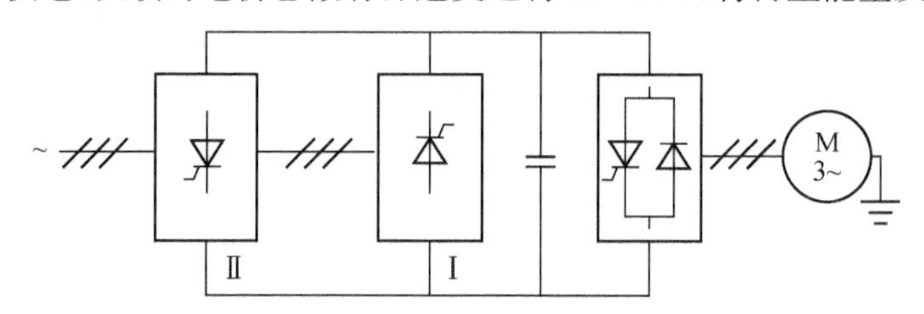

图 7-7　再生能量回馈型电压型变频器

②电流型交-直-交变频器。当交-直-交变频器的中间直流环节采用大电感滤波时，直流电流波形比较平直，因而电源内阻很大，对负载来说基本上是一个电流源，逆变电路输出的电流波为矩形波。电流型交-直-交变频器适用于频繁可逆运转的变频器和大容量的变频器。电流型交-直-交变频器的主电路结构如图 7-6(b)所示。这种变频器的逆变器中晶闸管每周期工作 120°，属于 120°导电型变频器。

电流型交-直-交变频器的一个较突出的优点是当电动机处于再生发电状态时，反馈到直流侧的再生电能可以方便地回馈到交流电网，不需在主电路内附加任何设备，只要利用电网侧的不可逆变流器改变其输出电压极性（触发延迟角 $\alpha>90°$）即可。

这种电流型交-直-交变频器可用于频繁加、减速的大功率电动机的传动，在大功率风机、泵类节能调速中也有应用。

2) 按调压方式的不同分类

按调压方式的不同，交-直-交变频器又分为脉幅调制交-直-交变频器和脉宽调制交-直-交变频器两种。

(1) 脉幅调制交-直-交变频器。脉幅调制方式（PAM）是通过改变电压源的电压 U_d 或电流源的电流 I_d 的幅值进行输出控制的方式。因此，脉幅调制交-直-交变频器在逆变器部分只控制频率，在整流器部分只控制电压或电流，而输出电压的调节则由相控整流器（见图 7-8）或直流斩波器（见图 7-9）通过调节直流电压 U_d 来实现。采用相控整流器调压时，电网侧的功率因数随着调节深度的增加而降低，而采用直流斩波器调压时，电网侧的功率因数在不考虑谐波影响时，可以达到 $\cos\varphi\approx1$。

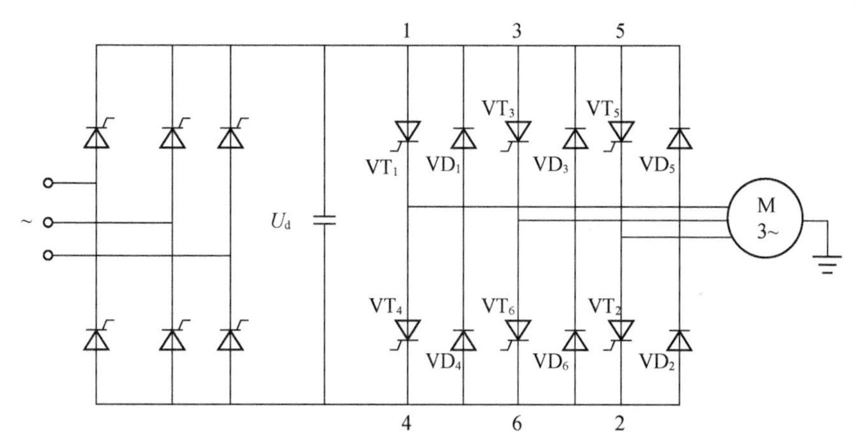

图 7-8 采用相控整流器的 PAM 方式

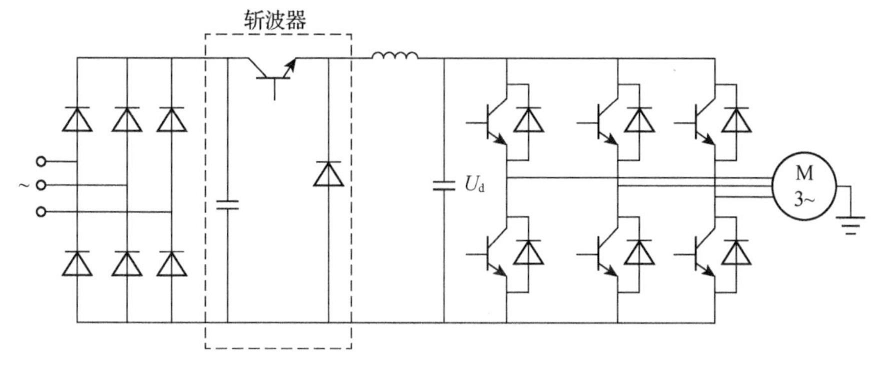

图 7-9 采用直流斩波器的 PAM 方式

在 PAM 方式下，高压和低压时六脉冲方波逆变器的输出电压波形如图 7-10 所示。

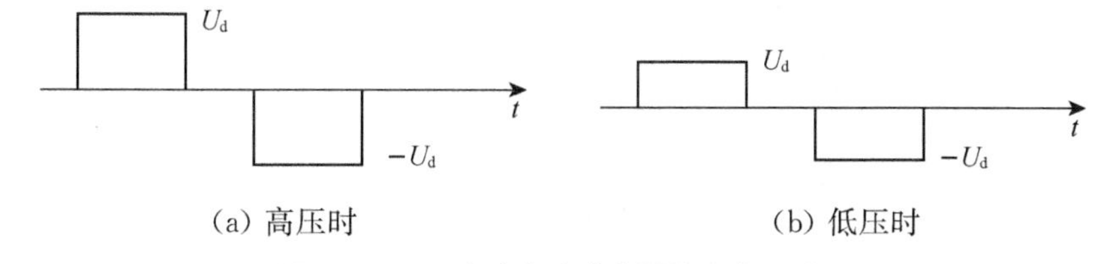

(a) 高压时　　(b) 低压时

图 7-10 六脉冲方波逆变器输出电压波形

(2) 脉宽调制交-直-交变频器。脉宽调制方式是指变频器输出电压的大小是通过改变输出脉冲的占空比来实现的，该方式简称 PWM 方式。PWM 方式主电路如图7-11所示。变频器中的整流器采用不可控的二极管整流电路。变频器的输出频率和输出电压的调节均由逆变器按 PWM 方式来完成。

PWM 方式调节时的波形如图 7-11(b)所示。其调压原理是：利用参考电压波与载频三角波的互相比较来决定主开关器件的导通时间，从而实现调压，即通过改变脉冲宽度来得到幅值不同的正弦基波电压。这种参考信号为正弦波，输出电压波形近似为正弦波的 PWM 方式称为正弦 PWM 方式，简称 SPWM 方式。通用变频器均采用 SPWM 方式进行调压，此调压方式是一种最常用的调压方式。

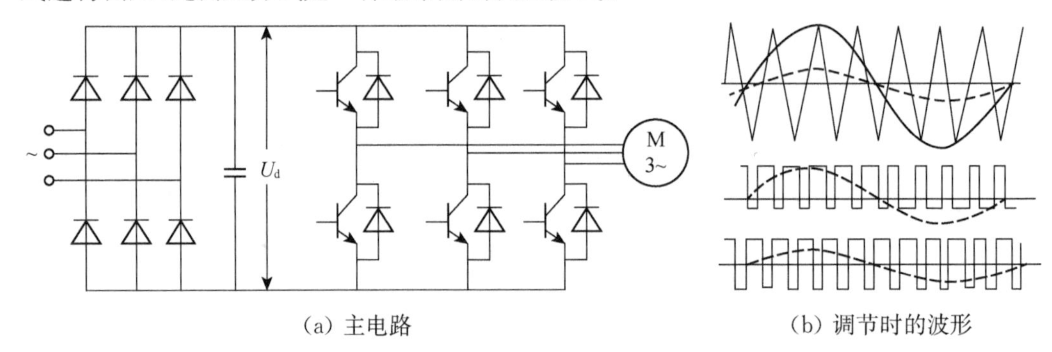

(a) 主电路　　(b) 调节时的波形

图 7－11　PWM 方式主电路和调节时的波形

3）按变频的控制方式分类

按变频的控制方式不同，变频器可以分为 V/f 控制变频器、转差频率控制变频器和矢量控制变频器三种类型。

(1) V/f 控制变频器。V/f 控制即压频比控制。它的基本特点是对变频器输出的电压和频率同时进行控制，通过保持 V/f 的恒定来使电动机获得所需的转矩特性。V/f 控制在基频以下可以实现恒转矩调速，在基频以上则可以实现恒功率调速。这种方式的控制电路成本低，多用于精度要求不高的通用变频器中。

V/f 控制方式又称为 VVVF 控制方式，其简化的工作原理框图如图 7－12 所示。主电路中的逆变器采用 BJT，并通过 PWM 方式进行控制。逆变器的控制脉冲发生器同时受控于频率指令 f^* 和电压指令 V，而 f 与 V 之间的关系是由 V/f 曲线发生器决定的。这样经 PWM 控制之后，变频器的输出频率 f 和输出电压 V 之间的关系就是 V/f 曲线发生器所确定的关系。由图 7－12 可见，转速的改变是靠改变频率的设定值 f^* 来实现的。电动机的实际转速要根据负载的大小，即转差率的大小来确定。当负载变化时，在 f^* 不变的条件下，转子转速将随着负载转矩的变化而变化，故此类变频器常用于调速精度要求不十分严格或负载 f^* 变化较小的场合。

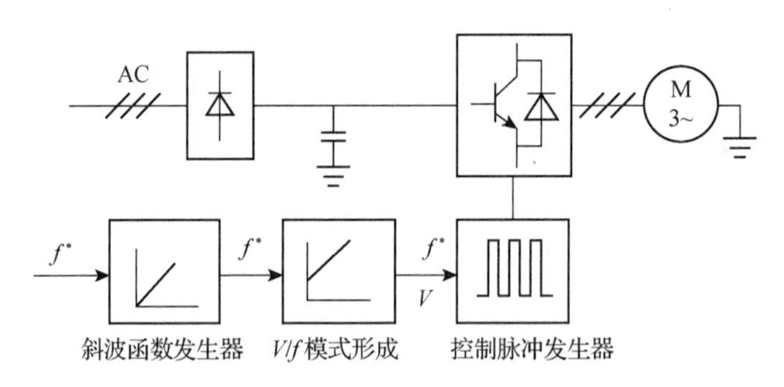

图 7－12　V/f 控制方式简化的工作原理框图

V/f 控制是转速开环控制，不需要速度传感器。其控制电路简单，负载可以是通用标准异步电动机。V/f 控制方式的通用性强，经济性好，是目前通用变频器产品中使用较多的一种控制方式。

(2) 转差频率控制(SF 控制)变频器。SF 控制即转差频率控制，是建立在 V/f 控制基础上的一种改进控制方式。在 V/f 控制方式下，如果负载变化，那么转速也会随之变化，并且转速的变化量与转差率成正比。V/f 控制的静态调速精度较差，可采用转差频率控制方式来提高调速精度。采用转差频率控制方式，变频器可通过电动机、速度传感器构成速度反馈闭环调速系统。变频器的输出频率由电动机的实际转速与转差频率之和来自动设定，从而可以在进行调速控制的同时，使输出转矩得到控制。该方式是闭环控制，故与 V/f 控制相比，其调速精度与转矩动特性较优。但是，由于这种控制方式需要在电动机轴上安装速度传感器，并需要依据电动机特性调节转差，故其通用性较差。

(3) 矢量控制变频器。矢量控制是交流电动机的一种新控制思想和控制技术，也是异步电动机的一种理想调速方法。V/f 控制方式和转差频率控制方式的控制思想都建立在异步电动机的静态数学模型上，因此，其动态性能指标不高。采用矢量控制方式可提高变频调速的动态性能。矢量控制的基本思想是：将异步电动机的定子电流分解为产生磁场的电流分量(励磁电流)和与其相垂直的产生转矩的电流分量(转矩电流)，并分别加以控制，即模仿直流电动机的控制方式对电动机的磁场和转矩分别进行控制，以获得类似于直流调速系统的动态性能。由于在采用这种控制方式进行控制时，必须同时控制异步电动机定子电流的幅值和相位，即控制定子电流矢量，故这种控制方式被称为 VC 方式。

VC 方式使异步电动机的高性能成为可能。矢量控制变频器不仅在调速范围上可以与直流电动机相匹敌，而且可以直接控制异步电动机转矩的变化，所以已经在许多需要精密控制或快速控制的领域得到应用。

4) 按用途分类

(1) 通用变频器

通用变频器的特点是具有通用性。随着变频技术的发展和市场需要的不断扩大，通用变频器也在朝着两个方向发展：一是低成本的简易型通用变频器，二是高性能的多功能通用变频器。它们分别具有以下特点：

①简易型通用变频器是一种以节能为主要目的而简化了一些系统功能的通用变频器。它主要应用于水泵、风扇、鼓风机等对系统调速性能要求不高的设备中，并具有体积小、价格低等优势。

②在高性能的多功能通用变频器设计过程中充分考虑了在变频器应用过程中可能

出现的各种需要，并为满足这些需要在系统软件和硬件方面都做了相应的准备。在使用时，用户可以根据负载特性选择算法并对变频器的各种参数进行设定，也可以根据系统的需要选择厂家所提供的各种备用选件来满足系统的特殊需要。高性能的多功能通用变频器除了可以应用于简易型变频器的所有应用领域之外，还可以广泛应用于电梯、数控机床、电动车辆等对调速系统性能有较高要求的设备中。

(2) 专用变频器

①高性能专用变频器。随着控制理论、交流调速理论和电力电子技术的发展，异步电动机的矢量控制技术得到了发展，矢量控制变频器以及由其专用电动机构成的交流伺服系统已经达到并超过了直流伺服系统的水平。此外，由于异步电动机还具有环境适应性强、维护简单等许多直流伺服电动机所不具备的优点，所以在要求高速度、高精度的控制中，这种高性能交流伺服变频器正在逐步代替直流伺服系统。

②高频变频器。在超精密机械加工过程中，经常要用到高速电动机。为了满足高速电动机驱动的需要，出现了采用 PAM 控制的高频变频器。其输出主频可达 3 kHz，驱动两极异步电动机时的最高转速为 180 000 r/min。

③高压变频器。高压变频器一般是大容量的变频器，最高容量可达到 5 000 kW，电压等级为 3 kV、6 kV、10 kV。

7.1.3 变频器的基本结构

变频器通常由主电路和控制电路两部分组成，如图 7 - 13 所示。

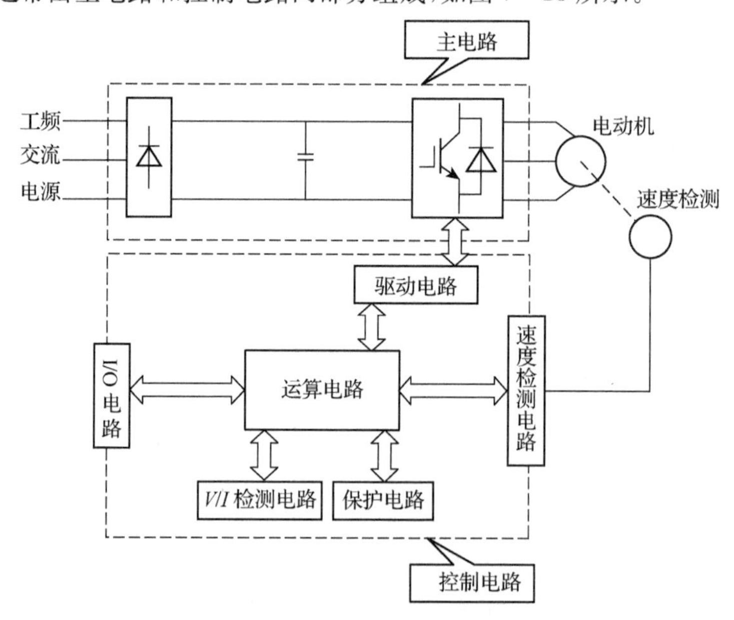

图 7 - 13　交-直-交变频器的结构框图

1）主电路

图 7－14 给出了通用变频器的主电路原理图，主要包括整流电路、中间电路、逆变电路三大部分。主电路各部分的作用如下：

（1）整流电路

整流电路通常又被称为电网侧变流器，它把三相或单相交流电整流成直流电。常见的低压整流电路是由二极管构成的不可控桥式整流电路，或者由两组晶闸管变流器构成的可逆变流器。中压大容量的整流电路多采用多重化 12 脉冲以上的变流器。

（2）中间电路

中间电路通常又称为直流环节，主要的作用是滤除整流后的电压纹波和缓冲因异步电动机（属于感性负载）而产生的无功能量。中间电路主要包括限流电路、滤波电路、制动电路和高压指示电路。

（3）逆变电路

逆变电路通常又被称为负载侧变流器，它的主要作用是根据控制回路的信号有规律地控制逆变器中主开关器件的导通与关断，从而得到任意频率的三相交流电输出。

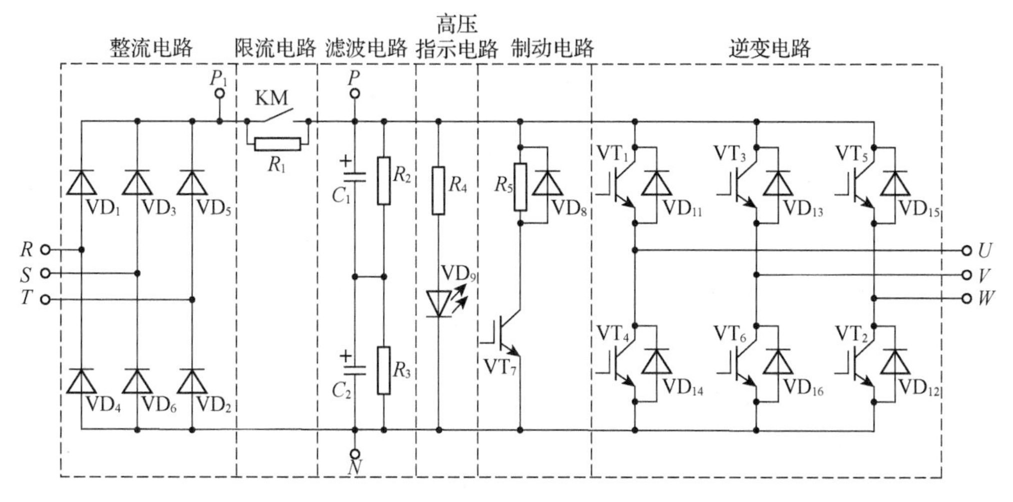

图 7－14 通用变频器的主电路原理图

2）控制电路

图 7－15 给出了变频器控制电路方框图，控制电路主要由运算电路、检测电路、控制信号的输入/输出电路、驱动电路和保护电路组成。其主要任务是完成对逆变电路的开关控制，对整流电路进行电压控制及完成各种保护功能等。控制电路各部分的作用如下：

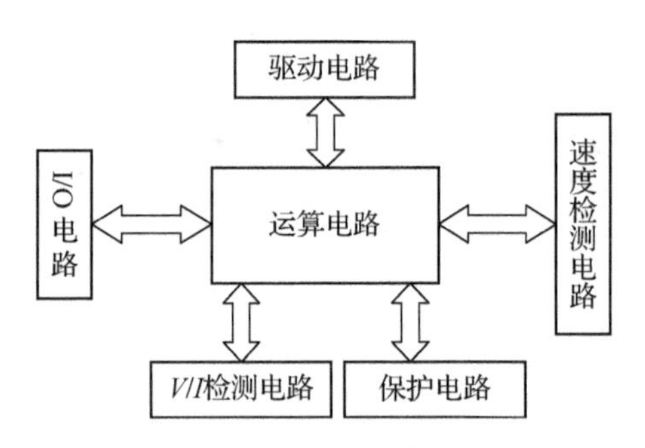

图 7-15　变频器控制电路方框图

(1) 运算电路

运算电路将外部的速度、转矩等指令同检测电路的电流、电压信号进行比较运算，决定逆变器的输出电压和频率。

(2) 驱动电路

驱动电路是主电路与控制电路的接口，主要功能是驱动主电路开关器件的导通与关断，并提供主电路与控制电路之间的电气隔离环节。

(3) I/O 电路

变频器具有多种输入信号（如运行、多段速运行等）的输入端子，还有各种内部参数（如电流、频率、保护等）的输出信号，以实现更好的人机交互。

(4) 速度检测电路

速度检测电路用于检测异步电动机的速度，并将其送入运算回路，根据指令和运算可使电动机按指令速度运转。

(5) 保护电路

保护电路是用于防止变频器和异步电动机因过载或过电压等异常而引起损坏的电路。

(6) V/I 检测电路

V/I 检测电路从主电路的直流回路取得电压、电流信号，用于电流、电压显示，过载报警和停机保护。

7.2　变频器的控制方式

变频调速的理论依据见上文式(7-2)。从式(7-2)中可以看出，只要改变频率就可以实现调速的目的。但是在实际的应用中是否如此简单就可以实现调速呢？

7.2.1 变频调速出现的问题

1）从能量的角度讨论问题

（1）输入功率

三相交流异步电动机的输入功率就是从电源吸收的电功率，用 P_1 表示，计算公式为

$$P_1=\sqrt{3}U_1I_1\cos\varphi_1 \tag{7-3}$$

式中：P_1 为输入功率，kW；

U_1 为电源线电压，V；

I_1 为电动机的相电流，A；

$\cos\varphi_1$ 为定子绕组的功率因数。

（2）电磁功率

从定子输入功率中减去定子绕组的铜损 P_{cu1} 和定子铁芯的铁损 P_{Fe1} 后，其余全部转换成传输给转子的电磁功率 P_M，计算公式为

$$P_M=\sqrt{3}E_1I_1\cos\varphi_1 \tag{7-4}$$

式中：P_M 为电磁功率，kW；

E_1 为定子每相绕组的反电动势，V。

（3）输出功率

电动机的输出功率就是轴上的机械功率，计算公式为

$$P_2=\frac{T_Mn_M}{9\ 550} \tag{7-5}$$

式中：P_2 为电动机的输出功率，kW；

T_M 为电动机轴上的电磁转矩，N·m；

n_M 为电动机的转速，r/min。

当电动机的工作频率 f_x 下降时，各部分功率的变化情况如下：

①输入功率。在式(7-3)中，与输入功率 P_1 有关的各因子中，除 $\cos\varphi_1$ 略有变化外，其他因子都和 f_x 没有直接关系。因此可以认为 f_x 下降时，P_1 基本不变。

②输出功率。由于在等速运行时，电动机的电磁转矩 T_M 总是和负载转矩相平衡的。所以，在负载转矩不变的情况下，T_M 也不变。而输出轴上的转速 n 必将随 f_x 下降而下降，由式(7-5)可知，输出功率 P_2 随 f_x 的下降而下降。

③电磁功率。从图 7-16 可以看出，当输入功率 P_1 不变而输出功率 P_2 减小时，传递能量的电磁功率 P_M 必将增大。这意味着主磁通也必将增大，并导致磁路饱和。磁通出现饱和后将会造成电动机中流过很大的励磁电流，增加电动机的铜损耗和铁损耗，造

成电动机铁芯严重过热，这不仅会使电动机的输出效益大大降低，而且由于电动机过热，会造成电动机绕组绝缘能力降低，严重时，有烧毁电动机的危险。

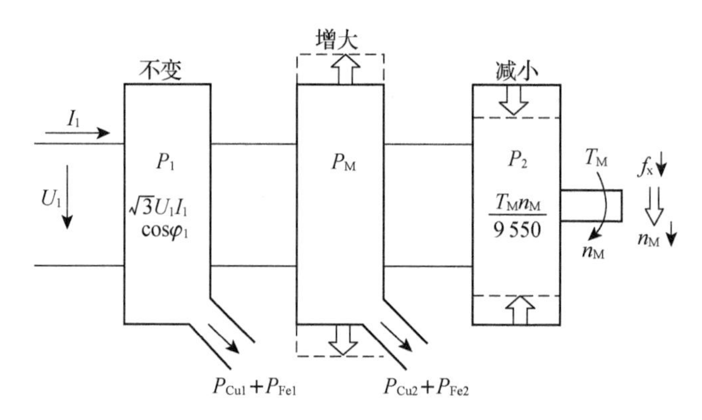

图 7-16　异步电动机的能量传递过程

所以，在进行变频调速时，有一个十分重要的要求，就是主磁通必须保持基本不变，即

$$\Phi_1 \approx \text{const（常数）} \tag{7-6}$$

2）变频与变压

电动机里，直接反映磁通大小的是定子绕组的反电动势 E，它的计算公式为

$$E_1 = 4.44 k_E N_1 f \Phi_1 = K_E f \Phi_1 \tag{7-7}$$

式中：E_1 为定子绕组每相的反电动势，V；

k_E 为绕组系数；

N_1 为定子每相绕组的匝数；

f 为电流的频率，Hz；

Φ_1 为定子每个磁极下的基波磁通，Wb；

K_E 为常数，$K_E = 4.44 k_E N_1$。

可见，反电动势与频率、磁通的乘积成正比，即

$$\Phi_1 = \frac{E_1}{K_E f} \tag{7-8}$$

由式(7-8)可知，保持磁通不变的方法是保持反电动势 E_1 与频率 f 之比不变。也就是说，保持磁通不变的准确方法为

$$\frac{E_1}{f} = \text{const} \tag{7-9}$$

但是反电动势 E_1 是定子绕组切割定子电流自身的磁通而产生的，无法从外部控制

其大小，故在实际工作中，式(7－9)所表达的条件将难以实现。

考虑到定子绕组的电动势平衡方程为

$$U_1=-E_1+I_1(r_1+jX_1)=-E_1+\Delta U_1 \tag{7-10}$$

式中：U_1 为施加于定子每相绕组的电源相电压，V；

I_1 为流过定子绕组的电流，A；

r_1 为定子一相绕组的电阻，Ω；

X_1 为定子一相绕组的漏磁电抗，Ω；

ΔU_1 为定子一相绕组的阻抗压降，V。

在式(7－10)中，定子绕组的阻抗压降 ΔU_1 在电压 U_1 中所占比例较小，如果把它忽略不计，那么用比较容易从外部进行控制的外加电压 U_1 来近似地代替反电动势 E_1 是具有现实意义的，即

$$\frac{U_1}{f}\approx\frac{E_1}{f}=\text{常数} \tag{7-11}$$

所以，在控制电动机的电源频率变化的同时要控制变频器的输出电压，并使二者之比 U_1/f 恒定，从而使电动机的磁通基本保持恒定。但要注意，式(7－11)只是一种近似的替代方法，实际情况中，并不能真正保持磁通不变。

7.2.2 U/f 曲线的绘制

1）调频比和调压比

调频时，通常都是相对于其额定频率来进行调节的，假设当频率下降为 f_x 时，电压下降为 U，则

$$k_f=\frac{f_x}{f_N} \tag{7-12}$$

式中，k_f 称为频率调节比，简称调频比。

$$k_U=\frac{U_x}{U_N} \tag{7-13}$$

式中，k_U 称为电压调节比，简称调压比。

当 $k_U=k_f$ 时，电压与频率成正比，可以用 U/f 曲线来表示，如图 7－17 所示，这个表示电压与频率成正比的 U/f 曲线称为基本 U/f 曲线。它表明，变频器输出的最大电压 U_{max}为 380 V，等于电源电压。而与最大输出电压对应的频率称为基本频率，用 f_{BA}表示。绝大多数情况下，基本频率应该等于电动机的额定频率，并且最好不要随意改变。

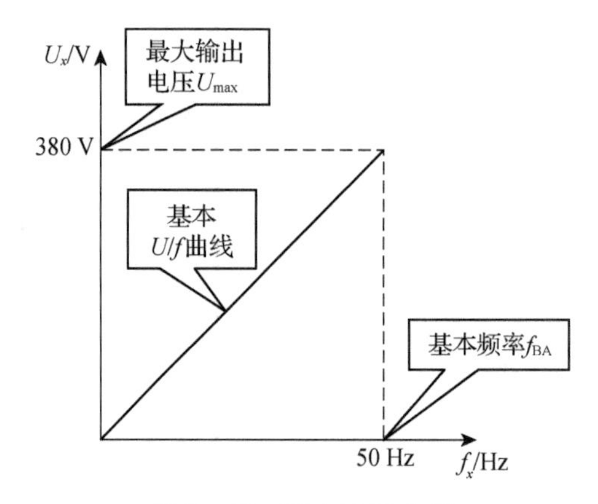

图 7-17　基本 U/f 曲线

2）低频运行时，电动机带负载能力下降的原因

由式(7-8)和式(7-10)可得如下公式：

$$\Phi_1=\frac{E_1}{K_E f}=\frac{|U_1-I_1(r_1+jX_1)|}{f}=\frac{|U_1-\Delta U_1|}{f} \tag{7-14}$$

由式(7-14)可知，当电动机以频率 f 运行时，磁通的大小和以下因素有关：

①变频器的输出电压 U_x（电动机的电源电压）。U_x 越大，磁通也越大。

②电动机的负载轻重。负载越重，则电流越大，磁通将越小。

③定子绕组阻抗压降在电源中占有的比例。因为当频率下降时，变频器的输出电压要跟着下降，但如果负载转矩不变的话，定子绕组等效电阻的压降是不变的，电阻压降在电源中所占的比例将增大，这也会导致磁通减小。

从以上分析可知，当 $k_U=k_f$ 时，并不能真正保持磁通 Φ 不变，在此忽略了定子绕组阻抗压降 ΔU_1 的作用，从而导致了低频运行时电动机带负载能力的下降。如图 7-18 所示为 $k_U=k_f$ 时的机械特性曲线，其主要特点如下：

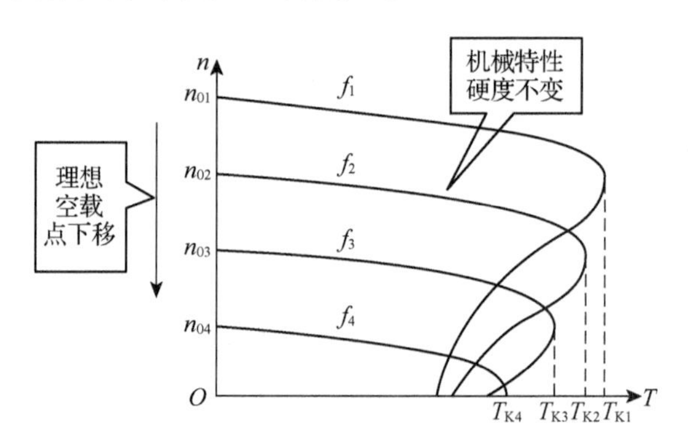

图 7-18　$k_U=k_f$ 时的机械特性曲线

①同步转速 n 随着频率的减小而减小。

②临界转速 n_K 也下降,但临界转差基本不变。

③临界转矩 T_K 随频率的减小而略有减小。

④机械特性基本平行,即“硬度”基本不变,也可以看出电动机的带负载能力下降了,电动机难以进行重载启动。

3) 转矩提升

如果在低频运行时,适当地增加变频器的输出电压(即电动机的输入电压),使实际的 U/f 曲线如图 7-19 中的曲线②所示,而且电压的补偿量恰到好处的话,则可使反电动势与频率之比与额定状态时相等,即

$$\frac{E'_{1x}}{f_x}=\frac{E_{1N}}{f_N} \tag{7-15}$$

式中:E'_{1x} 为与 f_x 对应的经电压补偿后的电动势,V。

结果是铁芯内的磁通量能够等于额定值,电动机的转矩得到了补偿。

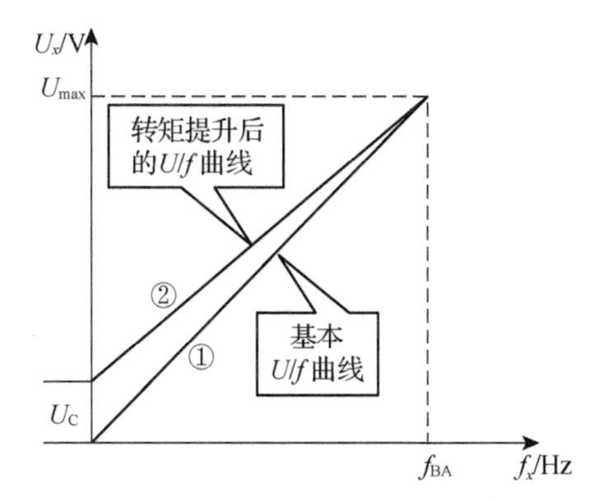

图 7-19 $k_U=k_f$ 时的机械特性曲线

这种在低频时通过适当补偿电压来增加磁通,从而增强电动机在低频时的带负载能力的方法,称为电压补偿,也叫转矩补偿,在变频器的说明书中叫做转矩提升。通常把 0 Hz 时的起点电压 U_C 定义为电压的补偿量。

4) 基频以上变频控制方式

在基频以上调速时,即当电动机转速超过额定转速时,定子供电频率 f 大于基频。如果仍维持 U/f=常数是不允许的,因为定子电压过高会损坏电动机的绝缘。因此,当 f 大于基频时,往往把电动机定子电压限制为额定电压,并保持不变。由式(7-11)可知,这将迫使磁通与频率 f 成反比降低,相当于直流电动机弱磁升速的情况。

把基频以下和基频以上调速的两种情况结合起来,可得到如图 7-20 所示的异步电动机变频调速控制特性。

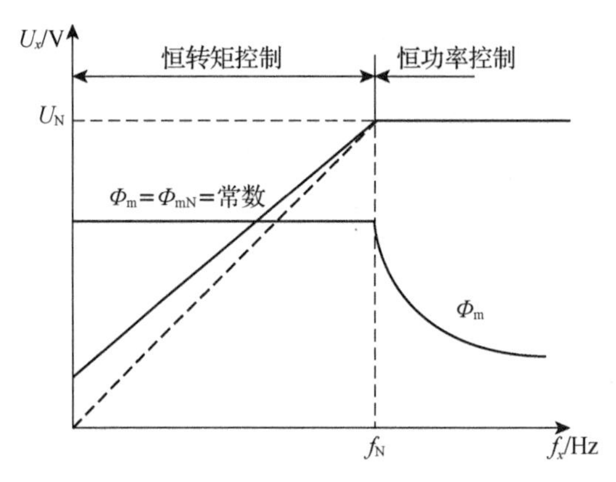

图 7-20　异步电动机调速的控制特性

7.2.3　变频器的 U/f 控制功能

变频器的 U/f 控制功能就是通过调整转矩提升量来改善电动机机械特性的相关功能。

1) U/f 曲线的类型

(1) 恒转矩类，也叫直线型，如图 7-21(a)中的曲线①所示，大多数生产机械都选择这种类型的 U/f 曲线。

(2) 二次方类，如图 7-21(a)中的曲线②所示，只有离心式风机、水泵和压缩机等选择这种类型的 U/f 曲线。因为离心式机械属于二次方类负载，低速时负载的阻转矩很小，低频时非但不需要补偿，并且还可以比 $k_U=k_f$ 时的电压更低一些，电动机的磁通可以比额定磁通小得多，故也称为低励磁 U/f 曲线。

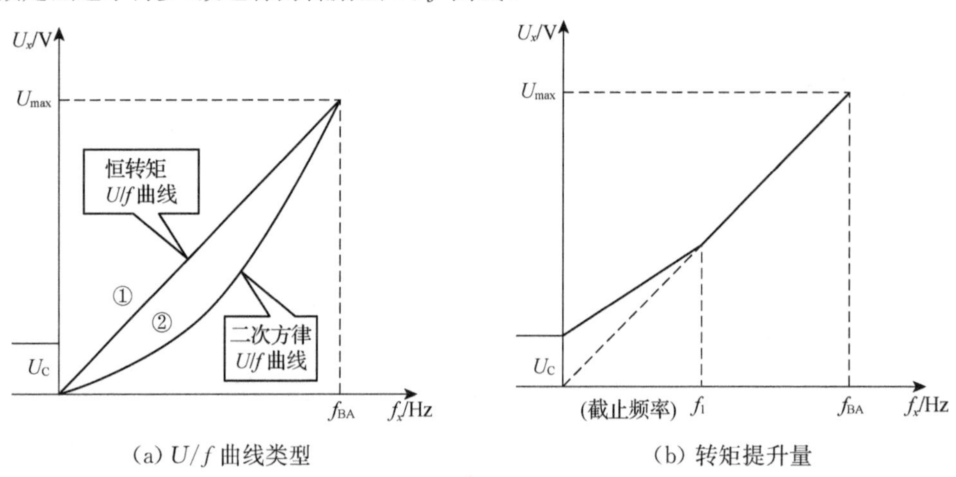

(a) U/f 曲线类型　　(b) 转矩提升量

图 7-21　变频器的转矩提升功能

2) 转矩提升量

转矩提升量是指 0 Hz 时电压提升量 U_C 与额定电压之比的百分数，即

$$U_C(\%)=\frac{U_C}{U_N}\times 100\% \qquad (7-16)$$

式中：U_C 为转矩提升量。

一般来说，频率较高时，电动机临界转矩的变化不大，可以不必补偿，所以变频器还设置了一个截止频率 f_1，也就是说，电压只需补偿到 f_1 为止。因此，经转矩提升后的 U/f 曲线如图 7-21(b)所示。

3) 基本频率

(1) 基本频率的定义

基本频率用 f_{BA} 表示，其大小是和变频器的输出电压相对应的，基本频率有如下两种定义方法：

①和变频器的最大输出电压对应的频率；

②当变频器的输出电压等于额定电压时的最小输出频率。

(2) 基本频率的调整

在绝大多数情况下，基本频率都和电动机的额定频率相等，一般不需要调整。这是因为电动机在基本频率下运行，实际上也就是运行在额定状态，磁路内的磁通是额定磁通，所产生的电磁转矩也是额定转矩。如果改变了基本频率，电动机的磁通和电磁转矩也都将发生变化，大多数情况下是不希望这种情况出现的。但是，在某些情况下，适当地调整基本频率，可以解决如电压匹配等特殊问题，以及实现节能等，分述如下：

①电压匹配。有时，电动机的额定电压和变频器的额定电压不相吻合，可以通过适当调整基本频率来解决，举例说明如下：

实例 1：三相 220 V 电动机配 380 V 变频器。核心问题是当变频器的输出频率为50 Hz 时，其输出电压应该是 220 V。为此，首先作出对应的 U/f 曲线(OA)，如图 7-22(a)所示。

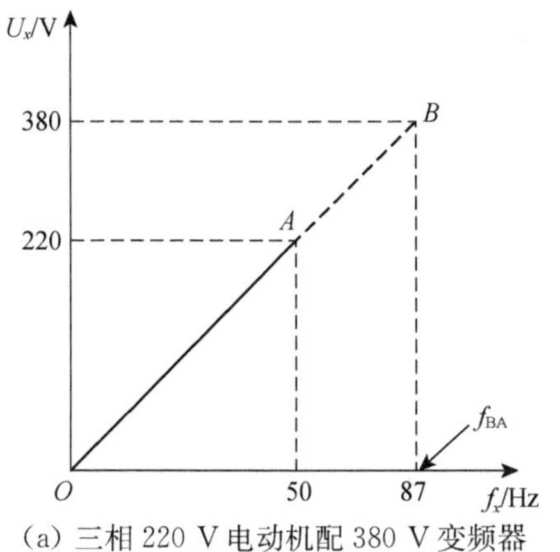

(a) 三相 220 V 电动机配 380 V 变频器

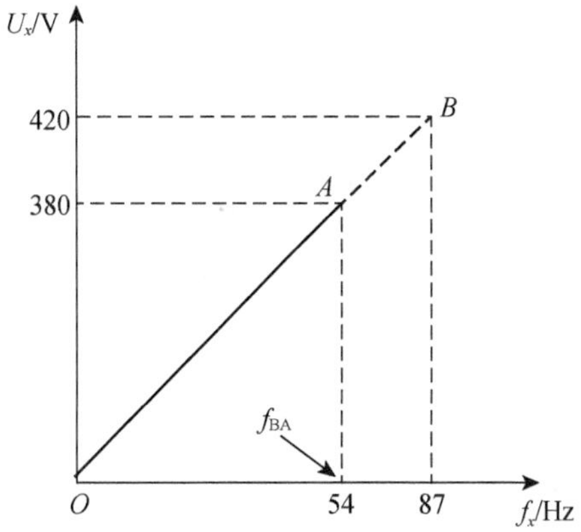

(b) 三相 420 V、60 Hz 的电动机配 380 V 变频器

图 7-22　电压匹配

再延长 OA 至与 380 V 对应的 B 点，计算 B 点对应的频率，结果为 87 Hz，将基本频率预置为 87 Hz 即可。

实例 2：三相 420 V、60 Hz 的电动机配 380 V 变频器。首先作出满足电动机要求的 U/f 曲线，如图 7-22(b)中的 OB，再算出与 380 V 对应的频率，结果为 54 Hz，将基本频率预置为 54 Hz 即可。

②“大马拉小车”的节能。负载实际消耗功率只有 45 kW，但电动机容量却是75 kW，这明显属于“大马拉小车”现象。实质上，电动机处于轻载运行的状态，磁路饱和，如果同时减小电压和电流，电动机消耗的功率必减小，从而实现了节能。

降低电压的具体方法是适当提高基本频率 f_{BA}，如提高为 $f_{BA}=56$ Hz，则 50 Hz 时对应的电压便只有 340 V 了，如图 7-23 所示。

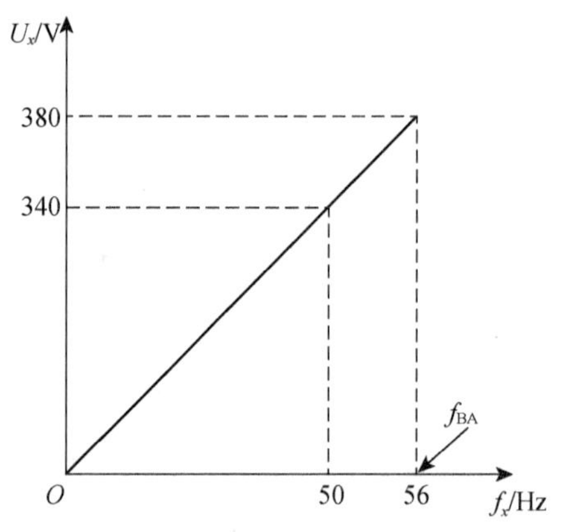

图 7-23 “大马拉小车”的节能现象

可编程逻辑控制技术(PLC)

8.1 PLC概述

8.1.1 PLC基本概念

可编程序控制器，英文称 Programmable Controller，简称 PC，但由于 PC 容易和个人计算机(Personal Computer)的简称相混淆，故人们习惯地用 PLC 作为可编程序控制器的缩写。它是一个以微处理器为核心的数字运算操作的电子系统装置，专为工业现场应用而设计。它采用可编程序的存储器，用以在其内部存储执行逻辑运算、顺序控制、定时/计数和算术运算等操作指令，并通过数字式或模拟式的输入、输出接口，控制各种类型的机械或生产过程。PLC 是微机技术与传统的继电接触控制技术相结合的产物，它克服了继电接触控制系统中机械触点接线复杂、可靠性低、功耗高、通用性和灵活性差的缺点，充分利用了微处理器的优点，又能照顾到现场电气操作维修人员的技能与习惯，特别是 PLC 的程序编制，不需要使用专门的计算机编程语言知识，而是采用了一套以继电器梯形图为基础的简单指令，使用户程序编制形象、直观、方便易学，调试与查错也都很方便。用户只需按说明书的提示，做少量的接线和简易的用户程序编制工作，就可灵活方便地将 PLC 应用于生产实践。

PLC 是以微处理器为基础，融合计算机技术、自动化技术和通信技术的新型工业控制装置，它使用被称为“扫描周期”的循环扫描法工作，实现工业自动化控制中的联网通信、人机交互、过程控制、逻辑编程等功能，具有运作稳定、编程简单等特点。可编程序控制器 PLC 及其有关的外围设备都应按易于与工业控制系统形成一个整体、易于扩充其功能的原则设计。

PLC 的主要特点：

(1) 它是数字运算操作的电子系统，实际也是一种计算机；

(2) 专为在工业环境下应用而设计；

(3) 面向用户指令，即编程方便；

(4) 可进行逻辑运算、顺序控制、定时/计数和算术操作；

(5) 数字量或模拟量输入/输出控制；

(6) 易与控制系统联成一体；

(7) 易于扩充。

8.1.2 PLC分类

1. 按I/O点数分类

(1) 小型 PLC：I/O 点数在 256 点以下

小型 PLC 存储容量在 2KB 以下，体积小、价格低，功能以开关量控制为主，相对单一，适用于单台设备或开发机电一体化产品。

(2) 中型 PLC：I/O 点数为 256 点～2 048 点

中型 PLC 存储容量为 2～8 KB，在小型 PLC 的基础上增加了较强的通信功能、数字计算能力和模拟量处理能力，适用于较为复杂的逻辑控制生产系统和连续生产过程控制。

(3) 大型 PLC：I/O 点数在 2 048 点以上

大型 PLC 存储容量为 8～16 KB，具有计算、控制和协调功能及强大的网络结构，适用于设备自动化、过程自动化的控制和过程监控系统。

2. 按结构分类

1) 整体式 PLC

整体式 PLC 的电源、存储器等组成单元被集成在一个机箱内，无法更改。该类型 PLC 体积小、集成度高、结构紧凑、价格低，但拓展性较低。

2) 模块式 PLC

模块式 PLC 的电源、存储器等组成单元以模块的形式组成，可根据生产需要进行模块扩展。该类型 PLC 可扩展性强，易于检测故障，易于拆卸并更换故障模块，可减少停机时间。

3) 叠装式 PLC

叠装式 PLC 电源、储存器等组成单元以模块的形式叠装，该类型 PLC 兼具整体式 PLC 的结构紧凑和模块式 PLC 的灵活性的特点。

8.1.3　PLC 的产生与发展

传统的继电器-接触器控制系统在 20 世纪 20 年代得到了广泛应用，它是由各种继电器、定时器、接触器按一定的逻辑关系连接起来组成的控制系统，用于控制各种生产机械。它具有结构简单、容易掌握、价格便宜等优点，在一定范围内能满足控制要求，在工业控制领域中一直占据着主导地位。但它也有设备体积大、可靠性差、动作速度慢、功能少、难以实现复杂的控制等缺点，特别是由于它是由硬件连线逻辑构成的系统，接线复杂，当生产工艺或控制对象需要改变时，原有的接线和控制箱(柜)就需要更换，所以其通用性和灵活性较差。

20 世纪 60 年代末，美国汽车工业得到迅速发展，汽车型号不断更新，从而对生产线的控制系统及整个控制系统的重新配置提出了更高的要求。为摆脱传统的继电器-接触器控制系统的束缚，以适应市场竞争的要求，在 1968 年，美国最大的汽车制造商 GM（通用汽车）决定采用计算机程序控制汽车生产线，并对汽车生产线的控制系统提出了著名的“GM 十条要求”，这些要求具体如下：

（1）编程方便，现场可修改程序。

（2）维修方便，采用模块化结构。

（3）可靠性高于继电器控制装置。

（4）体积小于继电器控制装置。

（5）数据可直接送入管理计算机。

（6）成本可与继电器控制装置竞争。

（7）输入电压可以是交流 115 V。

（8）输出电压及电流为交流 115 V、2 A 以上，能直接驱动电磁阀。

（9）在扩展时，原系统只要进行很小的变更即可。

（10）用户程序存储器的容量至少能扩展到 4 KB。

这些要求实际上是提出了一种将继电器-接触器控制的简单易懂、使用方便、价格低廉的优点与计算机的功能完善、灵活性好、通用性好的优点结合起来，进而将继电器控制的硬件连线逻辑转变为计算机的软件逻辑编程的设想。

1969 年，美国数字设备公司（DEC）根据上述要求，研制开发出世界上第一台可编程控制器 PDP－14，并在 GM 公司汽车生产线上首次进行应用。当时人们把它称为可编程逻辑控制器（Programmable Logic Controller），简称为 PLC。这种新型的工业控制装置以其简单易懂、操作方便、可靠性高、通用灵活、体积小和使用寿命长等一系列优点，很快在美国其他工业领域得到推广应用。至 1971 年，PLC 已经成功地被应用于食品、饮料、冶金、造纸等工业领域中。这一新型的工业控制装置的出现也受到了世界其他国家的高度重视，1971 年，日本从美国引进了这项新技术，并很快研制出了日本第一台可编程逻辑控制器 DSC－8。1973—1974 年，西欧国家也研制出了他们的第一台 PLC，德国西门子公司生产的 PLC 是 SIMATIC－S4。我国从 1974 年开始研制 PLC，并于 1977 年开始了 PLC 的工业应用。

随着微电子技术的发展，20 世纪 70 年代中期出现了微处理器和微型计算机，人们将微机技术应用到 PLC 中，使它能更多地发挥计算机的功能。除此之外，不仅用程序逻辑取代硬件连线，还为其增加了运算、数据传输和处理等功能，使其真正成为一种电子计算机工业控制设备。国外工业界在 1980 年正式命名其为可编程序控制器（Programmable Controller），简称 PC，但是由于它和个人计算机（Personal Computer）的简称容易混淆，所以现在仍把可编程序控制器简称为 PLC，一般将这一时期的 PLC 称为第一代 PLC。

20 世纪八九十年代，日益复杂的生产过程和功能拓展需求推动 PLC 使用分布式控制功能。工业自动化需求推动以太网与 PLC 结合和 HMI(人机界面)的发展。个人计算机(PC)和液晶显示器(LCD)的发展推动 PLC 小型化。1996 年西门子提出全生产链自动化概念。

进入 21 世纪,PLC 制造商进入整合期。硬件技术的发展使 PLC 能实现大量高级功能,PLC 信息化程度不断升级,推动数字化工厂大幅发展。同时,随着人工智能、5G 等新技术的发展,PLC 能实现虚拟仿真等功能,未来将逐步实现自组织物联网等功能。

从近年的统计数据看,在世界范围内,PLC 产品的产量和用量高居各种工业控制装置榜首,2020 年全球 PLC 市场规模为 130 亿美元,预计到 2027 年将达到 157.9 亿美元。2020 年中国 PLC 市场规模约为 130 亿元人民币,至 2023 年增长至 165.4 亿元人民币。目前中国市场上大约有近百个 PLC 品牌,以 2020 年市场为例,欧美品牌如西门子、罗克韦尔等占据国内 63%的市场份额,在中大型 PLC 产品中,西门子占比高达 48%。以三菱、欧姆龙为代表的日本品牌,占据国内 26%的市场份额。国产 PLC 品牌有台达、信捷、汇川等,产品以小型 PLC 为主,市场占有率仅 11%。

8.1.4 PLC 的基本组成

PLC 硬件主要由微处理器、存储器、输入单元、输出单元、电源、编程器、扩展接口、外设接口等组成,其结构框图如图 8-1 所示。

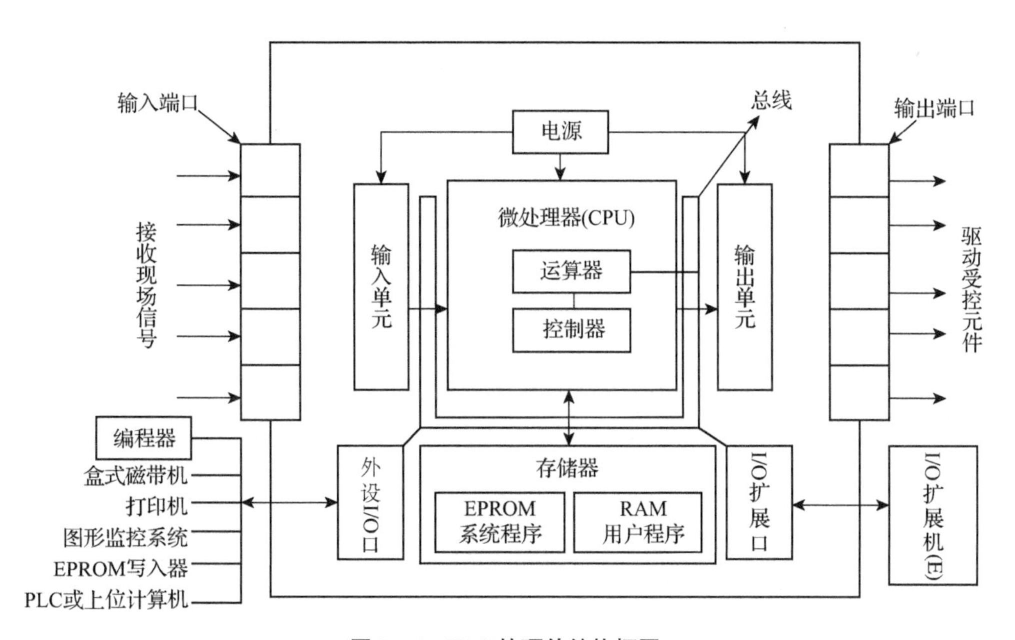

图 8-1 PLC 的硬件结构框图

1) 微处理器(CPU)

微处理器(CPU)一般由控制器、运算器和寄存器组成,这些电路都集成在一个芯片上。

CPU 的主要功能如下:

(1) 接收并存储用户程序和数据。

(2) 诊断电源、内部电路工作状态和编程过程中的语法错误。

(3) 接收现场输入设备的状态和数据,并将其存入寄存器中。

(4) 读取用户程序,按指令产生控制信号,完成规定的逻辑或算术运算。

(5) 更新有关状态和内容,实现输出控制、制表、打印或数据通信等功能。

2) 存储器

可编程控制器的存储器按用途可分为以下两种:

(1) 系统程序存储器(Read Only Memory,ROM)。系统程序存储器用来固化 PLC 生产厂家在研制系统时编写的各种系统工作程序。厂家常用 ROM 或可擦除可编程的只读存储器 EPROM 来存放系统程序。

(2) 用户存储器(Random Access Memory,RAM)。用户存储器用来存放从编程器或个人计算机输入的用户程序和数据,包括用户程序存储器和数据存储器两种。

PLC 技术指标中的内存容量就是指用户存储器容量,它是 PLC 的一项重要指标,内存容量一般以步为单位(16 位二进制数为一步或简称为“字”)。

3) 输入/输出单元(又称 I/O 单元或 I/O 模块)

输入/输出单元将外部输入信号变换成 CPU 能接收的信号,将 CPU 的输出信号变换成需要的控制信号去驱动控制对象,从而确保整个系统的正常工作。

(1) 输入单元。内部电路按电源性质分为直流输入电路、交流输入电路和交直流输入电路三种类型,如图 8-2 和图 8-3 所示。

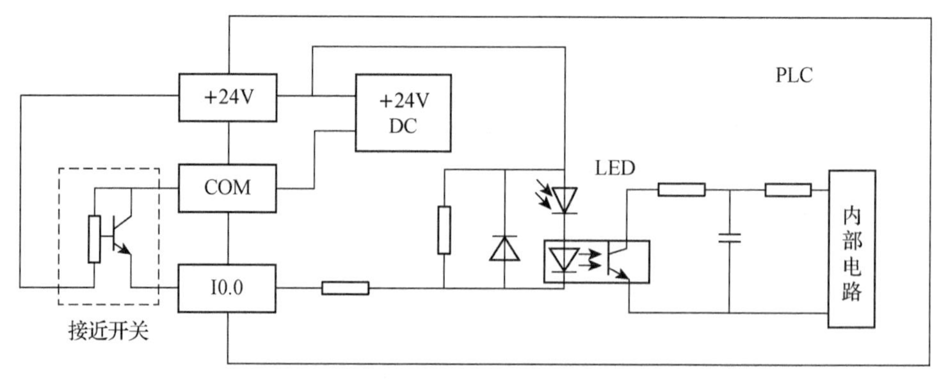

图 8-2　直流输入电路的内部电路和外部接线

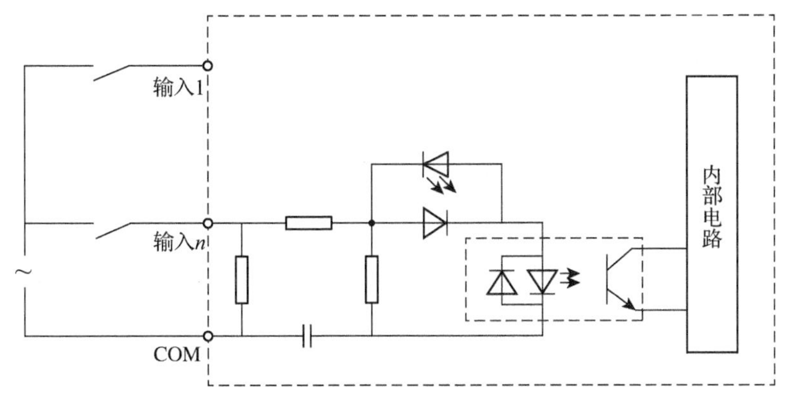

图 8-3　交流输入电路的内部电路和外部接线

(2) 输出单元。为了能够适应各种各样的负载需要，每种系列可编程控制器的输出单元的输出方式按输出开关器件来分，有继电器输出方式、晶体管输出方式和晶闸管输出方式三种。

4) 电源

不同型号的 PLC，有的采用交流供电，有的采用直流供电。

交流一般为单相 220 V(有的型号采用交流 100 V，如 FX2N-48ER-UA1)，直流一般为 24 V。PLC 对电源的稳定性要求不高，通常允许电源额定电压在－15%～＋10%范围内波动，如 FX1N-60MR 的电源要求为 AC 85～264 V。

许多可编程控制器为输入电路和外部电子检测装置(如光电开关等)提供 24 V 直流电源，而 PLC 所控制的现场执行机构的电源，则由用户根据 PLC 型号、负载情况自行选择。

5) 编程器

编程器是由键盘、显示器、工作方式选择开关及外存插口等部件组成的 PLC 的重要外围设备，是人机对话的窗口。

编程器可用来编写、输入、编辑用户程序，也可以在线监视可编程控制器运行时各种元器件的工作状态，查找故障，显示出错信息。

编程器分为简易编程器和图形编程器两种。

8.1.5　PLC 的工作原理

1. 用触点和线圈实现逻辑运算

在数字量控制系统中，变量仅有两种相反的工作状态，例如高电平和低电平、继电器线圈的通电和断电、触点的接通和断开，可以用逻辑代数中的1和0来表示它们，在波形图中，用高电平表示1状态，用低电平表示0状态。

“与”“或”“非”逻辑运算的输入/输出关系如表8-1所示，等式的左边为输出量。用继电器电路或梯形图可以实现“与”“或”“非”逻辑运算(见图8-4)。用多个触点的串、并联电路可以实现复杂的逻辑运算。

继电器的线圈通电时，其常开触点接通，常闭触点断开；线圈断电时，其常开触点断开，常闭触点闭合。梯形图中的位元件(例如PLC的输出点Q)的触点和线圈也有类似的关系。

表8-1　基本逻辑运算

与			或			非	
$Q0.0=I0.0\cdot I0.1$			$Q0.1=I0.2+I0.3$			$Q0.2=\overline{I0.4}$	
I0.0	I0.1	Q0.0	I0.2	I0.3	Q0.1	I0.4	Q0.2
0	0	0	0	0	0	0	1
0	1	0	0	1	1	1	0
1	0	0	1	0	1		
1	1	1	1	1	1		

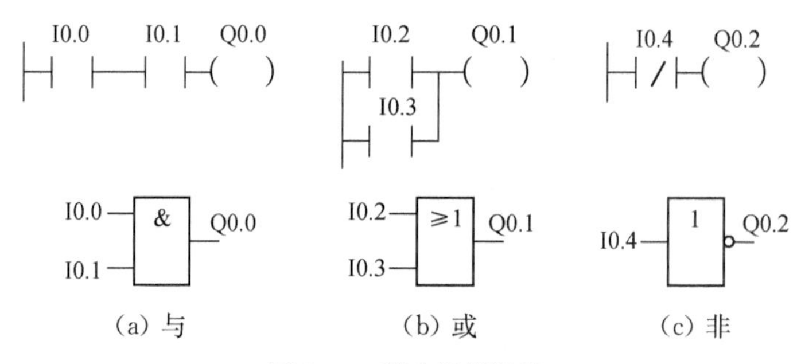

(a) 与　　(b) 或　　(c) 非

图8-4　基本逻辑运算

图8-5是用交流接触器控制异步电动机的主电路、控制电路和有关的波形图。接触器KM的结构和工作原理与继电器的基本相同，区别仅在于继电器触点的额定电流较小(例如几十毫安)，而接触器是用来控制大电流负载的，例如它可以控制额定电流为几十安甚至数百安的异步电动机。

图8-5中的热继电器FR用于过载保护，电动机过载时，经过一段时间后，FR的常闭触点断开，使KM的线圈断电，电动机停止运行。按下启动按钮SB1，它的常开触点接通，电流经过SB1的常开触点和停止按钮SB2、FR的常闭触点，流过交流接触器KM的

线圈。接触器的衔铁被吸合，使主电路中 KM 的 3 对常开触点闭合。异步电动机 M 的三相电源接通，电动机开始运行，控制电路中接触器 KM 的辅助常开触点同时接通。放开启动按钮后，SB1 的常开触点断开，电流经 KM 的辅助常开触点和两个常闭触点流过 KM 的线圈，电动机继续运行。KM 的辅助常开触点实现的这种功能称为“自锁”或“自保持”，它使继电器电路具有类似于 RS 触发器的记忆功能。

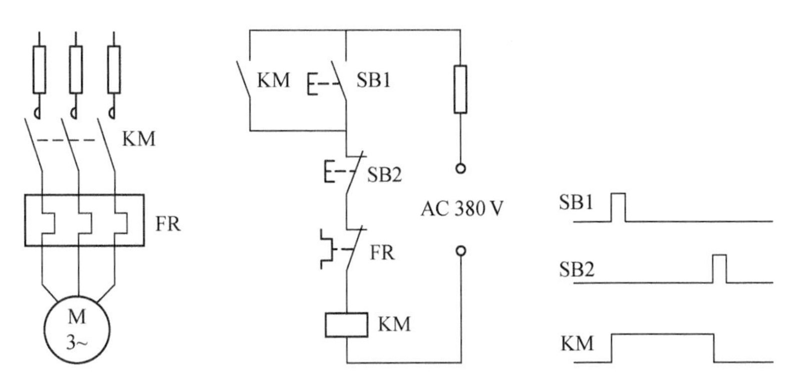

图 8-5　异步电动机的主电路、控制电路与波形图

在电动机运行时按下停止按钮 SB2，它的常闭触点断开，使 KM 的线圈失电，KM 的主触点断开，异步电动机的三相电源被切断，电动机停止运行，同时控制电路中 KM 的辅助常开触点断开。当停止按钮 SB2 被放开，其常闭触点闭合后，KM 的线圈仍然失电，电动机继续保持停止运行状态。图 8-5 给出了有关信号的波形图，图中用高电平表示 1 状态(线圈通电、按钮被按下)，用低电平表示 0 状态(线圈断电、按钮被放开)。

图 8-5 中的继电器电路称为启动—保持—停止电路，简称为“启保停”电路。它实现的逻辑运算可以用逻辑代数式表示为

$$KM=(SB1+KM)\cdot\overline{SB2}\cdot\overline{FR}$$

在继电器电路图和梯形图中，线圈的状态是输出量，触点的状态是输入量。上式左边的 KM 与图中的线圈相对应，右边的 KM 与 KM 的常开触点相对应，上画线表示逻辑“非”，SB2 与 SB2 的常闭触点相对应。上式中的加号表示逻辑“或”，乘号(小圆点，也可以改用 * 号)表示逻辑“与”。

与普通算术运算“先乘除后加减”类似，逻辑运算的规则为先“与”后“或”。为了先作“或”运算(触点的并联)，用括号将“或”运算式括起来，括号中的运算优先执行。

2. PLC 的工作原理

1) PLC 的操作模式

PLC 有两种操作模式，即 RUN(运行)模式与 STOP(停止)模式。在 CPU 模块的面

板上用 RUN 和 STOP 发光二极管(LED)显示当前的操作模式。

在 RUN 模式,通过执行反映控制要求的用户程序来实现控制功能。在 STOP 模式,CPU 不执行用户程序,可以用编程软件将用户程序和硬件组态信息下载到 PLC。

如果有致命错误,在消除它之前不允许从 STOP 模式进入 RUN 模式。PLC 操作系统储存非致命错误供用户检查,但是不会从 RUN 模式自动进入 STOP 模式。

CPU 模块上的模式开关在 STOP 位置时,将使用户程序停止运行;在 RUN 位置时,将启动用户程序。模式开关在 STOP 或 TERM(terminal,终端)位置时,电源通电后 CPU 自动进入 STOP 模式;在 RUN 位置时,电源通电后自动进入 RUN 模式。

模式开关在 RUN 位置时,STEP7-Micro/WN 与 PLC 之间建立起通信连接后,单击工具栏上的运行按钮,确认后进入 RUN 模式。单击停止按钮 ■,确认后进入 STOP 模式。在程序中插入 STOP 指令,可以使 CPU 由 RUN 模式进入 STOP 模式。

2) PLC 的扫描工作方式

PLC 通电后,需要对硬件和软件作一些初始化工作。为了使 PLC 的输出及时地响应各种输入信号,初始化后要反复不停地分阶段处理各种不同的任务(见图 8-6),这种周而复始的循环工作方式称为扫描工作方式,每次循环的时间称为扫描周期。在 RUN 模式,扫描周期由图 8-6(a)中的 5 个阶段组成。

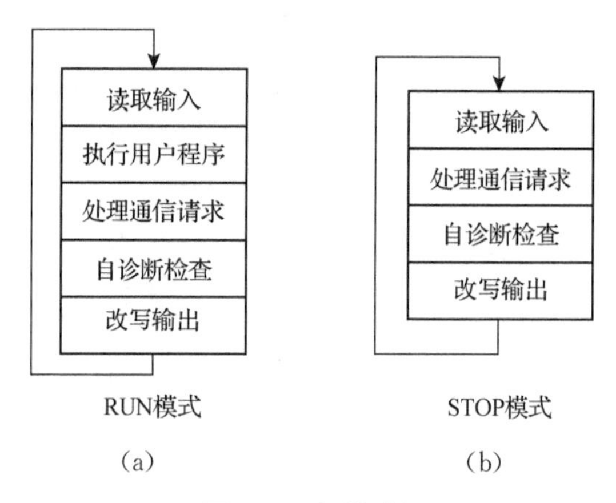

图 8-6 扫描过程

(1) 读取输入

在 PLC 的存储器中,有 128 点过程映像输入寄存器和 128 点过程映像输出寄存器,用来存放输入信号和输出信号的状态。

在读取输入阶段,PLC 把所有外部数字量输入电路的 0、1 状态读入过程映像输入寄存器。外接的输入电路闭合时,对应的过程映像输入寄存器为 1 状态(或称为 ON),梯形图中对应的输入点的常开触点接通,常闭触点断开。外接的输入电路断开时,对应的过程映像输入寄存器为0状态(或称为OFF),梯形图中对应的输入点的常开触点断开,常闭触点接通。

如果没有启用模拟量输入滤波,CPU在正常扫描周期中不会读取模拟量输入值。当程序访问模拟量输入时,将立即从扩展模块读取模拟量值。

(2) 执行用户程序

PLC的用户程序由若干条指令组成,指令在存储器中顺序排列。在STOP模式不执行用户程序。在RUN模式的程序执行阶段,如果没有跳转指令,CPU从第一条指令开始,逐条顺序地执行用户程序。

在执行指令时,从I/O映像寄存器或别的位元件的寄存器读出其0、1状态,并根据指令的要求执行相应的逻辑运算,运算的结果写入相应的映像寄存器中,因此,各寄存器(只读的过程映像输入寄存器除外)的内容随着程序的执行而变化。

在程序执行阶段,即使外部输入信号的状态发生了变化,过程映像输入寄存器的状态也不会随之而变,输入信号变化了的状态只能在下一个扫描周期的读取输入阶段被读入。执行程序时,通常是通过映像寄存器对输入/输出进行读写,而不是通过实际的输入/输出点,这样做有以下好处:

①在整个程序执行阶段,各输入点的状态是固定不变的,程序执行完后再用过程映像输出寄存器的值更新输出点,使系统运行稳定。

②用户程序读写I/O映像寄存器比读写I/O点快得多,这样可以提高程序的执行速度。

③I/O点是位实体,必须以位或字节为单位来存取,但是可以将映像寄存器作为位、字节、字或双字来存取。

(3) 处理通信请求

在处理通信请求阶段,执行通信所需的所有任务。

(4) 自诊断检查

自诊断测试功能用来保证固件、程序存储器和所有扩展模块正常工作。

(5) 改写输出

CPU执行完用户程序后,将过程映像输出寄存器的0、1状态传送到输出模块并锁存起来。梯形图中某一输出位的线圈"通电"时,对应的过程映像输出寄存器的值为1。在改写输出阶段,信号经输出模块隔离和功率放大后,继电器型输出模块中对应的硬件继电器的线圈通电,其常开触点闭合,使外部负载通电工作。若梯形图中输出点的线圈"断电",对应的过程映像输出寄存器的值为0。在改写输出阶段,将信号送到继电器型输出模块,对应的硬件继电器的线圈断电,其常开触点断开,外部负载断电,停止工作。

当程序访问模拟量输出模块时,模拟量输出被立即刷新,而与扫描周期无关。

当CPU的操作模式从RUN变为STOP时,数字量输出被置为系统块中的输出表定义的状态,或保持当时的状态,默认的设置是将所有的数字量输出清零。

3) 中断程序的处理

如果在程序中使用了中断,中断事件发生时,CPU停止正常的扫描工作方式,立即执行中断程序,中断功能可以提高PLC对中断事件的响应速度。

4) 立即I/O处理

在程序执行过程中使用立即I/O指令可以直接读、写I/O点的值。用立即I/O指令读输入点的值时,相应的过程映像输入寄存器的值不会被更新。用立即I/O指令来改写输出点时,相应的过程映像输出寄存器的值被更新。

5) PLC的工作过程举例

下面用一个简单的例子来进一步说明PLC的扫描工作过程,图8-7中的PLC控制系统与图8-5中的继电器控制电路的功能相同。启动按钮SB1和停止按钮SB2的常开触点分别接在编号为0.1和0.2的输入端,接触器KM的线圈接在编号为0.0的输出端。如果热继电器FR动作(其常闭触点断开)后需要手动复位,可以将FR的常闭触点与接触器KM的线圈串联,这样可以少用一个PLC的输入点。

图8-7梯形图中的I0.1与I0.2是输入变量,Q0.0是输出变量,它们都是梯形图中的编程元件。I0.1与接在输入端子0.1上的SB1的常开触点和过程映像输入寄存器I0.1相对应,Q0.0与接在输出端子0.0上的PLC内的输出电路和过程映像输出寄存器Q0.0相对应。

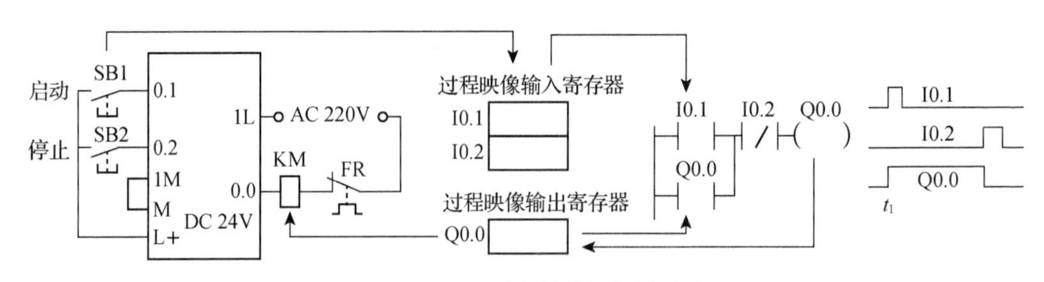

图8-7　PLC外部接线图与梯形图

梯形图以指令的形式储存在PLC的用户程序存储器中,图8-7中的梯形图与下面的4条指令相对应,"//"之后是该指令的注释。

```
LD      I0.1    //接在左侧“电源线”上的 I0.1 的常开触点
O       Q0.0    //与 I0.1 的常开触点并联的 Q0.0 的常开触点
AN      I0.2    //与并联电路串联的 I0.2 的常闭触点
=       Q0.0    //Q0.0 的线圈
```

梯形图完成的逻辑运算为

$$Q0.0=(I0.1+Q0.0)\cdot\overline{I0.2}$$

在读取输入阶段,CPU 将 SB1 和 SB2 的常开触点的接通/断开状态读入相应的过程映像输入寄存器,外部触点接通时将二进制数 1 存入寄存器,反之存入 0。

执行第一条指令时,从过程映像输入寄存器 I0.1 中取出二进制数,并存入堆栈的栈顶,堆栈是存储器中的一片特殊的区域,其功能和结构将在 8.2.3 节中介绍。

执行第二条指令时,从过程映像输出寄存器 Q0.0 中取出二进制数,并与栈顶中的二进制数相“或”(触点的并联对应于“或”运算),运算结果存入栈顶。运算结束后只保留运算结果,不保留参与运算的数据。

执行第三条指令时,因为对应的是常闭触点,取出过程映像输入寄存器 I0.2 中的二进制数后,将它取反(将 0 变为 1,1 变为 0),取反后与前面的运算结果相“与”(电路的串联对应于“与”运算),然后存入栈顶。

执行第四条指令时,将栈顶中的二进制数传送到 Q0.0 的过程映像输出寄存器。

在修改输出阶段,CPU 将各过程映像输出寄存器中的二进制数传送给输出模块并锁存起来,如果 Q0.0 中存放的是二进制数 1,外接的 KM 线圈将通电,反之将断电。

I0.1、I0.2 和 Q0.0 的波形中的高电平表示按下按钮或 KM 线圈通电,当 $t<1$ 时,读入过程映像输入寄存器 I0.1 和 I0.2 的值均为二进制数 0,此时过程映像输出寄存器 Q0.0 的值亦为 0,在程序执行阶段,经过上述逻辑运算过程之后,运算结果仍为 Q0.0=0,所以 KM 的线圈处于断电状态。$t=t_1$ 时,按下启动按钮 SB1,I0.1 变为 ON,经逻辑运算后 Q0.0 也变为 ON,在输出处理阶段,将 Q0.0 对应的过程映像输出寄存器中的数据 1 送到输出模块,输出模块中与 Q0.0 对应的物理继电器的常开触点接通,接触器 KM 的线圈通电。

PLC 在 RUN 模式时,执行一次图 8-6 所示的扫描操作所需的时间称为扫描周期,其典型值为 1~100 ms。执行用户程序所需的时间与用户程序的长短、指令的种类和 CPU 执行指令的速度有很大的关系。用户程序较长时,指令执行时间在扫描周期中占相当大的比例。

6) 输入/输出滞后时间

输入/输出滞后时间又称为系统响应时间,是指 PLC 的外部输入信号发生变化的时刻至它控制的有关外部输出信号发生变化的时刻之间的时间间隔，它由输入电路滤波时间、输出电路的滞后时间和因扫描工作方式产生的滞后时间这3部分组成。

数字量输入点的滤波器用来滤除由输入端引入的干扰噪声，消除因外接输入触点动作产生的抖动引起的不良影响，CPU模块集成的输入点的输入滤波器延迟时间可以用系统块来设置。输出模块的滞后时间与模块的类型有关。继电器型输出电路的滞后时间一般在10 s左右；场效应晶体管型输出电路的滞后时间最短，为微秒级，最长的在100 μs以上。

由扫描工作方式引起的滞后时间最长可达两三个扫描周期。PLC总的响应延迟时间一般只有几毫秒至几十毫秒，对于一般的系统来说这个时间是无关紧要的。对于要求输入/输出滞后时间尽量短的系统，可以选用扫描速度快的PLC，或采用硬件中断、立即输入/立即输出等措施。

8.1.6 PLC特点及应用场景

1. PLC的特点

1）可靠性高，抗干扰能力强

硬件方面，在输入/输出通道采用光电隔离，有效地抑制了外部干扰源对PLC的影响；在设计中采用滤波器等电路增强PLC对电噪声、电源波动、振动、电磁波等的抗干扰能力，确保PLC在高温、高湿及空气中存有特种强腐蚀物质粒子的恶劣工业环境下能稳定地工作；对于中央处理器等重要部件采用具有良好的导电、导磁性能的材料进行屏蔽。一些高档的可编程控制器采用冗余技术，使用双CPU或多CPU，即系统中有备用部件，当一个CPU模板出故障时，系统也能正常工作，将故障对系统正常工作的影响降到最低。

软件方面，可编程控制器采用了硬件监控定时器（watchdog），也称看门狗。可编程控制器正常工作时，最大扫描周期不会超过监控定时器的定时时间。在设备停电时，PLC内置后备电源也会正常工作，使得用户数据得到良好的备份。

2）安装方便，易于维护

为了适应各种工业控制需要，除了单元式的小型PLC以外，绝大多数PLC均采用模块化结构。PLC的各个部件，包括CPU、电源、开关量、模拟量及温度等单元均采用模块化设计，用机架及电缆将各模块连接起来，系统的规模和功能可根据用户的需要自行选择，当某一模块出现故障时，模块化的结构便于安装及拆卸更换。

可编程控制器有完善的自诊断和显示功能，在使用时若发生故障，可以根据可编程控制器上的发光二极管的指示，利用监视装置（如编程器或监控软件）提供的错误信息迅速地查明故障的原因，从而迅速地排除可编程控制器的故障。

3）编程方便，容易上手

PLC 的编程大多采用类似继电器控制线路的梯形图形式，对于使用者来说，不需要具备计算机方面的专门知识即可掌握。

4）功能完善，适用性强

PLC 发展至今，已形成了大、中、小各种规模的系列化产品，可以方便、灵活地组合成各种不同规模和要求的工业控制系统。PLC 除了具有常规逻辑运算、算术运算、数制转换及顺序控制功能外，还具有 PD 控制、模拟运算、显示、监控、打印及报表生成等功能，可用于各种数字控制领域。

2. PLC 的应用领域

可编程控制器既可用于开关量控制又可用于模拟量控制，既可采用单机控制又可组成多机控制系统，既可控制简单系统又可控制复杂系统。总之，它的应用十分广泛，大致可归纳为如下几类：

1）逻辑控制

逻辑控制是 PLC 最基本、最广泛的应用。工业生产中很多继电器逻辑控制均可采用 PLC 控制来实现，这类应用最主要的特点是以开关量为主，并且相互之间具有时间的先后顺序。如各种机床、自动电梯、高炉上料、注塑机械、包装机械、印刷机械、纺织机械、洗煤生产、电力输煤等均采用逻辑控制。

2）运动控制

运动控制是通过采用 PLC 的单轴或多轴等位置控制模块、高速计数模块等来控制步进电机或伺服电机，从而使运动部件能以适当的速度或加速度实现平滑的直线运动或圆弧运动。如精密金属切削机床、成型机械、装配机械、机械手、机器人等设备的控制都属于运动控制。

3）过程控制

过程控制是通过采用 A/D、D/A 转换模块及智能 PID 模块实现对生产过程中的温度、压力、流量、速度等连续变化的模拟量进行单回路或多回路的闭环调节控制，使这些物理参数保持在设定值。如加热炉的温度控制、锅炉系统的温度蒸汽控制等，以及钢铁生产中的冶金过程控制，化工生产中的工艺控制，如造纸、制药、蒸馏塔等的控制都属于过程控制。

4）分布式控制

分布式控制是指利用 PLC 的网络通信功能模块及远程 I/O 控制模块可以实现多台 PLC 之间的连接、PLC 与上位计算机的通信，以达到上位计算机与 PLC 之间及 PLC 与 PLC 之间的指令传达、数据交换和数据共享。这种由 PLC 进行分散控制、计算机进行集中管理的方式，能够完成较大规模的复杂控制，甚至实现整个工厂生产的自动化。

8.2 PLC 编程

8.2.1 PLC 的编程语言与程序结构

1. PLC 编程语言的国际标准

与个人计算机相比，PLC 的硬件、软件的体系结构都是封闭的而不是开放的。各厂家的 PLC 的编程语言、指令的设置和指令的表达方式也不一致，互不兼容。EC（国际电工委员会）是为电子技术的所有领域制定全球标准的世界性组织。EC 于 1994 年 5 月公布了 PLC 标准（IEC 61131），其中的第三部分（IEC 61131－3）是 PLC 的编程语言标准。IEC 61131－3 是世界上第一个，也是至今为止唯一的工业控制系统的编程语言标准。

目前已有越来越多的生产 PLC 的厂家能提供符合 EC 61131－3 标准的产品，IEC 61131－3 已经成为各种工控产品事实上的软件标准。

EC 61131－3 详细地说明了句法、语义和下述 5 种编程语言（见图 8－8）。

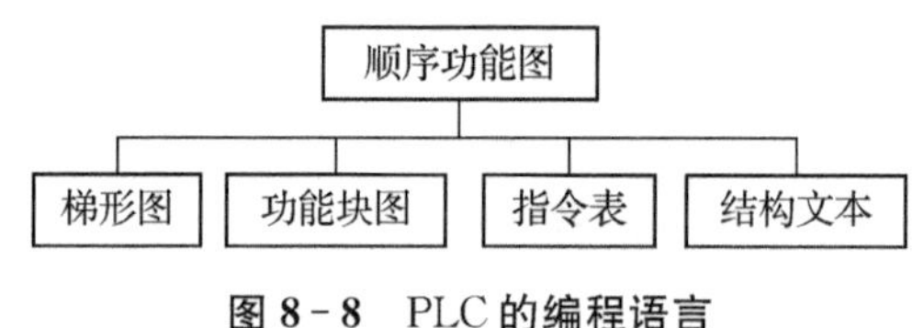

图 8－8　PLC 的编程语言

PLC 的编程语言：

（1）顺序功能图（Sequential Function Chart，SFC）。

（2）梯形图（Ladder Diagram，LD）。

（3）功能块图（Function Block Diagram，FBD）。

（4）指令表（Instruction List，IL）。

（5）结构文本（Structured Text，ST）。

顺序功能图、梯形图和功能块图是图形编程语言，指令表和结构文本是文字语言。

1）顺序功能图

这是一种位于其他编程语言之上的图形语言，用来编制顺序控制程序。顺序功能图提供了一种组织程序的图形方法。

2）梯形图

梯形图是使用得最多的 PLC 图形编程语言。梯形图与继电器控制系统的电路图很相似，具有直观易懂的优点，很容易被工厂熟悉继电器控制的电气人员掌握，特别适用于数字量逻辑控制。有时把梯形图称为电路。

梯形图由触点、线圈和用方框表示的指令组成。触点代表逻辑输入条件，例如外部的开关、按钮和内部条件等。线圈通常代表逻辑输出结果，用来控制外部的指示灯、交流接触器和内部的标志位等。方框用来表示定时器、计数器或者数学运算等指令。

在分析梯形图中的逻辑关系时，为了借用继电器电路图的分析方法，可以想象左右两侧垂直“电源线”之间有一个左正右负的直流电源电压，S7－200 的梯形图(见图 8－9)省略了右侧的垂直电源线。当 I0.0 与 I0.1 的触点接通，或者 Q0.0 与 I0.1 的触点接通时，有一个假想的“能流”(Power Flow)流过 Q0.0 的线圈。利用能流这一概念，可以帮助我们更好地理解和分析梯形图，能流只能从左向右流动。

梯形图程序被划分为若干个网络(Network)，程序中有网络编号，允许以网络为单位，给梯形图加注释。本书为了节省篇幅，一般省略了网络编号。一个网络只能有一块不能分开的独立电路。在网络中，逻辑运算按从左到右的方向执行，与能流的方向一致。没有跳转指令时，各网络按从上到下的顺序执行，执行完所有的网络后，下一个扫描周期返回最上面的网络，重新开始执行程序。

3）功能块图

这是一种类似于数字逻辑电路的编程语言，有数字电路基础的人很容易掌握。功能块图用类似于与门、或门的方框来表示逻辑运算关系，方框的左侧为逻辑运算的输入变量，右侧为输出变量，输入、输出端的小圆圈表示“非”运算，方框被“导线”连接在一起，信号从左向右流动(图 8－9)。

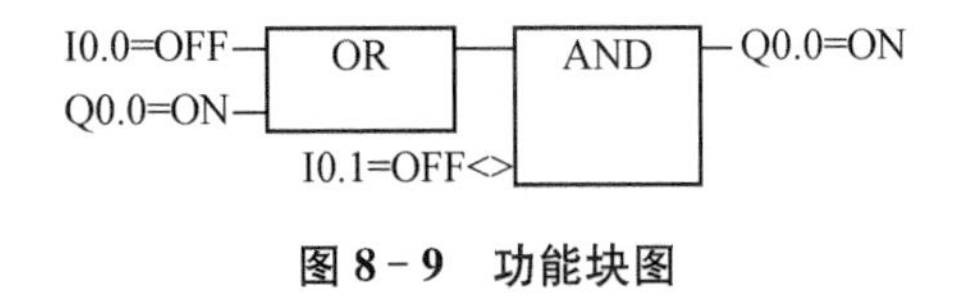

图 8－9　功能块图

4）语句表

S7 系列 PLC 将指令表称为语句表，简称为 STL。语句表程序由指令组成，PLC 的指令是一种与微机的汇编语言中的指令相似的助记符表达式(图 8－10)。图 8－11 是图

8－10 对应的语句表。语句表比较适合熟悉 PLC 和程序设计的经验丰富的程序员使用。

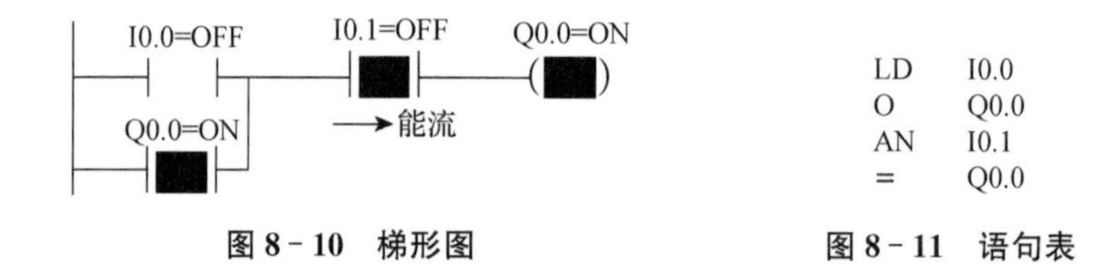

图 8－10　梯形图　　　　图 8－11　语句表

5）结构文本

结构文本是为 EC 61131－3 标准创建的一种专用的高级编程语言。与梯形图相比，它能实现复杂的数学运算，编写的程序非常简洁和紧凑。

6）编程语言的相互转换和选用

在 STEP7-Micro/WIN 中，用户可以切换编程语言，选用梯形图、功能块图和语句表来编程。国内很少有人使用功能块图语言。

梯形图与继电器电路图的表达方式极为相似，梯形图中输入信号（触点）与输出信号（线圈）之间的逻辑关系一目了然，易于理解。语句表程序较难阅读，其中的逻辑关系很难一眼看出。在设计复杂的数字量控制程序时建议使用梯形图语言。但是语句表程序输入方便快捷，还可以为每一条指令加上注释，便于复杂程序的阅读。在设计通信、数学运算等高级应用程序时，建议使用语句表。

2. S7－200 的程序结构

S7－200CPU 的控制程序由主程序、子程序和中断程序组成。

1）主程序

主程序（OB1）是程序的主体，每个扫描周期都要执行一次主程序。每一个项目都必须有并且只能有一个主程序。在主程序中可以调用子程序，子程序又可以调用其他子程序。

2）子程序

子程序是可选的，仅在被其他程序调用时执行。同一个子程序可以在不同的地方被多次调用。使用子程序可以简化程序代码和减少扫描时间。设计得好的子程序容易移植到别的项目中去。

3）中断程序

中断程序用来及时处理与用户程序的执行时序无关的操作，或者用来处理不能事先预测何时发生的中断事件。中断程序不是由用户程序调用，而是在中断事件发生时由操作系统调用。中断程序是用户编写的。

8.2.2 数据类型与寻址方式

1. 数据类型

数据类型定义了数据的长度(位数)和表示方法。S-7200 的指令对操作数的数据类型有严格的要求。

1) 位

位(bit)数据的数据类型为 BOOL(布尔)型,BOOL 变量的值为 2#1 和 2#0。BOOL 变量的地址由字节地址和位地址组成,例如 B3.2 中的区域标示符"I"表示输入(put),字节地址为 3,位地址为 2(见图 8-12)。这种访问方式称为"字节·位"寻址方式。

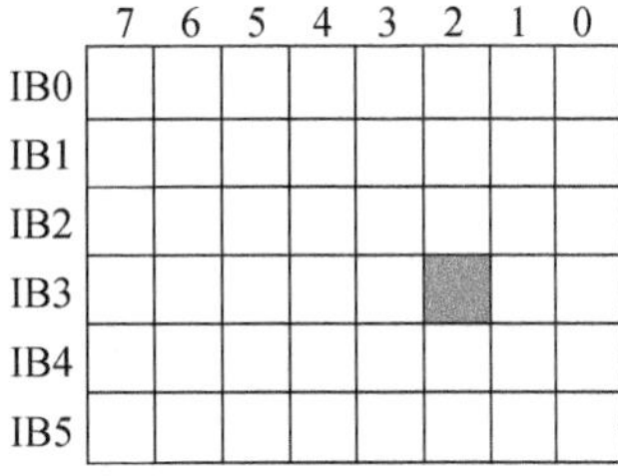

图 8-12 位数据与字节

2) 字节

一个字节(Byte)由 8 个位数据组成,例如输入字节 B3 (B 是 Byte 的缩写)由 I3.0~I3.7 这 8 位组成(见图 8-12)。其中第 0 位为最低位,第 7 位为最高位。

3) 字和双字

相邻的两个字节组成一个字(Word),相邻的两个字组成一个双字(Double Word)。字和双字都是无符号数,它们用十六进制数来表示。

VW100 是由 VB100 和 VB101 组成的一个字(见图 8-13 和表 8-2),VW100 中的 V 为变量存储器的区域标示符,W 表示字。双字 VD100 由 VB100~VB103(或 VW100 和 VW102)组成,VD100 中的 D 表示双字。字的取值范围为 16#0000~16#FFFF,双字的取值范围为 16#00000000~16#FFFFFFFF。

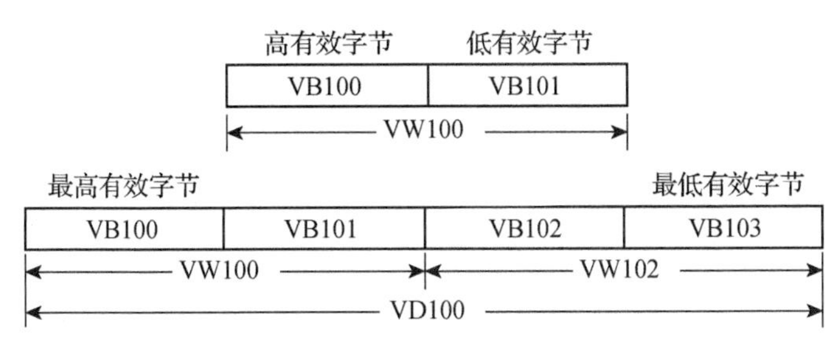

图 8-13 字节、字和双字

表 8-2 状态表

	地址	格式	当前值
11	VB100	十六进制	16#12
12	VB101	十六进制	16#34
13	VW100	十六进制	16#1234
14	VW102	十六进制	16#5678
15	VD100	十六进制	16#12345678
16	VD4	浮点数	50.0
17	VD4	二进制	2#0100_0010_0100_1000_0000_0000_0000_0000

需要注意下列问题：

(1) 以组成字 VW100 和双字 VD100 的编号最小的字节 VB100 的编号作为 VW100 和 VD100 的编号。

(2) 组成 VW100 和 VD100 的编号最小的字节 VB100 为 VW100 和 VD100 的最高位字节，编号最大的字节为字和双字的最低位字节。

(3) 数据类型字节、字和双字都是无符号数，它们的数值用十六进制数表示。从图 8-14可以看出字节、字和双字之间的关系。

4) 16 位整数和 32 位双整数

16 位整数(Integer，NT)和 32 位双整数(Double Integer，DNT)都是有符号数。整数的取值范围为−32 768～32 767，双整数的取值范围为−2 147 483 648～2 147 483 647。

5) 32 位浮点数

实数(Real)又称为浮点数，可以表示为 $1.m\times 2^{E}$，尾数中的 m 和指数 E 均为二进制数，E 可能是正数，也可能是负数。ANSI/IEEE754—1985 标准格式的 32 位实数的格式为 $1.m\times 2^{e}$，式中指数 $e=E+127(1\leqslant e\leqslant 254)$，为 8 位正整数。ANSI/IEEE 标准浮点数的格式如图 8-14 所示，共占用一个双字(32 位)。最高位(第 31 位)为浮点数的符号位，最高位为 0 时为正数，为 1 时为负数；8 位指数占第 23～30 位；因为规定尾数的整数部分总是为 1，只保留了尾数的小数部分 m(第 0～22 位)。第 22 位为 1 对应于 2，第 0 位为 1 对应于 2。浮点数的优点是用很小的存储空间(4B)可以表示非常大和非常小的数，其取值范围为 $\pm 1.175495\times 10^{-38}\sim\pm 3.402823\times 10^{38}$。

在 STEP7-Micro/WIN 中，一般并不使用二进制格式或十六进制格式表示的浮点数，而是用十进制小数来输入或显示浮点数(见表 8.2)，例如在 STEP7-Micro/WIN 中，50 是 16 位整数，而 50.0 为 32 位的浮点数。

图 8-14 浮点数的结构

PLC 输入和输出的数值(例如模拟量输入值和模拟量输出值)大多是整数,用浮点数来处理这些数据需要进行整数和浮点数之间的相互转换,浮点数的运算速度比整数的运算速度慢一些。

6) ASCII 码字符

ASCII 码(美国信息交换标准代码)由美国国家标准学会(ANSI)制定,它已被国际标准化组织(ISO)定为国际标准(ISO 646 标准)。标准 ASCII 码也叫作基础 ASCII 码,用 7 位二进制数来表示所有的英语大写、小写字母,数字 0~9,标点符号,以及在美式英语中使用的特殊控制字符。数字 0~9 的 ASCII 码为十六进制数 30H~39H,英语大写字母 A~Z 的 ASCII 码为 41H~5AH,英语小写字母 a~z 的 ASCII 码为 61H~7AH。

7) 字符串

数据类型为 STRING 的字符串由若干个 ASCII 码字符组成,第一个字节定义字符串的长度(0~254,见图 8-15),后面的每个字符占一个字节。变量字符串最多 255 个字节(长度字节加上 254 个字符)。

长度	字符1	字符2	字符3	字符4	----	字符254
	字节1	字节2	字节3	字节4		字节254

图 8-15 字符串的格式

2. CPU 的存储区

1) 过程映像输入寄存器(I)

在每个扫描周期的开始,CPU 对物理输入点进行采样,用过程映像输入寄存器来保存采样值。

过程映像输入寄存器是 PLC 接收外部输入的数字量信号的窗口。外部输入电路接通时对应的过程映像输入寄存器为 ON(1 状态),反之为 OFF(0 状态)。输入端可以外接常开触点或常闭触点,也可以接多个触点组成的串并联电路。在梯形图中,可以多次使用输入位的常开触点和常闭触点。

I、Q、V、M、S、SM 和 L 存储器区均可以按位、字节、字和双字来访问,例如 I3.5、IB2、IW4 和 D6。

2) 过程映像输出寄存器(Q)

在扫描周期的末尾,CPU 将过程映像输出寄存器的数据传送给输出模块,再由后者驱动外部负载。如果梯形图中 Q0.0 的线圈"通电",继电器型输出模块中对应的硬件继电器的常开触点闭合,使接在 Q0.0 对应的端子的外部负载通电,反之则该外部负载断电。输出模块中的每一个硬件继电器仅有一对常开触点，但是在梯形图中，每一个输出位的常开触点和常闭触点都可以多次使用。

3）变量存储器区(V)

变量(Variable)存储器用来在程序执行过程中存放中间结果，或者用来保存与过程或任务有关的其他数据。

4）位存储区(M)

位存储器(M0.0～M31.7)类似于继电器控制系统的中间继电器，用来存储中间操作状态或其他控制信息。S7-200的M存储器只有32B，如果不够用可以用V存储器来代替M存储器。

5）定时器存储区(T)

定时器相当于继电器系统中的时间继电器。S7-200有三种时间基准(1 ms、10 s和100 s)的定时器。定时器的当前值为16位有符号整数，用于存储定时器累计的时间基准增量值(1～32 767)。预设值是定时器指令的一部分。

定时器位用来描述定时器的延时动作的触点的状态。定时器位为ON时，梯形图中对应的定时器的常开触点闭合，常闭触点断开；定时器位为OFF时，触点的状态相反。

用定时器地址(例如T5)来访问定时器的当前值和定时器位，带位操作数的指令用来访问定时器位，带字操作数的指令用来访问当前值。

6）计数器存储区(C)

计数器用来累计其计数输入脉冲电平由低到高变化(即上升沿)的次数，S7-200有加计数器、减计数器和加减计数器。计数器的当前值为16位有符号整数，用来存放累计的脉冲数(1～32 767)。用计数器地址(例如C20)来访问计数器的当前值和计数器位。带位操作数的指令访问计数器位，带字操作数的指令访问当前值。

7）高速计数器(HC)

高速计数器用来累计比CPU的扫描速率更快的事件，计数过程与扫描周期无关。其当前值和预设值为32位有符号整数，当前值为只读数据。高速计数器的地址由区域标示符HC和高速计数器号组成，例如HC2。

8）累加器(AC)

累加器是可以像存储器那样使用的存储单元，CPU提供了4个32位累加器(AC0～AC3)，可以按字节、字和双字来访问累加器中的数据。按字节、字只能访问累加器的低8位或低16位，按双字可以访问全部的32位，访问的数据长度由所用的指令决定。例如在指令“MOVW AC2，VW100”中，AC2按字(W)访问。累加器主要用来临时保存中间的运算结果。

9) 特殊存储器(SM)

特殊存储器用于CPU与用户之间交换信息,例如SM0.0一直为ON,SM0.1仅在执行用户程序的第一个扫描周期时为ON。SM0.4和SM0.5分别提供周期为1 min和1 s的时钟脉冲。SM1.0、SM1.1和SM1.2分别是零标志、溢出标志和负数标志。

10) 局部存储器区域(L)

S7-200将主程序、子程序和中断程序统称为POU(程序组织单元),各POU都有自己的64B的局部(Local)存储器。使用梯形图和功能块图时,STEP7-Micro/WIN保留局部存储器的最后4B。

局部存储器简称为L存储器,仅仅在它被创建的POU中有效,各POU不能访问别的POU的局部存储器。局部存储器作为暂时存储器,或用于子程序的输入、输出参数。变量存储器(V)是全局存储器,可以被所有的POU访问。

S7-200给主程序和它调用的8个子程序嵌套级别、中断程序和它调用的1个子程序嵌套级别各分配64B局部存储器。

11) 模拟量输入(AI)

S7-200用A/D转换器将现实世界连续变化的模拟量(例如温度、电流、电压等)转换为一个字长(16位)的数字量,用区域标识符AI、表示数据长度的W(字)和起始字节的地址来表示模拟量输入的地址,例如AW2。因为模拟量输入的长度为一个字,应从偶数字节地址开始存放,模拟量输入值为只读数据。

12) 模拟量输出(AQ)

S7-200将长度为一个字的数字用D/A转换器转换为现实世界的模拟量,用区域标识符AQ、表示数据长度的W(字)和起始字节的地址来表示存储模拟量输出的地址,例如AQW2。因为模拟量输出的长度为一个字,应从偶数字节地址开始存放,模拟量输出值是只写数据,用户不能读取模拟量输出值。

13) 顺序控制继电器(S)

32B的顺序控制继电器(SCR)位用于组织设备的顺序操作,与顺序控制继电器指令配合使用。

14) CPU存储器的范围与特性

各CPU具有下列相同的存储器范围:I0.0~I15.7、Q0.0~Q15.7、M0.0~M31.7、S0.0~S31.7、T0~T255、C0~C255、L0.0~L63.7、AC0~AC3、HC0~HC5。S7-200其他存储器的范围见表8-3。

表 8-3 S7-200CPU 的部分存储器范围

描述	CU221	CU222	CU224	CPU 224XP CPU 224XPsi	CU226
模拟量输入	AIWO～AIW30		AIWO～AIW62		
模拟量输出	AQWO～AQW30		AQWO～AQW62		
变量存储器	VB0～VB2047		VB0～VB8191	VB0～VB10239	
特殊存储器	SM0.0～SM179.7		S00～S2997	SM00～SM5497	

3. 直接寻址与间接寻址

在 S7-200 中，通过地址访问数据，地址是访问数据的依据，访问数据的过程称为“寻址”。几乎所有的指令和功能都与各种形式的寻址有关。

1）直接寻址

直接寻址指定了存储器的区域、长度和位置，例如 VW100 是 V 存储区中 16 位的字，其地址为 100。

2）间接寻址的指针

间接寻址在指令中给出的不是操作数的值或操作数的地址，而是给出一个被称为地址指针的存储单元的地址，地址指针里存放的是真正的操作数的地址。

间接寻址常用于循环程序和查表程序。假设用循环程序来累加一片连续的存储区中的数值，每次循环累加一个数值。应在累加后修改指针中存储单元的地址值，使它指向下一个存储单元，为下一次循环的累加运算做好准备。没有间接寻址，就不能编写循环程序。

地址指针就像收音机调台的指针，改变指针的位置，指针指向不同的电台。改变地址指针中的地址值，地址指针“指向”不同的地址。

旅客入住酒店时，在前台办完入住手续，酒店就会给旅客一张房卡，房卡上面有房间号，旅客根据房间号使用酒店的房间。修改房卡中的房间号，别的旅客用同一张房卡就可以入住不同的房间。这里房卡就是地址指针，房间相当于存储单元，房间号就是存储单元的地址，旅客相当于存储单元中存放的数据。

S7-200 的 CPU 允许使用指针对下述存储区域进行间接寻址分别为 I、Q、V、M、S、AI、AQ、SM、T(仅当前值)和 C(仅当前值)。间接寻址不能访问单个位(bit)地址、HC、L 存储区和累加器。

使用间接寻址之前，应创建一个指针。指针为双字存储单元，用来存放要访问的存储器的地址,只能用 V、L 或累加器作指针。建立指针时,用双字传送指令 MOVD 将需要间接寻址的存储器地址送到指针中,例如“MOVD&VB200, AC1”(见图 8-16)。&VB200 是 VB200 的地址,而不是 VB200 中的数值。

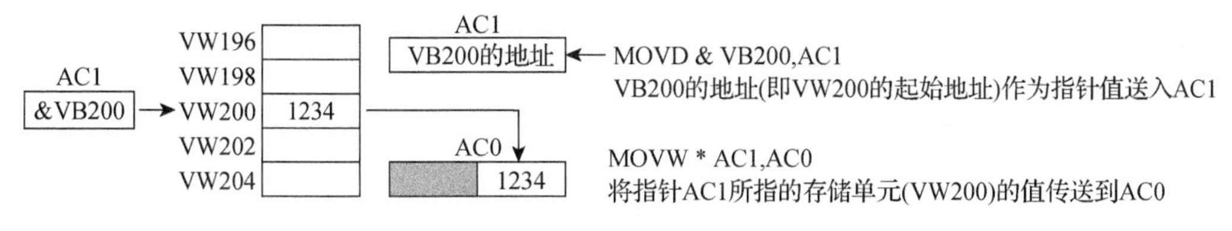

图 8-16　指针与间接寻址

3) 用指针访问数据

用指针访问数据时,操作数前加“◆”号,表示该操作数为一个指针。图 8-16 的指令“MOVW * AC1,AC0”中,AC1 是一个指针,* AC1 是 AC1 所指的地址中的数据。图 8-16 存放在 VB200 和 VB201(即 VW200)中的数据被传送到累加器 AC0 的低 16 位。

4) 修改指针

用指针访问相邻的下一个数据时,因为指针是 32 位的数据,应使用双字指令来修改指针值,例如双字加法指令 ADDD 或双字递增指令 NCD。修改时记住需要调整的存储器地址的字节数,访问字节时,指针值加 1,访问字时,指针值加 2,访问双字时,指针值加 4。

8.2.3　位逻辑指令

1. 触点指令与逻辑堆栈指令

1) 标准触点指令

常开触点对应的位地址为 ON 时,该触点闭合,在语句表中,分别用 LD(Lod,装载)、A(And,与)和 O(Or,或)指令来表示开始、串联和并联的常开触点(见图 8-17 和表 8-4)。触点指令中变量的数据类型为 BOOL 型。

表 8-4　标准触点指令

语句	描述	语句	描述
LD bit	装载,电路开始的常开触点	LDN bit	非(取反后装载),电路开始的常闭触点
A bit	与,串联的常开触点	AN bit	与非,串联的常闭触点
O bit	或,串联的常开触点	ON bit	或非,串联的常闭触点

常闭触点对应的位地址为 OFF 时,该触点闭合,在语句表中,分别用 LDN(Load

Not,非,取反后装载)、AN(And Not,与非)和 ON(Or Not,或非)来表示开始、串联和并联的常闭触点。梯形图中触点中间的“/”表示常闭。

2) 输出指令

输出指令(=)对应于梯形图中的线圈。驱动线圈的触点电路接通时,有“能流”流过线圈,输出指令指定的位地址的值为 1,反之则为 0。输出指令将下面要介绍的堆栈的栈顶值复制到对应的位地址。

梯形图中两个并联的线圈(例如图 8-17 中 Q0.0 和 M0.4 的线圈)用两条相邻的输出指令来表示。图 8-17 中 I0.6 的常闭触点和 Q0.2 的线圈组成的串联电路与上面的两个线圈并联,但是该触点应使用 AN 指令,因为它与左边的电路串联。

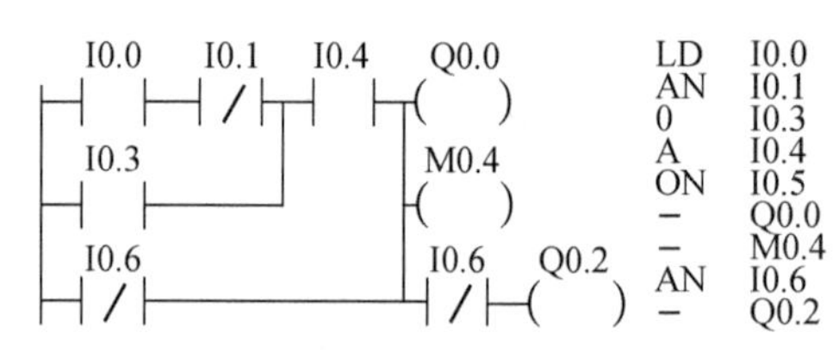

图 8-17 触点与输出指令

3) 逻辑堆栈的基本概念

S7-200 有一个 9 位的堆栈,最上面的第一层称为栈顶(见图 8-18),用来存储逻辑运算的结果,下面的 8 位用来存储中间运算结果。堆栈中的数据一般按“先进后出”的原则访问,堆栈指令见表 8-5。

表 8-5 与堆栈有关的指令

语句	描述	语句	描述
ALD	与装载,电路块串联连接	LPP	逻辑出栈
OLD	或装载,电路块并联连接	LDS N	装载堆栈
LPS	逻辑进栈	AENO	与 ENO
LRD	逻辑读栈		

执行 LD 指令时,将指令指定的位地址中的二进制数装载入栈顶。

执行 A(与)指令时,指令指定的位地址中的二进制数和栈顶中的二进制数作“与”运算,运算结果存入栈顶。栈顶之外其他各层的值不变。每次逻辑运算时只保留运算结果,栈顶原来的数值丢失。

执行 O(或)指令时,指令指定的位地址中的二进制数和栈顶中的二进制数作“或”运算，运算结果存入栈顶。

执行常闭触点对应的 LDN、AN 和 ON 指令时，取出指令指定的位地址中的二进制数后，先将它取反(0 变为 1，1 变为 0)，然后再作对应的装载、与、或操作。

4) 或装载指令 OLD

OLD(Or Load)指令对堆栈第一层和第二层中的两个二进制数进行“或”运算，运算结果存入栈顶。执行 OLD 指令后，堆栈的深度(即堆栈中保存的有效的数据个数)减 1。

触点的串并联指令只能将单个触点与别的触点或电路串并联。要想将图 8-19 中由 I0.3 和 I0.4 的触点组成的串联电路与它上面的电路并联，首先需要完成两个串联电路块内部的“与”逻辑运算(即触点的串联)，这两个电路块用 LD 或 LDN 指令来表示起始触点。前两条指令执行完后，“与”运算的结果 S0＝I0.0・I0.1 存放在图 8-18 的堆栈的栈顶，第 3、4 条指令执行完后，“与”运算的结果 $S1=\overline{I0.3}\cdot I0.4$ 压入栈顶，原来在栈顶的 S0 被推到堆栈的第 2 层，第 2 层的数据被推到第 3 层……堆栈最下面一层的数据丢失。OLD 指令对堆栈第 1 层和第 2 层的数据作“或”运算(将两个串联电路块并联)，并将运算结果 S2・S0＋S1 存入堆栈的栈顶，第 3～9 层中的数据依次向上移动一层。

OLD 指令不需要地址，它相当于需要并联的两块电路右端的一段垂直连线。图 8-18 堆栈中的 x 表示不确定的值。

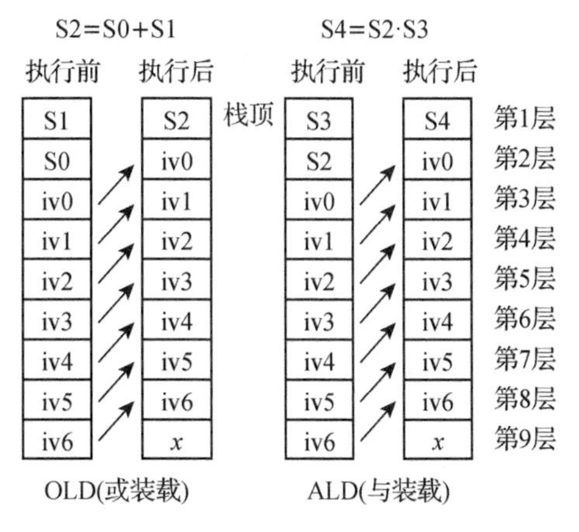

图 8-18 OLD 与 ALD 指令的堆栈操作

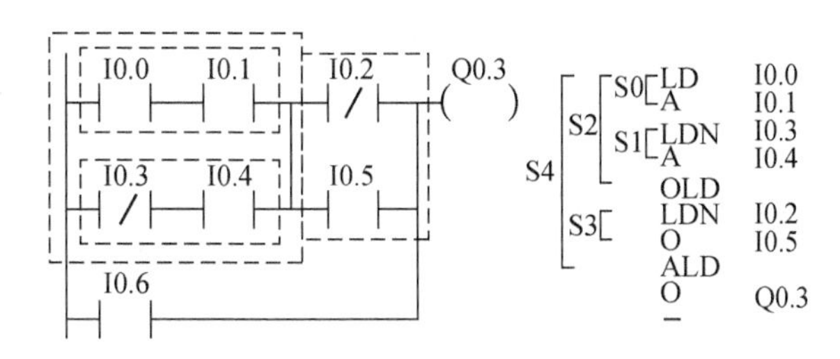

图 8-19 OLD 与 ALD 指令

5) 与装载指令 ALD

图 8-19 的语句表中 OLD 下面的两条指令将两个触点并联，运算结果 $S3=\overline{I0.2}+I0.5$ 被压入栈顶，堆栈中原来的数据依次向下一层推移，堆栈最底层的值被推出丢失。ALD(And Load)指令对堆栈第 1 层和第 2 层的数据作“与”运算(将两个电路块串联)，并将运算结果 S4＝S2・S3 存入堆栈的栈顶，第 3～9 层中的数据依次向上移动一层。

将电路块串并联时，每增加一个用 LD 或 LDN 指令开始的电路块的运算结果，堆栈中将增加一个数据，堆栈深度加 1，每执行一条 ALD 或 OLD 指令，堆栈深度减 1。

梯形图和功能块图编辑器自动地插入处理堆栈操作所需要的指令。用 STEP7 - Micro/WIN 将梯形图转换为语句表程序时，自动生成堆栈指令。写入语句表程序时，必须由编程人员写入这些堆栈处理指令。

6) 其他逻辑堆栈操作指令

逻辑进栈(Logic Push，LPS)指令复制栈顶的值并将其压入堆栈的第 2 层，堆栈中原来的数据依次向下一层推移，堆栈最底层的值被推出并丢失(见图 8 - 20)。

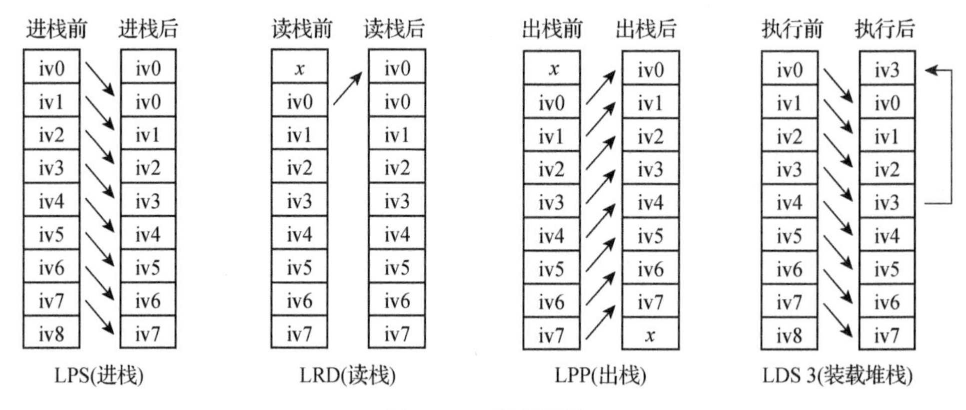

图 8 - 20　堆栈操作

逻辑读栈(Logic Read，LRD)指令将堆栈第 2 层的数据复制到栈顶，原来的栈顶值被复制值替代。第 2～9 层的数据不变。图中的 x 表示任意的数。

逻辑出栈(Logic Pop，LPP)指令将栈顶值弹出，堆栈各层的数据向上移动 1 层，第 2 层的数据成为新的栈顶值。可以用语句表的程序状态来监控堆栈中的数据。

装载堆栈(Load Stack，N=0～8，LDS N)指令复制堆栈内第 N 层的值到栈顶。堆栈中原来的数据依次向下移动一层，堆栈最底层的值被推出并丢失。一般很少使用这条指令。

图 8 - 21 和图 8 - 22 的分支电路分别使用堆栈的第 2 层和第 2、3 层来保存电路分支处的逻辑运算结果。每一条 LPS 指令必须有一条对应的 LPP 指令，中间的支路使用 LRD 指令，处理最后一条支路时必须使用 LPP 指令。在一块独立电路中，用进栈指令同时保存在堆栈中的中间运算结果不能超过 8 个。

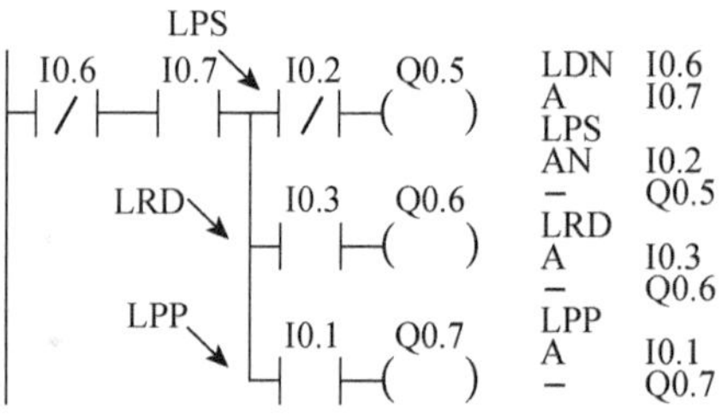

LPS　I0.6　I0.7　I0.2　Q0.5
LRD　I0.3　Q0.6
LPP　I0.1　Q0.7

LDN　I0.6
A　I0.7
LPS
AN　I0.2
=　Q0.5
LRD
A　I0.3
=　Q0.6
LPP
A　I0.1
=　Q0.7

图 8 - 21　分支电路与堆栈指令

图 8－22 中的第 1 条 LPS 指令将栈顶的 A 点逻辑运算结果保存到堆栈的第 2 层，第 2 条 LPS 指令将 B 点的逻辑运算结果保存到堆栈的第 2 层，A 点的逻辑运算结果被“压”到堆栈的第 3 层。第 1 条 LPP 指令将堆栈第 2 层 B 点的逻辑运算结果上移到栈顶，第 3 层中 A 点的逻辑运算结果上移到堆栈的第 2 层。最后一条 LPP 指令将堆栈第 2 层的 A 点的逻辑运算结果上移到栈顶。从这个例子可以看出，堆栈“先入后出”的数据访问方式，刚好可以满足多层分支电路保存和取用分支点逻辑运算结果所要求的顺序。

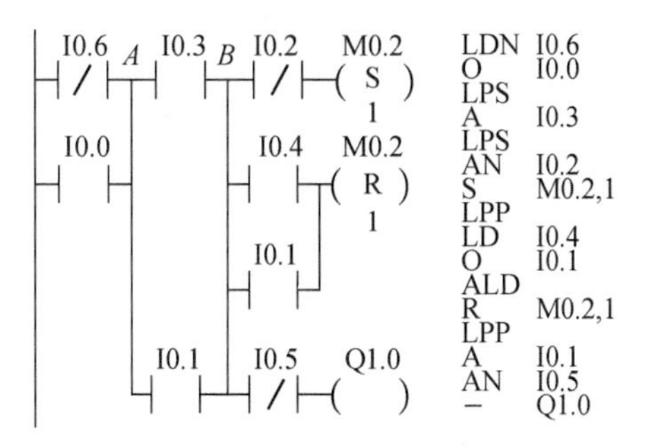

图 8－22　双重分支电路与堆栈指令

7）立即触点

立即(Immediate)触点指令只能用于输入位 I，执行立即触点指令时，立即读取物理输入点的值，根据该值决定触点的接通/断开状态，但是并不更新该物理输入点对应的过程映像输入寄存器。在语句表中，分别用 LDI、AI、OI 来表示开始、串联和并联的常开立即触点(见表 8－6)。分别用 LDNI、ANI、ONI 来表示开始、串联和并联的常闭立即触点。触点符号中间的“I”和“A”分别用来表示常开立即触点和常闭立即触点(见图 8－23)。

I0.0　I0.1　Q1.1 (S)
I0.4　Q0.1 (S)

LDNI　I0.0
OI　I0.4
AI　I0.1
SI　Q0.1,1
=I　Q0.1

I0.1　I0.5　Q1.1 (R)
I0.3

LDI　I0.1
ONI　I0.3
ANI　I0.5
RI　Q0.1,1

图 8－23　立即触点与立即输出指令

表 8－6　立即触点指令

语句	描述	语句	描述
LDI bit	立即装载，电路开始的常开触点	LDNI bit	取反后立即装载，电路开始的常闭触点
AI bit	立即与，串联的常开触点	ANI bit	立即与非，串联的常闭触点
ON bit	立即或，并联的常开触点	ONI bit	立即或非，并联的常闭触点

2. 输出类指令与其他指令

输出类指令(见表 8－7)应放在梯形图同一行的最右边，指令中的变量为 BOOL 型(二进制位)。

表 8-7　立即触点指令

语句	描述	语句	描述	语句	描述	梯形图符号	描述
= bit	输出	S bit，N	置位	R bit，N	复位	SR	置位优先双稳态触发器
=1 bit	立即输出	SI bit，N	立即置位	RI bit，N	立即复位	RS	复位优先双稳态触发器

1）立即输出

立即输出指令（=I）只能用于输出位 Q，执行该指令时，将栈顶值立即写入指定的物理输出点和对应的过程映像输出寄存器。线圈符号中的“1”用来表示立即输出（见图 8-24）。

2）置位与复位

置位指令 S(Set)和复位指令 R(Reset)用于将指定的位地址开始的 N 个连续的位地址置位（变为 ON）或复位（变为 OFF），$N=1\sim255$，图 8-24 中 $N=1$。

置位指令与复位指令最主要的特点是有记忆和保持功能。如果图 8-24 中 I0.1 的常开触点接通，M0.3 变为 ON。即使 I0.1 的常开触点断开，它也仍然保持为 ON。当 I0.2 的常开触点闭合时，M0.3 变为 OFF。即使 I0.3 的常开触点断开，它也仍然保持为 OFF。图 8-24 中的电路具有和启保停电路相同的功能。

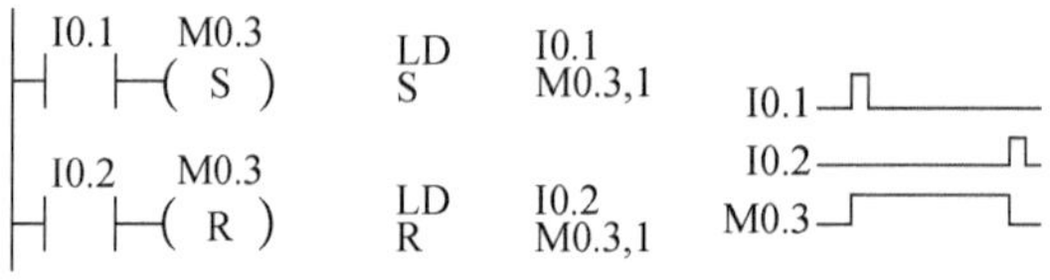
I0.1
M0.3
S
I0.2
M0.3
R
LD I0.1
S M0.3,1
LD I0.2
R M0.3,1
I0.1
I0.2
M0.3

图 8-24　置位指令与复位指令

如果被指定复位的是定时器（T）或计数器（C），将清除定时器/计数器的当前值，它们的位被复位为 OFF。

使用程序状态监控时，置位指令和复位指令的线圈的状态只能反映线圈的通电和断电。需要用状态表来观察被置位和复位的 M0.3 的 ON/OFF 状态。

3）立即置位与立即复位

执行立即置位指令（SI）或立即复位指令（RI）时（见图 8-24），从指定位地址开始的 N 个连续的物理输出点将被立即置位或复位，$N=1\sim255$，线圈中的 I 表示立即。该指令只能用于输出位 Q，新值被同时写入对应的物理输出点和过程映像输出寄存器。置位指令与复位指令仅将新值写入过程映像输出寄存器。

4) RS、SR双稳态触发器指令

图8－25中标有SR的是置位优先双稳态触发器，标有RS的是复位优先双稳态触发器。它们相当于置位指令S和复位指令R的组合，用置位输入和复位输入来控制方框上面的位地址。可选的OUT连接反映了方框上面位地址的信号状态。置位输入和复位输入均为OFF时，被控位的状态不变。置位输入和复位输入只有一个为ON时，为ON的输入起作用。

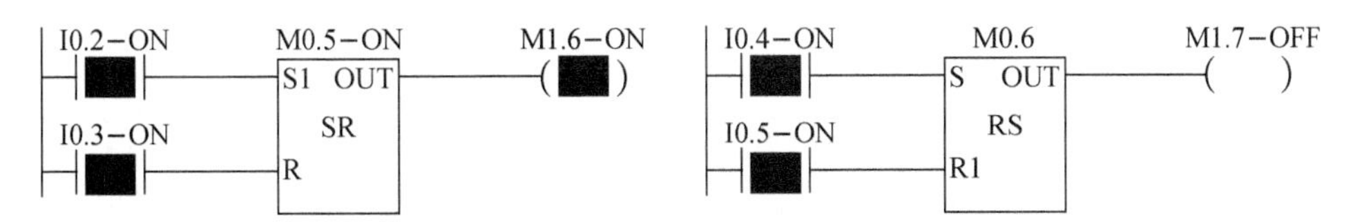

图8－25 置位优先触发器与复位优先触发器

SR触发器的置位信号S1和复位信号R同时为ON时，M0.5被置位为ON(见图8－25)。RS触发器的置位信号S和复位信号R1同时为ON时，M0.6被复位为OFF。

5) 其他位逻辑指令

(1) 正向负向转换触点

正向转换(Positive Transition)触点(见图8－26)和负向转换(Negative Transition)触点没有操作数，触点符号中间的"P"和"N"分别表示正向转换和负向转换。

正向转换触点检测到一次正跳变时(触点的输入信号由0变为1)，或负向转换触点检测到一次负跳变时(触点的输入信号由1变为0)，触点接通一个扫描周期。语句表中正向、负向转换指令的助记符分别为EU(Edge Up，上升)和ED(Edge Down，下降)，见表8－8。EU或ED指令检测到堆栈的栈顶值有跳变时，将栈顶值设置为1，否则将其设置为0。

表8－8 其他位逻辑指令

语句	描述
EU	正向转换
ED	负向转换
NOT	取反
NOP N	空操作

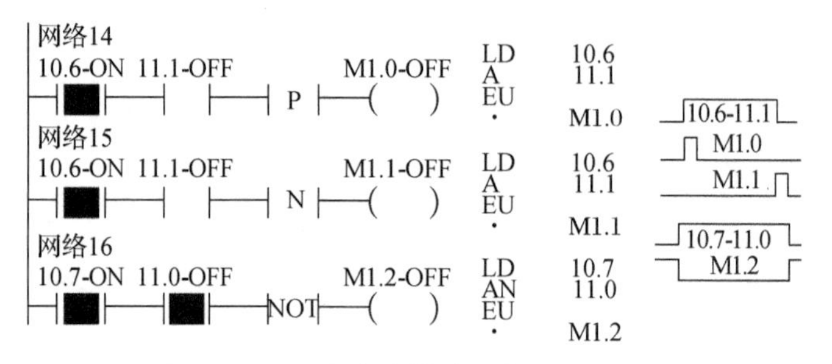

图 8-26　正向负向转换触点与取反触点

(2) 取反触点

取反(NOT)触点将存放在堆栈顶部的左边电路的逻辑运算结果取反,栈顶值若为 1 则变为 0,为 0 则变为 1,该指令没有操作数。在梯形图中,能流到达该触点时即停止(见图 8-26);若能流未到达该触点,该触点给右侧供给能流。

(3) 空操作指令

空操作指令(NOP N)不影响程序的执行,操作数 $N=0\sim255$。

6) 程序的优化设计

在设计并联电路时应将单个触点的支路放在下面,设计串联电路时应将单个触点放在右边,否则语句表程序将多用一条指令(见图 8-27)。

建议在有线圈的并联电路中,将单个线圈放在上面,将图 8-27(a)的电路改为图 8-27(b) 的电路,可以避免使用逻辑进栈指令 LPS 和逻辑出栈指令 LPP。

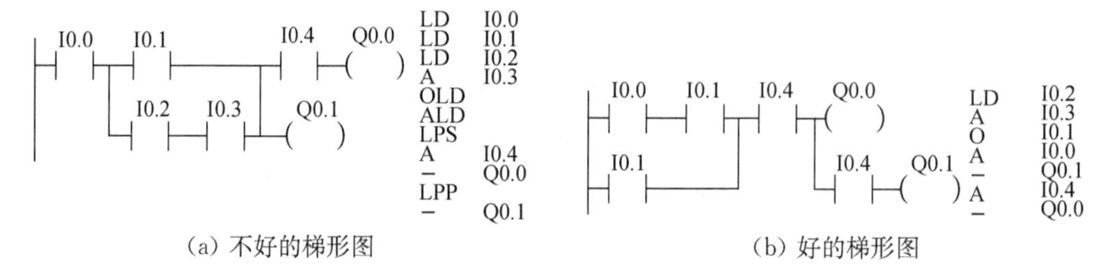

图 8-27　梯形图的优化设计

8.2.4　定时器指令与计数器指令

1. 定时器指令

1) 定时器的分辨率

定时器有 1 ms、10 ms 和 100 ms 三种分辨率,分辨率取决于定时器的地址(见表 8-9)。输入定时器号后,在定时器方框的右下角内会出现定时器的分辨率。

定时器指令与计数器指令见表 8 - 10。

表 8 - 9 定时器地址与分辨率

类型	分辨率/ms	定时范围/s	定时器地址	类型	分辨率/ms	定时范围/s	定时器地址
TON/TOF	1	32.767	T32、T96	TONR	1	32.767	T0、T64
	10	327.67	T33～T36 和 T97～T100		10	327.67	T1～T4 和 T65～T68
	100	3276.7	T37～T63 和 T101～T255		100	3276.7	T5～T31 和 T69～T95

表 8 - 10 定时器指令与计数器指令

语句	描述	语句	描述
TON Txxx,PT	接通延时定时器	CITIM IN,OUT	计算间隔时间
TOF Txx,PT	断开延时定时器	CTU Cxxx,PV	加计数
TONR Txxx,PT	有记忆接通延时定时器	CTD Cxxx,PV	减计数
BITIM OUT	开始间隔时间	CTUD Cxxx,PV	加/减计数

2) 接通延时定时器和有记忆接通延时定时器

定时器和计数器的当前值、定时器的预设时间(Preset Time,PT)的数据类型均为 16 位有符号整数(NT),允许的最大值为 32 767。除了常数外,还可以用 VW、IW 等地址作定时器和计数器的预设值。

定时器方框指令左边的 N 为使能输入端。接通延时定时器 TON 和有记忆接通延时定时器 TONR 的使能输入电路后开始定时,当前值不断增大。当前值大于等于 PT 端指定的预设值(1～32 767)时,定时器位变为 ON,梯形图中对应的定时器的常开触点闭合,常闭触点断开。达到预设值后,当前值仍继续增加,直到最大值 32 767。可以将定时器方框视为定时器的线圈。

定时器的预设时间等于预设值与分辨率的乘积,图 8 - 28 中的 T37 为 100 ms 定时器,预设时间为 100 ms×90=9 s。接通延时定时器的使能输入电路断开时,定时器被复位,其当前值被清零,定时器位变为 OFF。还可以用复位(R)指令来复位定时器和计数器。

有记忆接通延时定时器 TONR 的使能输入电路断开时,当前值保持不变。使能输入电路再次接通时,继续定时。可以用 TONR 来累计输入电路接通的若干个时间间隔。图 8 - 29 中的时间间隔 $t1+2=10$ s 时,10 s 定时器 T2 的定时器位变为 ON。只能用复位指令来复位 TONR。

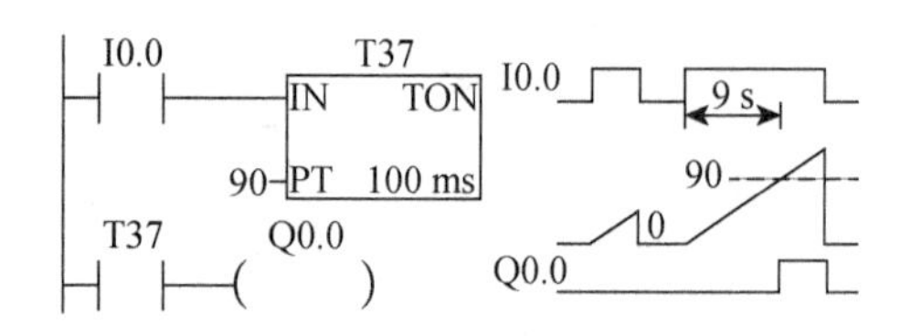

图 8-28 接通延时定时器

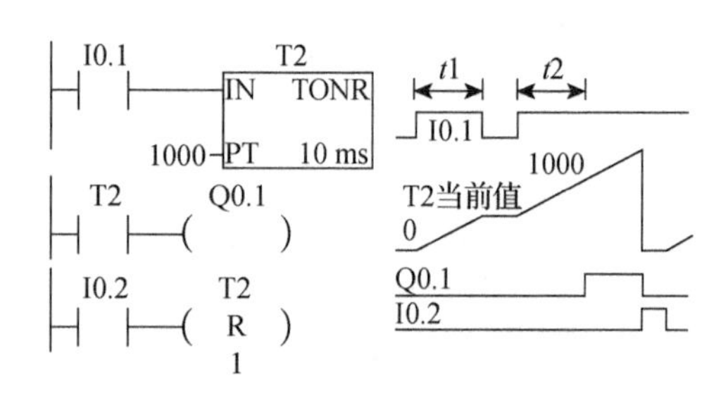

图 8-29 有记忆接通延时定时器

在第一个扫描周期,所有的定时器位被清零。没有记忆的定时器 TON 和 TOF 被自动复位,当前值和定时器位均被清零。可以在系统块中设置有断电保持功能的 TONR 的地址范围。断电后再上电,有断电保持功能的 TONR 能保持断电时的当前值不变。

如果要确保最小时间间隔,应将预设值 PT 增大 1。例如使用 100 s 定时器时,为确保最小时间间隔至少为 2 000 ms,应将 PV 设置为 21。

图 8-30 是用接通延时定时器编程实现的脉冲定时器程序,在 I0.3 由 OFF 变为 ON 时(波形的上升沿),Q0.2 输出一个宽度为 3 s 的脉冲,I0.3 的脉冲宽度可以大于 3 s,也可以小于 3 s。

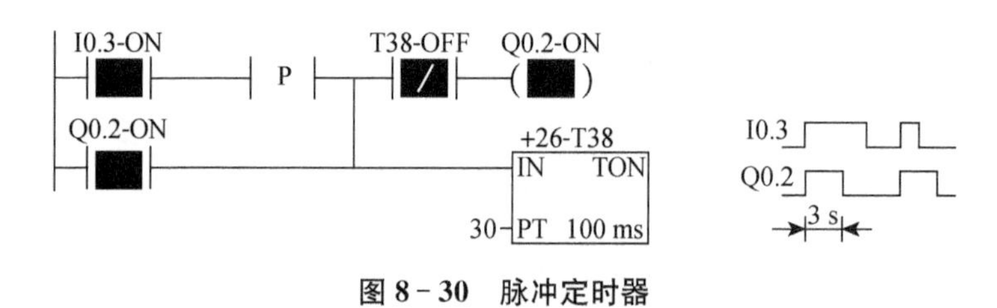

图 8-30 脉冲定时器

3) 断开延时定时器指令

断开延时定时器(TOF,见图 8-31)用来在使能输入(IN)电路断开后延时一段时间,再使定时器位变为 OFF。它用 IN 输入从 ON 到 OFF 的负跳变启动定时。

定时器的使能输入电路接通时,定时器位立即变为 ON,当前值被清零。使能输入电路断开时,开始定时,当前值从 0 开始增大。当前值等于预设值时,输出位变为 OFF,当前值保持不变，直到使能输入电路接通。断开延时定时器可用于设备停机后的延时，例如大型变频电动机的冷却风扇的延时。图 8－31 同时给出了断开延时定时器的语句表程序。

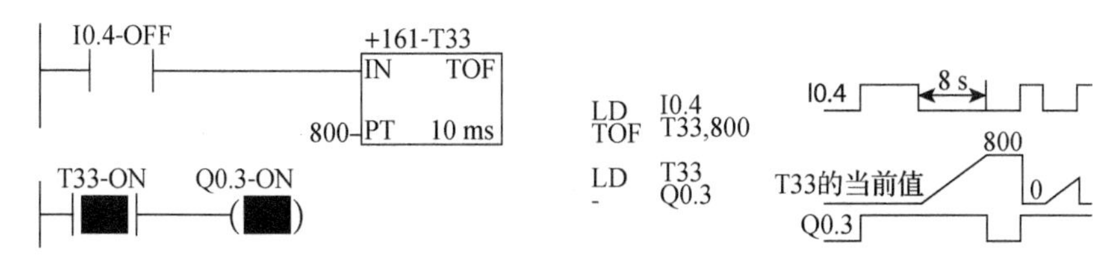

图 8－31 断开延时定时器

TOF 与 TON 不能使用相同的定时器号，例如不能同时对 T37 使用指令 TON 和 TOF。

4）分辨率对定时器的影响

执行 1 s 分辨率的定时器指令时开始计时，其定时器位和当前值的更新与扫描周期不同步，每 1 ms 更新一次。

执行 10 s 分辨率的定时器指令时开始计时，记录自定时器启用以来经过的 10 ms 时间间隔的个数。在每个扫描周期开始时，10 s 分辨率定时器的定时器位和当前值被刷新，一个扫描周期累计的 10 s 时间间隔数被加到定时器当前值。定时器位和当前值在整个扫描周期中不变。

100 ms 分辨率的定时器记录从定时器上次更新以来经过的 100 ms 时间间隔的个数。在执行该定时器指令时，将从前一扫描周期起累积的 100 s 时间间隔个数累加到定时器的当前值。为了使定时器正确地定时，应确保在一个扫描周期中只执行一次 100 s 定时器指令。启用该定时器后如果在某个扫描周期内未执行定时器指令，或者在一个扫描周期多次执行同一条定时器指令，定时时间都会出错。

5）间隔时间定时器

在图 8－32 的 Q0.4 的上升沿执行“开始间隔时间”指令 BGN_ITIME，读取内置的 1 ms双字计数器的当前值，并将该值储存在 VD0 中。

“计算间隔时间”指令 CAL_ITIME 计算当前时间与 N 输入端的 VD0 提供的时间(即图 8－32 中 Q0.4 变为 ON 的时间)之差，并将该时间差储存在 OUT 端指定的 VD4 中。

双字计数器的最大计时间隔为 2 ms 或 49.7 天，CAL_ITIME 指令将自动处理计算时间间隔期间发生的 1 s 定时器的翻转(即定时器的值由最大值变为 0)。

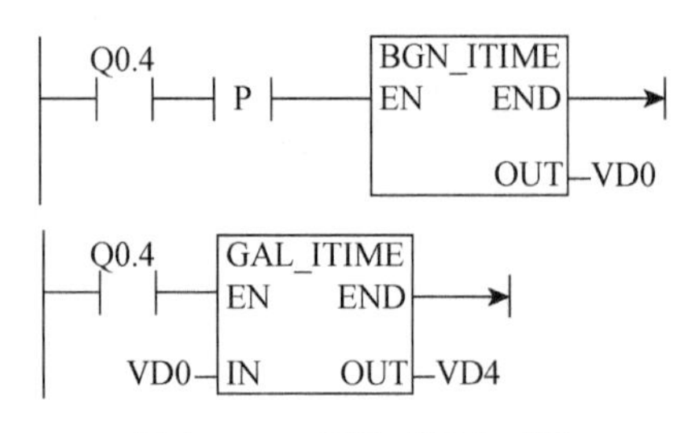

图 8-32　间隔时间定时器

2. 计数器指令

计数器的地址范围为 C0～C255，不同类型的计数器不能共用同一个计数器地址。

1）加计数器(CTU)

同时满足下列条件时，加计数器的当前值加 1(见图 8-33)，直至达到计数最大值 32 767。

(1) 接在 R 输入端的复位输入电路断开(未复位)。

(2) 接在 CU 输入端的加计数脉冲输入电路由断开变为接通(即 CU 信号的上升沿)。

(3) 当前值小于最大值 32 767。

当前值大于等于数据类型为 NT 的预设值 PV 时，计数器位为 ON，反之为 OFF。当复位输入 R 为 ON 或对计数器执行复位指令时，计数器被复位，计数器位变为 OFF，当前值被清零。在首次扫描时，所有的计数器位被复位为 OFF。可以用系统块设置有断电保持功能的计数器的地址范围。断电后又上电，有断电保持功能的计数器保持断电时的当前值不变。

在语句表中，栈顶值是复位输入(R)，加计数输入值(CU)放在堆栈的第 2 层。

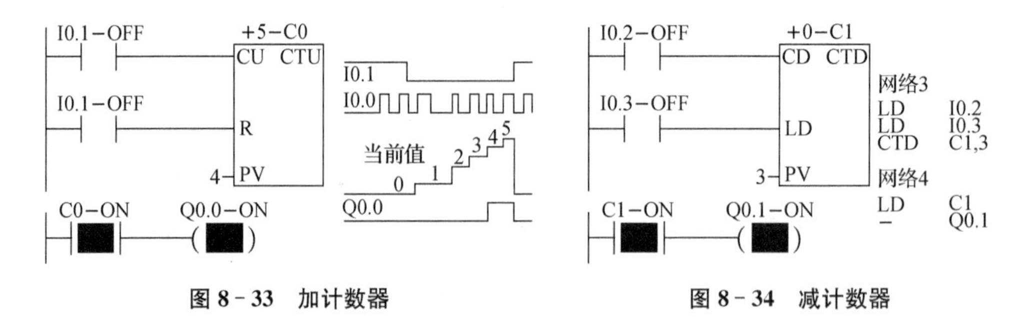

图 8-33　加计数器　　　　图 8-34　减计数器

2）减计数器(CTD)

在装载输入 LD 的上升沿，计数器位被复位为 OFF，并把预设值 PV 装入当前值寄存器。在减计数脉冲输入信号 CD(见 图 8-34)的上升沿,从预设值开始,减计数器的当前值减 1,减至 0 时,停止计数,计数器位被置位为 ON。

在语句表中,栈顶值是装载输入 LD,减计数输入 CD 放在堆栈的第 2 层。图 8-34 同时给出了减计数器的语句表程序。

3) 加减计数器(CTUD)

在加计数脉冲输入 CU(见图 8-35)的上升沿,计数器的当前值加 1。在减计数脉冲输入 CD 的上升沿,计数器的当前值减 1。当前值大于等于预设值 PV 时,计数器位为 ON,反之为 OFF。若复位输入 R 为 ON,或对计数器执行复位(R)指令时,计数器被复位。当前值为最大值 32 767(十六进制数 16#7FFF)时,下一个 CU 输入的上升沿使当前值加 1 后变为最小值-32 768(十六进制数 16#8000)。当前值为-32 768 时,下一个 CD 输入的上升沿使当前值减 1 后变为最大值 32 767。

在语句表中,栈顶值是复位输入 R,减计数输入 CD 在堆栈的第 2 层,加计数输入 CU 在堆栈的第 3 层。

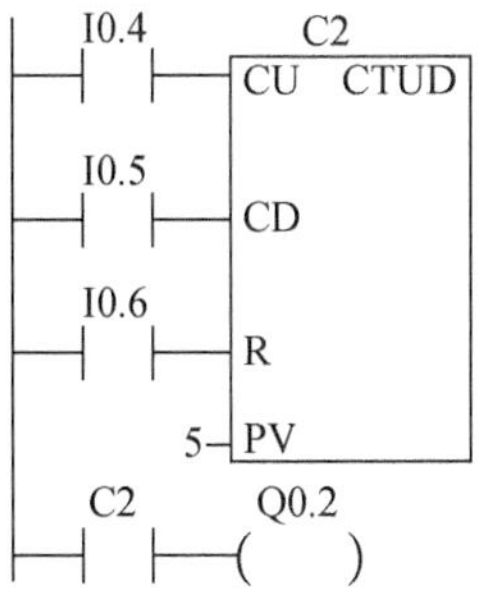

```
  I0.4        C2
--| |------CU  CTUD
  I0.5
--| |------CD
  I0.6
--| |------R
         5-PV
  C2         Q0.2
--| |------(    )
```

图 8-35 加减计数器

8.3 PID 控制

8.3.1 PID 控制概述

1. PID 控制概念

PID 控制器(比例-积分-微分控制器)由比例单元(Proportional)、积分单元(Integral)和微分单元(Derivative)组成。可以透过调整这三个单元的增益 K_p、K_i 和 K_d 来调定其特性。PID 控制器主要适用于基本上线性且动态特性不随时间变化的系统。

PID 控制器是一个在工业控制应用中常见的反馈回路部件。这个控制器把收集到的数据和一个参考值进行比较，然后利用两者的差值计算新的输入值，这个新的输入值可以让系统的数据达到或者保持在参考值。PID 控制器可以根据历史数据和差别的出现率来调整输入值，使系统更加准确而稳定。

PID 控制器的比例单元(P)、积分单元(I)和微分单元(D)分别对应目前误差、过去累计误差及未来误差。若是不知道受控系统的特性，一般认为 PID 控制器是最适用的控制器，借由调整 PID 控制器的三个参数，可以调整控制系统，设法满足设计需求。控制器的响应可以用控制器对误差的反应快慢、控制过冲的程度及系统振荡的程度来表示，不过使用 PID 控制器不一定保证可达到系统的最佳控制，也不保证系统的稳定性。

有些应用只需用到 PID 控制器的部分单元，可以将不需要单元的参数设为零。因此 PID 控制器可以变成 PI 控制器、PD 控制器、P 控制器或 I 控制器。其中又以 PI 控制器比较常用，因为 D 控制器对回授噪声十分敏感，而若没有 I 控制器的话，系统不会回到参考值。会存在一个误差量。

2. PID 工作原理

1) 反馈回路基础

PID 回路是要自动实现一个操作人员用量具和控制旋钮进行的工作，这个操作人员会用量具测量系统输出的结果，然后用控制旋钮来调整这个系统的输入，直到系统的输出在量具上显示稳定的需要的结果。在旧的控制文档里，这个过程叫作“复位”行为，量具被称为“测量”，需要的结果被称为“设定值”，而设定值和测量之间的差别被称为“误差”。

一个控制回路包括三个部分：

(1) 系统的传感器。可得到测量结果。

(2) 控制器。可作出决定。

(3) 输出设备。通过它来作出反应。

控制器从传感器得到测量结果，然后用需求结果减去测量结果来得到误差。再用误差来计算出一个对系统的纠正值来作为输入结果，这样系统就可以从它的输出结果中消除误差。

在一个 PID 回路中，这个纠正值有三种算法，即消除目前的误差、平均过去的误差和通过误差的改变来预测将来的误差。

比如说，利用水箱为植物提供水，水箱的水需要保持在一定的高度。可以用传感器来检查水箱里水的高度，这样就能得到测量结果。控制器会有一个固定的用户输入值来表示水箱需要的水面高度，假设这个值是保持 65%的水量。控制器的输出设备会连在由马达控制的水阀门上。打开阀门就会给水箱注水，关上阀门就会让水箱里的水量下降。这个阀门的控制信号就是控制变量。

PID控制器可以用来控制任何可被测量及可被控制的变量。比如，它可以用来控制温度、压强、流量、化学成分、速度等等。汽车上的巡航定速功能就是一个例子。

一些控制系统把数个PID控制器串联起来，或是连成网络。这样的话，一个主控制器可能会为其他控制输出结果。一个常见的例子是马达的控制。控制系统会需要马达有一个受控的速度，最后停在一个确定的位置。可由一个子控制器来管理速度，但是这个子控制器的速度是由控制马达位置的主控制器来管理的。联合和串联控制在化学过程控制系统中相当常见。

2）理论

PID以它的三种纠正算法而命名。受控变数是三种算法（比例、积分、微分）相加后的结果，即为其输出，其输入为误差值（设定值减去测量值后的结果）或是由误差值产生的信号。若定义 $u(t)$ 为控制输出，PID算法可以用下式表示：

$$u(t)=MV(t)=K_{p}e(t)+K_{i}\int_{0}^{t}e(\tau)\mathrm{d}\tau+K_{d}\frac{\mathrm{d}}{\mathrm{d}t}e(t) \tag{8-1}$$

式中：K_p 为比例增益，是调适参数；

K_i 为积分增益，也是调适参数；

K_d 为微分增益，也是调适参数；

e 为误差，e=设定值(SP)－回授值(PV)；

t 为目前时间；

τ 为积分变数，数值从0到目前时间 t。

从更专业的角度来讲，PID控制器可以视为频域系统的滤波器。在计算控制器最终是否会达到稳定结果时，此性质很有用。如果数值挑选不当，控制系统的输入值会反复振荡，这导致系统可能永远无法达到预设值。

PID控制器的一般转移函数是：

$$H(s)=\frac{K_{d}s^{2}+K_{p}s+K_{i}}{s+C}$$

式中：C 是一个取决于系统带宽的常数。

8.3.2　PID参数整定方法

1. 人工调整方法

若需在系统仍有负载的情形进行调试（线上调试），有一种做法是先将 K_i 及 K_d 设为零，增加 K_p，一直到回路输出振荡为止，之后再将 K_p 设定为“1/4 振幅衰减”(使系统第二次过少冲量是第一次的 1/4)增益的一半，然后增加 K_i 直到一定时间后的稳态误差可被修正为止。不过若 K_i 过大可能会造成不稳定，最后若有需要，可以增加 K_d，使负载变动后回路可以迅速地回到其设定值，不过若 K_d 太大会造成响应太快及过冲。一般而言，快速反应的 PID 应该会有轻微的过冲，只是有些系统不允许过冲。因此需要将回授系统调整为过阻尼系统，将 K_p 调整为比振荡幅度小很多的数值。

2. Z-N 方法

齐格勒-尼科尔斯方法(Z－N 方法)是另一种启发式的调试方式，由 John G. Ziegler 和 Nathaniel B. Nichols 在 1940 年代导入，一开始也是将 K_i 及 K_d 设定为零，增加比例增益直到系统开始等振幅振荡为止，当时的增益称为 K_u，而振荡周期为 P_u，即可用表 8－11 的方式计算增益。

表 8－11　齐格勒-尼科尔斯方法

控制器种类	K_p	K_i	K_d
P	$0.05K_u$	—	—
PI	$0.45K_u$	$1.2K_p/P_u$	—
PID	$0.60K_u$	$2K_p/P_u$	$K_pK_u/8$

3. 模糊 PID

1) 模糊 PID 控制器设计

模糊自整定 PID 控制器以误差 e 和误差变化率 $\dot{e}$ 作为输入，PID 参数 K_p、K_1、K_d 作为输出。以误差 e 和误差变化率 $\dot{e}$ 作为输入，可以满足不同时刻的 e 和 $\dot{e}$ 对 PID 参数自整定的要求。利用模糊控制规则在线对 PID 参数进行修改，便构成了模糊自整定 PID 控制器，其结构如图 8－36 所示。

由图 8－36 可知，该系统由一个标准 PID 控制器和一个模糊参数调节器组成。控制目标为使被控对象输出 $y(t)$ 达到指定值 R，PID 控制器根据闭环误差 $e(t)=R-y(t)$ 产生控制信号 $u(t)$，模糊参数调节器调节 PID 控制器的参数。

为了进一步提高系统的响应或执行速度，采用改进的模糊控制器。控制器原先控制的是 K_p、K_1、K_d 这 3 个参数，而现在控制的是 K_p、K_1、K_d 的增量，即 ΔK_p、ΔK_1、ΔK_d。这 3 个增量的变化比较小，需要的计算量较 K_p、K_1、K_d 明显减少。在模糊控制器之后有一保留器，保留的是上一次 K_p、K_1、K_d 的值 K'_P、K'_1、K'_d，然后加上模糊控制器的输出值，再作用于控制对象。保留器的初始值可以根据经验来设定。

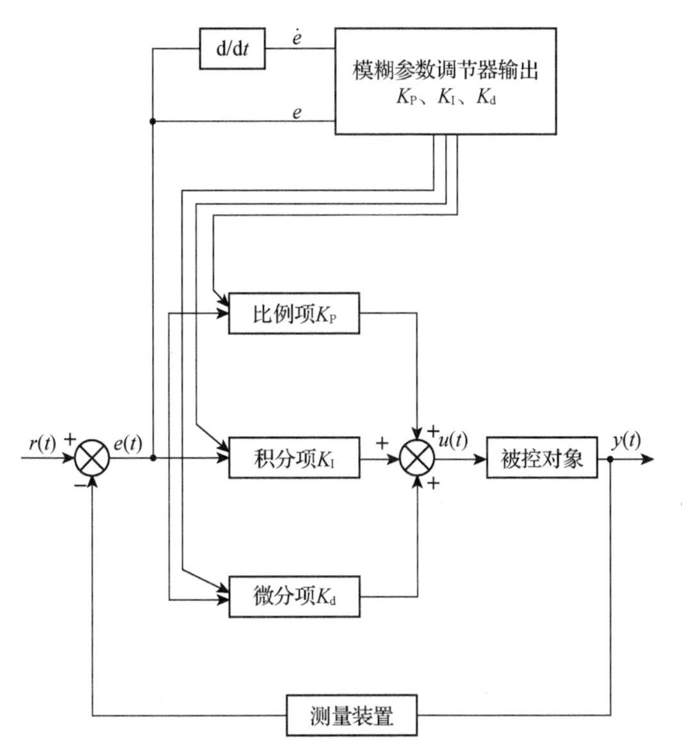

图 8-36 模糊自整定 PID 结构原理图

即

$$K_p = K_p' + \Delta K_p$$
$$K_I = K_I' + \Delta K_I$$
$$K_d = K_d' + \Delta K_d$$

此时模糊控制器变为以误差 e 和误差的变化率 $\dot{e}$ 为输入量，ΔK_p、ΔK_I、ΔK_d 为输出量。

2）模糊控制

常规的控制理论需要建立数学模型，即建立能够定性、定量地描述系统动态过程的微分方程。然而，对一些复杂的工业过程（如窑炉生产过程和某些化工过程等）来说，建立数学模型是非常困难的，甚至是不可能的，这些过程成为常规控制理论的“死区”。但是，对于这些过程，熟练的操作人员可以凭经验和感觉进行可靠控制。如果将熟练工人的操作经验总结为若干条语言的控制规则，并由一台模糊控制器来执行，即能实现人的控制效果。与传统的 PID 控制相比，模糊控制器具有明显的优越性。由于模糊控制器实质上是由计算机执行操作人员的控制策略，因而可以避开复杂的数学模型。对于非线性、大滞后和带有随机干扰的系统，PID 控制会失效，而采用模糊控制器控制却较容易实现。图 8－37 表示了模糊控制算法和 PID 控制算法在阶跃干扰下的响应曲线。其中虚线是模糊控制的响应曲线。可以看出，PID 控制的超调量大，并带有振荡。相反，模糊控制对输入量的突然变化并不敏感，在所有工作点上都能做到较稳定的控制，这说明模糊控制本质上是非线性的，并且对于控制对象的参数变化适应性强，即稳健性（robust）较好。

模糊控制的技术应用历史虽短，但其发展速度极快。目前，在许多工程领域，特别是机电一体化领域和民用家电等领域，模糊控制取代常规控制而得到了广泛应用。因此，可以说模糊控制理论和技术有着广泛的发展前景。

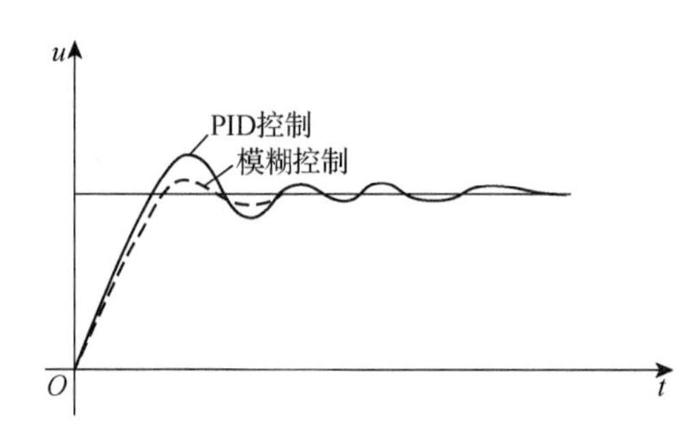

图 8－37　PID 和模糊控制的阶跃响应曲线对比

3）模糊控制系统的组成及基本原理

模糊控制实质上是模拟人对系统的控制，下面举例进行说明。如图 8－38 所示是一个人工水位调节原理图，图中 K 是盛水容器，由于某种原因水位 x 不断地变动，通过调节阀门 a 可向 K 注水，或从 K 向外排水，操作人员的任务是控制水位 x，使之稳定在设定水位 0 点附近。

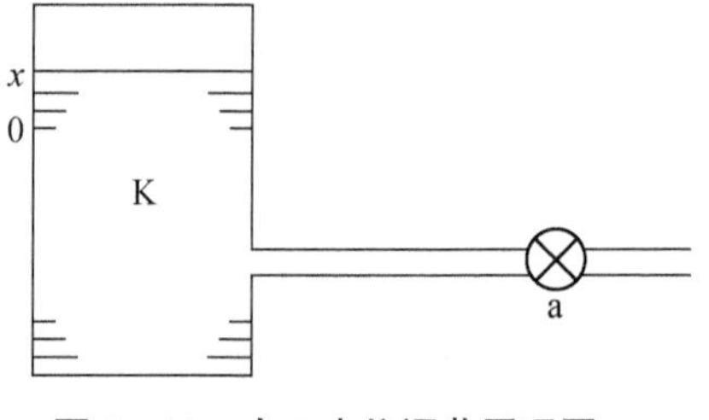

图 8－38　人工水位调节原理图

在调节过程中，操作人员需要不断地观察水位，注意看它与水位设定值 0 之间的偏差。在人脑中，早已由经验生成了对偏差程度的语言描述模式。例如，当看到 x 与 0 之间的偏差为正且很大时，便用“正大”来描述；当看到 x 与 0 之间的偏差为负且很大时，便用“负大”来描述。此外还有“正小”“零”“负小”等描述。操作人员根据所看到的偏差状态相应地调节阀门，对水位进行控制。若偏差为正大，则阀门开大排水；若偏差为正小，则阀门开小排水；若偏差为零，则阀门关闭；若偏差为负小，则阀门开小注水；若偏差为负大，则阀门开大注水。

以上控制策略称为控制规则，这些规则都是用语言形式表达的，因而具有模糊性。

操作人员将观察到的水位 x 和偏差等具体数值转换为“正大”“负小”等语言形式的过程称为输入量的模糊化。将模糊化的输入量应用于控制规则，就得到了“阀门开大排水”“阀门开小注水”等语言形式的输出，即模糊输出。模糊输出再按一定的规则，确定具体的控制值，即执行量(阀门的开关度)。由模糊输出确定执行量的过程称为模糊判决。将这个例子抽象成控制方框图，就得到一个单输入单输出的模糊控制模型，如图 8－39 所示。图中 K、K' 分别为输入、输出参数(比例系数)。

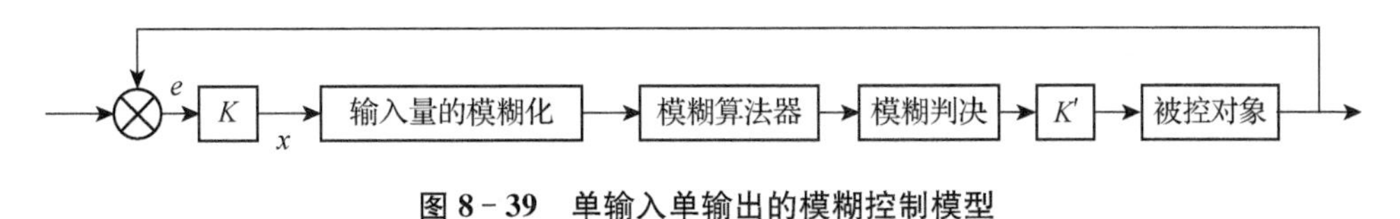

图 8－39　单输入单输出的模糊控制模型

为了提高模糊控制器的控制性能，还可以把偏差的变化率 $\dot{e}$ 也作为输入量，得到双输入单输出的模糊控制器，其模型如图 8－40 所示。图中 K_1、K_2 为输入参数，K_3 为输出参数。从框图中可以看出，模糊控制器主要由输入模糊化、模糊算法器和模糊判决三部分组成。

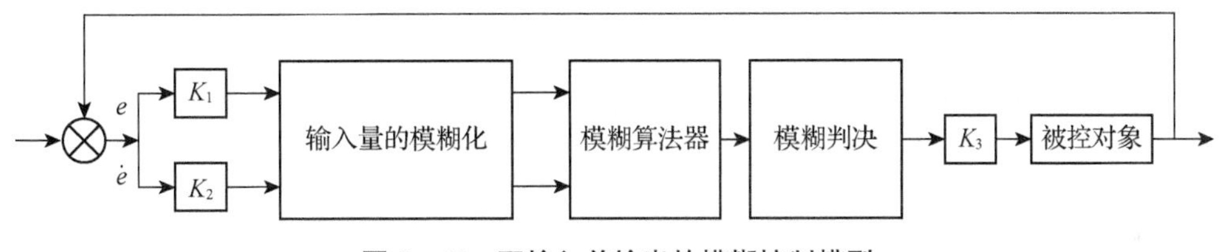

图 8－40　双输入单输出的模糊控制模型

(1) 输入模糊化

输入模糊化即把输入量偏差和偏差变化率转换为语言变量。在模糊控制器中，由采样得到的偏差 e 和偏差变化率 $\dot{e}$ 是确定的值，假定经放大后它们分别成为 x 和 y。为了应用模糊控制技术，把偏差和偏差变化率分别看作论域 $x\in X$ 和 $y\in Y$ 上的语言变量 E 和 C(以下为简单明了，将只讨论偏差的转换情况，偏差变化率的转换情况类似)。一般来说，论域 X 是数轴上的一个区间 $[a,b]$，通过下式变换：

$$x'=\frac{12}{b-2}\left(x-\frac{a+b}{2}\right) \tag{8-2}$$

可以把论域 $[a,b]$ 转换为论域 $[-6,6]$。因此，把 E 视为论域 $[-6,6]$ 上的语言变量。通常 E 的语言值可取 7 个，即 PL(正大)、PM(正中)、PS(正小)、0(零)、NS(负小)、NM(负中)、NL(负大)。这 7 个语言值对应 7 个语言变量模糊集 $\widetilde{E}$(或记为 $\widetilde{E}_i$，$i=1,2,3,4,5,6,7$)。它们的隶属函数可取为三角形或钟形分布，使用性能相同。图 8－41 所示为这 7 个模糊集的三角形隶属函数分布曲线。

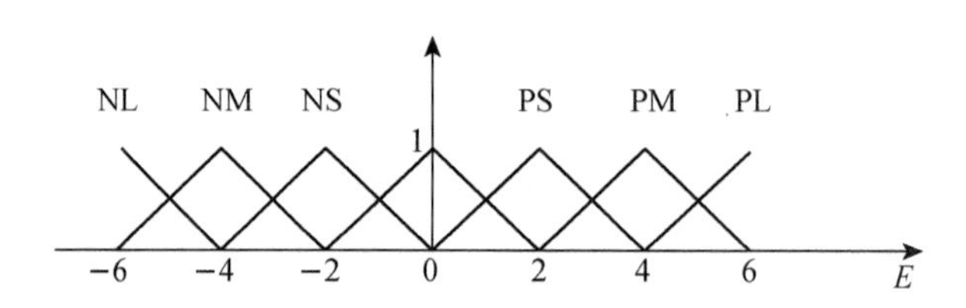

图 8-41　语言变量 x 对 7 个语言值的隶属函数曲线

(2) 模糊算法器

模糊算法器由模糊控制规则和模糊算法构成。

①模糊控制规则

模糊控制规则由若干条模糊条件语句构成，它是人的经验总结，在单输入单输出的控制器中，控制规则的一般形式为

IF　$E=\widetilde{E}(x_0)$ THEN $U=\widetilde{U}_k$

$i\in I=\{1,2,3,\cdots,m\},k\in K=\{1,2,3,\cdots,m\}$

其中$\widetilde{E}_i$ 和$\widetilde{U}_k$ 分别是偏差 E 和控制量 U(输出)的某个语言值，例如：

IF　$E=PL$　THEN $U=NL$(如果 E 为正大，则 U 为负大)

模糊条件语句也称为模糊蕴含语句，m 是控制规则中模糊蕴含语句的个数，而 $i\to k$ 的对应关系一般不能用解析式表达，出于习惯一般也写成 $i\to k=\varphi(i)$。

模糊控制规则由一组条件语句组成，这些条件语句代表"与"的逻辑关系，将它们集合在一起就构成了一个模糊关系$\widetilde{R}$(或记为$\widetilde{R}_i$)，因此$\widetilde{R}_i$ 是从 E 的论域 X 到 U 的论域 Z 上的模糊关系，即 $\widetilde{R}\in F(XZ)$，并以模糊集的方式表示为

$$\widetilde{R}=U_{i\in I}(\widetilde{E}_i\times\widetilde{U}_k)=U_{i\in I}[\widetilde{E}_{\mathrm{i}}\times\widetilde{U}_{\varphi(i)}] \tag{8-3}$$

②模糊算法

模糊控制规则总结了人的控制操作经验，可以根据具体的情况选定相应的模糊控制规则，模糊算法则是将所选定的模糊规则转换为实际的输出量，即若已知偏差输入量为

$$E=\widetilde{E}(x_0)$$

则由模糊算法可以确定输出量为

$$U=\widetilde{U}(z_0)$$

模糊算法不止一种，但就同样的控制对象而言，有效的控制算法应该得到同样的控制效果，它们之间的差别主要体现在控制的精细程度和推理运算的速度上。对于一般的控制问题来说，通常采用的模糊算法是模糊推理合成规则(Compositional Rule of Inference)，简称 CRI 方法。按 CRI 方法，若设控制规则所对应的模糊关系为 $\widetilde{R}(x,z)$，实际偏差输入量为 $\widetilde{E}(x_0)$，则输出量为

$$\widetilde{U}(z)=\widetilde{E}(x_0)\widetilde{R} \tag{8-4}$$

改写为隶属函数表达式,即

$$\widetilde{U}(z)=V[\widetilde{E}(x_0)\wedge\widetilde{R}(x,z)] \tag{8-5}$$

(3) 模糊判决

由模糊算法得到的输出 $\widetilde{U}(z)$ 是论域 Z 上的模糊集,Z 中的一个具体的元素 x 与 U 中的每一个数字对应,该数字即为 x 对 $\widetilde{U}$ 的隶属度,x 就是控制执行量。控制执行量 x 只能是一个唯一的清晰量,这就需要解决如何将模糊量 $\widetilde{U}$ 转换为清晰量 z 的问题,这个转换过程称为模糊判决。

4) 模糊控制器的设计及应用

模糊控制以操作人员的经验为基础,它并不需要精确的数学模型描述系统的动态过程。因此,模糊控制器的设计与常规控制器的设计有很大不同。模糊控制器的设计主要考虑以下问题:

(1) 选择输入输出变量,确定其语言值及隶属函数

模糊控制是一种模拟人工控制的反馈型控制。因此,模糊控制总是把偏差 E 和偏差变化率 $C=\mathrm{d}E/\mathrm{d}t=\dot{E}$,或偏差的累积 $\int E\mathrm{d}t$ 作为控制器的输入量,同时把控制量作为输出量。对于单输入单输出的模糊控制器,只把偏差 E 作为输入,根据偏差的大小确定控制量并输出。输入变量 E 一般可以取 8 个语言值,即 PL、PM、PS、PO、NO、NS、NM、NL。输入变量也可以取更多的语言值(如 13 个),但要权衡利弊。因为,语言值过多将使计算机的计算时间延长,而不利于在线推理。各语言值的隶属函数可以取三角形分布和正态分布,在保证精度的条件下要尽量简单化,尤其要避免隶属函数出现两个峰值。

(2) 模糊控制规则和模糊控制规则表

模糊控制规则是模糊控制器的核心,在输入变量给定之后,输出变量的值主要由控制规则决定。因此,控制器性能的好坏取决于控制规则。模糊控制规则的形式一般为

$$\text{IF}\quad E=\widetilde{E}_i\quad \text{THEN}\quad U=\widetilde{U}_k, i\in 1=\{1,2,3,\cdots,m\}, k\in K=\{1,2,3,\cdots,m\}$$

它们充分体现了人的控制策略,规定了输入变量 E 在各种状态下所对应的输出变量 U 的值。把这些语句列成二元表,即控制规则表。

控制规则表是具体的,它随所控制对象的情况而定。因此,它只适用于该控制对象的要求。另外,双输入单输出的控制规则表则为三元表。

根据控制规则可以求出模糊关系 $\widetilde{R}$[或 $\widetilde{R}(X)$],进而算出输出变量 $\widetilde{U}$[或 $\widetilde{U}(Z)$],最后由模糊判决给出执行量 z。

实际操作时，为了提高模糊推理的速度，通常要在离线情况下编制好模糊决策表，见表 8-12，并先将此表输入计算机。计算机在控制过程中，把采样后经变换得到的输入 x 与表中对应的元素比较，立即得出执行量 z。

表 8-12　单输入单输出模糊决策表

$x(E)$	−3	−2	−1	−0	0	1	2	3
$x(U)$	4	4	4	4	4	2	−2	−4

(3) 模糊控制器的应用

模糊控制器的应用分为软件实现和硬件实现，其中软件实现比较简单经济，它将所有可能用到的计算过程和控制决策表编成程序写入计算机的存储器，如规则不多，采用单片机或单板机即可。所有的家电产品的模糊控制都用这种方法，其优点是成本低，缺点是反应慢、不适用于要求响应极快的控制。硬件实现是最近几年发展起来的技术，它采用大规模具有模糊推理逻辑（即能进行交并和取大取小运算）的集成电路、模糊推理芯片和模糊推理处理器等硬件为基本部件，制成模糊推理计算机，使模糊控制真正有了自己的运行平台，这对模糊控制技术的发展无疑具有重要意义。软件实现方案在任何时候都是有使用价值的，尤其对大多数一般要求的模糊控制器来说，采用软件方式显然要比硬件方式更实用。目前，有关模糊控制实际应用事例的文献资料和书籍很多，这里不再做介绍。

4. 神经网络 PID

神经网络控制是 20 世纪 80 年代后期迅速发展起来的人工智能技术。对神经网络控制的研究受启于生物神经系统的学习能力和并行机制，如知觉、灵感和形象思维等。人们模仿生物神经系统的活动，试图建立神经系统的数学模型。在 1987 年美国召开的第一次神经网络国际会议上，宣告了这一新学科的诞生。目前，对神经网络方面的研究越来越受到关注，它已经越来越多地被应用于人类生活的诸多方面，不仅在机器人的控制、模式识别、专家系统、图像处理等问题上取得了广泛的应用，而且在机电一体化产品中也有着广泛的应用前景。但是它也存在着一些不足，还有待进一步的研究和发展。

1) 神经细胞的基本结构

神经细胞即生物神经元，它是生物神经系统最基本的单元，由细胞体、树突、轴突等组成，如图 8-42 所示。

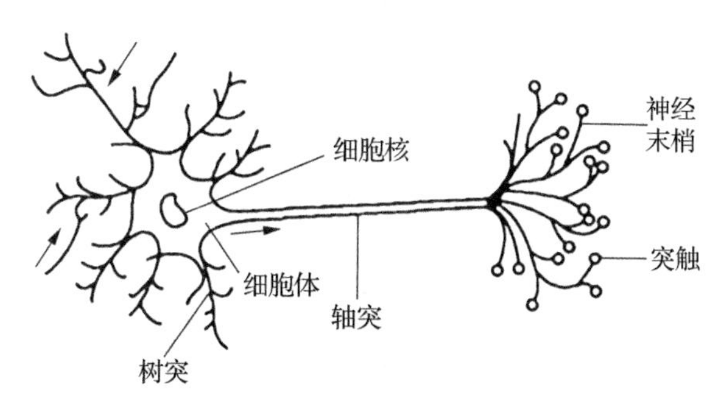

图 8-42 神经元结构

(1) 树突数量较多,相当于细胞的输入端,用于感受从其他神经元传来的信号。

(2) 轴突相当于细胞的输出端,用来向外传输神经元产生的信号。轴突末端形成许多细的分支,称为神经末梢。每一条神经末梢可以与其他神经元形成功能性接触,该接触部位称为突触。功能性接触是指非永久性接触,它是神经元之间信息传递的关键所在。

(3) 细胞体相当于一个初等处理器,用来进行累加求和,接收其他神经元传来的信息,并产生相应的输出。

神经元的工作状态分为兴奋和抑制两种状态,当神经元通过整合后产生的细胞膜电位(细胞内外的电位差)超过阈值电位时,细胞进入兴奋状态,产生兴奋性电脉冲并由轴突输出;反之,若细胞膜电位低于阈值电位则细胞进入抑制状态,没有输出。

2) 神经元的基本结构

通过对生物神经元的简化和模拟,可得到神经元的模型,如图 8-43 所示。它是一个多输入单输出的非线性单元,而每个神经元的输出又会成为下一个神经元的一个输入,其输入输出的函数关系可以表示为

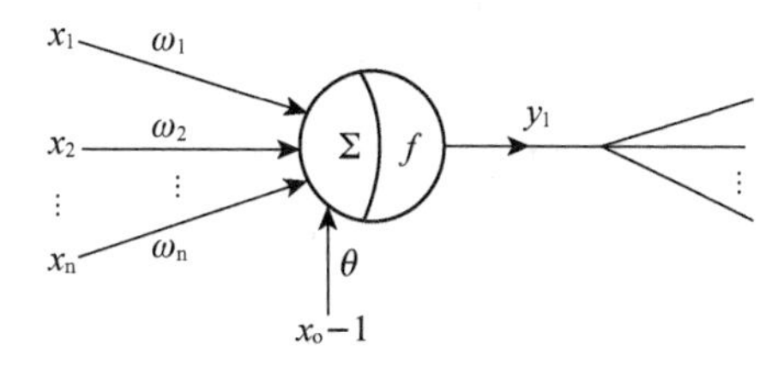

图 8-43 神经元的模型

$$a=\sum_{i=1}^{n}\omega_i x_i-\theta \quad (i=1,2,3,\cdots)$$

$$y=f(a)$$

式中:x_i 为从其他细胞传来的输入信号量;

ω_i 为相应的输入权值;

θ 为神经元的阈值;

$y=f(a)$ 为其特征函数或称传递函数。

特征函数通常有以下三种形式:

(1) 阈值型

当 y 取 0 或 1 时,函数图像如图 8-44(a)所示,为阶跃函数。

$$y=f(a)=\begin{cases}1 & a\geqslant 0\\0 & a<0\end{cases} \tag{8-6}$$

当 y 取-1 或 1 时,函数图像如图 8-44(b)所示,为 sin 函数。

$$y=f(a)=\begin{cases}1 & a\geqslant 0\\-1 & a<0\end{cases} \tag{8-7}$$

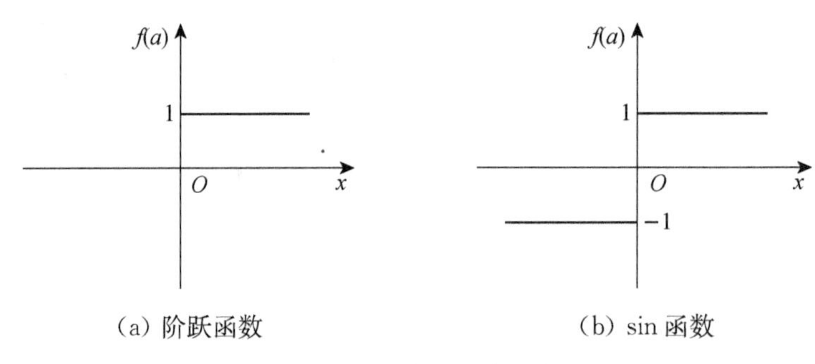

(a) 阶跃函数　　(b) sin 函数

图 8-44　阈值型神经元输入输出特征

(2) 分段线性型

$$y=f(a)=\begin{cases}1 & a>a_0\\a/a_0 & 0<a\leqslant a_0\\0 & a\leqslant 0\end{cases} \tag{8-8}$$

函数在一定范围内输入输出之间满足一定的线性关系,直到输出的最大值为 1 之后输出不再增加,如图 8-45 所示。

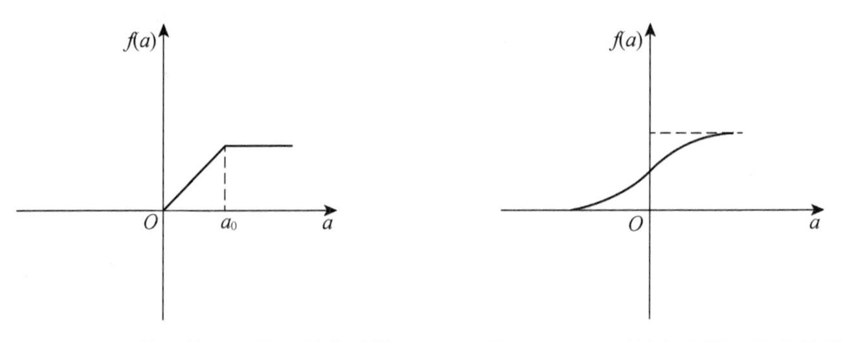

图 8-45　分段线性型神经元输入输出特性　　**图 8-46　S 型神经元输入输出特性**

(3) S 型

$$y=f(a)=\frac{1}{1+e^{-a}} \tag{8-9}$$

其输入输出特性如图 8-46 所示,常采用指数、对数或双曲正切等 S 型函数表示,它反映了神经元的饱和特性。即把神经元看成具有非线性增益的电子系统,因为 S 型函数中间为高增益区,适应弱信号,而两端为低增益区,适应强信号。

3) 神经网络模型

神经网络是由大量的神经元通过相互连接而形成的网络。在网络中,大量的神经元通过层进行组织。一般把三层或三层以上的神经网络称为多层神经网络结构,不同层的神经网络按功能划分为输入层、中间层(隐层)、输出层。其中,输入层是网络与外部环境的接口,中间层是网络的内部处理层,由于它们不直接与外部的输入输出打交道,故也称为隐层,神经网络所具有的模式应变能力主要体现在隐层的神经元上,网络的信息处理结果经过输出层向外部环境输出。

神经元之间相互的连接方式,决定了由它们组成的神经网络的连接方式和处理信号的方式。目前,神经网络的模型较多,分类方法各异,三种典型的神经元网络结构如图 8-47 所示。

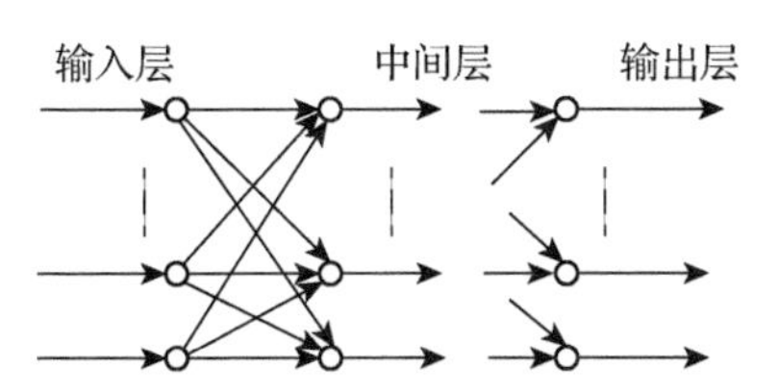

(a) 无反馈前向多层网络

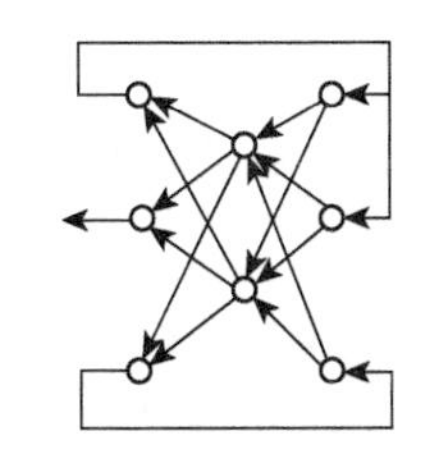

(b) 输出反馈前向多层网络

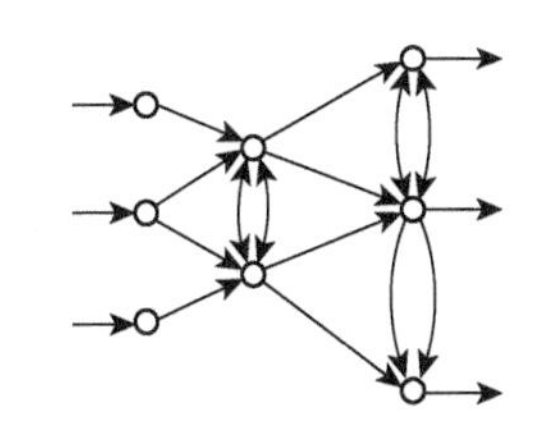

(c) 内层回归前向多层网络

图 8-47 典型神经元网络结构

4) 神经网络的学习

学习的能力是神经网络的重要特征之一,神经网络的学习一般是通过对样本的学习不断地调整神经元之间的连接强度(即权值),使其收敛于某一个稳定的权值分布,以满足处理实际问题的需要。

神经网络的学习可以分为“有导师学习”和“无导师学习”。有导师学习即将导师样本加入神经网络,神经网络产生的输出结果不断地与导师样本产生的期望输出做比较,用得到的误差信号调整网络的权值,不断地减小误差,直到权值收敛于某一个稳定的权值分布;无导师学习即网络按一定的规则自主调节自身的权值,网络具有自组织能力。

由此可见,权值修正是网络学习算法的核心。典型的权值修正规则有两种:一种是相关规则,另一种是误差修正规则。

相关规则又称 Hbb 规则,可表述为当神经网络中的某一神经元与另一个神经元同时处于兴奋状态时,它们之间的连接强度应当加强。

5）神经网络的特点和局限性

神经网络本质上来说是一种计算机构，它不同于传统的计算机构，主要表现为以下几点：

①并行协调处理。神经网络的高度并行性，使其具有强大的容错能力、数据处理能力和很快的处理速度。

②非线性。神经元本身所固有的非线性特性，使其在理论上可以模拟任何非线性的映射，这一特性给解决非线性控制问题带来了新的希望。

③适应与集成。可以利用系统过去的数据样本，对网络进行学习，接受适当学习的网络可以有泛化能力，即当输入出现训练中未经历的数据时，网络也有能力进行辨识。神经元网络可以在线学习，并能同时进行定量和定性操作，神经网络的强适应性和数据融合的能力，使得网络中可以同时输入大量不同的控制信号，并能解决输入信号间的互补和冗余问题，实现信息的集成和融合处理，这些特性特别适用于复杂、大规模和多变量的控制系统。

④硬件实现。近年来由一些超大规模集成电路实现的硬件已经问世，使得人工神经网络的运算速度有了进一步的提高，而且网络实现的规模也明显增大。

神经元网络的这些特点对于处理非线性问题有着极为重要的意义，由于非线性问题的复杂性，至今也没有系统和统一的解决非线性问题的控制理论，可以预见由于神经元的上述特点，其必将在这一领域有极为广阔的发展前景。

同大多数事物一样，神经网络也有其自身的局限性，主要表现在如下几方面：

(1) 类似大脑的研究还不完善，还有许多问题急待解决，从而制约了神经网络的发展。

(2) 目前已经有许多人工神经网络模型，但它们各自的学习策略不同，还不能完全统一到一个完整的体系中，无法形成一个成熟完善的理论体系。神经网络无法完全替代传统的计算技术，它们之间只能相互补充。这些问题的存在，严重制约了神经网络的研究和发展。

液压同步控制系统

9.1 概述

所谓传动就是将原动机的能量与运动通过传动链(传动机构)以一定的方式和规律传递给工作机构。常见的传动有四种基本形式,即机械传动、电力传动、气体传动、液体(压力或液力)传动。有的人又将气体传动与液体传动合称为流体传动,故又可认为有三种基本传动形式。除上述基本传动形式外,尚有它们之间的组合传动,谓之复合式传动。在封闭组合的容器中利用易流动的受压液体介质来实现运动和能量传递谓之液压传动。

机械传动的最大特点之一是有可靠的确定传动比,因而容易获得同步运动,且机械修正补偿也可以获得较高的同步精度。机械传力或传力矩亦很方便,但不容易传动巨大力或高力矩,因机械构件是传递力,而液体是传递压力,因而若用机械传动力或传递高力矩,则会因机械结构很不紧凑而且非常庞大,使机械布置不方便。机械传动除了摩擦方法外不能无级变速,另外还有一些特点,如响声很大、操作不方便等。电力传动虽具有易无级变速、易控制、易布置等优点,但很难传递巨大力或高力矩,尤其当要求直线运动时,尽管已有直线往复运动的电动机,但传递巨大力几乎不可能。如果电力传动能传递巨大力或高力矩,则其结构也是庞大的,即便能获得同步运动,也不可能将电力传动应用在同步运动中。气体传动虽然布置方便,操作容易,空气介质容易获得,且成本很低廉,但空气极易被压缩,传动比并不是很准确,且难恒定,气体传动传递的力及力矩都较小,故亦不适宜用于同步运动中。液力传动从原理及组成的传动机构来看,均不适合于同步运动要求,在此就不赘述。

同步驱动执行器之间距离较远(几米或十几米甚至更远),着力点分散较多(桥梁顶升设备),受力较大(万吨到数万吨),同步精度要求较高(一般为 0.1 mm/m,有的要求更高,如零点零几毫米),同步驱动执行器运动平稳、可无级变速,并应安全可靠、经济合理、操纵方便、控制容易等。只有液压传动具备满足上述同步运动的机械装备要求的性能。而就液压同步运动机械设备本身来说,因当今液压技术发展方向之一是高速重载,故提高液压系统的速度和有效负载是一个需要研究与解决的问题,如有台高速重载的液压机设备,若以单个液压缸为执行器,则要在一般高压力情况下使其适应重载要求,就必须制造大直径的液压缸,若该压机总吨位为 6.08 MN,油液压力(压强)为 $p=31$ MPa,则液压缸缸径为 500 mm,即 0.5 m。制造这样大缸径的液压缸是很困难的,一般中小型机床设备制造不了如此大缸径的液压缸,其制造成本是很高的。若换成双缸同步,仍采用 $p=31$ MPa,总压力 $F=6.08$ MN,则使两个小的缸无杆腔面积与原单独缸无杆腔缸径、横截面面积相等就可以了。令大缸直径为 D,同步缸直径为 D_1,即 $0.785D^2=0.785\times 2D_1^2$,则

$D_1=0.707D=353.5$ mm，圆整取 $D_1=350$ mm，缸径 350 mm 比缸径 500 mm 的液压缸容易制造多了，制造成本也较低，说明采用液压同步运动是提高液压有效负载的一种可行方法，它可将液压系统的流量及负载重新进行合理分配，以减少整个液压系统的成本。另外，产品的生产设备结构决定必须采用液压同步运动，如金刚石六面顶压机，它是使已加热的小正六方体石墨坯胎六面受高压并保压一段时间，使其产生许多小颗粒金刚石，如不采用液压同步运动则很难想象能用什么机构驱动六面顶压机施加如此高压。

综上，可知液压传动的确是同步运动首选的传动形式。

9.2 液压同步回路同步精度误差形成因素

液压传动虽是同步运动首选的最优传动形式，但是在保证整机及整个液压系统的经济合理性及操作、控制、维修的方便性和安全可靠性前提下保证符合要求的同步精度绝不是一件容易的事，这亦是液压行业中的重要课题之一。仅以它同步运动的执行器——液压油缸来说，它的制造精度、内径尺寸、偏差、密封间隙和密封质量、内外泄漏油液量、摩擦力、负载、刚性、连接形式等因素均可影响同步精度，从而使误差超过允许值。如果考虑整机结构及全液压系统和无法预知的外界干扰，则液压同步精度就会受到更多的因素影响，产生误差和超差的概率就更大。故研究与解决液压同步精度并考虑与其对应的经济合理性，已成为液压界永恒的主题之一。不同的控制液压同步类型，影响同步精度及误差的形成的因素是不同的，即使是同一类型控制同步精度的液压回路，在不同的使用条件下形成同步精度误差的因素也是不同的。在此暂不谈具体类型液压同步回路影响同步精度误差的因素，而是列举整机与全液压系统的影响同步精度误差的因素，以及如何减少或抑制这些因素的影响，甚至抑制这些因素的产生，设法在经济合理的基础上提高同步精度，使液压同步运行技术更好地服务于生产建设。

9.2.1 刚性不足

所谓刚性即物体（构件或机构）抵抗受力时变形的能力。抵抗变形能力强就是刚性好，否则就是刚性差。

无论是机体（如机架之类）刚性、执行同步元件的刚性，或者是它们之间连接的刚性，抑或是传递力运动的流体介质刚性，只要它们受力之后显示刚性不足，产生较明显变形，均会影响同步运行的同步精度而产生误差，甚至超差。因为同步精度要求较高，有时允许的同步误差只有零点几毫米，上述四种刚性不足的情况下，同步精度误差就有可能超过允许值。应特别指出，构件连接处刚度最差，往往接触处刚性远远低于整体构件的刚性，一般来说，连接处的刚性不足整体构件刚性的 1/4。即使有的同步精度误差允许值较大，达几毫米甚至更大，若机体、同步执行器（如液压缸）、连接部位刚性不良，加之流体介质受压缩影响，产生较大的变形数值，往往也会使同步精度误差超过允许的误差值。

解决刚性不足的方法有：首先是对机构构件断面形状进行合理设计，即不增加构件材质的材料而只改变其断面形状，这更有利于提高其抵抗受力变形的能力；其次，合理地设计以减少构件数量和构件连接处数量，并改良它们的连接形式，来提高其抵抗变形的能力；最后，不改变总压力吨位，而设法减少液体介质受压以减少它的被压缩值。关于刚性，亦可通过材料力学方法对机体（机架）、构件等进行计算，这种计算虽可获得变形数值，但计算很复杂也很麻烦。最简易的方法是参考过去已成功使用的同类机械设备的机体（机架）、机构构件等结构进行设计。另外还应特别注意要对机体（机架）、构件的着力点作合适的选择，减少大力矩产生，亦可降低变形数值，从而减少机体构件刚性不足对同步精度的影响。

9.2.2 油液中混有气体

油液是液压回路中的传递介质，它传递液压系统中的能量与信息，在液压系统中不可或缺。但油液中常含有气体，绝大部分为空气，分为混入空气和溶入空气。混入油中的空气一般以直径 0.25～0.5 mm 的气泡状态悬浮在油液中，以气相存在，实际为液相与气相混合体存在。若随油液中混入空气量的增加，消液体积弹性系数 $k=\frac{1}{\beta}=-\mathrm{d}p\,\frac{v}{\mathrm{d}v}$ 急剧下降（β 代表压缩率），液压系统的容积效率下降，系统的稳定性变差，系统的动态性能将大大恶化。当压力增大时，一部分混合在油中的气体将溶解于油液中，溶解量与油液绝对压力成正比，溶入油液中的气体呈均匀的溶解状态。它对油液的体积弹性系数和黏度基本不产生影响。

溶解于油液中的气体的含量会随着绝对压力的变化而变化，当绝对压力降到一定程度时，溶解于油液中的气体将析出，可能产生大量气泡。另外，在流速较高的地方，压力降低到一定值之后，混入油液中的微细的气泡会膨胀并相互聚合而形成相当大的气泡。此时溶解油液中析出的气泡或已聚集的混合气泡，在液压系统的最高处或狭窄处会形成气塞，使液流流通不畅甚至形成气堵，此时流动的不是液体而是部分气体，这在液压系统中液压泵内及大惯性负载液压缸突然换向时均可能发生。

总之，油液中的气体会影响压缩率，导致气堵生成，影响液压系统的动态特性，以及正常需要的供油量，导致同步执行器（缸或马达）运动件速度变化，以致产生同步精度误差。

解决的办法就是排除油液中的空气：首先，在油箱中设置倾斜 30°的金属网，使气体破碎；其次，液压系统中的吸油系统不允许漏气；最后，液压系统及执行件设有放气装置，以自动放气装置为佳。另外在未正式工作之前，就让执行器及某些控制件(如同步缸)作多次空运行，直至排除全液压系统中的空气。笔者对此深有体会，有一次在进行非标液压机调试时，采用的是同步缸控制液压同步系统，开始试机时，达不到两缸同步精度 0.8 mm的要求，同步误差达几十毫米，且缸的活塞杆前进阻力特别大。当时参与试验的工作人员议论这是设计的失败，也有人认为是制造问题，最后采取的方案是把同步缸及执行同步缸的混合空气排净，使同步精度达到了 0.6 mm，由此例可知混入油液中的空气会严重妨碍液压系统的同步精度，排除和尽量减少油液中空气含量是值得重视的问题。

9.2.3 油液介质温度过高或温度上升

液压系统工作时，油液温度会随运行时间的增加上升，而液压油的黏度对温度变化特别敏感，温度升高，液压油的黏度随之很快降低。当液压系统发热与散热相平衡时，一般控制液压系统最高温度为 65 ℃(极个别情况下允许温度达 85 ℃)，而油箱中油液温度为 50 ℃，油箱中液体温度较系统中油液温度低 10～15 ℃。若液压系统散热与发热量不平衡，液压油温度会随液压系统工作时间的增加而更快升高，它的黏度会大大降低，油的黏度与油的温度可依下列经验公式计算：

$$u=u_0 e^{-\lambda(T-T_0)} \tag{9-1}$$

式中：u 为温度 T 时的油液的动力黏度；

u_0 为温度 T_0 时的油液动力黏度；

λ 为油液物理性系数，属经验数值，对于矿物油系，$\lambda=(1.8\sim3.6)\times10^{-2}/℃$。

一旦油液变稀，液压系统泄漏量会增加，这不但会影响传动效率，也同样会影响同步执行器。液压缸或液压马达的运动件的运行速度会影响同步精度误差。当然温度上升也会使同步执行器液压缸或液压马达的器件产生热胀现象，不同的材质膨胀系数不一样，这会影响密封性，有可能增加液压缸或液压马达泄漏量，致使同步精度产生误差。温升现象还会促使其他不利的因素产生，在此就不再赘述。

为了确保同步精度，消除或减少温度过度上升产生的热效应，不得不采取一系列方法降低温升，限制温升的幅度。防止油液温升过大的最合理的方法是精心设计出合理的液压同步系统。在一般的情况下，不外乎加冷却装置使液压系统的生热与散热处于平衡状态这种方法。首先要确定合适的液压油源装置、合适管道直径与长度，选用高效率液压元件尤其是高效率的液压泵，确定系统的合理流量，减少节流量尤其是高压时节流量，提高整个液压系统效率。其次是改善散热条件，如增大油箱容积，或在油箱外表四面增焊一定间距的散热条钢板，降低油液循环速度，即增加油液冷却时间。另外油液降温最有效、最及时的方法是增设水冷或风冷的自动冷却系统。

9.2.4 油液中混有杂质

液压系统中油液介质应该是清洁的，尽量使其不含任何杂质。但事实上，即使最清洁的油液也会含有杂质，因液压系统工作时温升发热，油液受热后自身有时就分解出一些氧化物或胶质杂质。同时向油箱中加入油时也很难保证不进入尘埃。这些细微杂质的微粒看似不影响流量，只是稍微影响油液的物理性质等，事实则不然。这些细微颗粒通过阀口，如调节流量阀口，尤其是伺服阀的阀口照样影响流量。凡流量受影响而变化，则必然影响液压同步系统中执行同步运动的器件运动速度，从而影响同步精度。另外，杂质微粒还会影响油液热传导和润滑等。

控制油液的杂质：首先要防止杂质微粒进入液压系统，如设置符合清洁度与流量要求的空气滤清器和油液过滤器，油箱等必须有可靠的密封装置，防止细微杂质进入液压系统；其次应控制液压系统的最高工作温度，防止油液自身分解析出细微杂质；最后应尽可能在干净的环境下工作。

9.2.5 不适合的液体介质

所谓不适合的液体介质，是指液压系统油液类别与牌号选错的油液。所谓适合的液体介质，就是选用的液压油液适合该种类液压系统的压力、速度，适合设备所使用的场合、设备所处的气候、干湿度及温度变化的情况。也就是说，油液的黏度、黏温指数、工作温度范围、工作压力范围、弹性模数、相容性、耐磨性、化学稳定性、无毒及安全性等均应符合具体液压系统要求。如油液介质选错，液压系统不仅达不到同步要求，甚至可能不能正常工作。为此，必须遵守选用液压油液的原则，如果没有选用到所需的油液，可选择主要性质与性能与要选油液性质、性能相接近的油液，一定不能随便选用代用油液。

9.2.6 摩擦

一般来说，两个或两个以上的同步执行器（如缸中运动件、与运动件相接触的缸体上密封件、液压缸筒内表面、导向套等内表面）相互之间必产生摩擦。由于制造与装配的误差，导致液压缸中心轴与活塞杆轴线不重合，活塞杆组件运动与不动件相接触，必然产生较大的摩擦力，且各缸内产生摩擦力并不等，摩擦力小的，活塞杆组件运动就快些，缸内摩擦力大的，活塞杆组件运动就慢些，这样就会产生运行不同步，其差值可能超过同步精度所允许的误差。因此只有精选密封件的规格型号,及使密封件的形状、材质、尺寸以及缸、活塞杆、活塞等同材质、同尺寸、同精度、同粗糙度等,使同步的各执行器与液压缸的相对运动件之间摩擦相同,受摩擦影响的运动相同。事实上绝对相同是不可能的,要使其尽量接近相同,尽量减少摩擦力对同步执行器运动的影响,即尽量减少或抑制摩擦因素对同步精度的影响。

9.2.7 阻力

液压系统中有几个同步运行执行器(液压缸或马达)也就有几个支回路。这些油路包括阀、管道、管接头,同时也包括执行器本身。也就是说,它包括同步执行器的进、出口油路组成的支路。进口油路源到液压油源,出口油路尾至油箱,油液在这些容腔中流动。因这些油液有黏性,其质点与质点之间以及质点与约束它流动的固体壁间相互作用,便产生阻抗油液流动的阻力。在整个液体流动过程中,液体沿其流程均匀流动受到的阻力谓之沿程阻力;管道进出口、拐弯扩大或缩小,油液流动所受阻力谓之局部阻力。这些沿程阻力与局部阻力均影响液体流速与流量。由于各个执行同步的执行器的支回路中沿程阻力、局部阻力并不相等,阻力大的支回路中执行器的运动件速度就慢些,反之就快些,因此这些支路中阻力不同这一因素就会造成同步精度误差。

要减少或抑制这种不同步的现象,就应设法使执行同步回路各支油路液流阻力相等或接近相等,这样就可以达到同步精度要求。这种阻力可依照能量损失计算,即

$$h_w = h_1 + h_2 = \frac{v^2}{2g}\left(\sum \lambda \frac{L}{d} + \sum \delta\right) \tag{9-2}$$

式中:h_w 为总损失;

h_1 为沿程损失;

h_2 为局部损失;

L 为管道长度;

d 为管径;

λ 为沿程损失系数;

δ 为局部损失系数;

v 为平均流速;

g 为重力加速度。

具体做法:使相关各支回路彼此对称相等。即管道长度相等、管径相等、管内粗糙度相同、管接头规格型号相同、布置形状相同;尽量减少管的长度,增加管道直径,减少接头数量,尽量让各支路的总阻力相等或接近相等。这样可以减少或抑制误差,在规定允差

值之内保证达到同步精度的要求。

9.2.8 背压

在液压机械设备中，为了使液压执行器的运动件运动平稳、不产生冲击等现象，常常在执行器出油口的回路上安装背压阀，并进行背压值调节，直至调整到合适的值。可是如果在液压同步系统中有两个或两个以上同步执行器，就不是这样简单了。若在每个同步执行器的支回路上均安装背压阀，在多种因素影响下，各支路上调定的合适背压值很难相同，背压值大的支路上液压执行器的运动件运动速度就慢些，而背压值小的支路上执行器的运动件运动速度就快些，这样就会形成同步精度的误差。若各同步执行器的支路共同装设一个背压阀，有时受多种因素影响，这样也不一定适合，因支路之间会互相影响。若背压值调高了，则系统效率就低，且系统易发热；若背压值调低了，则难以使运动件平稳。要减少或抑制背压对同步精度的影响，应根据具体情况酌定在各执行器出口各安装一个或总装设一个背压阀，再耐心调节背压值，以使达到同步执行器运动件既平稳又符合同步精度的要求。

9.2.9 偏载

在液压同步系统，同步运行的执行件(如液压缸或液压马达)在运行中所承受的负载往往是变化的。有时每个执行器所承受的负载在同时间并不相等，即产生偏载。这种偏载现象在大型重载压机或在大距离执行器负载时最易发生，易发生变化的负载也易发生偏载。偏载又容易引起同步执行器的运行同步精度误差。负载较小，液压同步执行器阻力小，形成压力就小，进油速度快，进油量多，该同步执行器运动件运行速度就快；负载大的液压同步执行器阻力大，形成压力也大，则进油速度慢，进油量少，同步执行器中运动件速度就慢。这样同步执行器就会产生较大的同步精度误差。

消除或抑制偏载的方法：对于该种液压设备，总设计人员应有全面且周密的考虑方案；机械设计人员应该仔细布置负载着力点，并注意负载变化规律与其相应的机械结构，液压设计人员设计液压同步系统及其装置时，应和同步执行器结构相应，这样有助于削弱同步精度误差；液压机的使用者应集中精力观察工作中负载变化情况，尽量减轻或设法不让偏载发生。

9.2.10 压力波动

在液压系统中，压力波动可能是由多种因素引起的，常见的有两种：液压源压力波动及节流时的进出口压差随系统运行而变化。压力波动使流量发生变化,同步执行器中运动件的运行速度就发生变化,这也会形成同步精度误差,这个误差甚至会超过误差允许值。

抑制或降低压力波动对同步精度的影响:对于液压源引起的压力波动,可设计系统及装置解决;对于管路中节流时进出口压差变化引起的压力波动,可在管路装置压力补偿器,使流量受之控制以达到期待值。

9.2.11 执行件未设置在同一起始位置

同步运行数个液压执行器中的运动件,若安装调整时它们没有设置在同一起始位置,则运行时很难做到同向位置同步,这样就会形成同步精度误差。这种同步精度误差,即使修正也难以做到位置同步,在机械和液压设计开始就应对此给予足够重视,在整机装配和调整时,让各同步执行器的运动件处在同一起始位置。液压操作人员亦应时刻注意观察,必要时对执行器进行一定调整,使各执行器处在同一位置,避免因执行器起始位置不一致而产生同步精度误差。

9.2.12 泄漏

同步执行器的两个或两个以上的液压缸或马达由于制造精度、装配精度不同,即使选用同规格、同材料、同形状、同硬度的密封圈进行密封亦不可能绝对相同。泄漏尤其是执行器内部泄漏量很难相同,加上长时间运行使同步执行器工作特性发生变化等,这些均会造成同步执行的运动件运动速度不同,形成同步精度误差。解决办法是提高制造精度,提高密封质量,提高装配精度,筛选执行器,使其容积效率高且相同,使其各密封要素相同。当然几支执行同步的液压缸不可能按上述要求筛选成绝对相同的液压缸,但是一定要很接近相同,以减少泄漏对同步精度误差的影响。

9.2.13 累积误差

液压同步系统中同步运动执行件在运动中产生的同步精度误差总是存在的。绝对无误差这种情况是不存在的,所以要使所形成的同步误差在同步精度允许范围之内。但是如果误差在运行过程中累积,累积到一定程度,并超出允许值,就会使该液压机械设备不能再工作,甚至使该液压机械设备变为无用的搁置品。

故在液压同步系统设计时应注意:其一,尽量使系统不产生累积误差;其二,产生的累积误差可以修正,修正方法是补充液流量或排出多余的液量,给慢运行的执行器补充流量,或使运行快些的执行器多排出一些液流量。如此方可保证同步精度误差在允许范围之内，从而不影响液压同步系统正常工作。

上文列举了十几种影响同步精度误差的因素，但是影响同步精度误差的因素绝不止这些，实际影响同步精度误差的因素还有很多，各类液压同步系统由于自身特有属性影响同步精度误差的因素，将在后面的章节分别叙述。

作为液压技术工作者，无论是设计人员、操作人员还是维修者，都必须对这些因素予以足够重视。当然也有可能这十几种因素的影响并不同时存在，也有可能除上述因素外还有其他因素在影响同步精度的误差。总之，应根据具体的同步精度要求、技术条件、场合、气候及温度情况分析使用的液压同步系统，看哪些因素对同步精度影响明显，而哪些因素影响较小，采取有针对性的具体措施，降低或抑制影响。

9.3 检测技术和传感器

9.3.1 概述

检测系统是机电一体化产品的一个重要组成部分，是用于检测相关外界环境及产品自身状态，为控制环节提供判断和处理依据的信息反馈系统。机电一体化系统中，检测系统所测试的物理量一般包括温度、流量、功率、位移、速度、加速度、力等。由于机电一体化系统以电信号为信息传输和处理的媒体，且控制系统的输入接口往往只接收特定形式的信号(如数字信号、直流信号、开关信号)，因此，检测系统通常要用传感器将被测试的物理量变为电量，电量经过变换、放大、调制、解调、滤波等电路处理后才能变为控制系统(或显示、记录等仪器)需要的信号。本章重点介绍各种机电一体化系统中常见物理量的检测方法、测试系统的工作原理以及传感器的信号处理、接口技术等。

1) 检测系统的组成

机电一体化产品中需要检测的物理量分成电量和非电量两种形式，非电量的检测有两个重要环节。

(1) 使用传感器把各种非电量信息转换为电信号，传感器又称为一次仪表。

(2) 通过电信号处理系统对转换后的电信号进行测量，并进行放大、运算、转换、记录、指示、显示等处理。电信号处理系统通常被称为二次仪表。机电一体化系统一般采用计算机控制方式，因此，电信号处理系统通常是以计算机为中心的电信号处理系统。综上所述，非电量检测系统的结构形式如图 9-1 所示。

对于电量检测系统，只保留了电信号的处理过程这一环节，省略了一次仪表的处理过程。

2）传感器的概念及基本特性

传感器是一种以一定的精确度将被测量转换为与之有确定对应关系的、易于精确处理和测量的某种物理量（如电量）的测量部件或装置。通常传感器是将非电量转换成电量。传感器的特性（静态特性和动态特性）是其内部参数所表现的外部特征，决定了传感器的性能和精度。

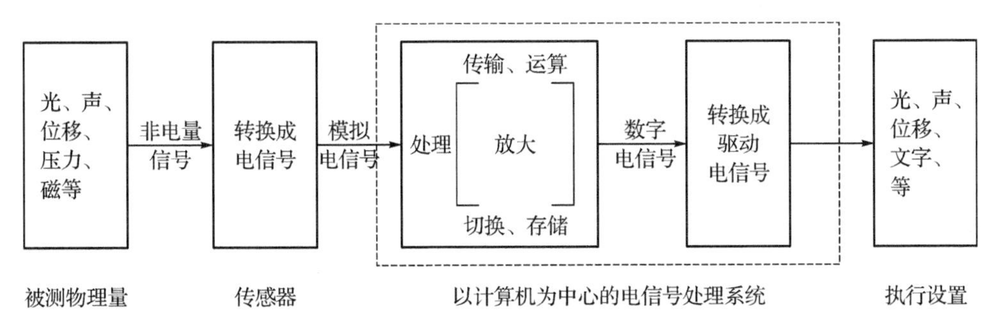

图 9-1　非电量检测系统的结构形式

3）传感器的构成

传感器一般由敏感元件、传感元件和转换电路三部分组成，如图 9-2 所示。

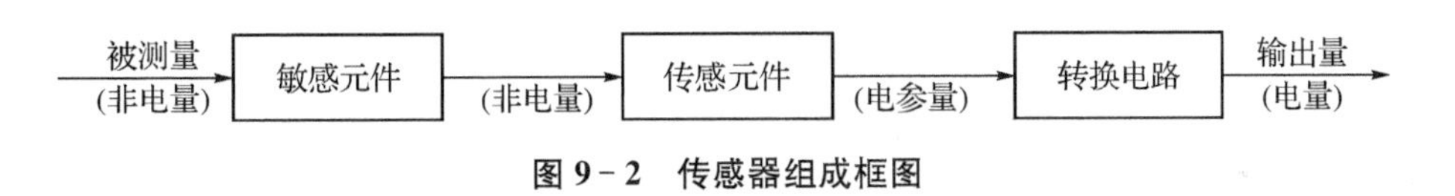

图 9-2　传感器组成框图

（1）敏感元件。敏感元件是一种能够将被测量转换成易于测量的物理量的预变换装置，其输入、输出间具有确定的数学关系（最好为线性）。如弹性敏感元件将力转换为位移或应变输出。

（2）传感元件。传感元件可将敏感元件输出的非电物理量转换成电信号（如电阻、电感、电容等）形式。例如将温度转换成电阻变化，位移转换为电感或电容等。

（3）基本转换电路。基本转换电路将电信号量转换成便于测量的电量，如电压、电流、频率等。有些传感器（如热电偶）只有敏感元件，感受被测量时直接输出电动势。有些传感器由敏感元件和传感元件组成，不需要基本转换电路，如压电式加速度传感器。还有些传感器由敏感元件和基本转换电路组成，如电容式位移传感器。有些传感器，转换元件不止一个，信号要经过若干次转换才能输出电量。大多数传感器是开环系统，但也有个别传感器是带反馈的闭环系统。

4）信号传输与处理电路

传感器输出信号一般比较微弱（毫伏级或微伏级），有时夹杂其他信号（干扰或载波)。因此,在传输过程中,需要依据传感器输出信号的具体特征和后端系统的要求,对传感器输出信号进行各种形式的处理,如阻抗变换、电平转换、屏蔽隔离、放大、滤波、调制、解调、A/D 和 D/A 转换等。同时还要考虑在传输过程中可能受到的干扰影响,如噪声、温度、湿度、磁场等影响,并采取一定的措施。传感器信号处理电路的内容要依据被测对象的特点和环境条件来决定。

传感器信号处理电路内容的选择所要考虑的问题主要包括:

(1) 传感器输出信号形式,是模拟信号还是数字信号,电压还是电流。

(2) 传感器输出电路形式,是单端输出还是差动输出。

(3) 传感器电路输出能力,输出的是电压还是功率,输出阻抗大小。

(4) 传感器的特性,如线性度、信噪比、分辨率。

由于电子技术的发展和微加工技术的应用,许多传感器中已经配置了部分处理电路(或配置有专用处理电路),这大大简化了设计和维修的技术难度。如反射式光电开关传感器中集成了逻辑控制电路,压力传感器的输出连接专用接口处理电路后,可以直接输送给 A/D 转换器。光电编码传感器的输出是 5 V 的脉冲信号,可以直接传送给计算机。

9.3.2 位移检测

位移测量是线位移测量和角位移测量的总称,位移测量在机电一体化制造系统中应用十分广泛,这不仅是因为在各种机械加工中(如位置的确定和加工尺寸的确定)需要测量位移,而且还因为速度、加速度等参数的检测都可以借助测量位移的方法来完成。有些参数的测量属于微位移测量,如力、扭矩、变形等的测量。

微位移检测传感器包括应变式传感器、电容传感器、电感传感器。一般位移传感器主要有电感传感器、电容传感器、感应同步器、光栅传感器、磁栅传感器、旋转变压器和光电编码盘等。其中,旋转变压器和光电编码盘只能测量角位移,其他几种传感器中既有直线型位移传感器又有角度型位移传感器。

位移传感器还可以分为模拟式传感器和数字式传感器。模拟式传感器的输出是以幅值表示输入位移的大小,如电容传感器、电感传感器等;数字式传感器的输出是以脉冲数量的多少表示位移的大小,如光栅传感器、磁栅传感器、感应同步器等。光电编码盘的输出是一组不同的编码,它们代表不同的角度位置。下面分别介绍模拟式位移传感器和数字式传感器的原理。

1) 模拟式位移传感器

电容式、电感式传感器在原理上有相似之处,因此以电感式传感器为例来介绍模拟式传感器测量位移的原理。

电感式传感器是基于电磁感应原理，将被测非电量转换为电感量变化的一种结构型传感器。按其转换方式的不同，可分为自感型和互感型两种类型。自感型电感传感器又分为可变磁阻式和涡流式电感传感器。互感型电感传感器又称为差动变压器式电感传感器。

(1) 可变磁阻式电感传感器

典型的可变磁阻式电感传感器的结构如图 9-3 所示，其主要由线圈、铁芯和活动衔铁所组成。在铁芯和活动衔铁之间保留一定的空气隙，被测位移构件与活动衔铁相连，当被测构件产生位移时，活动衔铁随之移动，空气隙发生变化，引起磁阻变化，从而使线圈的电感值发生变化。

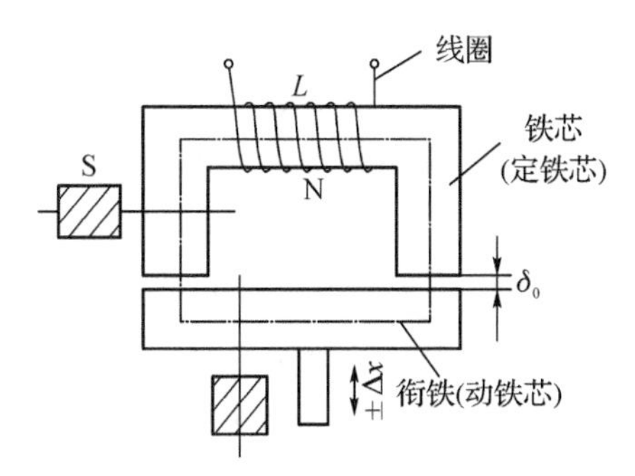

图 9-3 可变磁阻式电感传感器

当线圈通以激磁电流时，其自感 L 与磁路的总磁阻 R 有关，即

$$L=W^2/R_m \tag{9-3}$$

式中：W 为线圈匝数；

R_m 为总磁阻。

如果空气隙较小，而且不考虑磁路的损失，则总磁阻为

$$R_m=\frac{l}{\mu A}+\frac{2\delta}{\mu_0 A_0} \tag{9-4}$$

式中：l 为铁芯导磁长度，m；

μ 为铁芯磁导率，H/m；

A 为铁芯导磁截面积，m^2；

δ 为空气隙，m，$\delta=\delta_0\pm\Delta\delta$；

μ_0 为空气磁导率，H/m，$\mu_0=4\pi\times10^{-7}$ H/m；

A_0 为空气隙导磁截面积，m^2。

铁芯的磁阻与空气隙的磁阻相比是很小的，因此计算时铁芯的磁阻可以忽略不计，故

$$R\approx\frac{2\delta}{\mu_0 A_0} \tag{9-5}$$

将式(9－5)代入式(9－3),得

$$L=\frac{W^2\mu_0 A_0}{2\delta} \tag{9-6}$$

式(9－6)表明,自感 L 与空气隙 δ 的大小成反比,与空气隙导磁截面积 A_0 成正比。当 A_0 固定不变,改变 δ 时,L 与 δ 呈非线性关系,此时传感器的灵敏度

$$S=\frac{dL}{d\delta}=-\frac{W^2\mu_0 A_0}{2\delta^2} \tag{9-7}$$

由式(9－7)得知,传感器的灵敏度与空气隙 δ 的平方成反比,δ 愈小,灵敏度愈高。由于 S 不是常数,故会出现非线性误差,这同变极距型电容式传感器类似。为了减小非线性误差,通常规定传感器应在较小间隙的变化范围内工作。在实际应用中,可取 $\Delta\delta/\delta_0 \leqslant 0.1$。这种传感器适用于较小位移的测量,一般为 0.001～1 mm。此外,这类传感器还常采用差动式接法。图 9－4 为可变磁阻差动式传感器,它由两个相同的线圈、铁芯及活动衔铁组成。当活动衔铁接于中间位置(位移为零)时,两线圈的自感 L 相等,输出为零。当衔铁有位移 $\Delta\delta$ 时,两个线圈的间隙分别为 $\delta_0+\Delta\delta$、$\delta_0-\Delta\delta$,这表明一个线圈自感增加,而另一个线圈自感减小,将两个线圈接入电桥的相邻臂时,其输出的灵敏度可提高一倍,且这样改善了线性特性,消除了外界干扰。

如图 9－5 所示,在可变磁阻螺管线圈中插入一个活动衔铁,当活动衔铁在线圈中运动时,磁阻将变化,导致自感 L 发生变化。这种传感器结构简单,制造容易,但是其灵敏度较低,适合于测量比较大的位移量。

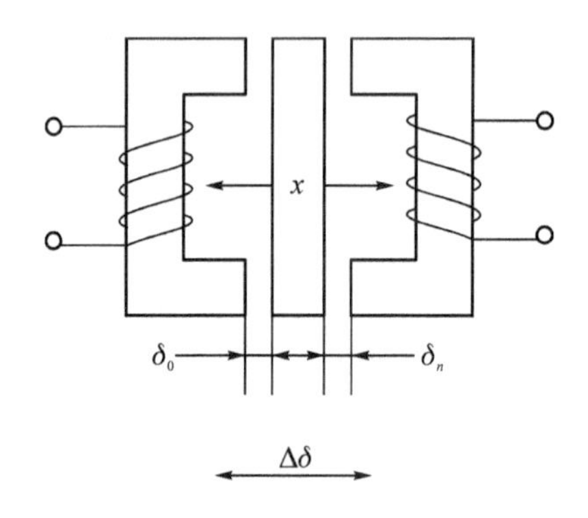

图 9－4　可变磁阻差动式传感器

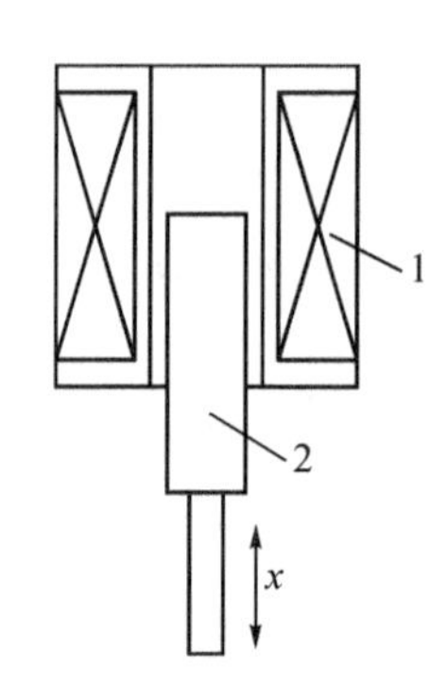

1—线圈;2—铁芯。

图 9－5　可变磁阻螺管型传感器

(2) 涡流式电感传感器

涡流式电感传感器主要利用了金属导体在交流磁场中的涡电流效应。如图 9－6 所示,金属板置于一只线圈的附近,线圈与金属板之间的间距为 δ。当线圈输入交变电流时,便会产生交变磁通量 Φ。金属板在此交变磁场中会产生感应电流,这种电流在金属体

内是闭合的，所以称之为“涡电流”或“涡流”。涡流的大小与金属板的电阻率 ρ、磁导率 μ、厚度 h、金属板与线圈的距离 δ、激励电流角频率 ω 等参数有关。若改变其中某一参数，而固定其他参数不变，就可根据涡流的变化测量该参数。

涡流式传感器可分为高频反射式和低频透射式两种。

①高频反射式涡流传感器

如图 9－6 所示，高频(>1 MHz)激励电流产生的高频磁场作用于金属板的表面，由于集肤效应，在金属板表面将形成涡电流。与此同时，该涡流产生的交变磁场又反作用于线圈，引起线圈自感 L 或阻抗 Z_L 的变化，其变化与距离 δ、金属板的电阻率 ρ、磁导率 μ、激励电流 i 及角频率 ω 等有关。若只改变距离而保持其他参数不变，则可将位移的变化转换为线圈自感的变化，将自感的变化通过测量电路转换为电压输出。高频反射式涡流传感器多用于位移测量。

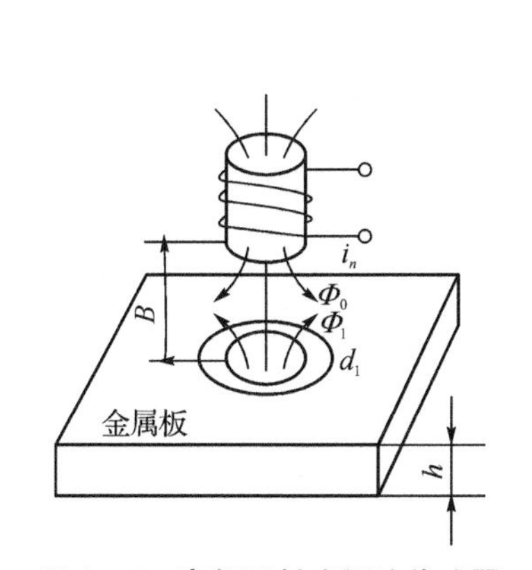

图 9－6 高频反射式涡流传感器

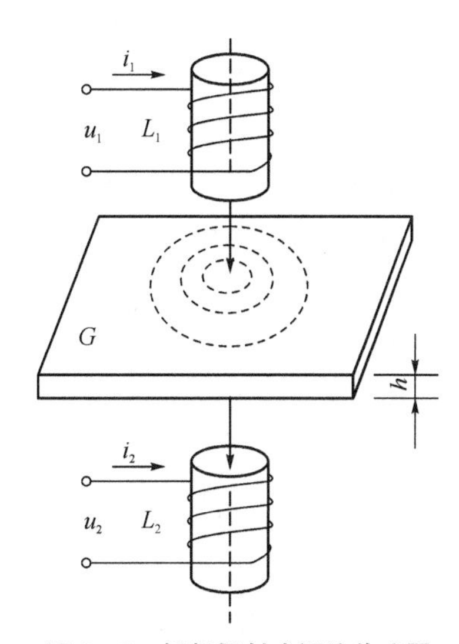

图 9－7 低频投射式涡流传感器

②低频透射式涡流传感器

低频透射式涡流传感器的工作原理如图 9－7 所示，发射线圈 L_1 和接收线圈 L_2 分别置于被测金属板材料的上、下方。由于低频磁场集肤效应小，渗透深，当低频(音频范围)电压 u_1 加到线圈 L_1 的两端后，所产生磁力线的一部分透过金属板材料 G，使线圈 L_2 产生电感应电动势。但由于涡流消耗部分磁场能量，使感应电动势 μ_2 减少。当金属板材料 G 越厚时，损耗的能量就越大，输出电动势就越小。因此，μ_2 的大小与 G 的厚度及材料的性质有关。试验表明，随材料厚度的增加按负指数规律减少，若金属板材料的性质一定，则利用 μ_2 的变化即可测量金属板厚度。

(3) 互感型差动变压器式电感传感器

互感型电感传感器利用互感 M 的变化来反映被测量的变化。这种传感器实质是一个输出电压的变压器。当变压器初级线圈输入稳定交流电压后,次级线圈便产生感应电压输出,该电压随被测量的变化而变化。

差动变压器式电感传感器是常用的互感型传感器,其结构形式有多种,其中螺管型应用较为普遍,其结构及工作原理如图 9-8 所示。传感器主要由线圈、铁芯和活动衔铁三个部分组成。线圈包括一个初级线圈和两个反接的次级线圈,当初级线圈输入交流激励电压时,次级线圈将产生感应电动势 e_1 和 e_2。由于两个次级线圈极性反接,因此传感器的输出电压为两者之差,$e_y=e_1-e_2$。活动衔铁能改变线圈之间的耦合程度。输出 e_y 的大小随活动衔铁的位置而变。当活动衔铁的位置居中时,$e_1=e_2$,$e_y=0$;当活动衔铁向上移时,$e_1>e_2$,$e_y>0$;当活动衔铁向下移时,$e_1<e_2$,$e_y<0$。活动衔铁的位置往复变化,其输出电压 e_y 也随之变化,输出特性如图 9-8(c)所示。

值得注意的是:首先,差动变压器式传感器输出的电压是交流电压,如用交流电压表指示,则输出值只能反映铁芯位移的大小,而不能反映移动的极性;其次,交流电压输出存在一定的零点残余电压,零点残余电压是由于两个次级线圈的结构不对称,以及初级线圈铜损电阻、铁磁材质不均匀、线圈间分布电容等原因而形成。

所以,即使活动衔铁位于中间位置,输出也不为零。鉴于这些原因,差动变压器的后接电路应采用既能反映铁芯位移极性又能补偿零点残余电压的差动直流输出电路。

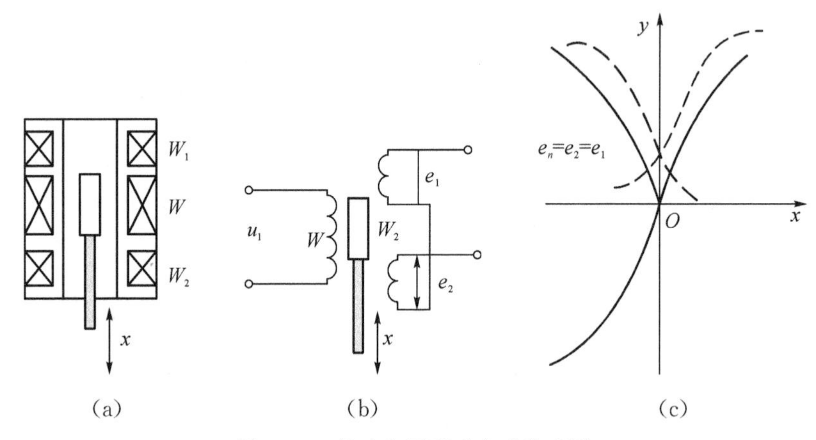

图 9-8　差动变压器式电感传感器

2) 数字式位移传感器

数字式位移传感器有光栅、磁栅位移传感器及感应同步器等,它们的共同特点是都是利用自身的物理特征,制成的直线型和圆形结构的位移传感器,输出信号都是脉冲信号,每一个脉冲代表输入的位移当量,通过计数脉冲就可以统计位移的尺寸。下面主要以光栅位移传感器、感应同步器、旋转变压器和光电编码器来介绍数字式传感器的工作原理。

（1）光栅位移传感器

光栅是一种新型的位移检测元件，是一种将机械位移或模拟量转变为数字脉冲的测量装置。它的特点是测量精确度高（可达±1 μm）、响应速度快、量程范围大、可进行非接触测量等。光栅易于实现数字测量和自动控制，被广泛用于数控机床和精密测量中。

所谓光栅，就是在透明的玻璃板上均匀地刻出许多明暗相间的条纹，或在金属镜面上均匀地划出许多间隔相等的条纹，通常线条的间隙和宽度是相等的。以透光的玻璃为载体的称为透射光栅，以不透光的金属为载体的称为反射光栅。根据光栅的外形可分为直线光栅和圆光栅。

光栅位移传感器的结构如图 9-9 所示。它主要由标尺光栅、指示光栅、光电器件和光源等组成。通常，标尺光栅和被测物体相连，随被测物体的直线位移而产生位移。一般标尺光栅和指示光栅的刻线密度是相同的，而刻线之间的距离 W 称为栅距。光栅条纹密度一般为每毫米 25 条、50 条、100 条、250 条等。

如果把两块栅距相等的光栅平行安装，且让它们的刻痕之间有较小的夹角 θ 时，光栅上会出现若干条明暗相间的条纹，这种条纹称莫尔条纹，它们沿着与光栅条纹几乎垂直的方向排列，如图 9-10 所示。莫尔条纹是光栅非重合部分光线透过而形成的亮带，它由一系列四棱形图案组成，如图中的 $d-d$ 线区所示。$f-f$ 线区则是由于光栅的遮光效应形成的。

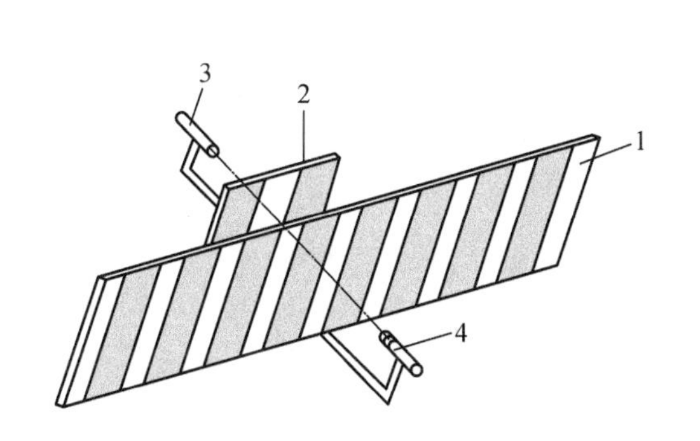

1—标尺光栅；2—指示光栅；3—光电器件；4—光源。

图 9-9　光栅位移传感器的结构原理

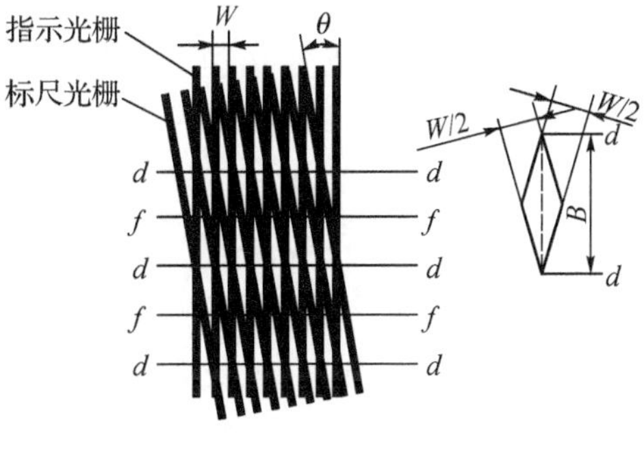

指示光栅
标尺光栅
W
θ
$W/2$
$W/2$
B
d d f f d d f f d d d d

图 9-10　莫尔条纹

（2）感应同步器

感应同步器是一种应用电磁感应原理制造的高精度检测元件，有直线和圆盘式两种，分别用来检测直线位移和转角。

直线感应同步器由定尺和滑尺两部分组成。定尺较长（200 m 以上，可根据测量行程的长度选择不同规格)，上面刻有均匀节距的绕组；滑尺表面刻有两个绕组，即正弦绕组和余弦绕组，见图 9-11。当余弦绕组与定子绕组相位相同时，正弦绕组与定子绕组错开 1/4 节距。滑尺在通有电流的定尺表面相对运动时，就产生感应电势。

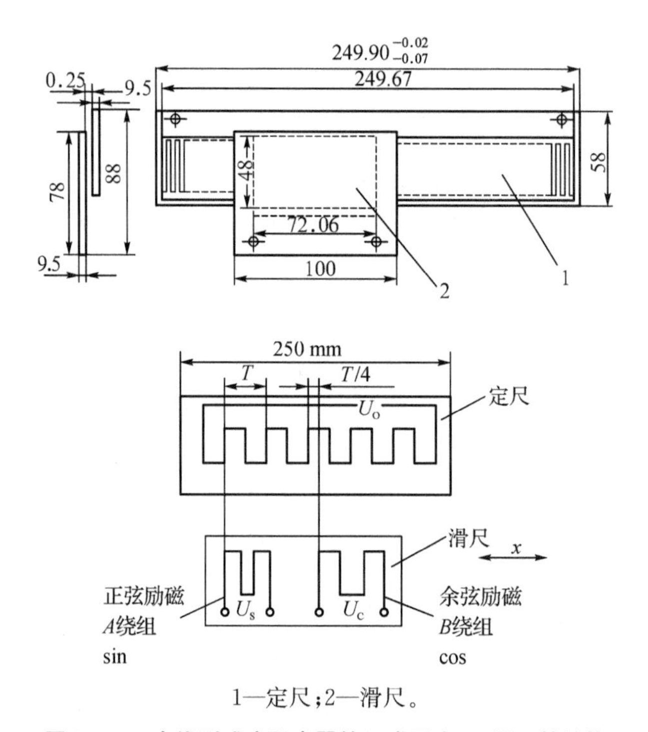

1—定尺；2—滑尺。

图 9-11　直线型感应同步器的组成及定尺、滑尺的结构

圆盘式感应同步器如图 9-12 所示，其转子相当于直线感应同步器的滑尺，定子相当于定尺，而且定子绕组中的两个绕组也错开 1/4 节距。

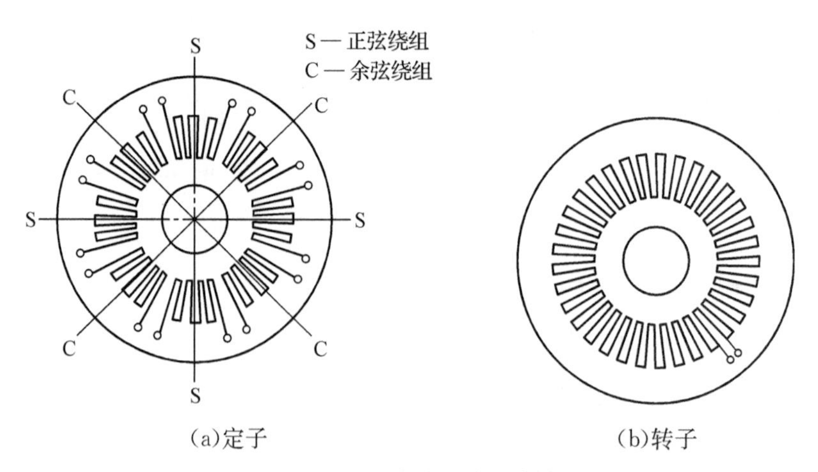

(a)定子　　(b)转子

图 9-12　圆盘式感应同步器

在滑尺的正弦绕组中，施加频率为 f(一般为 2～10 kHz)的交变电流时，定尺绕组感应出频率为 f 的感应电势。感应电势的大小与滑尺和定尺的相对位置有关。当两绕组同向对齐时，滑尺绕组磁通全部交链于定尺绕组，所以其感应电势为正向最大。移动 1/4 节距后，两绕组磁通不交链，即交链磁通量为零；再移动 1/4 节距后，两绕组反向时，感应电势负向最大。依此类推，每移动一节距，发生一次周期性变化，感应电势随位置按余弦规律变化，如图 9-13(a)所示。

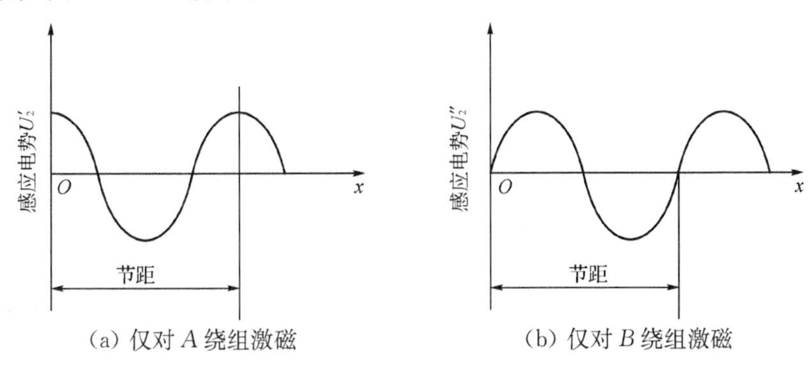

(a) 仅对 A 绕组激磁　　(b) 仅对 B 绕组激磁

图 9-13　定尺感应电势波形图

同样，若在滑尺的余弦绕组中，施加频率为 f 的交变电流时，定尺绕组上也感应出频率为 f 的感应电势。感应电势随位置按正弦规律变化，见图 9-13(b)。设正弦绕组供电电压为 U_s，余弦绕组供电电压为 U_c，移动距离为 x，节距为 T，则正弦绕组单独供电时，在定尺上的感应电势为

$$U_2' = KU_n \cos\frac{x}{T}360° = KU_s \cos\theta \tag{9-8}$$

余弦绕组单独供电所产生的感应电势为

$$U_2'' = KU_c \sin\frac{x}{T}360° = KU_e \sin\theta \tag{9-9}$$

由于感应同步器的磁路系统可视为线性，可进行线性叠加，所以定尺上总的感应电势为

$$U_2 = U_2' + U_2'' = KU_n \cos\theta + KU_e \sin\theta \tag{9-10}$$

式中：K 为定尺与滑尺之间的耦合系数；

θ 为定尺与滑尺相对位移的角度表示量(电角度)；

$\theta = \left(\frac{x}{T}\right)360° = \frac{2\pi x}{T}$；

T 为节距，表示直线感应同步器的周期，标准式直线感应同步器的节距为 2 mm。

感应同步器是利用感应电压的变化来进行位置检测的，根据对滑尺绕组供电方式的不同，分为鉴相测量方式和鉴幅测量方式。

①鉴相测量方式

当滑尺的两个励磁绕组分别施加相同频率和相同幅值但相位相差 90°的两个电压时，定尺感应电势随滑尺位置相应发生改变。设

$$U_n=U_m\sin\omega t \tag{9-11}$$

$$U_c=U_m\cos\omega t \tag{9-12}$$

则

$$\begin{aligned}U_2&=U_2'+U_2''\\&=KU_m\sin\omega t\cos\theta+KU_m\cos\omega t\sin\theta\\&=KU_m\sin(\omega t+\theta)\end{aligned} \tag{9-13}$$

从式(9-13)可以看出，感应同步器把滑尺相对定尺的位移 x 的变化转成感应电势相角 θ 的变化。因此，只要测得相角 θ，就可以知道滑尺的相对位移 x。

$$x=\frac{\theta}{360°}T \tag{9-14}$$

②鉴幅测量方式

在滑尺的两个励磁绕组上分别施加相同频率和相同相位但幅值不等的两个交流电压：

$$U_s=-U_m\sin\varphi\sin\omega t \tag{9-15}$$

$$U_c=U_m\cos\varphi\sin\omega t \tag{9-16}$$

根据线性叠加原理，定尺上总的感应电势 U_2 为两个绕组单独作用时所产生的感应电势 U_2'和 U_2''之和，即

$$\begin{aligned}U_2&=U_2'+U_2''\\&=-KU_m\sin\varphi\sin\omega t\cos\theta+KU_m\cos\varphi\sin\omega t\sin\theta\\&=KU_m(\sin\theta\cos\varphi-\cos\theta\sin\varphi)\sin\omega t\\&=KU_m\sin(\theta-\varphi)\sin\omega t\end{aligned} \tag{9-17}$$

式中：$KU_m\sin(\theta-\varphi)$为感应电势的幅值；

U_m 为滑尺励磁电压最大的幅值；

ω 为滑尺交流励磁电压的角频率，$\omega=2\pi f$；

φ 为指令位移角。

由式(9-17)知，感应电势 U_2 的幅值随$(\theta-\varphi)$作正弦变化，当 $\varphi=\theta$ 时，$U_2=0$。随着滑尺的移动，u_2 逐渐变化。因此，可以通过测量 U_2 的幅值来测得定尺和滑尺之间的相对位移。

(3) 旋转变压器

旋转变压器是一种利用电磁感应原理将转角变换为电压信号的传感器。由于它结构简单，动作灵敏，对环境无特殊要求，输出信号大，抗干扰好，因此被广泛应用于机电一体化产品中。

旋转变压器在结构上与两相绕组式异步电机相似，由定子和转子组成。当一定频率(频率通常为 400 Hz、500 Hz、1 000 Hz 及 5 000 Hz 等几种)的激磁电压加于定子绕组时，转子绕组的电压幅值与转子转角成正弦、余弦函数关系，或在一定转角范围内与转角成正比关系。前一种旋转变压器称为正余弦旋转变压器，适用于大角位移的绝对测量；后一种称为线性旋转变压器，适用于小角位移的相对测量。

如图 9-14 所示，旋转变压器一般做成两极电机的形式。在定子上有激磁绕组和辅助绕组，它们的轴线相互成 90°。在转子上有两个输出绕组——正弦输出绕组和余弦输出绕组，这两个绕组的轴线也互成 90°，一般将其中一个绕组(如 Z_1、Z_2)短接。

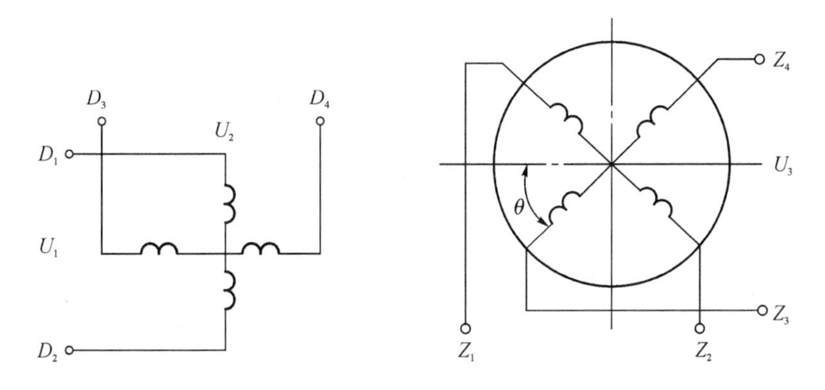

D_1D_2—激磁绕组；D_3D_4—辅助绕组；Z_1Z_2—余弦输出绕组；Z_3Z_4—正弦输出绕组。

图 9-14　正余弦变压器原理图

(4) 光电编码器

光电编码器是一种码盘式角度-数字检测元件。它有两种基本类型：一种是增量式编码器，一种是绝对式编码器。增量式编码器具有结构简单、价格低、精度易于保证等优点，所以目前采用最多。绝对式编码器能直接给出对应于每个转角的数字信息，便于计算机处理，但当进给数大于一转时，须作特别处理，而且必须用减速齿轮将两个以上的编码器连接起来，组成多级检测装置，这使其结构复杂、成本高。绝对式编码器是把被测转角通过读取码盘上的图案信息直接转换成相应代码的检测元件。编码盘有光电式、接触式和电磁式三种。

光电式码盘是目前应用较多的一种，它是在透明材料的圆盘上精确地印制上二进制编码。图 9-15 所示为四位二进制的码盘，码盘上各圆圈环分别代表一位二进制的数字码道，在同一个码道上印制黑白等间隔图案，形成一套编码。黑色不透光区和白色透光区分别代表二进制的“0”和“1”。在一个四位光电码盘上，有四圈数字码道，每一个码道表示二进制的一位，里侧是高位，外侧是低位，在 360°范围内可编数码数为 $2^4=16$ 个。

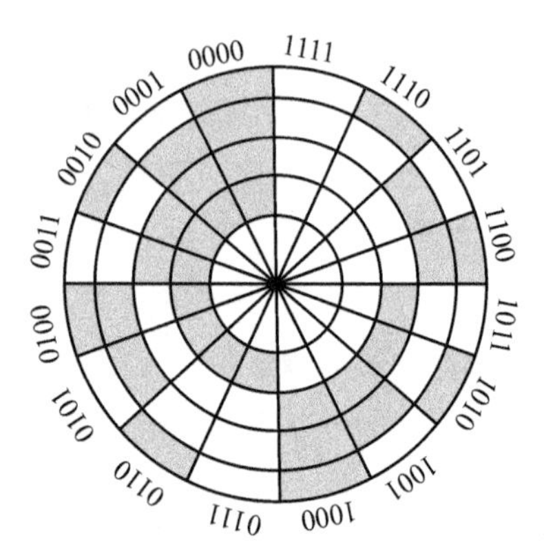

图 9－15　四位二进制的码盘

工作时，码盘的一侧放置电源，另一侧放置光电接收装置，每个码道都对应有一个光电管及放大、整形电路。码盘转到不同位置，光电元件接收光信号，并转成相应的电信号，经放大整形后，成为相应数码电信号。但由于制造和安装精度的影响，当码盘回转在两码段交替过程中时，会产生读数误差。例如，当码盘顺时针方向旋转，由位置“0111”变为“1000”时，这四位数要同时变化，可能将数码误读成 16 种代码中的任意一种，如读成 1111，1011，1101，…，0001 等，这样会产生无法估计的很大的数值误差，这种误差称非单值性误差。

为了消除非单值性误差，可采用循环码。循环码习惯上又称格雷码，它也是一种二进制编码，只有“0”和“1”两个数。图 9－16 所示为四位二进制循环码。这种编码的特点是任意相邻的两个代码间只有一位代码有变化，即“0”变为“1”或“1”变为“0”。因此，在两数变换过程中，所产生的读数误差最多不超过“1”，只可能读成相邻两个数中的一个数。所以，它是消除非单值性误差的一种有效方法。

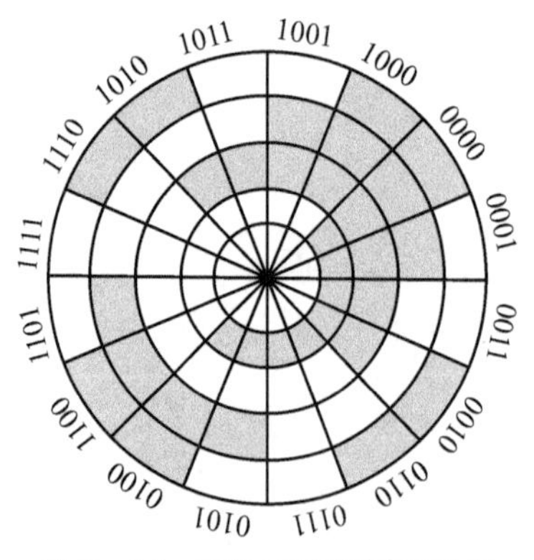

图 9－16　四位二进制循环码盘

图 9－17　拉线式位移传感器

拉线式位移传感器属于光电式位移传感器的一种，如图 9－17 所示。拉线式位移传感器的测距原理是将直线位移转化为编码器轴的旋转运动，其核心部件是增量式旋转光电编码器。传感器通过钢丝绳与被测物体相连，钢丝绳带动码盘旋转。码盘是一种精密型光电编码器，并且刻有明暗相间的条纹，被测物体移动时会带动码盘旋转，此时光电元件会将光信号转化为电信号，以数字脉冲的方式输出，脉冲数与钢丝绳的伸长量是一一对应的关系。

9.3.3 速度、加速度检测

速度、加速度测试有许多方法，可以使用直流测速机直接测量速度，也可以先检测位移，然后换算出速度和加速度，还可以通过测试惯性力换算出加速度等。下面介绍几种典型的测试工具。

1）直流测速机

直流测速机是一种测速元件，它实际上就是一台微型的直流发电机。根据定子磁极激磁方式的不同，直流测速机可分为电磁式和永磁式两种。如以电枢的结构不同来分，有无槽电枢、有槽电枢、空心杯电枢和圆盘电枢直流测速机等。近年来，又出现了永磁式直线测速机。常用的为永磁式测速机。

测速机的结构有多种，但原理基本相同。图 9－18 所示为永磁式测速机原理电路图。该测速机恒定磁通由定子产生，当转子在磁场中旋转时，电枢绕组中即产生交变的电势，经换向器和电刷转换成与转子速度成正比的直流电势。

直流测速机的输出特性曲线如图 9－19 所示。从图中可以看出，当负载电阻 $R_L \to \infty$ 时，其输出电压 U_0 与转速 n 成正比。随着负载电阻 R_L 变小，其输出电压下降，而且输出电压与转速之间并不能严格保持线性关系。由此可见，对于精度要求比较高的直流测速机，除采取其他措施外，负载电阻 R_L 应尽量大。

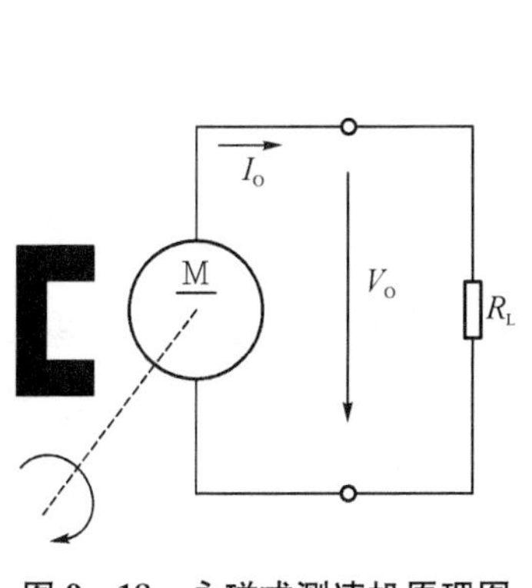

图 9－18 永磁式测速机原理图

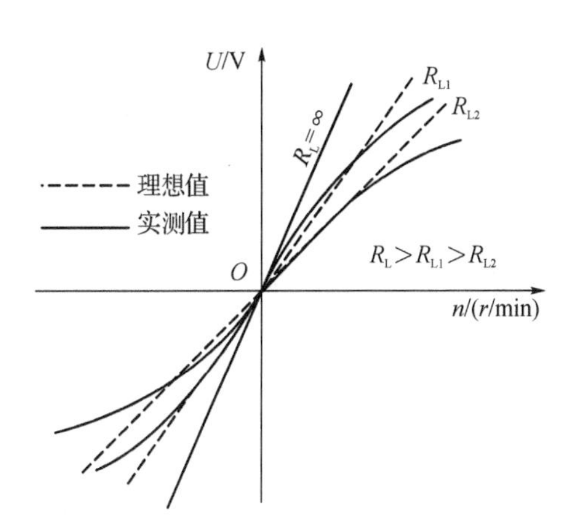

图 9－19 直流测速机输出特性

直流测速机的特点是输出斜率大、线性好。但由于其有电刷和换向器，构造和维护比较复杂，摩擦转矩较大。直流测速机在机电控制系统中，主要用作测速和校正元件。在使用中，为了提高检测灵敏度，尽可能把它直接连接到电机轴上。有的电机本身就已安装了测速机。

2）光电式转速传感器

光电式转速传感器是一种角位移传感器，由装在被测轴（或与被测轴相连接的输入轴）上的带缝隙圆盘、光源、光电器件和指示缝隙盘组成，如图 9－20 所示。光源发出的光通过圆盘缝隙和指示缝隙照射到光电器件上。当缝隙圆盘随被测轴转动时，由于圆盘上的缝隙间距与指示缝隙的间距相同，因此圆盘每转一周，光电器件就输出数量与圆盘缝隙数相等的电脉冲，根据单位时间内的脉冲数 N，可测出转速为

$$n=\frac{60N}{Zt} \tag{9-18}$$

式中：Z 为圆盘上的缝隙数；

n 为转速，r/min；

t 为测量时间，s。

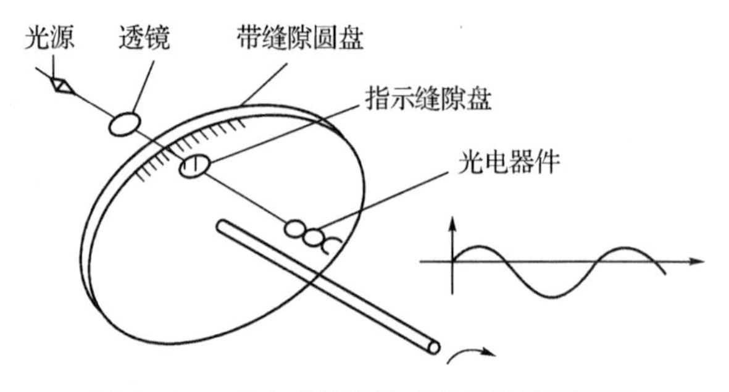

图 9－20　光电式转速传感器的结构原理图

一般取 $Zt=60\times10m(m=0,1,2,\cdots)$，利用两组缝隙间距相同，位置相差 $(i/2+1/4)W$ $(i=0,1,2,\cdots)$ 的指示缝隙和两个光电器件，可辨别出圆盘的旋转方向。

3）加速度传感器

作为加速度检测元件的加速度传感器有多种形式，它们的工作原理是利用惯性质量受加速度所产生的惯性力而造成的各种物理效应，进一步将物理量转化成电量，间接度量被测加速度。最常用的加速度传感器有应变式加速度传感器、压电式加速度传感器、电磁感应式加速度传感器等。

应变式传感器加速度测试原理如图 9－21 所示，它由重块、悬臂梁、应变片和阻尼液体等构成。当有加速度时，重块受力，悬臂梁弯曲，按梁上固定的应变片的变形大小可测

出力的大小，在已知质量的情况下即可计算出被测加速度。壳体内灌满的黏性液体作阻尼之用，这一系统的固有频率可以做得很低。

压电加速度测试传感器结构原理如图 9－22 所示。图中 1 是质量块，当加速运动时质量块产生的惯性力加载在 2(压电材料切片)上，3 是电荷(或电势)的输出端。该压电传感器由两片压电材料切片组成，下面一片的输出引线通过壳体与电极平面相连。

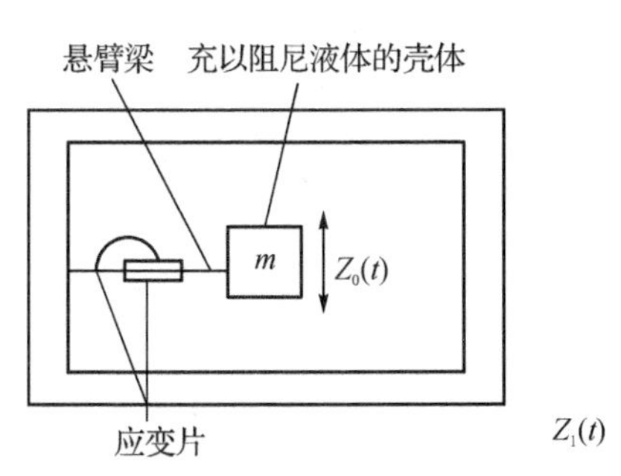

注：$Z_0(t)$指内部质量块的位移变化。

$Z_1(t)$指整个传感器的位移变化。

图 9－21　应变式加速度传感器

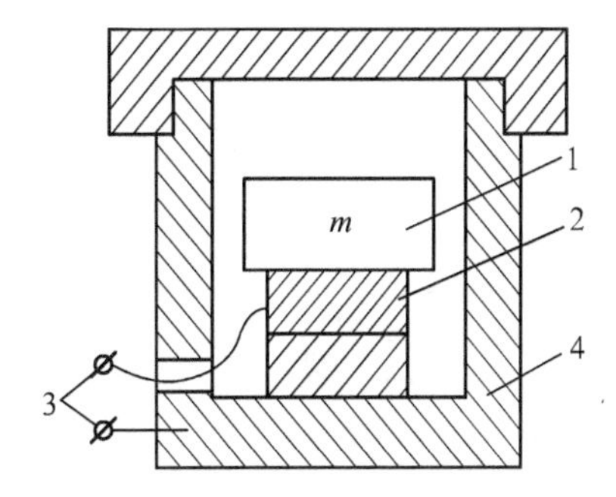

1—质量块；2—压电材料切片；

3—电荷/电势输出端；4—壳体。

图 9－22　压电加速度传感器结构

使用时，传感器固定在被测物体上，感受该物体的振动，惯性质量块产生惯性力，使压电元件产生变形。压电元件产生的变形和由此产生的电荷与加速度成正比。压电加速度传感器可以做得很小，质量很轻，故对被测物体的影响就小。压电式加速度传感器的频率范围广、动态范围宽、灵敏度高，应用较为广泛。

9.3.4　力、扭矩和流体压强检测

在机电一体化领域里，力、压力和扭矩是很常见的机械参量。近年来，各种高精度力、压力和扭矩传感器相继出现，它们以惯性小、响应快、易于记录、便于遥控等优点得到了广泛的应用。这些传感器按工作原理可分为弹性式、电阻应变式、气电式、位移式和相位差式等。其中，电阻应变式传感器应用最为广泛。下面着重介绍在机电一体化工程中常用的电阻应变式传感器。

电阻应变式力、压力和扭矩传感器的工作原理是用弹性敏感器元件将被测力、压力或扭矩转换为应变，然后通过粘贴在其表面的电阻应变片将应变转换成电阻值的变化，由转换电路输出电压或电流信号。

1）力检测

力传感器按其量程大小和测量精度不同有很多规格，它们的主要差别是弹性元件的结构形式不同，以及应变片在弹性元件上粘贴的位置不同。常见的弹性元件有柱形、筒

形、环形、梁式和轮辐式等。

(1) 柱形和筒形弹性元件

柱形和筒形弹性元件如图 9-23 所示,这两种弹性元件结构简单,可承受较大的载荷,常用于测量较大力的拉(压)力传感器中,但其抗偏心载荷和侧向力的能力差,制成的传感器高度大,应变片在柱形和筒形弹性元件上的粘贴位置及接桥方法如图 9-23 所示。这种接桥方法能减少偏心载荷引起的误差,且能增加传感器的输出灵敏度。

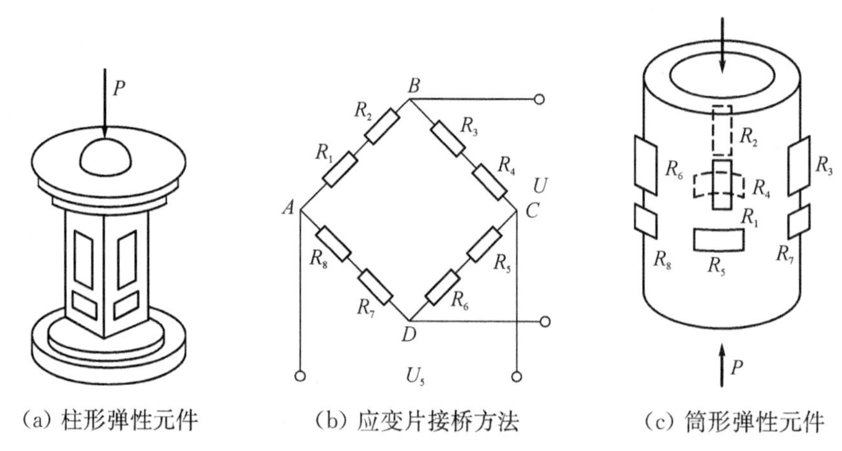

(a) 柱形弹性元件　(b) 应变片接桥方法　(c) 筒形弹性元件

图 9-23　柱形和筒形弹性元件组成的测力传感器

若在弹性元件上施加一个压力 P,则筒形弹性元件的轴向应变为

$$\varepsilon_L=\frac{\sigma}{E}=\frac{P}{EA} \tag{9-19}$$

用电阻应变仪测出的指示应变为

$$\varepsilon=2(1+\mu)\varepsilon_1 \tag{9-20}$$

式中:P 为作用于弹性元件上的载荷;

σ 为轴向应力;

E 为圆筒材料的弹性模量;

μ 为圆筒材料的泊松系数;

A 为筒体截面积,$A=\frac{\pi}{4}(D_1^2-D_2^2)$($D_1$ 为筒体外径,D_2 为筒体内径)。

(2) 梁式弹性元件

①悬臂梁式弹性元件

悬臂梁式弹性元件的特点是结构简单、加工容易、粘贴应变片方便、灵敏度较高,适用于测量小载荷的传感器中。图 9-24 所示为截面悬臂梁弹性元件示意图,在其同一截面正反两面粘贴应变片,组成差动工作形式的电桥输出。

若梁的自由端有一被测力 P,则应变片感受的应变为

$$\varepsilon=\frac{l}{Ebh^2}P \tag{9-21}$$

电桥输出为

$$U_{SC}=K\varepsilon U_0 \tag{9-22}$$

式中:l 为应变计中心处距受力点距离;

b 为悬臂梁宽度;

h 为悬臂梁厚度;

E 为悬臂梁材料的弹性模量;

K 为应变计的灵敏系数。

②两端固定梁弹性元件

两端固定梁弹性元件的结构形状、参数以及应变片粘贴组成桥形式如图 9-25 所示。它的悬臂梁刚度大,抗侧向能力强。粘贴应变片感受应变与被测力 P 之间的关系为

$$\varepsilon=\frac{3(4l_0-l)}{4Ebh^2}P \tag{9-23}$$

它的电桥输出与式(9-22)相同。

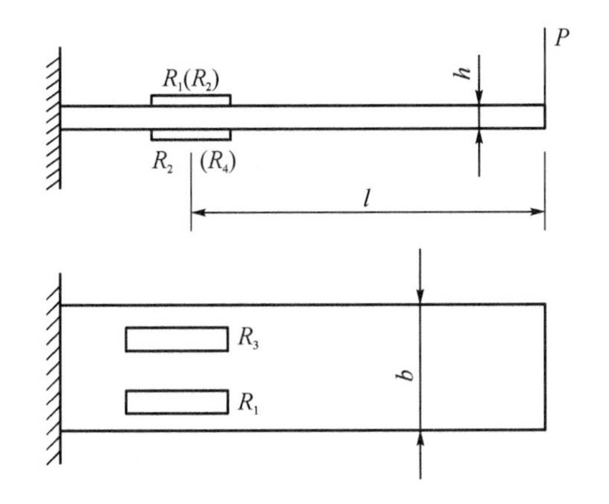

图 9-24 悬臂梁式测力传感器示意图

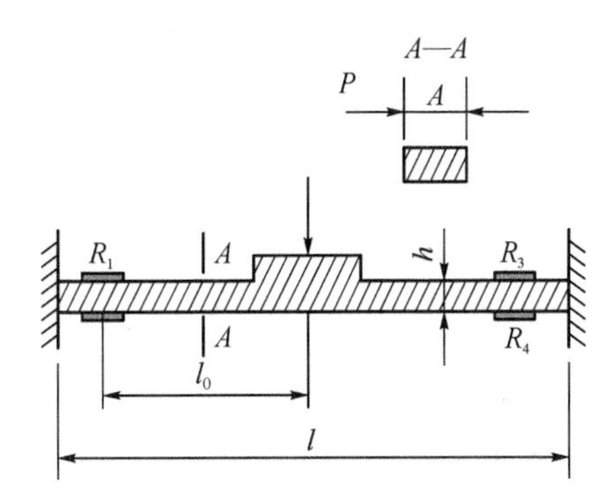

图 9-25 两端固定式测力传感器示意图

③梁式剪切弹性元件

梁式剪切弹性元件的结构与普通梁式弹性元件基本相同,只是应变片粘贴位置不同。应变片受的应变只与梁所承受的剪切力有关,而与弯曲应力无关。因此,拉伸和压缩载荷时的灵敏度相同,这种弹性元件适用于同时测量拉力和压力的传感器。此外,它与其他梁式弹性元件相比线性好,抗偏心载荷和侧向力的能力大,其结构和粘贴应变片的位置如图 9-26 所示。

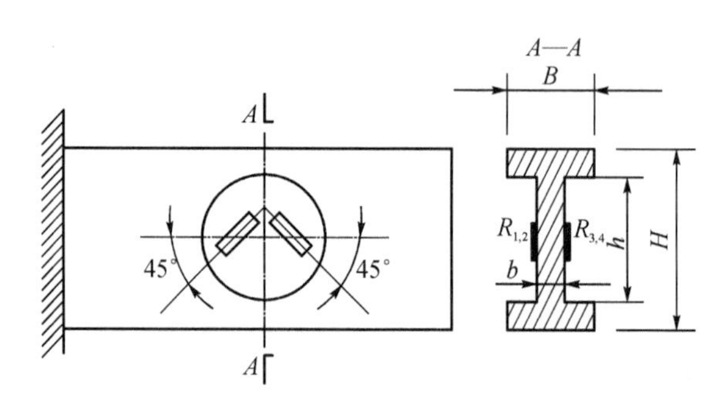

图 9-26　梁式剪切型测力传感器示意图

应变片一般粘贴在矩形截面梁中间盲孔的两侧，在梁的中性轴 45°方向上。该处的截面为工字形，这样能使剪切应力在截面上的分布比较均匀，且数值较大。粘贴应变片处的应变与被测力 P 之间的关系近似为

$$\varepsilon=\frac{P}{2bhG} \tag{9-24}$$

式中:G 为弹性元件的剪切模量；

b 和 h 为粘贴应变片处梁截面的宽度和高度。

2）力矩测量

图 9-27 所示为机器人手腕用力矩传感器原理图，它是检测机器人终端环节（如小臂）与手爪之间力矩的传感器。目前，国内外研制的腕力传感器种类较多，但这些传感器使用的敏感元件几乎全部是应变片，不同之处在于应变片弹性结构的差异。图 9-27 中的驱动轴 B 通过装有应变片 A 的腕部与手部 C 连接。当驱动轴回转并带动手部回转而拧紧螺丝钉 D 时，手部所受力矩的大小可根据应变片输出电压测得。

图 9-28 所示为无触点检测力矩的方法，传动轴的两端安装上磁分度圆盘 A，分别用磁头 B 检测两圆之间转角差，用转角差与负荷 M 成比例的关系，即可测量负荷力矩的大小。

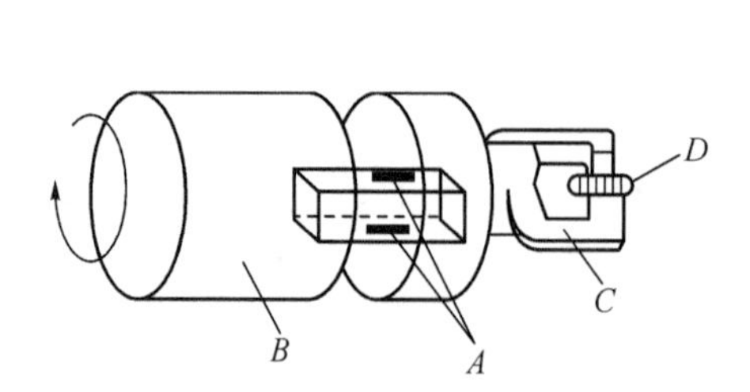

图 9-27　机器人手腕用力矩传感器原理图

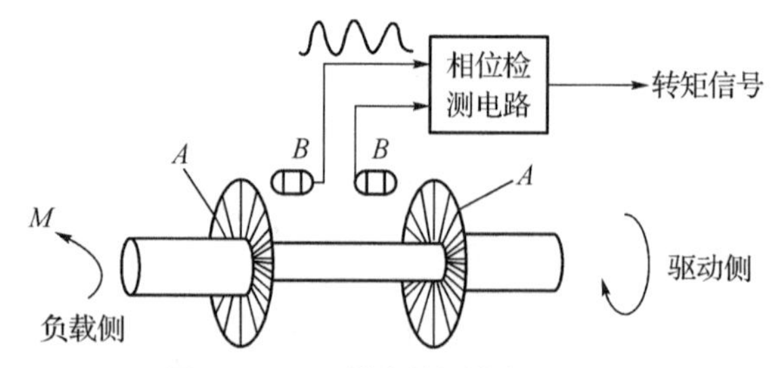

图 9-28　无触点检测力矩原理图

9.3.5 传感器的正确选择和使用

1. 传感器的选择

无论何种传感器，作为测量与控制系统的重要部件，通常都必须符合快速、准确、可靠且又经济地实现信息转换的基本要求。因此，选择传感器应从以下几个方面考虑：

1）测试要求和条件

测试要求和条件包括测量目的、被测物理量选择、测量范围、输入信号最大值和频带宽度、测量精度要求、测量所需时间要求等。

2）传感器特性

传感器特性包括精度、稳定性、响应速度、输出量性质、对被测物体产生的负载效应、校正周期、输入端保护等。

3）使用条件

使用条件包括安装条件、工作场地的环境条件（温度、湿度、振动等）、测量时间、所需功率容量、与其他设备的连接、备件情况与维修服务等。

以上是选择传感器的主要考虑点。总之，为了提高测量精度，应从传感器的使用目的、使用环境、被测对象状况、精度要求和信号处理等方面综合考虑。注意要使传感器的工作范围足够大；与测量或控制系统相匹配性好；转换灵敏度高，线性程度好；响应快，工作可靠性好，精度适当，且稳定性好；适用性和适应性强，即动作能量小，对被测量状态影响小；内部噪声小而又不易受外界干扰的影响，使用安全；使用经济，即成本低、寿命长，且易于使用、维修和校准。

2. 传感器的正确使用

传感器的正确使用是指使用时要对传感器的输出特性进行线性化处理和补偿，对传感器进行标定，采取抗干扰措施。

1）线性化处理与补偿

在机电一体化测控系统中，特别是需对被测参量进行显示时，总是希望传感器及检测电路的输出和输入特性呈线性关系，使测量对象在整个刻度范围内灵敏度一致，以便于读数及对系统进行分析处理。但是大多数传感器具有不同程度的非线性特性，这使较大范围的动态检测存在着很大的误差。在使用模拟电路组成检测回路时，为了进行非线性补偿，通常采用与传感器输入/输出特性相反特性的元件，通过硬件进行线性化处理。

另外,在含有微型计算机的测量系统中,这种非线性补偿可以用软件来完成,其补偿过程较简单,精确度也很高,又降低了硬件电路的复杂性。

当输出量中包含有被测物理量之外的因素时,为了克服这些因素的影响,需要采取相应的措施加以补偿。如外界环境温度变化将会使测量系统产生附加误差,影响测量精度,因此有必要对温度进行补偿。

2) 传感器的标定

传感器的标定,就是利用精度高一级的标准器具对传感器进行定度的过程,从而确定其输出量和输入量之间的对应关系,同时也确定不同使用条件下的误差关系。传感器使用前要进行标定,使用一段时间后还要定期进行校正,检查精度及性能是否满足原设计指标。

3) 抗干扰措施

传感器大多要在现场工作,而现场的条件往往是不可预料的,有时条件是极其恶劣的。各种外界因素会影响传感器的精度和性能,所以在检测系统中,尤其是在输入信号较微弱的系统中,抗干扰是非常重要的。常采用的抗干扰措施有屏蔽、接地、隔离和滤波等。

(1) 屏蔽

屏蔽就是用低电阻材料或磁性材料把元件、传输导线、电路及组合件包围起来,以隔离内外电磁或电场的相互干扰。屏蔽可分为三种,即电场屏蔽、磁场屏蔽及电磁屏蔽。电场屏蔽主要用来防止元器件或电路间因分布电容耦合形成的干扰。磁场屏蔽主要用来消除元器件或电路间因磁场寄生耦合产生的干扰,一般都选用高磁导系数的磁性材料作为磁场屏蔽的材料。电磁屏蔽主要用来防止高频电磁场的干扰,应选用导电率较高的材料(如铜、银等)作为电磁屏蔽的材料,电磁屏蔽利用电磁场在屏蔽金属内部产生的涡流而起屏蔽作用。电磁屏蔽的屏蔽体可以不接地,但一般为防止分布电容的影响,可以使电磁屏蔽的屏蔽体接地,起到电场屏蔽的作用。电场屏蔽体必须可靠接地。

(2) 接地

电路或传感器中的地指的是一个等电位点,它是电路或传感器的基准电位点,与基准电位点相连接,就是接地。传感器或电路接地,是为了清除电流流经公共地线阻抗时产生的噪声电压,这样也可以使传感器避免受磁场或地电位差的影响。把接地和屏蔽正确结合起来使用,就可抑制大部分的噪声。

(3) 隔离

当电路信号在两端接地时,容易形成地环路电流,引起噪声干扰。这时,常采用隔离的方法,把电路的两端从电路上隔开。隔离的方法主要有变压器隔离和光电耦合器隔离。

在两个电路之间加入隔离变压器可以切断地环路，实现前后电路的隔离，变压器隔离只适用于交流电路。在直流或超低频测量系统中，常采用光电耦合的方法实现电路的隔离。

(4) 滤波

虽然采取了上述的一些抗干扰措施，但仍会有一些噪声信号混杂在被检信号中，因此检测电路中还常设置滤波电路，用来将由外界干扰引入的噪声信号加以滤除。滤波电路或滤波器是一种能使某一种频率的信号顺利通过而另一种频率的信号受到较大衰减的装置。因传感器的输出信号大多数是缓慢变化的，因而对传感器输出信号的滤波常采用有源低通滤波器，该滤波器只允许低频信号通过而不允许高频信号通过。有些传感器需用高通滤波器。除此以外，有时还要使用带通滤波器和带阻滤波器。总之，根据不同检测系统的不同需要，应选用不同的滤波电路。

9.4 设计思路

9.4.1 明确设计要求，进行工况分析

1) 明确设计要求

所谓明确设计要求，就是明确待设计的液压系统所要完成的运动和所要满足的工作性能。具体应明确下列设计要求：

(1) 主机的类型、布置方式(卧式、斜式或垂直式)、空间位置；

(2) 执行元件的运动方式(直线运动、转动或摆动)、动作循环及其范围；

(3) 外界负载的大小、性质及变化范围，执行元件的速度及其变化范围；

(4) 各液压执行元件动作之间的顺序、转换和互锁要求；

(5) 工作性能(如速度的平稳性、工作的可靠性、转换精度、停留时间等)方面的要求；

(6) 液压系统的工作环境，如温度及其变化范围、湿度、振动、冲击、污染、腐蚀或易燃性等(这涉及液压元件和介质的选用)；

(7)其他要求，如液压装置的重量、外形尺寸、经济性等方面的要求。

对于动作循环较复杂的执行元件或相互动作关系较复杂的执行元件，应绘出完整的运动周期表，以使设计要求一目了然。

通过上述要求[尤其是要求(2)]，结合第三、四章有关内容或参考表 9－1，选择执行元件的类型便可。

表 9－1　液压执行元件的应用实例

执行元件类型	适用工况		应用实例
液压缸	双活塞杆	双向且速度相等的往复运动	磨床
	单活塞杆	单向或双向工作运动，双向运动速度不等（差动连接时可以相等）	机床、压力机、工程机械和农业机械等各种机械
	柱塞缸	长行程、单向工作运动。成对使用时可用于双向工作运动	压力机、龙门刨床、导轨磨床、叉车、自卸车等
	摆动缸	小于 280°的往复摆动	机械手、转位机构、料斗

2）工况分析

工况分析就是分析液压执行元件在工作过程中速度和负载的变化规律，求出工作循环中各动作阶段的负载和速度的大小，并绘制负载图和速度图（简单系统可不绘制，但应找出最大负载和最大速度点）。从这两个图中可明显看出最大负载和最大速度值及二者所在的工况。这是确定系统的性能参数和执行元件的结构参数（结构尺寸）的主要依据。

（1）速度分析与速度图

速度分析就是将执行元件在一个完整的工作循环中各阶段的速度用图形表示出来。一般用速度-时间（$v-t$）或速度-位移（$v-l$）曲线表示，此图形称为速度图。图 9－29（a）和（b）分别为组合机床液压动力滑台的动作循环图和相应的速度图。

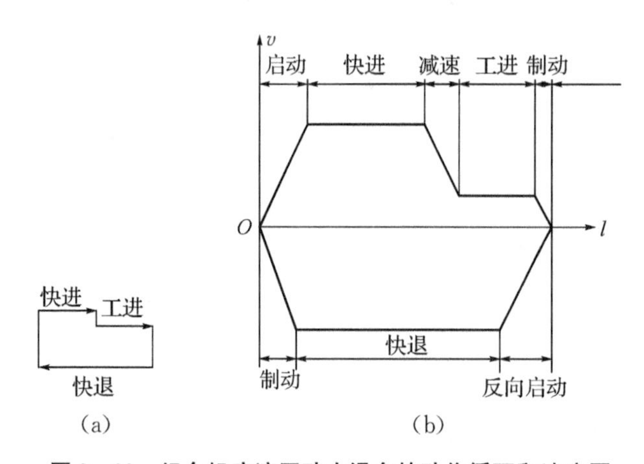

图 9－29　组合机床液压动力滑台的动作循环和速度图

（2）负载分析与负载图

负载分析就是将执行元件在一个完整的工作循环中，在各动作阶段所要克服的负载用图形表示出来。一般用负载-时间（$F-t$）或负载-位移（$F-l$）曲线表示，此图形称为负载图。

①液压缸的负载分析

液压缸在做直线往复运动时，要克服以下负载：工作负载、摩擦阻力、惯性阻力、重力、密封阻力和背压力（前四种为外负载，后两种为内负载）。在不同的动作阶段，负载的类型和大小不同。下面分别予以讨论。

a. 启动阶段

这时活塞或液压缸缸筒处于要动而未动状态，其负载 F 由以下各项组成：

$$F=F_{fs}+F_G=f_s\cdot F_n\pm F_G \tag{9-25}$$

式中：F_{fs}为静摩擦力；

F_n 为作用在摩擦面（导轨面或支承面）上的正压力；

f_s 为摩擦面的静摩擦因数，其数值与润滑条件、导轨的种类和材料有关；

F_G 为垂直放置和倾斜放置的工作部件的重量，活塞或缸筒向上运动时其为正值负载，向下运动时为负值负载；

b. 加速阶段

这是活塞或缸筒从速度为零到恒速（非工作速度至快速）的阶段，这时负载 F 由下式计算：

$$F=F_{fd}+F_m\pm F_G=f_dF_n+\frac{F_G}{g}\cdot\frac{\Delta v}{\Delta t}\pm F_G \tag{9-26}$$

式中：F_{fd}为动摩擦力；

f_d 为动摩擦因数；

F_m 为惯性阻力，这是所有运动部件在启动加速（或制动减速）过程中的惯性力，其值可按牛顿第二定律求出；

F_G 为垂直放置和倾斜放置的工作部件的重量，活塞或缸筒向上运动时其为正值负载，向下运动时为负值负载；

Δv 为速度的改变量，即恒速度值；

Δt 为启动或制动时间，机床一般取 $\Delta t=0.01\sim0.5$ s，轻载低速运动部件取小值，重载高速取较大值，对行走机械可取 $\Delta v/\Delta t=0.5\sim1.5$ m/s^2；

g 为重力加速度。

c. 恒速阶段

该阶段负载由下式决定：

$$F=\pm F_L+F_{fd}\pm F_G=\pm F_L+f_dF_n\pm F_G \tag{9-27}$$

式中：F_L 为工作负载，当其方向与液压缸的推力方向相同时，为负值负载，相反时为正值负载。对非工作行程，$F_L=0$。

d. 制动阶段

$$F=\pm F_L+F_{fd}-F_m\pm F_G=\pm F_L+f_d\cdot F_n-F_m\pm F_G \quad (9-28)$$

上述四个动作阶段在液压缸的直线往复运动中都存在，只是在退回（即快退）过程中不存在工作负载，即 $F_L=0$。

在式(9-25)～式(9-28)中，密封阻力和背压阻力（即背压力）均未考虑。前者是指装有密封装置的零件在相对运动中产生的密封摩擦力，其值与密封装置的类型、液压缸的制造质量和工作压力有关，详细计算比较烦琐，一般都将它考虑在液压缸的机械效率(η_m)之内。后者是指液压缸回油路上的阻力。在系统方案、结构尚未确定以前它是无法计算的，只能先按表9-2的经验数据估算，确切数值待系统确定后再进行验算。另外，若工作部件水平放置，则式(9-25)～式(9-28)中的 $F_G=0$。

表9-2　液压系统中背压力的经验数据

回路特点	背压力 p_2/Pa
进口调速	$(1\sim2)\times10^5$
进口调速，回油装背压阀	$(2\sim5)\times10^5$
出口调速	$(6\sim15)\times10^5$
闭式回路，带补油辅助泵	$(10\sim15)\times10^5$
工作压力超过 25 MPa 的高压系统	0
采用内曲线液压马达	$(7\sim12)\times10^5$

根据上述各阶段的负载和各负载所经历的工作时间（或移动距离），便可绘出液压缸的负载图（$F-l$ 图或 $F-t$ 图），如图9-30所示。图上的最大负载值是初选液压缸工作压力和确定液压缸结构参数时的依据。

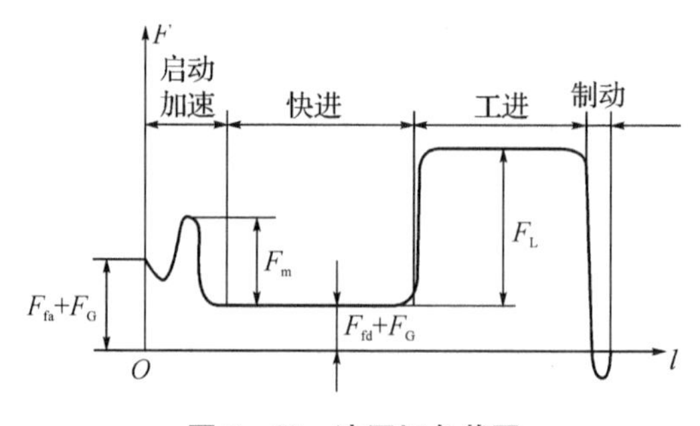

图9-30　液压缸负载图

②液压马达的负载分析

当系统以液压马达为执行元件时，液压马达所要克服的负载转矩 T 应包括下述三项之和，即：

$$T = T_L + T_f + T_m \quad (9-29)$$

式中：T_L 为工作负载折算到液压马达轴上的转矩；

T_f 为执行机构等的摩擦力（力矩）折算到液压马达轴上的转矩；

T_m 为执行机构、传动装置、液压马达等在启动和制动时的惯性力（和力矩）折算到液压马达轴上的转矩。

在式(9-25)～式(9-28)中，将力换成相应的转矩，即可得到液压马达在不同动作阶段的负载计算式，并可画出相应的负载转矩图。

9.4.2 负载工况分析

通过对功能、性能分析并按其要求进行综合，则液压系统可见端倪。我们将知道液压系统中有几个执行器液压缸，再依功能将液压缸分类，功能不同的液压缸各归一类，有的是一支缸为一类，同时完成同功能的液压缸为一类，如同步缸。不管是几支液压缸，对于同步缸则以一支缸分析其负载。负载分析中压力都是一样，若涉及流量则以几倍计算（几支同步缸时）。不是同步缸则按单支缸分析负载。

1）负载类别

负载分为正值负载和负值负载。与运动方向一致的负载称为负值负载，否则称为正值负载。如垂直油缸，当向下运动时，其重力负载与运动方向一致，该重力负载就是负值负载；当油缸运动方向向上时，则重力负载方向与运动方向相反，该重力负载就是正值负载。

对于负值负载回路则必须有防止失控失速回路，如垂直缸受负值负载下行时，则必须有平衡回路，防止失控失速而超高速下滑，超高速下滑时易出安全事故。

一般总负载包含三种，分别为惯性负载、工作负载（有正负之分）、摩擦负载。即

$$F_{总} = F_i + F_w + F_f \quad (9-30)$$

式中：$F_{总}$ 为总负载；

F_i 为惯性负载；

F_w 为工作负载；

F_f 为摩擦负载。

(1) 惯性负载

惯性负载即物体（或物系）在启动过程中，或运动物体减速停止运动的过程中显示出的惯性力。按照牛顿第二定律，物体（物系）在启动或运动停止的过程中的速度变化为：

$$F_i = \frac{G}{g} \times \frac{\Delta v}{\Delta t} \tag{9-31}$$

式中：F_i 为惯性力；

G 为物体（物系）的重量（重力）；

g 为物体（物系）的重力加速度；

Δv 为速度变化值；

Δt 为物体（物系）启动或停止过程所需时间。

一般取 $\Delta t = 0.1 \sim 0.5$ s，对于行走机械，$\Delta v / \Delta t = 0.5 \sim 1.5$ m/s^2。大型物体（物系）取较大的 Δt 数值。

（2）工作负载

工作负载即机械设备做功时需要直接克服的阻力。当然在做功的过程中需要克服的阻力有的是恒定的阻力，有的是变化的阻力，其方向有正负之分，前面已讲过。不变化的负载称恒定负载，方向或数值变化的负载称变负载。即

$$F_w = F_{阻} \tag{9-32}$$

式中：F_w 为工作负载；

$F_{阻}$ 为阻止工作的力。

（3）摩擦负载

即工作机构克服阻碍其相对运动时所产生的力。启动时静摩擦力为

$$F_{fs} = \mu_s (G + F_n) \tag{9-33}$$

式中：F_{fs} 为静摩擦力；

μ_s 为静摩擦因数；

G 为运动物体的重力；

F_n 为作用在摩擦面上的正压力。

运动过程中的摩擦力为

$$F_{fd} = \mu_d (G + F_n) \tag{9-34}$$

式中：F_{fd} 为动摩擦阻力；

μ_d 为动摩擦因数。

一般液压执行器（油缸）在一个工作循环过程中的负载如下：

启动阶段：

$$F_{启} = \pm F_w + \mu_s (G + F_n) \tag{9-35}$$

加速阶段：

$$F_{加}=\pm F_{w}+\mu_{d}(G+F_{n})+\frac{G}{g}\times\frac{\Delta v}{\Delta t} \tag{9-36}$$

恒速阶段：

$$F_{恒}=\pm F_{w}+\mu_{d}(G+F_{n}) \tag{9-37}$$

制动阶段：

$$F_{制}=\pm F_{w}+\mu_{d}(G+F_{n})-\frac{G}{g}\times\frac{\Delta v}{\Delta t} \tag{9-38}$$

由上述各工况的负载 F 与其相应的时间 t（或位移 L），便可绘制出负载循环图（图 9 - 31）。其中 $t_0\sim t_1$ 为启动过程，$t_1\sim t_2$ 为加速过程，$t_2\sim t_3$ 为恒速过程，$t_3\sim t_4$ 为制动过程。该图清楚表明了液压缸在一个循环内的负载变化规律。其中最大负载是初选液压缸工作压力和确定液压缸结构尺寸的依据。负载循环如图 9 - 31 所示。

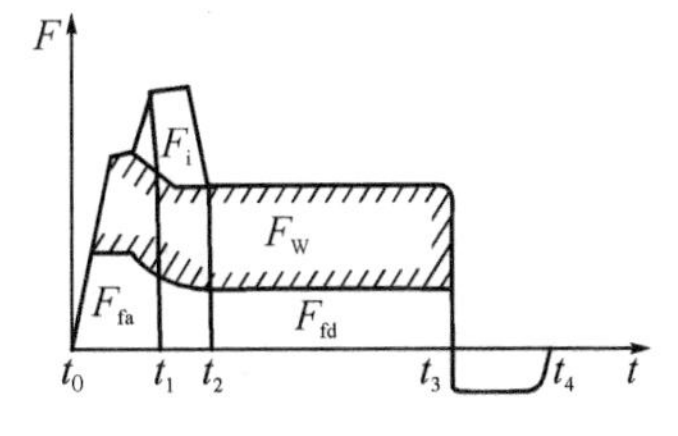

图 9 - 31　负载循环图

若液压执行器为液压马达，对其负载分析与液压缸分析相同，只需将负载力改为负载转矩；如果是几只液压马达，并有同步工作的马达，则多支油缸（含有同步工作的油缸）可作相同分析与综合。

液压马达负载转矩为

$$M=M_{w}+M_{i}+M_{f} \tag{9-39}$$

式中：M 为负载总转矩；

M_w 为工作负载转矩；

M_i 为惯性负载转矩；

M_f 为摩擦转矩。

工作负载转矩 M_w 是做功时需要克服的外负载转矩，它既可以是正的，也可以是负的，与液压马达转矩方向相反为正，方向相同则为负。工作负载转矩也分为变负载转矩与恒定负载转矩。

因旋转摩擦阻力所产生的转矩称为摩擦转矩。即

静摩擦转矩：
$$M_{fs}=G\mu_{s}R \tag{9-40}$$

动摩擦转矩：
$$M_{fd}=G\mu_{d}R \tag{9-41}$$

式中：μ_s 为回转时静摩擦因数；

μ_d 为回转时动摩擦因数；

G 为回转物体（物系）重力；

R 为回转物体回转平均半径（着力点至定点距离）。

2）运动及所处状态

（1）运动分析

运动分析是指根据工艺流程来描绘液压执行器(如液压缸)的运动体运动情况，并依据一个完整的工作循环绘出活塞杆端各个时间瞬时所处空间位置。工作开始前它位于位移线基点，之后在不同时间，它所处的位置不同，这由它的工艺特性决定。根据一个完整工作循环所画出的时间与位移图能清楚表明运动情况，反映出整机各液压缸运动情况，依此可求出各时段所需流量。现以 L 代表位移线，横坐标为时间轴线，以 t 表示，以压机中一个垂直压下缸为例，如图 9－32 所示：$0\sim t_1$，活塞杆快速趋进；$t_1\sim t_2$，适当减速接触被压物；$t_2\sim t_3$，慢速压制；$t_3\sim t_4$，保压阶段；$t_4\sim t_5$，返回开始；$t_5\sim t_6$，快速退回；$t_6\sim t_7$，慢速到停止。

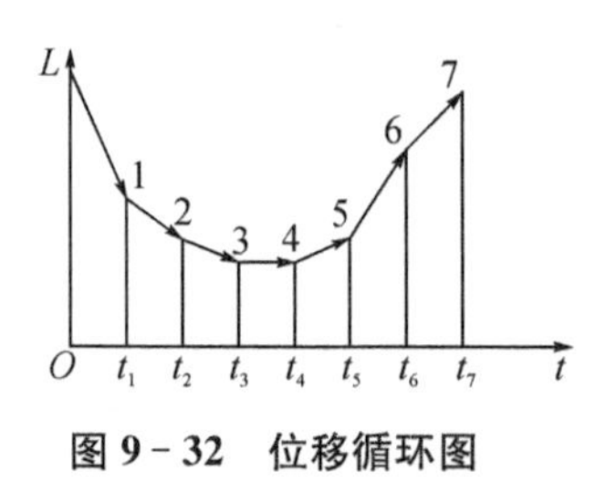

图 9－32　位移循环图

由图 9－32 可知，图中曲线的斜度就是速度。由图可清楚看出这压机的垂直压下缸的压制工艺，即快速下滑、慢速接近、压制、保压、预泄压、慢回、快回、缓回到上端原始位置停止。

（2）依据位移图，画出速度图

以纵坐标表示速度，横坐标表示时间。但速度是取绝对值，即不考虑速度方向性，通过速度图可知速度变化快慢情况，也可知循环过程流量。速度图见图 9－33。

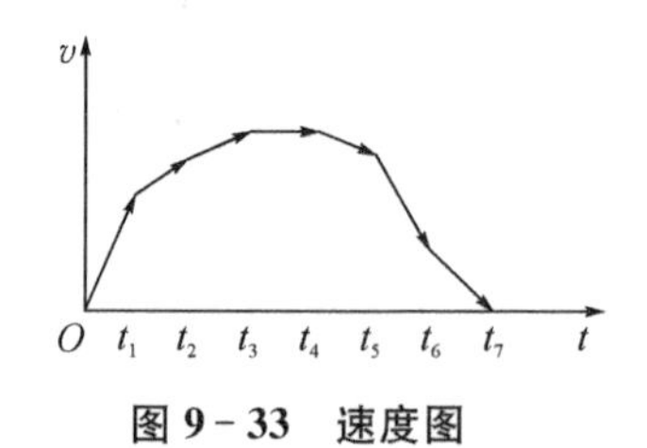

图 9－33　速度图

将负载图与速度图合并，画于一张图上，可画出工况图，并可计算出具体压力 p 与流量 Q 值。利用 $p-t$ 与 $Q-t$ 作出具体数值工况图。

9.4.3　确定执行元件参数

液压系统的主要性能参数是指液压执行元件的工作压力 p 和最大流量 Q。二者是计算和选择液压元件、辅件、原动机(电机)，进行液压系统设计的主要依据。

1）执行元件的工作压力

执行元件的工作压力可根据最大负载参照表 9－3 选取。工作压力的大小关系到所设计的系统是否经济合理。压力选得偏低，则结构尺寸大(有效工作面积 A 或排量 q 大)，重量大，系统所需流量也大；压力选得偏高，则对元件的制造精度和系统的使用维护要求提高，且容积效率降低。

表 9-3 不同负载条件下的工作压力

负载 F/N	<5 000	5 000~10 000	10 000~20 000	20 000~30 000	30 000~50 000	>50 000
液压缸的工作压力/MPa	<0.8~1	1.5~2	2.5~3	3~4	4~5	≥5

2) 执行元件的最大流量

执行元件的最大流量 Q_{max} 与执行元件的结构参数(液压缸的有效工作面积 A 或液压马达的排量 q_M)有关，因此在 A 或 q_M 确定后才能确定 Q_{max}。

(1) 液压缸主要结构参数的确定

液压缸的有效工作面积 A_1 或 A_2 必须满足最大负载力 F 的要求。因此，当液压缸的类型、作用方式、往复行程速比系数 λ_v 和背压力 p_2 都已确定后，A_1 或 A_2 可根据 F(由工况图分析得)所在工况的力平衡方程式求得。例如，对于无杆腔压力为 p_1 的单杆活塞缸有

$$p_1A_1=p_2A_2+F \tag{9-42}$$

或

$$A_1=\frac{F}{p_1-\lambda_v^{-1}p_2} \tag{9-43}$$

如液压缸为差动连接，且 $A_1=2A_2$，则式(9-42)变为

$$A_1=\frac{F}{p_1-(p_2/2)} \tag{9-44}$$

A_1 求出后，由 $A_1=\pi D^2/4$ 求出相应的活塞直径(缸筒内径)D，并按国家标准就近圆整成标准数值。活塞杆直径 d 可由选取的 λ_v 与 D 之间的关系算出，并同样圆整成标准数值。对于差动连接的液压缸，d 可由式 $D=\sqrt{2}d$ 算出；对于往复行程速比无要求的液压缸，d 可按表 9-4 初选。

表 9-4 活塞杆直径的选取

活塞杆受力情况	工作压力 p/MPa	活塞杆直径 d
受拉	—	$d=(0.3\sim0.5)D$
受压及受拉	$p\leqslant5$	$d=(0.5\sim0.55)D$
受压及受拉	$5<p\leqslant7$	$d=(0.6\sim0.7)D$
受压及受拉	$p>7$	$d=0.7D$

D、d 初定后，A_1、A_2 应分别再由式 $A_1=\pi D^2/4$ 和 $A_2=\pi(D^2-d^2)/4$ 重新求出，则此时 A_1、A_2 亦初步确定。

液压缸的有效工作面积除要满足最大负载要求外，还需满足流量控制阀最小稳定流量 $Q_{v_{min}}$ 的要求。因此需要对有效工作面积 A(A_1 或 A_2)进行验算。若液压缸的最低速度

为 v_{min}，则

$$A(A_1 \text{ 或 } A_2) \geqslant \frac{Q_{v_{min}}}{v_{min}} \tag{9-45}$$

式中 $Q_{v_{min}}$ 可从产品样本或设计手册中查得。

如果 A 不满足式(9-45)，则需重新修改 D。即上述确定 D、d、A_1 和 A_2 的工作要重新进行，直到使式(9-45)得到满足为止，此时 D、d、A_1 和 A_2 才算最后确定。

(2) 液压缸最大流量的确定

若液压缸最大速度(由速度图求得)为 v_{max}，则液压缸最大流量 Q_{max} 由下式求出：

$$Q_{max} = Av_{max} \tag{9-46}$$

Q_{max} 是选择液压泵的依据之一。

(3) 绘制液压缸工况图

工况图包括压力图、流量图和功率图。该图是根据设计任务要求及已确定的结构参数 A_1、A_2，算出系统在不同动作阶段中的实际工作压力、流量和功率之后作出的(当系统中包含多个执行元件时，工况图应是各个执行元件工况图的综合)，如图 9-34 所示。工况图显示了系统在整个工作循环中压力、流量、功率的变化规律及它们的最大值出现的位置(工况)。其中最大压力和最大流量是选择液压泵、控制阀规格的主要依据，最大功率则是选择液压泵驱动电机功率的主要依据。工况图本身也是合理选择液压基本回路、拟定液压系统、进行方案对比和修改的依据。

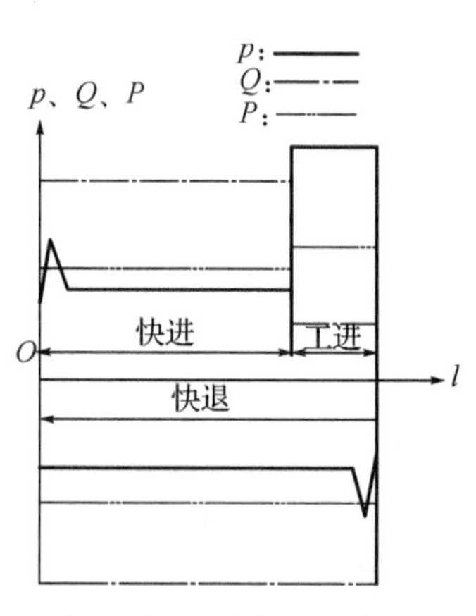

图 9-34 液压缸工况图

3) 液压马达

(1) 液压马达排量的确定

从满足负载转矩 T 的要求出发确定液压马达的排量。若选定液压马达的工作压力为 p，机械效率为 η_{mM}，则

$$q_M = 2\pi T / p\eta_{mM} \tag{9-47}$$

对于柱塞马达，$\eta_{mM}=0.9 \sim 0.95$；对于叶片马达，$\eta_{mM}=0.80 \sim 0.90$。

将由式(9-47)算出的排量 q_M 连同选定的工作压力 p 一起，根据国家标准(设计手册)就近圆整成较大的标准值，并定下液压马达的规格。必要时(如容积节流调速时)还需按马达最低转速 n_{min} 的要求验算所选定的液压马达的排量 q'_M。即

$$q'_M \geqslant \frac{Q_{v_{min}}}{n_{min}} \tag{9-48}$$

(2) 液压马达的最大流量 Q_{max}(理论值)

$$Q_{max}=q'_M n_{max} \tag{9-49}$$

式中:n_{max}为液压马达的最高转速。

(3) 液压马达的工况图

根据液压马达工作循环中各动作阶段的负载和转速(负载图和速度图)可作出液压马达的压力图、流量图和功率图,方法与液压缸工况图作图相同。

9.4.4 初步拟定液压系统原理图

拟定液压系统原理图是液压系统设计的一个重要步骤。在拟定时,需要先根据整机的性能和动作要求选择基本回路,然后在它的基础上增加辅助回路,便可组成一个完整的液压系统。

1) 液压回路的选择

在机床液压系统中,调速回路是液压系统的核心,往往调速方案一经确定,系统中的其他回路也就基本上确定了。调速方案主要根据调速范围、功率大小、低速稳定性、允许温升以及经济性等因素来考虑选择。节流调速的结构简单、低速稳定性好,但系统效率低,在小功率、温升限制不严的条件下可优先选用。在功率较大的中高压系统中,为节约能源,以选用容积调速为宜。如同时对节能和低速稳定性都有较高要求,则可选用容积节流调速。

油路循环方式和油源结构形式主要取决于调速方案。节流调速、容积节流调速采用开式油路,容积调速则采用闭式油路。节流调速采用定量泵供油,而容积节流调速和容积调速则通常采用变量泵供油。

系统中的其他基本回路,如换向、压力控制等回路都与供油方式有关。换向控制回路主要根据自动化程度、换向性能以及通过流量和压力的大小等来确定。部分压力控制回路由调速回路而定,如节流调速系统中的定压控制回路、卸荷回路,容积调速回路中的限压控制回路,根据系统的要求有时还要选择保压回路、平衡回路等。

如果执行元件要求完成一定的自动循环动作,一般采用行程控制,这样可使动作可靠。合理地使用压力控制可简化系统。时间控制一般不单独使用,常与行程或压力控制组合使用。

此外,对有多个执行元件的系统,还需考虑选择顺序、同步或互不干扰回路。

2) 基本回路组合成液压系统

液压基本回路确定之后,即可综合成完整的液压系统,在组合液压系统时,需考虑以下几点：

（1）防止回路间的相互干扰，保证实现所要求的工作循环。

（2）力求提高系统效率，合理利用功率，减少系统的发热和温升。

（3）防止液压系统出现液压冲击。

（4）在满足设计要求的前提下，力求系统结构简单、工作安全可靠。

9.4.5 计算和选择元件

所谓液压件的计算，是指计算该元件在工作中所承受的压力和通过的流量，以便选择、确定元件的规格尺寸。

1）液压泵和电机规格的选择

（1）液压泵的选择

①计算液压泵的工作压力

液压泵的工作压力 p_p 必须等于（或大于）执行元件最大工作压力 p_1 及同一工况下进油路上总压力损失 $\sum\Delta p_1$ 之和。即

$$p_p \geqslant p_1 + \sum\Delta p_1 \tag{9-50}$$

式中：p_1 可以从工况图中找到；$\sum\Delta p_1$ 按经验资料估计，一般节流调速和管路较简单的系统取 $\sum\Delta p_1 = 0.2 \sim 0.5\ \text{MPa}$，进油路上有调速阀或管路复杂的系统取 $\sum\Delta p_1 = 0.5 \sim 1.5\ \text{MPa}$。

②计算液压泵的流量

液压泵的流量 Q_p 必须等于（或大于）执行元件工况图上总流量的最大值 $(\sum Q_i)_{max}$（$\sum Q_i$——同时工作的执行元件流量之和；Q_i——工作循环中某一执行元件在第 i 个动作阶段所需流量）和回路的泄漏量这两项之和。若回路的泄漏折算系数为 $K(K = 1.1 \sim 1.3)$，则

$$Q_p \geqslant K(\sum Q_i)_{max} \tag{9-51}$$

对于节流调速系统，若最大流量点处于调速状态，则在泵的供油量中还要增加溢流阀的最小（稳定）溢流量（3 L/min）。

如果采用蓄能器储存压力油，泵的流量按一个工作循环中液压执行元件的平均流量估取。

③选择液压泵的规格

在参照产品样本选取液压泵时，泵的额定压力应选得比上述最大工作压力高 25%～

60%,以便留有压力储备;额定流量则只需满足上述最大流量需要即可。

(2) 确定驱动电机功率

驱动电机功率 P 按工况图中执行元件最大功率 P_{max} 所在工况(动作阶段)计算。若 P_{max} 所在工况 i 的泵的工作压力和流量分别为 p_{pi}、Q_{pi},泵的总效率为 η_p,则驱动电机的功率为

$$P=p_{pi}Q_{pi}/\eta_p \tag{9-52}$$

关于泵的总效率 η_p,对于齿轮泵 η_p 取 0.60~0.70,对于叶片泵 η_p 取 0.60~0.75,对于柱塞泵 η_p 取0.80~0.85。泵的规格大时取大值,反之取小值。变量泵取小值,定量泵取大值。当泵的工作压力只有其额定压力的 10%~15%时,泵的总效率将显著下降,有时只达 50%。变量泵流量为其公称流量的 1/4 或 1/3 以下时,其容积效率也明显下降,计算时应予以注意。

2) 液压阀的选择

液压阀的规格是根据系统的最高工作压力和通过该阀的最大实际流量从产品样本中选取的。一般要求所选阀的额定压力和额定流量大于系统的最高工作压力和通过该阀的最大实际流量。必要时通过该阀的最大实际流量可允许超过其额定流量,但最多不超过 20%,以避免压力损失过大,引起油液发热、噪声和其他性能恶化。对于流量阀,其最小稳定流量还应满足执行元件最低速度的要求。

3) 选择液压辅件

①确定管道尺寸

油管内径和壁厚的选择由下面的计算确定。

油管内径 d 按下式计算:

$$d=2\sqrt{\frac{q}{\pi v}} \tag{9-53}$$

式中:q 为通过油管的流量,m^3/s;

v 为油管中的允许流速:吸油管取 0.5~1.5 m/s,压油管取 2.5~5 m/s(压力高取大值,反之取小值),回油管取 1.5~2.5 m/s。

油管壁厚 δ 按下式计算:

$$\delta \geqslant \frac{pd}{2[\sigma]} \tag{9-54}$$

式中:p 为管内工作压力,MPa;

$[\sigma]$为油管材料的允许应力,$[\sigma]=\sigma_b/n$,这里 σ_b 为材料的抗拉强度,n 为安全系数。对钢管,当 $p<7$ MPa 时,取 $n=8$;7 MPa$\leqslant p<17.5$ MPa 时,取 $n=6$;$p\geqslant$

17.5 MPa 时，取 $n=4$。

计算出油管的内径和壁厚后，查阅相关手册，选用相近的标准规格。

(2) 确定油箱的容量

油箱的容量 V 可按下面推荐数值估取：

低压系统($p<2.5$ MPa)中，$V=(2\sim4)Q_p$；

中压系统(2.5 MPa$\leqslant p<6.3$ MPa)中，$V=(5\sim7)Q_p$；

中高压系统($p>6.3$ MPa)中，$V=(6\sim12)Q_p$。

中压以上系统(如工程、建筑机械液压系统)都带有散热装置，其油箱容积可适当减少。按上文方式确定的油箱容积，在一般情况下都能保证正常工作。但在功率较大而又连续工作的工况下，需要按发热量验算后确定油箱容积。

9.4.6 系统性能评估

在液压系统设计完成之后，可对系统的技术性能指标进行一些必要的验算，以便初步判断设计的质量，或从几种方案中评选出最好的设计方案。然而，由于影响系统性能的因素较复杂，加上具体的液压装置尚未设计出来，所以验算时只能采用一些简化公式近似估算。如果有经过生产实践考验的同类型系统可供参考，这项工作则可省略。液压系统性能验算的项目很多，常见的有回路压力损失验算和发热温升验算。

1) *液压回路中的压力损失*

液压回路中总的压力损失 $\sum\Delta p$ 包括管道内总的沿程损失 $\sum\Delta p_l$、局部损失 $\sum\Delta p_\zeta$ 以及所有阀类元件的局部损失 $\sum\Delta p_V$ 三项。即

$$\sum\Delta p=\sum\Delta p_l+\sum\Delta p_\zeta+\sum\Delta p_V \tag{9-55}$$

上式中管道内的沿程损失和局部损失可按第 2 章有关公式估算。但在实际中，一般只对长管道按下式对沿程压力损失 Δp_l 值进行计算：

$$\Delta p_l=\frac{8\times10^6\nu Ql}{d^4}\times10^5 \tag{9-56}$$

式中：ν 为油液的运动黏度，m^2/s；

Q 为液压缸(或液压马达)输入(对于进油路)或排出(对于回油路)流量，L/min；

l 为进油路或回油路的管道长度，m；

d 为管道直径，mm。

局部损失 Δp_ζ 值可按下式估算：

$$\Delta p_\zeta=(0.05\sim0.15)\Delta p_l \tag{9-57}$$

当通过阀类元件的实际流量 Q_V 不是其额定流量 Q_{V_n} 时，它的实际压力损失 Δp_V 与其额定压力损失 Δp_{V_n} 之间有如下换算关系：

$$\Delta p_V = \Delta p_{V_n}(Q_V/Q_{V_n})^2 \tag{9-58}$$

应当指出的是，按式(9-58)计算压力损失时，既要计算进油路的压力损失，又要计算回油路的压力损失，并要将回油路的压力损失折算到进油路上，以便确定系统的供油压力或压力阀的调定压力。另外，对于工作循环中不同的动作阶段(快进、工进、快退等阶段)，其压力损失是不同的，需分开计算。

若液压回路的效率为 η_c，液压执行元件的效率为 η_m，液压泵的效率为 η_p，则整个系统的效率为

$$\eta_\Sigma = \eta_p\eta_c\eta_m \tag{9-59}$$

2) 发热估算

任何机器和设备工作时都有能量(功率)损失。这些损失都将转变为热量，使机器、设备发热、升温。同样，液压系统工作时也要发热，该热主要是由液压泵和执行元件的功率损失、管道的压力损失、流量阀的节流损失及溢流阀的溢流损失等引起的。这些能量损失转变成热量，使油温升高、黏度下降、容积效率下降、泄漏增加，从而污染环境。

液压系统各部分所产生的热量，在开始时，一部分由液压油(运动介质)及装置本身吸收，较少一部分向周围散发。但随着液压油温度的上升，液压油温度与室温温差加大，其散热能力不断提高。当系统连续工作一段时间、油温达到一定高度后，散热量与发热量相等，油温不再升高，保持一定值，即系统达到了热平衡，亦即正常工作时，系统处于热平衡状态。发热估算就是运用热平衡原理来对油液的温升值进行验算，即要求处于热平衡状态下的液压系统的油温或温差(与室温之差)在允许范围之内。

若执行元件的有效功率为 P_o(kW)，液压泵的输入功率为 P_i(kW)，则系统的总发热量 H_i(kW)可按下式估算：

$$H_i = P_i - P_o \tag{9-60}$$

如果液压系统的总效率 η_Σ 已由式(9-59)求出，则系统的总发热量亦可按下式估算：

$$H_i = P_i(1 - P_o/P_i) = P_i(1 - \eta_\Sigma) \tag{5-61}$$

系统的散热降温主要通过油箱表面和管道表面，后者散热量相对前者小得多，一般不考虑，即只考虑油箱表面散热。设油箱散热面积为 A，降低单位温度所需散发热量为 h_0，因散发热量与散热面积成正比，即

$$h_0 \propto A \tag{9-62}$$

将上述比例式写成等式，引入比例系数 k，即得降低单位温度时所散发热量为

$$h_0 = kA \tag{9-63}$$

若系统散热量为 H_0，则所降低温度 ΔT 为

$$\Delta T=\frac{H_0}{A \cdot k} \tag{9-64}$$

式中：A 为油箱散热面积，m^2；

k 为比例系数（油箱散热系数），$W/(m^2 \cdot ℃)$；

周围通风很差时，$k=8\sim9$；

周围通风良好时，$k=15$；

用风扇冷却时，$k=23$；

用循环水强制冷却时，$k=110\sim174$。

如果油箱的高、宽、长之比为（1∶1∶1）～（1∶2∶3）、油面高度为油箱高度的80%，且只依靠油箱表面散热、冷却，使系统保持在允许温度以下时，油箱最小散热面积 A_{min} 可近似用下式计算：

$$A_{min}=6.66\sqrt[3]{V^2} \tag{9-65}$$

式中：V 为油箱容积，m^3。

将式（9-65）代入式（9-64）便得到靠油箱自身面积散热（自然冷却）降温时所降的最高温度值，即

$$\Delta T=\frac{H_0}{6.66\sqrt[3]{V^2} \cdot k} \tag{9-66}$$

根据热平衡原理，系统发热时升温的最高温度与上述散热时降温的最高温度相等，亦即以 H_i（发热量）置换上式 H_0，即得进行温升验算时最高温升 ΔT 值，该值应满足

$$\Delta T=\frac{H_0}{6.66\sqrt[3]{V^2} \cdot k}<\text{允许温升值} \tag{9-67}$$

式中各量纲如前所述。

若上式不满足，需采用扩大油箱散热面积或增加冷却器等措施加以改善。

参考文献

[1] 徐航，徐九南，熊威. 机电一体化技术基础[M]. 北京：北京理工大学出版社，2010.
[2] 李颖卓，张波，王茁. 机电一体化系统设计[M]. 2 版. 北京：化学工业出版社，2010.
[3] 曹树平，刘银水，罗小辉. 电液控制技术[M]. 2 版. 武汉：华中科技大学出版社，2014.
[4] 徐莉萍. 现代电液控制理论与应用技术创新[M]. 北京：冶金工业出版社，2018.
[5] 卞永明. 大型构件液压同步提升技术[M]. 上海：上海科学技术出版社，2015.
[6] 中华人民共和国住房和城乡建设部，中华人民共和国国家质量监督检验检疫总局. 重型结构和设备整体提升技术规范：GB 51162—2016[S]. 北京：中国计划出版社，2016.
[7] Zhou C L，Li X W，Sun J K，et al. Lift monitoring and analysis of multi：storey corridors in buildings[J]. Automation in Construction，2019，106：102902.
[8] 乌建中，卞永明，徐鸣谦. 东方明珠广播电视塔钢天线桅杆同步整体提升[J]. 同济大学学报(自然科学版)，1996，24(1)：44 - 49.
[9] 王涛. 基于分布式控制的建筑物顶升液压控制系统研究[D]. 天津：天津大学，2006.
[10] 王宪刚. 大跨度双曲面钢网架屋面整体顶升施工关键技术研究[D]. 济南：山东大学，2021.
[11] 中国钢结构协会. 钢结构滑移施工技术标准：T/CSCS 009—2020 [S]. 北京：中国建筑工业出版社，2020.
[12] 张俊杰. 双向匀速滑移液压顶推系统研究[D]. 北京：北京建筑大学，2020.
[13] 钟学宏. 超高层核心筒顶升模架的模块化设计及应用研究[D]. 镇江：江苏大学，2016.
[14] 滕柳. 超高层建筑顶升钢平台模架系统的研究与设计[D]. 西安：西安工业大学，2022.
[15] 耿白冰. 郑北大桥钢箱梁步履式顶推技术研究[D]. 西安：长安大学，2019.
[16] 籍建云. 钢管混凝土拱桥竖向转体施工控制仿真分析[D]. 西安：长安大学，2014.

[17] 宋涛. 大跨度钢拱桥竖向转体提升支架稳定性分析[D]. 西安:长安大学, 2012.
[18] Feng Y, Qi J, Wang J Q, et al. Rotation construction of heavy swivel arch bridge for high-speed railway[J]. Structures, 2020, 26: 755-764.
[19] 肖立福. 大跨度连续梁桥转体施工过程力学响应与控制分析[D]. 大连:大连交通大学, 2018.
[20] 缪建锋. 某 T 型刚构桥梁转体施工监测与控制技术研究[D]. 武汉:华中科技大学, 2021.
[21] 王守城,容一鸣. 液压与气压传动[M]. 2 版. 北京:北京大学出版社, 2021.
[22] 游有鹏,李成刚. 液压与气压传动[M]. 2 版. 北京:科学出版社, 2018.
[23] 贾铭新. 液压传动与控制[M]. 3 版. 北京:国防工业出版社, 2010.
[24] 张秀梅. 液压系统建模与仿真[M]. 北京:清华大学出版社, 2019.
[25] 郁建平. 机电控制技术[M]. 北京:科学出版社, 2006.
[26] 王建,杨秀双,刘来员. 变频器实用技术(西门子)[M]. 北京:机械工业出版社, 2012.
[27] 钱海月,王海浩. 变频器控制技术[M]. 北京:电子工业出版社, 2013.
[28] 廖常初. S7-200 PLC 编程及应用[M]. 3 版. 北京:机械工业出版社, 2019.
[29] 王存旭,迟新利,张玉艳. 可编程控制器原理及应用[M]. 北京:高等教育出版社, 2013.
[30] 马林联. PLC 技术及应用教程[M]. 2 版. 北京:中国电力出版社, 2018.
[31] 赵俊龙. 电机与电气控制及 PLC[M]. 2 版. 北京:电子工业出版社, 2012.
[32] 李晓丹. 模糊 PID 控制器的设计研究[D]. 天津:天津大学, 2005.
[33] 张绍九. 液压同步系统[M]. 北京:化学工业出版社, 2010.
[34] 唐颖达,刘尧. 液压回路分析与设计[M]. 北京:化学工业出版社, 2017.